Einführung Mathematik Primarstufe – Arithmetik

Mathematik Primarstufe und Sekundarstufe I + II

Herausgegeben von
Prof. Dr. Friedhelm Padberg, Universität Bielefeld,
und Prof. Dr. Andreas Büchter, Universität Duisburg-Essen

Bisher erschienene Bände (Auswahl):

Didaktik der Mathematik

P. Bardy: Mathematisch begabte Grundschulkinder – Diagnostik und Förderung (P)
C. Benz/A. Peter-Koop/M. Grüßing: Frühe mathematische Bildung (P)
M. Franke: Didaktik der Geometrie (P)
M. Franke/S. Ruwisch: Didaktik des Sachrechnens in der Grundschule (P)
K. Hasemann/H. Gasteiger: Anfangsunterricht Mathematik (P)
K. Heckmann/F. Padberg: Unterrichtsentwürfe Mathematik Primarstufe (P)
K. Heckmann/F. Padberg: Unterrichtsentwürfe Mathematik Primarstufe, Band 2 (P)
F. Käpnick: Mathematiklernen in der Grundschule (P)
G. Krauthausen: Digitale Medien im Mathematikunterricht der Grundschule (P)
G. Krauthausen/P. Scherer: Einführung in die Mathematikdidaktik (P)
G. Krummheuer/M. Fetzer: Der Alltag im Mathematikunterricht (P)
F. Padberg/C. Benz: Didaktik der Arithmetik (P)
P. Scherer/E. Moser Opitz: Fördern im Mathematikunterricht der Primarstufe (P)
A.-S. Steinweg: Algebra in der Grundschule (P)

G. Hinrichs: Modellierung im Mathematikunterricht (P/S)

R. Danckwerts/D. Vogel: Analysis verständlich unterrichten (S)
G. Greefrath: Didaktik des Sachrechnens in der Sekundarstufe (S)
K. Heckmann/F. Padberg: Unterrichtsentwürfe Mathematik Sekundarstufe I (S)
F. Padberg: Didaktik der Bruchrechnung (S)
H.-J. Vollrath/H.-G. Weigand: Algebra in der Sekundarstufe (S)
H.-J. Vollrath/J. Roth: Grundlagen des Mathematikunterrichts in der Sekundarstufe (S)
H.-G. Weigand/T. Weth: Computer im Mathematikunterricht (S)
H.-G. Weigand et al.: Didaktik der Geometrie für die Sekundarstufe I (S)

Mathematik

F. Padberg/A. Büchter: Einführung Mathematik Primarstufe – Arithmetik (P)
F. Padberg/A. Büchter: Vertiefung Mathematik Primarstufe – Arithmetik/Zahlentheorie (P)

K. Appell/J. Appell: Mengen – Zahlen – Zahlbereiche (P/S)
A. Filler: Elementare Lineare Algebra (P/S)
S. Krauter/C. Bescherer: Erlebnis Elementargeometrie (P/S)
H. Kütting/M. Sauer: Elementare Stochastik (P/S)
T. Leuders: Erlebnis Arithmetik (P/S)
F. Padberg: Elementare Zahlentheorie (P/S)
F. Padberg/R. Danckwerts/M. Stein: Zahlbereiche (P/S)

A. Büchter/H.-W. Henn: Elementare Analysis (S)
G. Wittmann: Elementare Funktionen und ihre Anwendungen (S)
B. Schuppar/H. Humenberger: Elementare Numerik für die Sekundarstufe (S)

P: Schwerpunkt Primarstufe
S: Schwerpunkt Sekundarstufe

Weitere Bände in Vorbereitung

Friedhelm Padberg · Andreas Büchter

Einführung Mathematik Primarstufe – Arithmetik

2. Auflage

Springer Spektrum

Friedhelm Padberg
Fakultät für Mathematik
Universität Bielefeld
Bielefeld, Deutschland

Andreas Büchter
Fakultät für Mathematik
Universität Duisburg-Essen
Essen, Deutschland

ISBN 978-3-662-43448-2
ISBN 978-3-662-43449-9 (eBook)
DOI 10.1007/978-3-662-43449-9

Die Deutsche Nationalbibliothek verzeichnet diese Publikation in der Deutschen Nationalbibliografie; detaillierte bibliografische Daten sind im Internet über http://dnb.d-nb.de abrufbar.

Springer Spektrum
Die erste Auflage erschien unter dem Titel "Einführung in die Mathematik I. Arithmetik".

Planung und Lektorat: Ulrike Schmickler-Hirzebruch, Martina Mechler
Redaktion: Alexander Reischert, Redaktion ALUAN

Gedruckt auf säurefreiem und chlorfrei gebleichtem Papier.

Springer Spektrum ist eine Marke von Springer DE. Springer DE ist Teil der Fachverlagsgruppe Springer Science+Business Media
www.springer-spektrum.de

Vorwort

Zielsetzungen dieses Bandes
„Mathematisches Abiturwissen sichert nicht die besondere fachliche Kompetenz, die im Grundschullehramt erforderlich ist. Grundlegende fachwissenschaftliche Prinzipien und Strukturen der **Elementarmathematik von einem übergeordneten Standpunkt** aus zu durchdringen, ist Voraussetzung für die Gestaltung von *erfolgreichem Mathematikunterricht*" (Aufruf von DMV, GAMM, GDM, KMathF und MNU[1] vom Januar 2012: *Mathematik in der Grundschule – Chaos in der Lehrerausbildung*). „Die derzeitige Lehrerausbildung in Deutschland für das Lehramt in der Grundschule zeigt jedoch ein **sehr heterogenes Bild**, das nur in Teilen diesem Anspruch genügt" (a. a. O., S. 2; Hervorhebungen durch die Autoren).

Der vorstehende Aufruf gab uns den (letzten) Anstoß, einen Band zu den **fachlichen Grundlagen der Arithmetik in der Grundschule** entsprechend den hier genannten – und auch von uns vertretenen – Zielsetzungen zu konzipieren und zu realisieren. Hierbei konnten wir auf *Vorarbeiten* eines der beiden Autoren zurückgreifen (vgl. F. Padberg: Einführung in die Mathematik I – Arithmetik, Heidelberg 1997/2007).

Parallel zur Arithmetik initiierten wir für unsere Reihe *Mathematik Primarstufe und Sekundarstufe I + II* einen entsprechenden *fachlichen* Band zur *Geometrie in der Grundschule*, um so über Materialien für fachliche Einführungskurse zur Arithmetik *und* Geometrie unter einheitlichen Zielsetzungen zu verfügen.

Verzahnung mit der Didaktik der Arithmetik
Ein wichtiges Anliegen unseres Bandes ist es, die mathematischen Inhalte nicht zu theorielastig, sondern **möglichst praxisnah** darzustellen. Die Verwendung **beispielgebundener Beweisstrategien** beim Beweis verschiedener Sätze, die später in ähnlicher Form auch im eigenen Unterricht verwendet werden können, ist beispielsweise ein hierfür von uns

[1] Die Kürzel bedeuten: DMV: Deutsche Mathematiker Vereinigung, GAMM: Gesellschaft für Angewandte Mathematik und Mechanik, GDM: Gesellschaft für Didaktik der Mathematik, KMathF: Konferenz der Mathematischen Fachbereiche, MNU: Deutscher Verein zur Förderung des mathematischen und naturwissenschaftlichen Unterrichts.

gewähltes Mittel. Ein weiterer (wichtiger) Punkt ist die **Verzahnung** mathematischer und mathematikdidaktischer Fragestellungen an allen hierzu geeigneten Stellen. Naheliegenderweise stützen wir uns hierbei auf den Band F. Padberg/C. Benz: Didaktik der Arithmetik für Lehrerausbildung und Lehrerfortbildung, Heidelberg 2011 (4. erweiterte, stark überarbeitete Auflage). Durch die *Praxisnähe* und durch die *Verzahnung* mathematischer und mathematikdidaktischer Inhalte hoffen wir, Lehramtsstudierenden für das Lehramt Grundschule den Zugang zur Arithmetik zu *erleichtern* und sie so stärker für diese Thematik zu *motivieren*.

Aufbau dieses Bandes

- Unsere *Abfolge der Themen* in diesem Band orientiert sich bewusst *nicht rein* an der Fachsystematik. So fundieren wir *nicht* zuerst die natürlichen Zahlen als Kardinalzahlen oder Ordinalzahlen. Vielmehr knüpfen wir zunächst unhinterfragt bei den Vorerfahrungen der Studierenden an und beginnen in einem *Schnupperkurs* mit der Analyse verblüffender Summendarstellungen und dem Geheimnis der vertauschten Ziffern.
- Wir beschäftigen uns mit unserer *heutigen Zahlschrift* und vergleichen sie mit der römischen. Wir gehen hier auch auf das von den Babyloniern verwandte Sexagesimalsystem ein.
- Bei den *schriftlichen Rechenverfahren* zeigt unsere Erfahrung, dass die Kenntnis dieser Verfahren meist nur rein formal den *Kalkül* betrifft (und selbst dieser heute im Taschenrechner- und Computerzeitalter auch längst nicht mehr allen Studierenden vertraut ist!) und nicht inhaltlich ihre *Begründung*.
- Zusätzlich thematisieren wir die schriftlichen Rechenverfahren auch in *nichtdezimalen* Stellenwertsystemen, um die Studierenden so u. a. besser in die Situation ihrer zukünftigen Schülerinnen und Schüler zu versetzen.
- Wir benutzen die natürlichen Zahlen ebenso unhinterfragt bei der Untersuchung von Elementen der *Teilbarkeitslehre/Zahlentheorie* in den folgenden Kapiteln.
- Bewusst erst gegen Ende dieses Bandes – nach den entsprechenden Vorarbeiten – stellen wir uns den schwierigen Fragen: *Was sind eigentlich die – von uns schon so lange benutzten – natürlichen Zahlen? Wie können wir das Rechnen mit ihnen und die Rechengesetze begründen?* Wir geben hierauf im Sinne des *Kardinalzahlmodells* eine ausführliche Antwort, da sich dieses Modell besonders gut für eine anschauliche Fundierung der *Rechenoperationen* mit natürlichen Zahlen eignet.
- Auf die ebenfalls mögliche Antwort im Sinne des *Ordinalzahlmodells* (Peano-Axiome) gehen wir im neunten Kapitel knapp ein. Dieses Modell spielt eine wichtige Rolle (auch als didaktischer Hintergrund) beim *Zählen* und *Erwerb des Zahlbegriffs*.
- Der Band endet mit einem *Ausblick* auf die zu Beginn der Sekundarstufe I folgenden *Bruchzahlen*, *ganzen Zahlen* und *rationalen Zahlen* sowie auf einen *Folgeband* zur *Vertiefung* dieser Einführung in die Arithmetik (F. Padberg/A. Büchter: Vertiefung Mathematik Primarstufe – Arithmetik/Zahlentheorie; Erscheinungstermin: 2015).

Aufbau dieses Bandes – en détail

- Der **Schnupperkurs** im *ersten* Kapitel soll durch anregende Problemstellungen das *Interesse* für die Arithmetik *wecken* und zugleich *motivieren*, sich hiermit *tiefer gehend* zu beschäftigen.
- Im **zweiten Kapitel** dieses Bandes stellen wir zu Beginn die umfassende Frage *Was sind Zahlen?* und analysieren in diesem Kapitel zunächst unsere Zahlschrift. Hierzu vergleichen wir – nach einem kurzen geschichtlichen Abriss – unser vertrautes *dezimales Stellenwertsystem* mit der völlig anders aufgebauten römischen Zahlschrift. Wir thematisieren hier auch das Sexagesimalsystem der Babylonier. Unter anderem hierdurch motiviert, gehen wir auf die Frage ein, ob die Basis 10 für unsere sehr effiziente Zahlschrift zwingend notwendig ist oder ob sie nur *eine* unter vielen verschiedenen, gleichwertigen Möglichkeiten darstellt.
- Die *schriftlichen Rechenverfahren* erarbeiten wir im **dritten Kapitel** zunächst sorgfältig im dezimalen Stellenwertsystem und betrachten anschließend jeweils parallel die Zahlschrift und die schriftlichen Rechenverfahren exemplarisch in nichtdezimalen Stellenwertsystemen. Wir halten diese Behandlung auch *nichtdezimaler* Stellenwertsysteme in einem Einführungsband für Primarstufenstudierende aus *vielen Gründen* für ausgesprochen sinnvoll. Auf die entsprechenden Argumente gehen wir in diesem Kapitel an verschiedenen Stellen ein. Wir beenden es mit einigen *Alternativen* zu den vertrauten schriftlichen Rechenverfahren (Computersubtraktion, Gittermethode, Nepersche Streifen).
- Im **vierten Kapitel** – und auch in den beiden folgenden – untersuchen wir die natürlichen Zahlen unter dem Blickwinkel der *elementaren Teilbarkeitslehre*. Wir führen zunächst die *Teilbarkeits- und Vielfachenrelation* anschaulich ein und lernen anschließend *einige einfache Aussagen* (Summen-, Differenz-, Produktregel) über sie kennen. Wir beweisen diese Aussagen auf drei *unterschiedlichen Begründungsniveaus*. Hierbei sind gerade unter dem Gesichtspunkt der späteren *Berufspraxis* die beiden ersten Begründungsniveaus (beispielgebundene Beweisstrategie auf der ikonischen Ebene bzw. auf der Zahlenebene) für zukünftige Grundschullehrkräfte besonders wichtig. Wir zeigen aber auch konkret auf, dass das Begründungsniveau eines Beweises mit Variablenbenutzung insbesondere mit der beispielgebundenen Beweisstrategie auf der Zahlenebene eng zusammenhängt und dass diese formale Beweisebene durch eine *Verzahnung* mit anderen Begründungsniveaus *leichter* verstanden werden kann. Anschließend gehen wir auf *weitere* Eigenschaften der Teilbarkeitsrelation sowie auf ihre *Veranschaulichung* durch Pfeildiagramme ein. Die bis zu dieser Stelle besprochenen Sätze (mit Ausnahme von Satz 1.3 und 1.4 im Schnupperkurs) sind alle von der Struktur „Aus … folgt“. Wir thematisieren daher zum Abschluss dieses Kapitels auf einem ersten – recht anschaulichen – Niveau den *Folgerungsbegriff* und die Frage der *Umkehrbarkeit von Sätzen* und enden mit einer Analyse einiger bislang naiv benutzter *Verknüpfungen von Aussagen*.

- Wie wir im vierten Kapitel erfahren haben, können wir Teilbarkeitsuntersuchungen mit Hilfe der Summen-, Differenz- oder Produktregel oft stark vereinfachen. Eine weitere, oft noch viel stärkere Vereinfachung erreichen wir durch die sogenannten *Teilbarkeitsregeln*, auf die wir im **fünften Kapitel** genauer eingehen. Wir beginnen mit den besonders einfachen *Endstellenregeln*, bei denen allein schon anhand der Endstelle oder der letzten zwei bzw. drei Endstellen die Frage der Teilbarkeit entschieden werden kann. Anschließend beweisen wir mit einer beispielgebundenen Beweisstrategie auf der Zahlenebene und parallel auch enaktiv bzw. ikonisch mit Hilfe von Stellentafeln die Teilbarkeitsregel für die Zahl Neun als Beispiel einer *Quersummenregel*. Nach der Behandlung *weiterer Teilbarkeitsregeln* z. B. zu den Zahlen Sieben und Elf mit Hilfe eines originellen und überraschenden Beweisansatzes gehen wir anschließend auf die Frage ein, ob die vertrauten Teilbarkeitsregeln beispielsweise für zwei oder drei unverändert auch in *nichtdezimalen Stellenwertsystemen* gültig bleiben. Wir greifen zum Ende dieses Kapitels die – mehr anschaulichen – Bemerkungen zum *Beweisen von Sätzen* aus dem vierten Kapitel nochmals auf und vertiefen sie. In diesem Zusammenhang lernen wir auch zwei *weitere Verknüpfungen von Aussagen* kennen.
- Das **sechste Kapitel** dient in weiten Teilen zur Vorbereitung der Einführung der natürlichen Zahlen als Kardinalzahlen im achten Kapitel. So führen wir hier anhand von *Teiler- und Vielfachenmengen* die wichtigsten *Mengenoperationen* und Beziehungen zwischen Mengen ein, und gehen auch knapp auf den Begriff der Menge ein. Wichtige *Gesetzmäßigkeiten bei den Mengenoperationen* können wir gut durch Venn-Diagramme veranschaulichen und u. a. durch Rückgriff auf die im fünften Kapitel im Zusammenhang mit den Teilbarkeitsregeln thematisierten Junktoren beweisen, wie wir exemplarisch aufzeigen. Das sechste Kapitel endet mit dem *Euklidischen Algorithmus*, mit dessen Hilfe wir den größten gemeinsamen Teiler (*ggT*) gegebener Zahlen oft besonders vorteilhaft und elegant bestimmen können.
- Das **siebte Kapitel** hat eine *doppelte* Zielsetzung: *Einerseits* werden hier *rückblickend* einige bisher in diesem Band schon angesprochene Begriffe und Eigenschaften (Relation, Transitivität, Reflexivität, Identitivität u. a.) in einen breiteren Kontext gestellt und damit vertieft. *Andererseits* werden hier – ähnlich wie im vorigen Kapitel – zentrale Begriffe und Sätze für die im nächsten Kapitel erfolgende Einführung der natürlichen Zahlen als Kardinalzahlen bereitgestellt. So benötigen wir für diese Einführung den Begriff der *Äquivalenzrelation* und die Kenntnis der Aussage, dass hierdurch stets eine *Klasseneinteilung* bewirkt wird. Wir benötigen aber auch eine gründliche Kenntnis des Begriffs der *Abbildung* bzw. *Funktion*. Diese zweifache Zielsetzung (vertiefender Rückblick bzw. Vorarbeiten für das nächste Kapitel) bestimmt insgesamt die *Auswahl* der Inhalte für dieses Kapitel aus dem breiten Themenbereich Relationen und Funktionen.
- Wir haben uns in diesem Band schon intensiv unter verschiedenen Gesichtspunkten mit den natürlichen Zahlen beschäftigt. Im **achten Kapitel** stellen wir zunächst die Frage: *Was ist eigentlich eine natürliche Zahl?* Die Antwort hierauf gestattet es uns, das (nichtschriftliche) Rechnen mit natürlichen Zahlen und die Kleinerrelation dort

auf „feste Füße" zu stellen. Wir stellen diese Frage differenziert und gründlich erst an dieser Stelle und nicht schon im zweiten Kapitel, da die Antwort hierauf nicht ganz einfach ist und wir in diesem Zusammenhang auf verschiedene Begriffsbildungen und Sätze aus den *vorhergehenden* Kapiteln zurückgreifen.
Wir fundieren die natürlichen Zahlen in diesem Kapitel ausführlich und gründlich als *Kardinalzahlen*, da sich dieser Zahlaspekt besonders gut für eine *anschauliche* Fundierung *der Rechenoperationen* eignet. Auf eine Fundierung der natürlichen Zahlen als *Ordinalzahlen* gehen wir im neunten Kapitel knapp ein. Dieser Zahlaspekt spielt beim *Zählen* und *Erwerb des Zahlbegriffs* eine wichtige Rolle.

- Die **Addition** führen wir durch Rückgriff auf die Mengenvereinigung an einfachen Beispielen ein. Die Eigenschaften der Addition wie das Kommutativ- und das Assoziativgesetz beweisen wir *einerseits* durch Rückgriff auf entsprechende, im sechsten Kapitel behandelte *Gesetze der Mengenalgebra, andererseits* durch – direkt in den Unterricht der Grundschule übertragbare – *beispielgebundene Beweisstrategien.* Diese zweite Form des Beweisens ist gerade für zukünftige Grundschullehrkräfte besonders sinnvoll.
- Die **Subtraktion** behandeln wir durch Rückgriff auf die Differenzmengenbildung.
- Die **Multiplikation** führen wir über die *Mengenvereinigung/Wiederholte Addition* sowie über das *Kreuzprodukt* ein. Hierbei bietet der Weg über das Kreuzprodukt unter rein *mathematischen* Gesichtspunkten Vorteile, während der Weg über die Mengenvereinigung/Wiederholte Addition es gestattet, viele Aussagen mit Hilfe *beispielgebundener Beweisstrategien* zu begründen, die so fast schon direkt in den Unterricht der Grundschule übertragen werden können. Dieser Weg ist daher der Haupteinführungsweg.
- An die **Division** führen wir – ganz entsprechend der Praxis in der Grundschule – *zunächst* eigenständig und anwendungsnah im Sinne des *Aufteilens* und *Verteilens* heran und definieren die Division *abschließend* als *Umkehroperation* der Multiplikation. Dieser Zugangsweg bietet *insgesamt* den Vorteil, dass die Division mit anschaulichen Vorstellungen verbunden wird.
- Im letzten Abschnitt dieses Kapitels skizzieren wir *zunächst* die Einführung der **Kleinerrelation** durch einen Vergleich von Mengen mittels der *paarweisen Zuordnung und der Teilmengenbeziehung* und führen sie *anschließend* durch Rückgriff auf die schon zur Verfügung stehende *Addition* ein, da wir *so* viele Sätze *besonders einfach* beweisen können.

• Im **neunten Kapitel** thematisieren wir relativ knapp die *Einführung der natürlichen Zahlen als Ordinalzahlen.* Wir beschreiben zunächst die für Ordinalzahlen im Sinne von *Zählzahlen* notwendigen *Anforderungen.* Dies führt fast unmittelbar zu den *Peano-Axiomen.* Das dort enthaltene Beweisprinzip der *vollständigen Induktion* leuchtet zwar anschaulich unmittelbar ein, ist allerdings im konkreten Beweisfall oft technisch anspruchsvoll. Anschließend skizzieren wir, wie auf dieser Grundlage die *vier Rechenoperationen* und die *Kleinerrelation* eingeführt werden können.

- In diesem Band steht die intensive Beschäftigung mit den natürlichen Zahlen als Zahlen, mit denen man zählen und rechnen und so insbesondere Anzahlen bestimmen kann, im Vordergrund. Im **zehnten Kapitel** untersuchen wir die vier sogenannten „kombinatorischen Grundaufgaben". Die Kombinatorik kann als Kunst des systematischen oder geschickten Zählens – oder genau genommen als Kunst des Zählens (im Sinne von „Anzahlen bestimmen"), ohne zu zählen – verstanden werden. In elementarster Form tritt Kombinatorik bereits im Mathematikunterricht der Grundschule auf. Als fachlichen Hintergrund hierfür entwickeln wir Formeln zur Bearbeitung der kombinatorischen Grundaufgaben, wobei wir jeweils von anschaulichen Fragestellungen ausgehen.
- Im **elften und letzten Kapitel „Ausblick"** beschäftigen wir uns unter einigen ausgesuchten Fragestellungen mit den zu Beginn der Sekundarstufe I auf die natürlichen Zahlen folgenden *Bruchzahlen* und *ganzen Zahlen* sowie *rationalen Zahlen*. Mit einem kurzen Ausblick auf eine mögliche *vertiefte Weiterführung* des Themas *Arithmetik/Zahlentheorie* im Sinne einer Curriculumspirale endet dieses Kapitel.

Für die professionelle Erstellung weiter Teile dieses Bandes bedanken wir uns herzlich bei Frau Anita Kollwitz.

Bielefeld/Essen, Mai 2014

Friedhelm Padberg
Andreas Büchter

Inhaltsverzeichnis

Einige spannende Probleme – ein Schnupperkurs 1

In diesem ersten Kapitel beschränken wir uns auf die Betrachtung spezieller Summen und Differenzen natürlicher Zahlen – ein Ihnen gut vertrautes Gebiet. Wir werden hier einige spannende und leicht verständliche Probleme gemeinsam erarbeiten. Sie werden sehen, dass für Sie das Auffinden von Vermutungen und die zugehörige Begründung auf *anschaulicher Ebene* mit *Punkt- oder Zahlenmustern* leicht zu verstehen und – ein großer Vorteil! – später im Unterricht der Grundschule auch gut einzusetzen ist. Der anschließende behutsame Übergang zu Beweisen mit *Variablen* wird Ihnen bei dieser Vorgehensweise höchstens geringe, leicht überwindbare Schwierigkeiten bereiten und so Ihre Einstellung zur Mathematik und – dort für Sie mögliche Leistungen – positiv beeinflussen.

1.1 Verblüffende Summendarstellungen

► **Beispiel 1.1 (Der clevere kleine Gauß)** Zur Einübung der Addition – oder um sich etwas „Freiraum" im Unterricht zu verschaffen?! – stellt der Lehrer seiner Klasse die folgende Additionsaufgabe: **Addiert die ersten hundert Zahlen!** ■

Eine pfiffige Idee

Zu seiner großen Überraschung meldet sich schon sehr bald der junge Carl Friedrich Gauß (später ein berühmter Mathematiker, 1777–1855) und nennt das richtige Ergebnis. Wie konnte er diese vielen Additionen mit fast ausschließlich zweistelligen Summanden so rasch durchführen?

Ganz einfach: Er führte sie **gar nicht erst** durch, sondern erkannte und nutzte **Muster**, um so diese Additionen sehr elegant zu lösen. Seinen Gedankengang konkretisieren wir am Beispiel der Addition der ersten zehn Zahlen.

$$1 + 2 + 3 + 4 + 5 + 6 + 7 + 8 + 9 + 10$$

F. Padberg, A. Büchter, *Einführung Mathematik Primarstufe – Arithmetik*,
Mathematik Primarstufe und Sekundarstufe I + II, DOI 10.1007/978-3-662-43449-9_1

Diese Summanden *vergrößern* sich von *links nach rechts* von 1 bis 10 jeweils um 1 und *verkleinern* sich zugleich von *rechts nach links* von 10 bis 1 jeweils um 1.

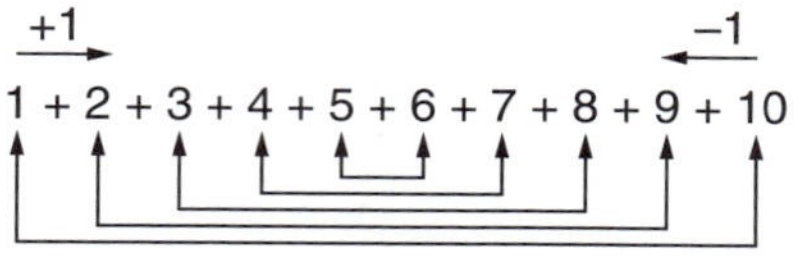

Abb. 1.1 Summe der ersten zehn Zahlen

Daher ist die Summe aus der ersten (1) und zehnten Zahl (10) genauso groß wie die Summe aus der zweiten (2) und neunten (9) oder aus der dritten (3) und achten (8) Zahl, nämlich jeweils 11. In diesem Beispiel können wir die Summe der ersten zehn Zahlen sehr leicht über die fünf Summen $1 + 10$, $2 + 9$, $3 + 8$, $4 + 7$ und $5 + 6$ bestimmen, die jeweils 11 ergeben. Da wir fünf Summen haben, gilt für die Gesamtsumme $5 \cdot 11 = 55$, also insgesamt $1 + 2 + 3 + 4 + 5 + 6 + 7 + 8 + 9 + 10 = 55$.

Weiterführung

Bilden Sie entsprechend die Summe der ersten zwanzig, vierzig und sechzig aufeinanderfolgenden Zahlen.

Sie sehen: Was zunächst nach Zauberei aussieht, lässt sich auch locker bei der Addition der ersten 100 oder auch 1000 Zahlen anwenden. Bei der Addition der ersten hundert Zahlen fassen wir den 1. und 100., den 2. und 99., den 3. und 98. Summanden zusammen. Wir erhalten 50 Summen mit jeweils 101 als Ergebnis, also insgesamt $50 \cdot 101 = 5050$.

Offensichtlich funktioniert dieses Verfahren völlig analog zumindest **bei allen geraden Anzahlen** von Summanden.

Können wir auf diese elegante Art sogar *sämtliche* Summen aufeinanderfolgender natürlicher Zahlen bestimmen? Schon bei der Addition der ersten *elf* aufeinanderfolgenden Zahlen funktioniert das Verfahren nicht mehr unverändert; denn addieren wir die erste und elfte, zweite und zehnte, dritte und neunte Zahl usw., so erhalten wir fünf mal die Summe 12, während die Zahl 6 allein übrig bleibt. Als Summe erhalten wir daher $5 \cdot 12 + 6$. Ursache ist offenbar die Tatsache, dass 11 eine *ungerade* Zahl ist; denn bei **ungeraden Anzahlen** von Summanden bleibt zwangsläufig am Ende der Paarbildung eine einzelne Zahl übrig (warum?).

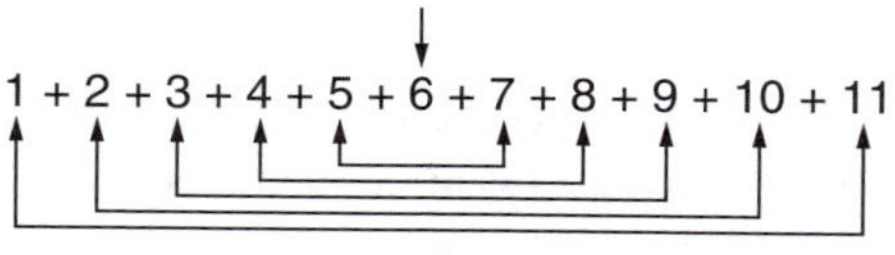

Abb. 1.2 Summe der ersten elf Zahlen

Durch eine naheliegende *Variation* der Lösungsidee kommen wir allerdings auch bei *ungeraden* Anzahlen von Summanden elegant zum Ziel, wie wir am Beispiel der Addition der ersten 101 Zahlen zeigen. Zur bekannten Summe $1 + 2 + \ldots + 99 + 100 = 50 \cdot 101$ (gerade Anzahl von Summanden) addieren wir den *letzten* Summanden, hier 101, und erhalten so die Summe $(1+2+\ldots+100)+101 = 50 \cdot 101+101 = 5050+101 = 5151$.

► **Beispiel 1.2** Welche Zahlen lassen sich als Summe von drei aufeinanderfolgenden natürlichen Zahlen darstellen? ■

Versuchen wir 25 als Summe dreier aufeinanderfolgender natürlicher Zahlen darzustellen, so bemerken wir, dass $7 + 8 + 9 = 24$ zu klein und $8 + 9 + 10 = 27$ zu groß ist. Daher können wir 25 *nicht* als Summe dreier aufeinanderfolgender natürlicher Zahlen darstellen. Dagegen funktioniert dies bei 24 mit $7 + 8 + 9 = 24$ problemlos, und dies ist offenkundig auch die einzige Möglichkeit, 24 als derartige Summe darzustellen. Oder auch 27 lässt sich eindeutig als Summe der aufeinanderfolgenden Zahlen 8, 9 und 10 darstellen, nämlich $27 = 8 + 9 + 10$.

Weitere Untersuchungen führen uns bald zu der

Vermutung 1
Alle Zahlen der Dreierreihe, also 3, 6, 9, 12 usw., lassen sich als Summe dreier aufeinanderfolgender natürlicher Zahlen darstellen.

Bemerkung
Wir bezeichnen im Folgenden die Zahlen der Dreierreihe als **Vielfache von 3**. Die Zahl 3 lässt sich nur in der Form $0+1+2$ darstellen, also mit Null als erstem Summanden. Wollen wir diesen Fall ausschließen – etwa weil für uns die natürlichen Zahlen gefühlt erst mit 1 beginnen, – so müssen wir uns auf Vielfache von 3, die *größer als* 3 sind, beschränken, also auf 6, 9, 12 usw. Wir nennen diese Vielfachen kurz **echte Vielfache** von 3.

Wir formulieren im Folgenden die Vermutung 1 mittels dieser Begriffe um zu

Vermutung 2
Jedes echte Vielfache von 3 lässt sich als Summe von drei aufeinanderfolgenden natürlichen Zahlen darstellen.

Unterschiedliche Begründungen dieser Vermutung

Diese Vermutung können wir auf verschiedene Art und Weise begründen. Bei all diesen Begründungen gewinnen wir die klare Einsicht, dass die Vermutung 2 für *alle* echten Vielfachen von 3 gilt.

Für Studierende der ersten Semester ist erfahrungsgemäß die folgende anschauliche Begründung auf der bildhaften Ebene (oft **ikonische** Ebene genannt; vgl. Käpnick [7],

Krauthausen/Scherer [8]) am eingängigsten. Allerdings könnten *Sie* Bedenken haben, ob dies wirklich eine allgemeingültige Begründung – ein „Beweis" – ist. Auf diese Frage gehen wir später noch genauer ein (vgl. z. B. die Abschnitte 4.2, 5.1, 8.4, 8.5). Die Begründung auf der ikonischen Ebene bietet aber den großen Vorteil, dass sie schon Grundschulkindern einleuchtet und Sie darum diese Form der Begründung in Ihrem späteren Mathematikunterricht gut verwenden können.

Begründung auf der ikonischen Ebene (Begründung 1)
Alle echten Vielfachen von 3 lassen sich notieren als

$$6 = 2 \cdot 3,\ \ 9 = 3 \cdot 3,\ \ 12 = 4 \cdot 3,\ \ 15 = 5 \cdot 3 \ \text{ usw.},$$

also als ein Produkt, bei dem der erste Faktor die natürliche Zahl 2 oder größer und der zweite Faktor jeweils 3 ist. Die genannten Vielfachen können wir daher durch folgende **Punktmuster** darstellen, die jeweils aus unterschiedlich vielen „Spalten" mit jeweils drei Punkten bestehen:

Das erste Punktmuster besteht aus zwei „Spalten" mit drei Punkten, also aus $2 \cdot 3$ Punkten, das zweite aus drei Spalten mit drei Punkten, also $3 \cdot 3$ Punkten, das dritte aus vier Spalten mit drei Punkten, also aus $4 \cdot 3$ Punkten und das vierte aus fünf Spalten mit drei Punkten, also aus $5 \cdot 3$ Punkten.

Begründung am Beispiel
Schieben wir in Gedanken etwa beim dritten Punktmuster einen Punkt aus der obersten „Zeile" in die unterste „Zeile", so können wir Folgendes beobachten:

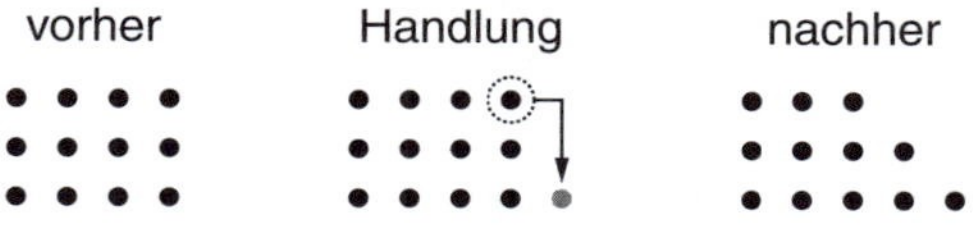

1. Die Verschiebung ändert *nicht* die Anzahl der Punkte („Invarianz" bei Piaget[1]).
2. Der so ganz zwangsläufig erhaltene *stufenförmige* Verlauf der drei Zeilen vermittelt bei *zeilenweiser* Betrachtung sehr prägnant die Einsicht, dass das gegebene Vielfache von 3, nämlich $4 \cdot 3$, als Summe $3 + 4 + 5$ dargestellt werden kann. Entsprechendes gilt offensichtlich auch für $2 \cdot 3$ und $3 \cdot 3$.

[1] Vgl. F. Padberg/C. Benz: Didaktik der Arithmetik für Lehrerausbildung und Lehrerfortbildung, Heidelberg 2011, S. 5.

Verallgemeinerung
Dem vorstehenden Bild können wir auch unmittelbar entnehmen, dass wir *genauso* bei *jedem* größeren echten Vielfachen von 3 vorgehen können; denn wir können immer – egal, ob wir hier 100, 1000 oder 1.000.000 Spalten haben – in der letzten Spalte des Punktmusters einen Punkt aus der obersten in die unterste Zeile verschieben. Wir erhalten so **stets** den **stufenförmigen Verlauf** und können so bei *zeilenweiser* Betrachtung unmittelbar einsehen, dass auch dieses – beliebig große – echte Vielfache von 3 darstellbar ist als Summe von drei aufeinanderfolgenden natürlichen Zahlen.

Möglicherweise hilft Ihnen die folgende Abbildung, die Begründung für beliebige Vielfache von 3 noch besser zu verstehen:

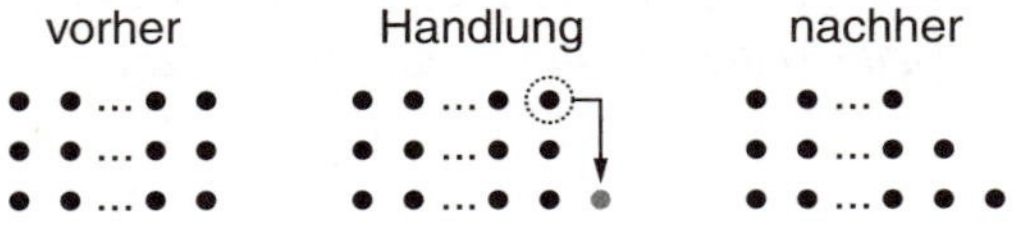

Die Punkte „. . .“ deuten an, dass hier mindestens eine oder beliebig viele Spalten mit drei Punkten „dazwischen“ stehen können. Es handelt sich hier also um ein beliebiges echtes Vielfaches von 3 größer als $4 \cdot 3$. Genau wie im Fall $4 \cdot 3$ können wir offenbar *stets* durch Verschieben eines Punktes den typischen *stufenförmigen* Verlauf herstellen. □

Wir haben hier insgesamt bewiesen:

Satz 1.1
Jedes echte Vielfache von 3 lässt sich als Summe von drei aufeinanderfolgenden natürlichen Zahlen darstellen.

Bemerkung
Statt mit Punktmustern können wir auch mit **Plättchenmustern** arbeiten. Hier können die Plättchen real verschoben werden. Die Begründung erfolgt hier durch *handelnden* Umgang mit Material. Man spricht hier oft von der **enaktiven** Ebene (vgl. Käpnick [7] oder Krauthausen/Scherer [8]).

Gilt auch die „Umkehrung“?
Wir wissen: *Alle* echten Vielfachen von 3 lassen sich als Summe von drei aufeinanderfolgenden natürlichen Zahlen darstellen. Gibt es daneben noch *andere* natürliche Zahlen, die sich ebenfalls so darstellen lassen? Mit Hilfe der beiden letzten Abbildungen können wir die Frage unmittelbar *verneinen*. „Lesen“ wir nämlich jetzt diese Abbildungen „rückwärts“, also von rechts nach links, so sehen wir durch die gedankliche Verschiebung des unteren Punktes zurück auf seinen alten Platz direkt ein, dass jede Summe von drei aufeinanderfolgenden natürlichen Zahlen ein echtes Vielfaches von 3 als Ergebnis hat. Wir haben hiermit bewiesen:

Satz 1.2
Jede Summe dreier aufeinanderfolgender natürlicher Zahlen lässt sich darstellen als echtes Vielfaches von 3.

Diese Aussage können wir zusammen mit Satz 1.1 zusammenfassen zu

Satz 1.3
Eine natürliche Zahl lässt sich genau dann als Summe von drei aufeinanderfolgenden natürlichen Zahlen darstellen, wenn sie ein echtes Vielfaches von 3 ist.

Die in diesem Satz verwendete Formulierung *„genau dann, wenn"* ist Ihnen in diesem Kapitel vermutlich intuitiv klar. Wir werden sie später in diesem Band noch genauer analysieren (vgl. Abschnitt 5.5).

Wir werden jetzt Satz 1.3 noch auf der **Zahlenebene** und zusätzlich mit **Variablen** beweisen. Die *parallele* Betrachtung der beiden Ebenen hat den Vorteil, dass diese sich gegenseitig stützen können und so das Verständnis des Beweises mit Variablen erleichtert wird.

Begründung auf der Zahlenebene
Zur Erinnerung
Das Kommutativ- oder **Vertauschungsgesetz** der Addition bzw. Multiplikation besagt, dass jede Summe aus zwei Summanden bzw. jedes Produkt aus zwei Faktoren unverändert bleibt, wenn wir nur die Reihenfolge der Summanden bzw. Faktoren vertauschen (Beispiel: $7 + 9 = 9 + 7$; $7 \cdot 9 = 9 \cdot 7$).

Begründung am Beispiel
Am Beispiel von $69 = 23 \cdot 3$ erarbeiten wir hier eine *Beweisstrategie*, die sich auf *jedes* echte Vielfache von 3 übertragen lässt.

In Abschnitt 8.6 werden wir die Multiplikation u. a. als wiederholte Addition einführen. Darum können wir beispielsweise $3 \cdot 23$ deuten als $23 + 23 + 23$.

$$\begin{aligned}
69 &= 23 \cdot 3 && \text{(69 als Vielfaches von 3)}\\
&= 3 \cdot 23 && \text{(Kommutativgesetz)}\\
&= 23 + 23 + 23 && \text{(Multiplikation als wiederholte Addition)}\\
&= (23 - 1) + 23 + (23 + 1) && \text{(gegensinniges Verändern)}\\
&= 22 + 23 + 24
\end{aligned}$$

Beim Übergang von 23+23+23 zu (23−1)+23+(23+1) bleibt die Summe offensichtlich *unverändert*; denn wir verändern den ersten und dritten Summanden *gegensinnig um 1*, also heben sich die beiden Veränderungen insgesamt wieder auf. Diesem gegensinnigen Verändern hier auf der *Zahlenebene* entspricht bei Begründung 1 auf der *ikonischen Ebene* das Verschieben eines Punktes aus der obersten in die unterste Reihe.

Verallgemeinerung

Entsprechend können wir bei *jedem* echten Vielfachen von 3 vorgehen: Wegen des Kommutativgesetzes können wir jedes echte Vielfache von 3 als Produkt mit 3 als erstem Faktor darstellen. Daher können wir diese Zahl stets durch 3-fache Addition des zweiten Faktors erhalten. Verkleinern wir in der so erhaltenen Summe den ersten Summanden um 1 und vergrößern gleichzeitig den dritten Summanden um 1, so bleibt die Summe unverändert, und wir gewinnen so direkt eine Darstellung der betreffenden Zahl als Summe dreier aufeinanderfolgender natürlicher Zahlen. Lesen wir im konkreten Beispiel $69 = 23 \cdot 3$ die Argumentationskette „von unten nach oben", so erhalten wir umgekehrt die Aussage, dass sich jede Summe dreier aufeinanderfolgender Zahlen stets als Vielfaches von 3 darstellen lässt. Wir haben somit erneut den Satz 1.3 bewiesen. □

Begründung mit Variablen

Statt $69 = 23 \cdot 3$ betrachten wir jetzt ein beliebiges echtes Vielfaches a von 3. Den 23 entsprechenden Faktor nennen wir allgemein n, wobei n eine natürliche Zahl größer 1 ist. Genau wie $69 = 23 \cdot 3$ gilt dann:

$$\begin{aligned} a &= n \cdot 3 && (a \text{ als Vielfaches von 3}) \\ &= 3 \cdot n && (\text{Kommutativgesetz}) \\ &= n + n + n && (\text{Multiplikation als wiederholte Addition}) \\ &= (n-1) + n + (n+1) && (\text{gegensinniges Verändern}) \end{aligned}$$

Also lässt sich *jedes* echte Vielfache a von 3 als Summe der drei aufeinanderfolgenden Zahlen $n - 1$, n und $n + 1$ darstellen. Gehen wir den Beweis von „unten nach oben" durch, so sehen wir, dass jede Summe von drei aufeinanderfolgenden Zahlen $(n - 1)$, n und $(n + 1)$ ein Vielfaches von 3 ist. Hiermit ist Satz 1.3 erneut bewiesen. □

Verallgemeinerung

Wir haben bisher *ausschließlich* Zahlen betrachtet, die sich als Summe von **drei aufeinanderfolgenden natürlichen Zahlen** darstellen lassen. Die folgenden Beispiele

$$\begin{aligned} 55 &= 9 + 10 + 11 + 12 + 13 \\ 84 &= 9 + 10 + 11 + 12 + 13 + 14 + 15 \\ 117 &= 9 + 10 + 11 + 12 + 13 + 14 + 15 + 16 + 17 \end{aligned}$$

zeigen, dass es natürliche Zahlen gibt, die sich beispielsweise als Summe von **5**, **7** oder **9** aufeinanderfolgenden natürlichen Zahlen darstellen lassen. Vollkommen analog wie bei den echten Vielfachen von 3 kann man auch bei den echten Vielfachen von 5 auf verschiedenen Begründungsebenen beweisen, dass gilt (vgl. Problemstellung 3)

Satz 1.4
Eine natürliche Zahl lässt sich genau dann als Summe von fünf *aufeinanderfolgenden natürlichen Zahlen darstellen, wenn sie ein echtes Vielfaches von 5 ist.*

Variation der Fragestellung

Wir beenden diesen Abschnitt mit einer *Variation* der bisherigen Fragestellung. Wir gehen jetzt von *einer* festen Zahl, beispielsweise 63 oder 105, aus und untersuchen, auf wie viele Arten sie als Summe aufeinanderfolgender natürlicher Zahlen darstellbar ist. Im Beispiel 63 erhalten wir:

$$\begin{aligned} 63 &= 20 + 21 + 22 && \text{(3 Summanden)} \\ &= 6 + 7 + 8 + 9 + 10 + 11 + 12 && \text{(7 Summanden)} \\ &= 3 + 4 + 5 + 6 + 7 + 8 + 9 + 10 + 11 && \text{(9 Summanden)} \end{aligned}$$

Im Beispiel 105 gilt:

$$\begin{aligned} 105 &= 34 + 35 + 36 && \text{(3 Summanden)} \\ &= 19 + 20 + 21 + 22 + 23 && \text{(5 Summanden)} \\ &= 12 + 13 + 14 + 15 + 16 + 17 + 18 && \text{(7 Summanden)} \end{aligned}$$

Stellen Sie jetzt 135 und 225 auf alle möglichen Arten als Summe aufeinanderfolgender natürlicher Zahlen dar. Wie gehen Sie hierbei systematisch vor (vgl. Problemstellung 5)?

1.2 Das Geheimnis der vertauschten Ziffern

Abb. 1.3 Vertauschte Ziffern (Die Matheprofis 2 [18], S. 107)

Im vorstehenden Schulbuchbeispiel des zweiten Schuljahres bilden die Kinder aus zwei vorgegebenen Ziffernkarten mit den Ziffern 6 und 8 bzw. 1 und 5 die Subtraktionsaufgaben $86 - 68$ bzw. $51 - 15$.

Zur Erinnerung
Bei der Subtraktionsaufgabe $86 - 68 = 18$ nennen wir 86 den **Minuend**, 68 den **Subtrahend** und das Ergebnis 18 die (ausgerechnete) **Differenz**.

Spiegelzahlen bei zweistelligen Zahlen

In beiden Aufgaben hängen Minuend und Subtrahend jeweils eng zusammen. Durch Vertauschen oder „Spiegeln" der Ziffern entsteht nämlich aus 86 die Zahl 68 oder aus 51 die Zahl 15. Daher werden Zahlenpaare wie 86 und 68 oder 51 und 15 oft auch als **Spiegelzahlen** bezeichnet. Wir setzen zunächst voraus, dass die beiden Ziffern *verschieden* sind (sonst stimmen die beiden Spiegelzahlen überein; Beispiel: $55 = 55$) und *keine Ziffer* 0 ist (sonst hat 70 die Zahl „07" als Spiegelzahl).

Wir ziehen im Folgenden jeweils die kleinere Zahl von der größeren ab. Im Schulbuchbeispiel erhält Pia flott 18 als Ergebnis von $86-68$. Dies verblüfft Paul, daher seine Frage: „Woher weißt du das so schnell?" Möglicherweise rechnet Pia einfach schneller als Paul. Möglicherweise hat sie aber auch schon beim Rechnen verschiedener Aufgaben mit Spiegelzahlen *Strukturen oder Muster* entdeckt, die es ihr erlauben, das Ergebnis sehr rasch zu finden.

Beispiele
Betrachten wir hierzu im Folgenden einige **Differenzen von Spiegelzahlen** wie

$$
\begin{aligned}
94-49&=45, & 52-25&=27, & 73-37&=36,\\
96-69&=27, & 82-28&=54, & 42-24&=18,\\
91-19&=72, & 65-56&=9, & 92-29&=63,
\end{aligned}
$$

so fällt uns auf, dass zumindest diese Differenzen **ausnahmslos Vielfache von 9** sind. Ist das Zufall – oder gilt dies generell bei Spiegelzahlen?

Bei unseren Beispielen erhalten wir sowohl bei $52-25$ als auch bei $96-69$ die Zahl 27 als Differenz. Gibt es weitere Paare von Spiegelzahlen mit der **Differenz 27**? Durch systematisches Probieren finden wir insgesamt die folgenden Subtraktionsaufgaben:

$$96-69,\quad 85-58,\quad 74-47,\quad 63-36,\quad 52-25\quad \text{und}\quad 41-14.$$

Bei genauerer Analyse der vorstehenden Zahlen fällt auf, dass der *Unterschied* zwischen Zehner- und Einerziffer stets **3** ist. Zusätzlich gilt, dass die Differenz 27 genau das **3**-Fache von 9 ist, dass also $27=\mathbf{3}\cdot 9$ gilt.

$94-49$ ergibt 45. Gibt es weitere Paare von Spiegelzahlen mit dieser Differenz? Durch systematisches Probieren finden wir die Aufgaben $94-49,\ 83-38,\ 72-27,\ 61-16$. Der Unterschied zwischen Zehner- und Einerziffer ist hier einheitlich **5**, und es gilt außerdem $45=\mathbf{5}\cdot 9$. ■

Diese und ggf. weitere Beispiele führen uns zu folgender

Vermutung 3
Für alle zweistelligen Spiegelzahlen, bei denen die beiden Ziffern verschieden und keine Ziffer Null ist, gilt:

1. Der Unterschied zwischen zwei Spiegelzahlen ist stets ein Vielfaches von 9.
2. Der Unterschied zwischen Zehner- und Einerziffer gibt uns jeweils *genau* an, um *welches* Vielfache von 9 es sich hierbei handelt (Beispiel: Ist der Unterschied zwischen Zehner- und Einerziffer 7, dann unterscheiden sich die Spiegelzahlen um 63 ($=7\cdot 9$)).

Bemerkung
Wir sprechen in der vorstehenden Vermutung vom **Unterschied** zwischen zwei Spiegelzahlen und nicht von ihrer *Differenz*, um zu vermeiden, dass in unserer Argumentation *negative Zahlen* vorkommen. Der Unterschied von 3 und 9 sowie von 9 und 3 ist nämlich stets 6, dagegen gilt für die Differenzen $9-3=6$ und $3-9=-6$. Alternativ könnten wir in der Vermutung auch fordern, dass wir bei Spiegelzahlen stets die kleinere von der größeren Zahl abziehen.

Bezogen auf unser einleitendes Schulbuchbeispiel hat Pia durch vorhergehende Beschäftigung mit Spiegelzahlen möglicherweise schon selbst erste Erfahrungen zu den

Aussagen obiger Vermutung gesammelt. Die Richtigkeit obiger Vermutung können wir folgendermaßen begründen.

Begründung auf der Zahlenebene

Zweistellige Zahlen bestehen aus Zehnern (im Folgenden abgekürzt durch Z) und Einern (kurz: E). Beim Übergang von einer Zahl zu ihrer Spiegelzahl werden aus Einern Zehner und umgekehrt aus Zehnern Einer, wie das folgende Beispiel verdeutlicht: Die Spiegelzahl von 49 ist 94. Bei 49 steht die 4 für vier *Zehner*, dagegen bei ihrer Spiegelzahl 94 für vier *Einer*. Analoges gilt auch für die 9: Sie steht bei 49 für neun *Einer*, dagegen bei 94 für neun *Zehner*.

Begründung am Beispiel

Wir zeigen jetzt ausgehend vom konkreten Beispiel mit den **Zahlen 74 und 47**, dass der Unterschied zwischen zwei Spiegelzahlen stets ein Vielfaches von 9 ist. 74 besteht aus 7Z und 4E, 47 dagegen aus 4Z und 7E. Wie groß ist der Unterschied zwischen 7Z4E und 4Z7E? Wir beschreiten jetzt einen Weg, den wir so bei *allen zweistelligen* Spiegelzahlen gehen können. Wir fragen uns zunächst: Um wieviel sind die 7Z in 74 größer als die 7E in 47? Da 1Z genau um 9 größer ist als 1E, sind 7Z genau um $7 \cdot 9$ größer als 7E (denn $7 + 63 = 70$). Analog können wir jetzt argumentieren, dass der Übergang von den vier Zehnern von 47 zu den vier Einern von 74 eine Verkleinerung um $4 \cdot 9$ bedeutet; denn der Übergang von einem Zehner zu einem Einer bedeutet eine Verkleinerung um 9. Der vollständige Übergang von 47 zu 74, also der Übergang von 4Z7E zu 7Z4E, bedeutet zunächst bei der Ziffer 7 eine *Vergrößerung* um $7 \cdot 9$, bei der Ziffer 4 dagegen eine *Verkleinerung* um $4 \cdot 9$, also *insgesamt* eine Vergrößerung um $(7 - 4) \cdot 9$. Also gilt für die Differenz der beiden Spiegelzahlen $74 - 47 = (7 - 4) \cdot 9$. Die Differenz $74 - 47$ ist also (1) ein Vielfaches von 9 und (2) das $(7 - 4)$-Fache von 9, wobei $7 - 4$ der Unterschied der beiden Ziffern ist.

Verallgemeinerung

Die vorstehende Argumentation gilt offenkundig nicht nur für die beiden Spiegelzahlen 47 und 74, sondern für **alle** zweistelligen Spiegelzahlen. Völlig analog – nur durch Austausch der Ziffern – erhalten wir beispielsweise

für 54 und 45, dass $54 - 45 = (5 - 4) \cdot 9$ gilt,

für 63 und 36, dass $63 - 36 = (6 - 3) \cdot 9$ gilt, oder

für 81 und 18, dass $81 - 18 = (8 - 1) \cdot 9$ gilt.

Die ausführliche Argumentation bei den Spiegelzahlen 47 und 74 liefert uns also konkret an diesem Beispiel eine *Strategie*, wie wir bei *allen* übrigen zweistelligen Spiegelzahlen vorgehen können, um so die Gültigkeit obiger Vermutung für *alle* zweistelligen Spiegelzahlen zu zeigen. Wir sprechen daher hier von einer *beispielgebundenen Beweisstrategie*. □

Bemerkungen

1. Die vorstehenden Überlegungen am **Beispiel** von 47 und 74 fasst die folgende Skizze übersichtlich zusammen:

$$\begin{array}{ccc} 7 & & 4 \\ & \times & \\ 4 & & 7 \end{array}$$

- Aus $7E$ werden durch Spiegeln $7Z$, es erfolgt so eine Vergrößerung um $7 \cdot 9$.
- Aus $4Z$ werden durch Spiegeln $4E$, es erfolgt also eine Verkleinerung um $4 \cdot 9$.
- Die beiden Spiegelzahlen unterscheiden sich also insgesamt um $7 \cdot 9 - 4 \cdot 9 = (7-4) \cdot 9$, wobei $7-4$ der Unterschied der beiden Ziffern ist. Offensichtlich können wir bei allen Spiegelzahlen analog argumentieren, die obige Aussage gilt also für *alle* zweistelligen Spiegelzahlen.

2. Die **Allgemeingültigkeit der Aussage** lässt sich noch leichter zeigen, wenn wir statt 4 und 7 mit a und b zwei beliebige natürliche Zahlen zwischen 1 und 9 betrachten. a sei die Zehnerziffer der *größeren* Zahl, b die Einerziffer (also gilt a ist größer als b, kurz $a > b$). Ferner gelte $a \neq b$ sowie $a \neq 0$ und $b \neq 0$ (vgl. Vermutung 3).

$$\begin{array}{ccc} a & & b \\ & \times & \\ b & & a \end{array}$$

- Durch Spiegeln werden aus a Einern a Zehner. Es erfolgt hierdurch eine Vergrößerung um $a \cdot 9$.
- Durch Spiegeln werden aus den b Zehnern b Einer. Hierdurch erfolgt eine Verkleinerung um $b \cdot 9$.
- Je zwei Spiegelzahlen unterscheiden sich also um $(a-b) \cdot 9$, also um ein Vielfaches von 9, wobei $a-b$ die Differenz von Zehner- und Einerziffer der größeren Zahl ist.

Der Übergang von den konkreten Zahlen 4 und 7 zu den Variablen a und b ist formal nur ein kleiner Schritt, bei dem gerade zu Studienbeginn die Herausforderung erfahrungsgemäß in der angemessenen Verwendung der mathematischen Symbole liegt. Für einen souveränen Umgang mit der Formelsprache ist neben adäquaten inhaltlichen Vorstellungen, die hierzu entwickelt werden müssen, auch eine gewisse Gewöhnung erforderlich. Daher behandeln wir die Begründung auf der Zahlenebene und mit Variablen bewusst parallel. □

Im Folgenden schreiben wir die Begründung mit Variablen in einer Form auf, die leichter verallgemeinerbar ist.

Begründung mit Variablen

a, b seien beliebige natürliche Zahlen zwischen 1 und 9 mit $a \neq b$ (vgl. Vermutung 3). a sei die Zehnerziffer der größeren Spiegelzahl, b ihre Einerziffer, also gilt $a > b$ (warum?). Da z. B. die Kurzschreibweise 87 ausführlich $8 \cdot 10 + 7$ bedeutet, können wir obige größere Zahl aufschreiben in der Form $a \cdot 10 + b$, die kleinere Spiegelzahl demnach in der Form $b \cdot 10 + a$. Also gilt für die Differenz:

$$
\begin{aligned}
&(a \cdot 10 + b) - (b \cdot 10 + a) \\
&= a \cdot 10 + b - b \cdot 10 - a && \text{(„Minusklammer" auflösen)} \\
&= 10 \cdot a + b - 10 \cdot b - a && \text{(Kommutativgesetz)} \\
&= 10 \cdot a + 1 \cdot b - 10 \cdot b - 1 \cdot a && (1 \cdot a = a,\ 1 \cdot b = b) \\
&= 9 \cdot a - 9 \cdot b && \text{(vgl. Aufgabe 7)} \\
&= 9 \cdot (a - b) && \text{(Distributiv- oder Verteilungsgesetz)} \\
&= (a - b) \cdot 9 && \text{(Kommutativgesetz)}
\end{aligned}
$$

Hiermit ist die obige Vermutung wiederum bewiesen. □

Es gilt also

Satz 1.5
Gegeben seien zwei beliebige zweistellige Spiegelzahlen (keine Ziffer Null, beide Ziffern verschieden).

1. *Der Unterschied zwischen zwei zweistelligen Spiegelzahlen ist stets ein Vielfaches von 9.*
2. *Der Unterschied zwischen Zehner- und Einerziffer gibt uns an, um welches Vielfache von 9 sich die beiden Spiegelzahlen genau unterscheiden.*

Bemerkung
In vorstehender Satzformulierung fordern wir, dass keine **Ziffer Null** ist. Lassen wir dies jedoch zu, so erhalten wir neun neue Paare von Spiegelzahlen, nämlich $10 - 01 = 9$, $20 - 02 = 18$, $30 - 03 = 27$ usw. bis $90 - 09 = 81$, wobei die formale Schreibweise 01, 02 usw. irritierend wirkt. Darum haben wir bislang auch diese Spiegelzahlen nicht in Betracht gezogen. Lassen wir ferner zu, dass beide **Ziffern übereinstimmen**, erhalten wir 10 weitere Paare von Spiegelzahlen, deren Differenzen $99 - 99 = 0$, $88 - 88 = 0$ usw. bis $00 - 00 = 0$ wir ebenfalls *formal* als „Vielfaches" $0 \cdot 9$ von 9 darstellen können. Fassen wir zusätzlich diese 19 Paare von Zahlen als Paare von Spiegelzahlen auf, dann gilt offensichtlich für diese ebenfalls die Aussage des obigen Satzes. Wir können also dort die beiden Einschränkungen bezüglich der Ziffern auch fortlassen!

Didaktische Bemerkung
Werden im Unterricht der Klasse 2 Spiegelzahlen thematisiert, so kann man im Stundenverlauf die Differenzen der Spiegelzahlen *der Größe nach* zusammenfassen und anordnen. So können die Kinder die dortigen Muster und Strukturen leichter selbst entdecken – ganz

im Sinne einer „Forscherstunde". Einen ausgearbeiteten Unterrichtsentwurf zu Spiegelzahlen finden Sie bei K. Heckmann/F. Padberg: Unterrichtsentwürfe Mathematik Primarstufe, Band 2, Heidelberg 2014.

Verallgemeinerung: Spiegelzahlen bei dreistelligen Zahlen

Bislang haben wir Spiegelzahlen bei zweistelligen Zahlen untersucht. Gibt es auch *Spiegelzahlen bei dreistelligen Zahlen*? Welche Eigenschaften besitzen sie gegebenenfalls? Spiegeln wir die Zahlen 786 bzw. 936, so erhalten wir 687 bzw. 639. Bilden wir die Differenzen, so ergibt dies $786 - 687 = 99$ bzw. $936 - 639 = 297$. In beiden Fällen sind die Differenzen Vielfache von 99 und damit auch von 9.

Untersuchen wir *zunächst* nur Spiegelzahlen, bei denen **keine Null** als Ziffer vorkommt und alle drei **Ziffern voneinander verschieden** sind, so stellen wir verblüfft fest, dass wir trotz der Vielzahl an unterschiedlichen Spiegelzahlen nur neun verschiedene Ergebnisse erhalten, nämlich: 99, 198, 297, 396, 495, 594, 693, 792 und 891. Hierbei sind sämtliche Ergebnisse Vielfache von 99, und damit auch von 9 (warum?). Sehen wir uns zunächst exemplarisch einige Differenzen von Spiegelzahlen mit 396 als Ergebnis an:

$$975 - 579 = 396, \quad 864 - 468 = 396, \quad 753 - 357 = 396, \quad 561 - 165 = 396,$$

so fällt uns auf, dass bei den Spiegelzahlen die *Zehnerziffer* sich nicht verändert, was auch unmittelbar einleuchtet (warum?). Untersuchen wir darum die Hunderter- und Einerziffern bei diesen Beispielen, so beobachten wir, dass die Differenz jeweils **4** ist und für die Differenz 396 gilt $396 = \mathbf{4} \cdot 99$. Betrachten wir ergänzend einige Differenzen von Spiegelzahlen mit 198 als Ergebnis wie

$$967 - 769 = 198, \quad 654 - 456 = 198, \quad 735 - 537 = 198, \quad 826 - 628 = 198,$$

so beobachten wir, dass die Differenz zwischen Hunderter- und Einerziffer hier jeweils **2** ist und für die Differenz 198 gilt $198 = \mathbf{2} \cdot 99$. Wir vermuten daher:

Vermutung 4
Gegeben seien zwei beliebige dreistellige Spiegelzahlen (alle drei Ziffern verschieden[2], keine Ziffer Null). Dann gilt:

1. Der Unterschied zwischen zwei dreistelligen Spiegelzahlen ist stets ein Vielfaches von 99.
2. Der Unterschied zwischen Hunderter- und Einerziffer gibt uns jeweils an, um welches Vielfache von 99 es sich genau handelt.

[2] In diesem Zusammenhang sagt man in der Mathematik normalerweise, dass die Zahlen *paarweise verschieden* sein müssen, d. h., wenn man je zwei Zahlen herausgreift, müssen sie verschieden sein. Da keine Missverständnisse zu befürchten sind, benutzen wir jedoch hier und im Folgenden meist obige, einfachere Formulierung.

Begründung mit Variablen

a, b, c seien beliebige, voneinander verschiedene natürliche Zahlen zwischen 1 und 9. a sei die Hunderter-, b die Zehner-, c die Einerziffer der größeren Zahl mit $a > c$ (warum?). Da z. B. die Kurzschreibweise 837 bedeutet $8 \cdot 100 + 3 \cdot 10 + 7$, können wir obige größere Zahl als $a \cdot 100 + b \cdot 10 + c$ und die kleinere Spiegelzahl als $c \cdot 100 + b \cdot 10 + a$ aufschreiben.

Für die Differenz gilt also (vgl. Aufgabe 8)

$$\begin{aligned}
&(a \cdot 100 + b \cdot 10 + c) - (c \cdot 100 + b \cdot 10 + a)\\
&= a \cdot 100 + b \cdot 10 + c - c \cdot 100 - b \cdot 10 - a\\
&= a \cdot 100 - a + c - c \cdot 100\\
&= 99 \cdot a - 99 \cdot c\\
&= 99 \cdot (a - c).
\end{aligned}$$

Hiermit ist obige Vermutung vollständig bewiesen. □

Bemerkung

Gilt die vorstehende Vermutung auch, wenn alle drei Ziffern übereinstimmen? Gilt sie auch, wenn die Null bei den Ziffern vertreten ist? Wir thematisieren diese Fragen in Aufgabe 9 und beantworten sie mit „ja".

Es gilt also insgesamt

Satz 1.6

Gegeben seien zwei beliebige dreistellige Spiegelzahlen. Dann gilt:

1. *Ihr Unterschied ist stets ein Vielfaches von 99.*
2. *Das konkrete Vielfache von 99 ergibt sich jeweils aus dem Unterschied von Hunderter- und Einerziffer.*

Didaktische Bemerkungen

Die dreistelligen Spiegelzahlen bieten im dritten Schuljahr eine gute Gelegenheit, die schriftliche Subtraktion dreistelliger Zahlen einzuüben und gleichzeitig interessante Muster und Strukturen bei den natürlichen Zahlen entdecken zu lassen.

Die nachfolgende Problemstellung steht im Zusammenhang mit den dreistelligen Spiegelzahlen und wird in der didaktischen Literatur wegen der üblichen vertikalen Anordnung der Subtraktionsaufgaben auch als **Minustürme** bezeichnet (vgl. Wittmann/Müller [19], S. 38 ff.). Ausgangspunkt sind drei beliebige vorgegebene Ziffern, die alle voneinander verschieden sind und von denen keine Null ist. Hieraus wird die *größte* und *kleinste* Zahl gebildet, und hiervon die Differenz. Aus den drei Ziffern des *Ergebnisses* wird wiederum die größte und kleinste Zahl gebildet, hieraus die Differenz usw.

Minustürme – Beispiele

1. Vorgegeben seien die Ziffern 3, 7, 9. Die größte Zahl hieraus ist 973, die kleinste 379. Als Differenz erhalten wir 594. Die größte Zahl aus den Ziffern 4, 5, 9 ist 954, die kleinste 459, die Differenz 495. Wir sehen: Ab hier werden keine *neuen* Differenzen mehr gebildet, es wiederholt sich nur noch die Differenz $954 - 459 = 495$. Wir notieren dies folgendermaßen kurz: Vorgegebene Ziffern 3, 7, 9

$$\begin{array}{r} 973 \\ -379 \\ \hline 594 \end{array} \qquad \begin{array}{r} 954 \\ -459 \\ \hline 495 \end{array} \qquad \text{Ende, da keine neuen Differenzen mehr gebildet werden.}$$

2. Vorgegebene Ziffern 6, 7, 8

$$\begin{array}{r} 876 \\ -678 \\ \hline 198 \end{array} \qquad \begin{array}{r} 981 \\ -189 \\ \hline 792 \end{array} \qquad \begin{array}{r} 972 \\ -279 \\ \hline 693 \end{array} \qquad \begin{array}{r} 963 \\ -369 \\ \hline 594 \end{array} \qquad \begin{array}{r} 954 \\ -459 \\ \hline 495 \end{array} \qquad \text{Ende!}$$

Bei diesen beiden Beispielen fällt uns bei *sämtlichen* Differenzen auf:

- Die Zehnerziffer ist in jeder Differenz 9.
- Die Summe aus Einer- und Hunderterziffer ist in jeder Differenz ebenfalls 9.

Die Untersuchung weiterer Beispiele zeigt, dass die vorstehenden Aussagen auch dort gelten. Wir vermuten daher:

Satz 1.7
Gegeben seien drei Ziffern, die alle drei verschieden voneinander sind und von denen keine Null ist. Bilden wir hieraus die größte und die kleinste Zahl, so gilt für die Differenz:

1. *Die Zehnerziffer ist stets eine 9.*
2. *Die Summe aus Einer- und Hunderterziffer ist stets 9.*

Begründung
Bilden wir die *größte* dreistellige Zahl aus drei verschiedenen Ziffern, so gilt zwangsläufig, dass die größte Ziffer als Hunderterziffer, die mittlere als Zehnerziffer und die kleinste als Einerziffer genommen werden muss (Beispiel: Ziffern 6, 5, 8, größte Zahl 865 mit $8 > 6$ und $6 > 5$. Wir können hier beispielsweise nicht die 5 auf die mittlere Position stellen, denn $856 < 865$). Bei der *kleinsten* Zahl ist die Abfolge dagegen genau umgekehrt: Die kleinste Ziffer muss als Hunderterziffer, die größte als Einerziffer genommen werden und die mittlere unverändert als Zehnerziffer.

Dies bedeutet, dass die größte und kleinste Zahl **(spezielle) Spiegelzahlen** sind.[3] Folglich gilt für die Differenzen dieser Spiegelzahlen, dass sie nach Satz 1.6 Vielfache von 99 sind, also nur höchstens 99, 198, 297, 396, 495, 594, 693, 792 und 891 als Ergebnis haben können. $99 = \mathbf{1} \cdot 99$ kann jedoch als Differenz *nicht* vorkommen, da in diesem Fall nach Satz 1.6 die Differenz von Hunderter- und Einerziffer **1** sein müsste. Dies ist offensichtlich *unmöglich*, da alle drei Ziffern laut Voraussetzung voneinander verschieden[4] sind und sich daher Hunderter- und Einerziffer *mindestens* um 2 unterscheiden. $891 = \mathbf{9} \cdot 99$ kann ebenfalls als Differenz nicht vorkommen. Nach Satz 1.6 müsste in diesem Fall die Differenz von Hunderter- und Einerziffer **9** sein. Dies ist offensichtlich nur möglich, wenn die Hunderterziffer 9 und die Einerziffer 0 ist. Letzteres ist laut Voraussetzung nicht möglich. Als Differenzen bei Minustürmen kommen also höchstens die Zahlen 198, 297, 396, 495, 594, 693 und 792 in Frage. Bei all diesen Zahlen gilt: Die Zehnerziffer ist jeweils 9, ebenso die Summe aus Einer- und Hunderterziffer. Also gilt Satz 1.7 generell bei Minustürmen aus dreistelligen Zahlen. □

Konsequenz
Das *zweite* Beispiel vor Satz 1.7 verdeutlicht zusätzlich sehr klar:

Kommt beispielsweise 198 als erste Differenz vor, dann sind die **übrigen Subtraktionsaufgaben** in ihrer Abfolge **eindeutig festgelegt**, und wir erhalten stets dieselben Differenzen, nämlich 792, 693, 594 und schließlich 495 – und zwar genau in dieser Abfolge. Dies bedeutet auch, dass beispielsweise auf eine erste Differenz 693 eindeutig Subtraktionsaufgaben mit den Differenzen 594 und 495 folgen.

1.3 Einige weitere Problemstellungen

1. Bilden Sie die Summe aus den ersten tausend aufeinanderfolgenden natürlichen Zahlen.
2. Bilden Sie die Summe der aufeinanderfolgenden natürlichen Zahlen von 200 bis 259.
3. Beweisen Sie Satz 1.4 auf verschiedenen Begründungsebenen (Zahlenebene, mit Variablen).
4. Beweisen Sie wie in Aufgabe 3: Eine natürliche Zahl lässt sich genau dann als Summe von sieben aufeinanderfolgenden natürlichen Zahlen darstellen, wenn sie ein echtes Vielfaches von 7 (größer als 14) ist.
5. Stellen Sie 135 und 225 auf alle möglichen Arten als Summe aufeinanderfolgender natürlicher Zahlen dar. Wie gehen Sie hierbei systematisch vor?
6. Begründen Sie Satz 1.5 mittels einer beispielgebundenen Beweisstrategie am Beispiel der Spiegelzahlen 63 und 36.

[3] Daneben gibt es noch *viele andere* Spiegelzahlen wie z. B. 847 und 748, wo bei gegebenen Ziffern 4, 7, 8 weder die erste Zahl die größte noch die zweite Zahl die kleinste aus den gegebenen Ziffern ist.

[4] Vgl. Fußnote 2.

7. Erklären Sie anschaulich, warum gilt:

$$10 \cdot a + 1 \cdot b - 10 \cdot b - 1 \cdot a = 9 \cdot a - 9 \cdot b.$$

8. Erläutern Sie bei der Begründung von Satz 1.6 mit Variablen die einzelnen Schritte.
9. Begründen Sie, dass die Vermutung 4 auch gilt, wenn zwei oder gar alle drei Ziffern bei den Spiegelzahlen übereinstimmen oder wenn die Null unter den Ziffern vertreten ist.
10. Bestimmen Sie drei Ziffern, bei denen die Differenzen der jeweils größten und kleinsten Zahl erst nach fünf Schritten enden – genauso wie bei den drei Ziffern 6, 7, 8.

Natürliche Zahlen und Stellenwertsysteme

2

Wir beschäftigen uns in diesem zweiten Kapitel mit unserer Zahlschrift. Hierzu fragen wir uns zunächst: *Was sind Zahlen?*, und beantworten die Frage an dieser Stelle nur auf einem recht vorläufigen Niveau. Differenziertere Antworten aus mathematischer Sicht geben wir an späterer Stelle (vgl. Kap. 8 und 9). Anschließend vergleichen wir – nach einem kurzen geschichtlichen Abriss – unser vertrautes **dezimales Stellenwertsystem** mit der völlig anders aufgebauten römischen Zahlschrift. Gleichzeitig stellen wir die Frage, ob für unsere *sehr effiziente* Zahlschrift die Basis 10 zwingend notwendig oder nur *eine* unter vielen verschiedenen, gleichwertigen Möglichkeiten ist. Wir betrachten hierzu die Zahlschrift exemplarisch auch in anderen Basen als zehn, also in **nichtdezimalen Stellenwertsystemen**.

Vorteile

Für eine Einbeziehung von nichtdezimalen Stellenwertsystemen in einem Einführungskurs Arithmetik für zukünftige Grundschullehrerinnen und Grundschullehrer sprechen viele Argumente, auf die wir in diesem und dem folgenden Kapitel noch gründlicher eingehen werden. An dieser Stelle nennen wir nur stichwortartig und knapp folgende Argumente:

- *Sensibilisierung für mögliche Schwierigkeiten* von Grundschulkindern bei der differenzierten, aspektreichen Erarbeitung des *dezimalen* Stellenwertsystems. Bei der Erarbeitung *nichtdezimaler* Stellenwertsysteme befinden Sie sich nämlich mit den Grundschulkindern in einer vergleichbaren Situation.
- Vertiefte *Einsicht* in die Aufbauprinzipien des dezimalen Stellenwertsystems.
- Ermöglichung der Erfahrung, dass auch *viele andere Zahlen* neben 10 als Basis eines Stellenwertsystems infrage kommen. Auch in diesen Basen können die Rechenverfahren *sehr effizient* durchgeführt werden (vgl. Kap. 3).
- Förderung von *Transferleistungen* durch eine selbstständige Erarbeitung nichtdezimaler Stellenwertsysteme mit ausgesuchten Basen.

F. Padberg, A. Büchter, *Einführung Mathematik Primarstufe – Arithmetik*,
Mathematik Primarstufe und Sekundarstufe I + II, DOI 10.1007/978-3-662-43449-9_2

2.1 Was sind Zahlen?

Verschiedene „Zahlen" im Laufe der Schulzeit

Im Laufe der Schulzeit lernen die Schülerinnen und Schüler verschiedenartige „Zahlen" kennen. In der Grundschule und auch noch zu Beginn der Sekundarstufe I rechnen sie viele Jahre lang ausschließlich mit *natürlichen Zahlen*. In Klasse 5/6 kommen die *Bruchzahlen*, auch *positive rationale Zahlen* genannt, wie $\frac{3}{4}$ oder 0,58 hinzu. Ebenfalls in diesen Klassen lernen die Schülerinnen und Schüler die *negativen* (rationalen) *Zahlen* wie -5 oder $-3{,}45$ kennen. Hiermit steht ihnen dann die Menge aller *rationalen Zahlen* für Rechnungen zur Verfügung.

Entdeckung der reellen Zahlen

Jetzt herrscht für zwei bis drei Schuljahre Ruhe, bis gegen Ende der Sekundarstufe nach Einführung des Potenzierens und Radizierens (Wurzelziehens) plötzlich die überraschende Entdeckung erfolgt, dass es neben den rationalen Zahlen, die alle als positive oder negative Brüche oder als Null darstellbar sind, noch *viele weitere* Zahlen geben muss, die *nicht* rational sind. So kann beispielsweise die Länge der Diagonalen in einem Quadrat mit der Seitenlänge 1 cm (allgemein: 1 Längeneinheit) keine rationale Zahl als Maßzahl haben; denn durch Anwendung des Satzes des Pythagoras erhalten wir hier $\sqrt{2}$ als Maßzahl.

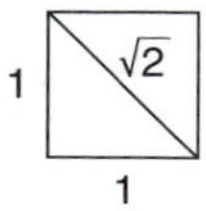

Den Nachweis, dass $\sqrt{2}$ nicht als Bruch darstellbar und selbstverständlich auch von Null verschieden ist, dass also $\sqrt{2}$ *keine rationale* Zahl ist, haben Sie in Ihrer Schulzeit vermutlich als ersten indirekten Beweis kennengelernt (vgl. z. B. F. Padberg/R. Danckwerts/M. Stein: Zahlbereiche – Eine elementare Einführung. Heidelberg 1995, S. 160 f.). $\sqrt{2}$ ist ein Beispiel für eine *irrationale Zahl*, von denen es unendlich viele gibt. Die Menge aller rationalen und irrationalen Zahlen wird bekanntlich *reelle* Zahlen genannt. Hiermit ist im Mathematikunterricht im Regelfall[1] das Ende der sukzessiven Zahlbereichserweiterungen erreicht.

Gemeinsamkeiten vorstehender Zahlenmengen

Wir können jetzt zu Recht die Frage stellen: Was haben eigentlich die vielen verschiedenartigen Zahlenmengen gemeinsam, dass wir bei ihnen jeweils von „Zahlen" sprechen können? Bei einer vergleichenden Analyse ergeben sich insbesondere die folgenden *Gemeinsamkeiten*:

[1] Möglicherweise haben Sie in der Sekundarstufe II in Vertiefungskursen noch die *komplexen Zahlen* kennengelernt (vgl. F. Padberg/R. Danckwerts/M. Stein [10], S. 213 ff.).

- Wir können alle Zahlen als **Punkte auf der Zahlengeraden** veranschaulichen (vgl. jedoch Fußnote 2). Durch das Eintragen aller natürlichen oder aller negativen ganzen Zahlen auf der Zahlengeraden finden wir dort schon unendlich viele Zahlen vor, aber weite Teilabschnitte bleiben noch völlig leer. Tragen wir jetzt alle rationalen Zahlen ein, so wird es auf der Zahlengeraden schon äußerst voll: Zwischen zwei beliebigen, voneinander verschiedenen rationalen Zahlen liegen nämlich auf der Zahlengeraden stets schon *unendlich viele* rationale Zahlen – unabhängig davon, wie dicht diese beiden rationalen Zahlen beieinanderliegen (vgl. F. Padberg: Didaktik der Bruchrechnung für Lehrerausbildung und Lehrerfortbildung, Heidelberg 2009 (4. Auflage), S. 65). Dennoch kann man beweisen, dass es auf der Zahlengeraden immer noch unendlich viele Lücken gibt, nämlich an den Stellen, wo die irrationalen Zahlen wie $\sqrt{2}$ einzutragen sind. Erst durch Übergang zur Menge aller *reellen* Zahlen wird die Zahlengerade *lückenlos* gefüllt (vgl. z. B. F. Padberg/R. Danckwerts/M. Stein [10], S. 159 ff.). Die Gesamtheit aller Punkte der Zahlengeraden entspricht nämlich vollständig der Menge aller reellen Zahlen: Jeder reellen Zahl lässt sich genau ein Punkt auf der Zahlengeraden zuordnen und umgekehrt lässt sich jedem Punkt auf der Zahlengeraden genau eine reelle Zahl zuordnen.[2]
- Wir können alle reellen Zahlen der **Größe nach vergleichen**. Dies leuchtet durch Rückgriff auf die Zahlengerade unmittelbar ein: Über die Beziehung „... liegt links (rechts) von auf der Zahlengeraden ...“ können wir bei allen Zahlen eine Kleiner- bzw. Größerrelation anschaulich begründen.
- Wir können mit allen Zahlen jeweils **rechnen**, d. h., wir können jeweils – je nach Zahlbereich mehr oder weniger uneingeschränkt – Additionen, Subtraktionen, Multiplikationen und Divisionen in der betreffenden Zahlenmenge durchführen. Genauer gilt: Bei den natürlichen Zahlen können wir ohne jede Einschränkung addieren und multiplizieren, während es bei der Subtraktion und Division viele Einschränkungen gibt. Durch Übergang zu den Bruchzahlen (positiven rationalen Zahlen) erreichen wir einen Zahlbereich, in dem wir uneingeschränkt addieren, multiplizieren und dividieren (Ausnahme: Division durch Null) können. Nur bei der Subtraktion gibt es noch Einschränkungen. Erst durch Übergang zu den rationalen Zahlen (und natürlich später zu den reellen Zahlen) können wir – bis auf die Division durch Null – alle vier Grundrechenarten uneingeschränkt durchführen. Der Wunsch nach einer *behutsamen, schrittweisen* Beseitigung der Unzulänglichkeiten der natürlichen Zahlen beim Rechnen ist der Grund für die mehrfachen Erweiterungen des Zahlbereichs im Verlauf der Schulzeit. Die letzte Erweiterung von den rationalen zu den reellen Zahlen wird erforderlich u. a. wegen Unzulänglichkeiten der rationalen Zahlen bzgl. des Potenzierens

[2] Wo aber bleiben die komplexen Zahlen, wenn die Zahlengerade mit den reellen Zahlen schon komplett gefüllt ist? Von der Zahlengeraden müssen wir jetzt übergehen zur (Gaußschen) Zahlenebene. Hier gilt: Die Gesamtheit aller Punkte der Zahlenebene entspricht vollständig der Menge aller komplexen Zahlen.

und Radizierens, wie das Beispiel von $\sqrt{2}$ uns schon gezeigt hat.[3] Es kommen aber auch noch die sogenannten transzendenten Zahlen hinzu wie beispielsweise die bekannte Zahl π oder die Eulersche Zahl e.

- Wir können alle positiven reellen Zahlen – genau wie schon die natürlichen Zahlen – als **Maßzahlen für Größen** (Beispiele: 5 m, 0,753 kg oder $\frac{3}{4}$ Stunde) einsetzen und so mit ihrer Hilfe **Messungen** durchführen.

Diese Gemeinsamkeiten sowie *viele weitere*, hier bislang nicht erwähnte Gemeinsamkeiten wie die Gültigkeit spezieller **Rechengesetze** bei der Kleinerrelation oder bei den Rechenoperationen (Beispiele: Kommutativgesetz, Assoziativgesetz, Distributivgesetz) sind der Grund, dass wir die Elemente in diesen stark unterschiedlichen Mengen jeweils als *Zahlen* bezeichnen.

Unterscheidung von Zahl und Zahldarstellung

Ein häufiges Problem von Schülerinnen und Schülern, aber auch von Erwachsenen ist die *fehlende Unterscheidung* zwischen *einer Zahl und der Zahldarstellung*, sei es in Wortform oder insbesondere in Ziffernschreibweise. Im täglichen Leben kommt niemand auf die Idee, die Frau Müller und den Namen „Frau Müller" gleichzusetzen. Es wäre auch völlig absurd, die Frau Müller mit ihren vielen Eigenschaften und Merkmalen ausschließlich auf ihren Namen zu reduzieren. Bei den abstrakten Zahlen jedoch passiert dies häufig. Wir müssen daher unterscheiden zwischen der **Zahl** *zwölf* und den vielen verschiedenen **Darstellungen** dieser Zahl wie beispielsweise 12 (Ziffernschreibweise), zwölf (Wortform), 1 Zehner, 2 Einer, twelve, douze, $15 - 3$, $8 + 4$, XII usw. Hierbei ist es wichtig, diesen Unterschied zu kennen. Man muss aber diese Unterscheidung zwischen Zahl und Zahldarstellung in den Formulierungen *nicht* um jeden Preis streng durchhalten. So haben wir im ersten Kapitel beispielsweise vor Satz 1.7 formuliert: „Die Summe aus Einer- und Hunderterziffer ist ... 9", obwohl wir natürlich keine Summe von Ziffern, sondern nur von Zahlen bilden können. Die korrekte Formulierung: „Die Summe aus der durch die Einerziffer und durch die Hunderterziffer jeweils bezeichneten (benannten, ...) Zahl ist ... 9" ist aber viel zu umständlich. Wir halten zusammenfassend fest: Die *Kenntnis* des Unterschieds von Zahl und Zahldarstellung z. B. mit Ziffern ist *wichtig*. Eine ständige, formal saubere Unterscheidung in den Formulierungen ist bei gegebener Eindeutigkeit aufgrund des Kontextes aber *nicht sinnvoll* und auch *nicht erforderlich*.

Was sind Zahlen?

Wir haben bislang aufgezeigt, dass Schülerinnen und Schüler im Verlauf der Schulzeit *unterschiedliche Zahlenmengen* kennenlernen und zum Rechnen benutzen. Wir haben auch

[3] Aber auch im Bereich der reellen Zahlen ist das Wurzelziehen aus beliebigen reellen Zahlen noch *nicht* uneingeschränkt möglich. Schon beim Beispiel $\sqrt{-1}$ stoßen wir an Grenzen, die erst durch Übergang zu den komplexen Zahlen beseitigt werden (vgl. z. B. F. Padberg/R. Danckwerts/M. Stein [10], S. 213 ff.).

die Frage angesprochen, warum wir diese verschiedenen „Zahlen"-Mengen überhaupt einheitlich als *Zahlen* bezeichnen dürfen, und den Unterschied zwischen einer Zahl und ihrer Schreibweise thematisiert. Damit haben wir aber noch *keine* tiefer gehende Antwort auf die einleitende Frage: *Was sind Zahlen?* gegeben. Diese Frage in voller Allgemeinheit zu beantworten ist sehr schwierig und kann in diesem Band nicht geleistet werden. Aber auch schon die scheinbar einfachere Frage *Was sind natürliche Zahlen?*, auf die wir uns im Folgenden hier beschränken, ist keineswegs einfach zu beantworten und setzt einige Vorarbeiten voraus. Diese leisten wir *insbesondere* in den Kap. 1, 2, 3 (Sammeln reichhaltiger Erfahrungen mit den natürlichen Zahlen) und 6, 7 (Erarbeitung erforderlicher Grundlagen für die systematische Fundierung).

Was sind natürliche Zahlen?
Erst im Abschnitt 8.1 werden wir daher herausarbeiten, dass wir im täglichen Leben die natürlichen Zahlen in sehr verschiedenen Zusammenhängen und für unterschiedliche Zielsetzungen benutzen (Beispiele: zwei Autos, das zweite Haus, Seite 2, 2 kg, zweimal, ...), die wir dort als verschiedene Zahlaspekte herausarbeiten. Erst die **Zusammenschau** all dieser Zahlaspekte und die **Begründung des Rechnens** nebst Kleiner-/Größerrelation auf dieser Grundlage führen die *Grundschulkinder* zu einem hinreichend gründlichen Verständnis der natürlichen Zahlen. *Wir* können und werden uns in diesem Band nicht mit dieser Ebene begnügen. Für eine tiefer gehende Fundierung müssen wir uns allerdings aus der Vielzahl der Zahlaspekte der natürlichen Zahlen jeweils auf nur *einen* Zahlaspekt konzentrieren. In Kap. 8 greifen wir hierfür den für eine praxisnahe Einführung der Rechenoperationen mit natürlichen Zahlen besonders geeigneten „Kardinalzahlaspekt" heraus (Beispiel: drei Autos, vier Äpfel, etc. die natürlichen Zahlen dienen zur Beschreibung von *Anzahlen*; Details: vgl. Abschnitte 8.1, 8.2), in Kap. 9 den „Ordinalzahlaspekt" (die natürlichen Zahlen dienen zur Beschreibung von Reihenfolgen in Form der Zählzahlen; Details vgl. Abschnitt 8.1), der für eine Einführung der natürlichen Zahlen in Anlehnung an das vertraute Zählen besonders geeignet ist.

2.2 Ein kurzer Blick zurück

Unsere vertraute Zahlschrift ist das **Endergebnis einer sehr langen Entwicklung**. Für uns, *die wir sie beherrschen,* ist sie äußerst prägnant und effizient. Sie gestattet es, dass schon Grundschulkinder Summen, Differenzen, Produkte und Quotienten selbst großer Zahlen ausrechnen können, also Kalküle beherrschen, die zu Zeiten der römischen Zahlschrift – also bei uns in Deutschland immerhin bis in das 16. Jahrhundert hinein! – nur wenige Rechenmeister beherrschten. Diese **Effizienz** und **geniale Einfachheit** darf allerdings *nicht* dazu führen, dass wir ihren Schwierigkeitsgrad bei der *Einführung* in der Grundschule unterschätzen; denn wir bieten den Kindern mit dem dezimalen Stellenwertsystem ein **abstraktes mathematisches Symbolsystem** an, das in dieser Eleganz und

Effizienz von den Kulturvölkern erst nach *jahrtausendelangem* Suchen und Probieren gefunden wurde.[4]

Entwicklung von Stellenwertsystemen

So entwickeln erst im zweiten Jahrtausend vor Christus vermutlich *babylonische* Mathematiker und Astronomen als Erste eine Zahlschrift, die auf einem *Stellenwertsystem* beruht – allerdings zur Basis 60 („Sexagesimalsystem"). Der älteste bekannte Text eines Stellenwertsystems mit der Basis 10 – mit einem identischen Aufbau wie heute – datiert erst vom Ende des 6. Jahrhunderts nach Christus. Es handelt sich hierbei um eine *indische* Schenkungsurkunde auf Kupfer. Gegen Ende des 8. Jahrhunderts erreicht das indische dezimale Stellenwertsystem einschließlich der Null den *arabischen* Raum. Erste Zeugnisse der Verwendung der „arabischen" Ziffern im nichtarabischen Teil *Spaniens* sind zwei Handschriften vom Ende des ersten Jahrtausends. Im 12. Jahrhundert werden Rechnungen mit den neuen Ziffern in *Europa* „auf Sand" durchgeführt und die Ziffern vereinheitlicht. Erste Belege für *schriftliches* Rechnen mit den arabischen Ziffern auf Papier findet man in Westeuropa seit dem 13./14. Jahrhundert. Erst nach der Erfindung der Buchdruckkunst nimmt die Verwendung der schriftlichen Rechenverfahren im uns vertrauten dezimalen Stellenwertsystem in Europa im 15. Jahrhundert deutlich zu. Zur weiteren Verbreitung im heutigen Deutschland und zum endgültigen Sieg dort über die römische Zahlschrift und ältere Rechenverfahren mit Hilfe von Rechenbrettern – auch Abakus genannt – tragen insbesondere die Rechenbücher von Adam Ries (1492–1559) bei, die in über 100 Auflagen bis in das 17. Jahrhundert gedruckt werden und in denen das schriftliche Rechnen mit den arabischen Ziffern methodisch gut dargestellt wird.

2.3 Das Sexagesimalsystem der Babylonier

Bereits vor ca. 4000 Jahren verfügten die Babylonier, die im Gebiet des heutigen Irak lebten, über eine sehr weit entwickelte Arithmetik und ein äußerst leistungsfähiges Stellenwertsystem, das „Sexagesimalsystem" mit der Basis 60 („sexagesimus" ist lateinisch und bedeutet „der sechzigste"). Diese teilerreiche Basis liefert u. a. viel mehr endliche Systembruchentwicklungen (vergleichbar der Dezimaldarstellung von Bruchzahlen) und mehr einfache Teilbarkeitsregeln, sie benötigt aber auch einen größeren Ziffernvorrat. Aus heutiger Sicht ist es überraschend, dass Zahlen in der Darstellung zur Basis 60 gut handhabbar sind. Wir sind sehr an „unser" Dezimalsystem zur Basis 10 gewöhnt und können – häufig unterstützt durch unsere zehn Finger – die Grundrechenarten in diesem System schnell und zuverlässig ausführen.

[4] Für einen gut lesbaren Überblick über die Geschichte der Zahlen vgl. man G. Ifrah: Universalgeschichte der Zahlen, Frankfurt 1991. In den folgenden Angaben beziehen wir uns auf diesen Band. Es gibt auch eine 2008 bei Zweitausendeins erschienene Taschenbuchausgabe dieses Bandes.

Zählen bis zur Zwölf – mit einer Hand

Aber auch die Babylonier konnten schnell und zuverlässig – und ebenfalls durch ihre Hände unterstützt – zählen und rechnen. Besonders interessant ist – auch für Schülerinnen und Schüler – wie man mit zwei Händen bis 60 zählen kann. Dabei wird sichtbar, dass die Basis 60 vermutlich unter anderem deswegen gewählt wurde, weil sie sich als $60 = 5 \cdot 12$ darstellen lässt. Das Zählen bis 60 funktioniert so, dass mit der einen Hand bis zur Zwölf gezählt und gleichzeitig mit der anderen Hand eine „Buchhaltung" über die vollen Zwölfer geführt wird; so gelangt man bis zur 60. Wie man mit einer Hand bis zur Fünf zählen kann, ist klar. Bis zur Zwölf kann man mit Hilfe der $4 \cdot 3 = 12$ Fingerglieder der vier Finger zählen. Das vorderste Glied des Zeigefingers steht für die Eins, das zweite Glied des Zeigefingers für die Zwei, etc. Dann steht etwa das vorderste Glied des Ringfingers für die Sieben. Der Daumen kann als „Positionsanzeiger" dienen, bei welchem Fingerglied wir beim Zählen gerade angekommen sind. Ist ein Zwölfer der ersten Zählhand voll, wird dieser durch einen ausgestreckten Finger der zweiten Hand dargestellt.[5]

Dieses Zählen funktioniert so gut und war so verbreitet, dass wir auch heute noch Darstellungen und Einteilungen von Mengen und Maßen verwenden, die auf die Basis 60 bzw. die Basis 12 zurückgehen. So teilen wir die Stunde in 60 Minuten und die Minute in 60 Sekunden ein; für die Zahlen Eins bis Zwölf haben wir in unserer Sprache eigene Namen. Bei einem „rein dezimalen Sprachgebrauch" würden wir vermutlich „... neun, zehn, einszehn, zweizehn, dreizehn, ... " zählen.

Ziffern im historischen Sexagesimalsystem

Als möglicher Nachteil des Sexagesimalsystems lässt sich schnell die benötigte Ziffernanzahl identifizieren. Im Abschnitt 2.6 werden wir sehen, dass ein Stellenwertsystem zur Basis b genau b Ziffern benötigt – so wie wir im Dezimalsystem die zehn Ziffern 0, 1, ..., 9 verwenden. 60 unterschiedliche Zeichen für unterschiedliche Ziffern, die man alle lernen muss, um verständig mit ihnen umzugehen, können schnell eine Überforderung darstellen. Da Stellenwertsysteme gerade das Operieren mit Zahlen vereinfachen sollen, muss das natürlich vermieden werden. Die Babylonier hatten eine elegante Lösung: Sie kamen mit zwei Zeichen für Einer und Zehner aus und erzeugten daraus 59 Ziffern für ihr Stellenwertsystem. Für die Null verfügten sie über kein explizites Zeichen, sie konnten die Null aber implizit darstellen, indem sie eine Leerstelle bei dem entsprechenden Stellenwert ließen. Als Zeichen für 1 benutzten die Babylonier einen „Nagel", als Zeichen für 10 einen „Winkel". Rein additiv wurden hieraus die 59 Ziffern von 1 bis 59 gewonnen. Einige Beispiele sollen dies verdeutlichen:

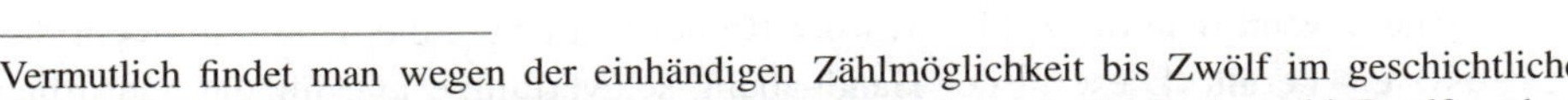

[5] Vermutlich findet man wegen der einhändigen Zählmöglichkeit bis Zwölf im geschichtlichen Ablauf auch häufiger das „Duodezimalsystem" vor, aus dem wir die Systemzahl Zwölf auch als „Dutzend" und $12 \cdot 12 = 144$ in mittlerweile veralteter Sprechweise als „Gros" kennen.

Das Sexagesimalsystem als Stellenwertsystem

In ihrem Stellenwertsystem zur Basis 60 konnten die Babylonier auch große Zahlen darstellen. Da sie die Null aber nur implizit durch eine Leerstelle darstellten, konnten aber Probleme auftreten, wenn eine Zahl mehrere Nullen hintereinander erforderlich machte. Die Stellenwerte im Sexagesimalsystem lauten von rechts nach links $60^0 = 1$, $60^1 = 60$, $60^2 = 3600$, $60^3 = 216.000\ldots$ Man sieht schnell, wie schon mit wenigen Stellen große Zahlen dargestellt werden können. Aufgrund der Ziffernbildung kann dies trotzdem einen erheblichen Zeicheneinsatz bedeuten (wenn man die einzelnen „Nägel" und „Winkel" als einzelne Zeichen zählt). Einige Beispiele mögen die Funktionsweise und potenzielle Schwierigkeiten verdeutlichen:

$11 \cdot 60 + 37 \cdot 1 = 697$

$23 \cdot 3600 + 9 \cdot 60 + 44 \cdot 1 = 83384$

$3 \cdot 216000 + 0 \cdot 3600 + 0 \cdot 60 + 17 \cdot 1 = 648017$
oder $3 \cdot 3600 + 0 \cdot 60 + 17 \cdot 1 = 10817$?

Vorteile des Sexagesimalsystems

Vorteile des Sexagesimalsystems sind vor allem in der teilerreichen Basis 60 begründet. So wie wir im Dezimalsystem besonders einfache Endstellenregeln für 2 und 5 (als Teiler von 10) kennen (vgl. Abschnitt 5.1), ergeben sich bei der Basis 60 analog besonders einfache Endstellenregeln für alle Teiler von 60, also insbesondere für 2, 3, 4, 5, 6, 10, 12, 15, 20 und 30. Die Untersuchung von Teilbarkeitsregeln in anderen Basen wird ausführlich und systematisch im Folgeband **Vertiefung Mathematik Primarstufe – Arithmetik/Zahlentheorie** vorgenommen (vgl. auch Abschnitt 5.4). Darüber hinaus ermöglicht die teilerreiche Basis 60 für viele Bruchzahlen eine besonders einfache Darstellung analog zur *endlichen* Dezimalbruchentwicklung („endliche Systembrüche", vgl. Abschnitt 2.6). Im Dezimalsystem haben (gekürzte) Brüche, deren Nenner sich als Produkt von Zweier- und Fünferpotenzen schreiben lassen, eine endliche Dezimalbruchentwicklung – vergewissern Sie sich selbst anhand einiger geeigneter Beispiele. Mit diesen endlichen Dezimalbrüchen lässt sich besonders leicht rechnen. Im Sexagesimalsystem gilt dies für alle (gekürzten) Brüche, deren Nenner sich als Produkt von Zweier-, Dreier- und Fünferpotenzen schreiben lassen – also für deutlich mehr Systembrüche. Auch diese Thematik der Klassifikation von Dezimalbruchentwicklungen und des Zusammenhangs der Dezimalbruchentwicklung mit der Darstellung einer Bruchzahl als (gekürztem) gemeinen Bruch wird im Folgeband **Vertiefung Mathematik Primarstufe – Arithmetik/Zahlentheorie** erarbeitet.

Wie groß die kulturgeschichtliche Leistung der Babylonier war, lässt sich besonders gut erkennen, wenn man die Zahlschrift der Römer betrachtet, die nicht auf einem Stellenwertsystem beruht. Diese in der Handhabung schwerfällige und für das schriftliche Rechnen kaum geeignete Zahlschrift wurde noch weit bis ins Mittelalter hinein in unserem Kulturkreis verwendet, also noch mehr als 3000 Jahre, nachdem die Babylonier sehr elegant und effizient mit einem leistungsfähigen Stellenwertsystem gearbeitet hatten.

2.4 Die römische Zahlschrift

Die sehr lange in Europa benutzte römische Zahlschrift ist weit weniger abstrakt als unser heutiges dezimales Stellenwertsystem, dafür aber auch weit weniger leistungsfähig. Wir beschreiben im Folgenden knapp die römische Zahlschrift, um so anschließend die Vorteile und Charakteristika des dezimalen Stellenwertsystems besser verdeutlichen zu können.

Zeichen der römischen Zahlschrift

In der römischen Zahlschrift werden bekanntlich eigene Zeichen für eins, fünf, zehn, fünfzig, hundert, fünfhundert, tausend usw. verwendet.[6] So führt man für fünf Einer (I) das Zeichen V, für zwei Fünfer das Zeichen X, für fünf Zehner das Zeichen L, für zwei Fünfziger das Zeichen C, für fünf Hunderter das Zeichen D und für zwei Fünfhunderter das Zeichen M ein. Abwechselnd (*alternierend*) werden also jeweils zwei bzw. fünf kleinere Bündelungseinheiten zu einer größeren zusammengefasst (*gebündelt*). Man spricht daher auch von einer **alternierenden Fünfer-Zweier-Bündelung**. Für größere Zahlen (fünftausend, zehntausend, fünfzigtausend, hunderttausend usw.) sind offensichtlich **ständig weitere Zeichen** erforderlich. Die hierfür verwendeten Zahlzeichen sind – genauso wie die bisher schon genannten – im Laufe der Zeit allerdings durchaus unterschiedlich. So gibt es für 1000 neben M auch beispielsweise die Schreibweise[7] (I). In dieser Schreibweise schreibt man fünftausend als I)), zehntausend als ((I)), fünfzigtausend als I))) und hunderttausend als (((I))). Die Zahldarstellung weiterer Zahlen gewinnt man mit Hilfe der vorstehenden Zahlzeichen im Wesentlichen durch *Reihung*. So bedeutet beispielsweise XXXVIII die Zahl 38 oder LXXXVIII die Zahl 88. Die genauen *Regeln*, wie vorzugehen ist, sind allerdings im historischen Verlauf keineswegs einheitlich und auch nicht immer eindeutig.

Standardisierung heute

Wir nennen daher an dieser Stelle exemplarisch die *heutige, international vereinbarte* Schreibweise der römischen Zahlschrift. Sie wird durch folgende vier Regeln[8] beschrieben:

Regel 1 *Zuerst* werden die Tausender notiert, falls sie vorkommen, *dann* ggf. die Hunderter, *dann* ggf. die Zehner und *zuletzt* ggf. die Einer.

Regel 2 Falls zu D noch Hunderter bzw. zu L noch Zehner bzw. zu V noch Einer hinzugezählt werden sollen, stehen diese *rechts* von D bzw. L bzw. V.

---

[6] Interessierte, die genauere Informationen über den Ursprung der römischen Zahlzeichen haben möchten, verweisen wir hier auf G. Ifrah [6], S. 169 ff.

[7] Wegen der exakten Schreibweise und weiterer Varianten vgl. G. Ifrah: [6], S. 355 ff.

[8] Vgl. F. Padberg/C. Benz: Didaktik der Arithmetik für Lehrerausbildung und Lehrerfortbildung. Springer Spektrum, Heidelberg 2011 (4. Auflage), S. 81.

Regel 3 Ein Zeichen I, X oder C darf nur von dem jeweils *Fünf- oder Zehnfachen* abgezogen werden; man notiert das abzuziehende Zeichen dann *unmittelbar links* vor dem zu vermindernden Zeichen.

Regel 4 Unter Beachtung der ersten drei Regeln müssen *möglichst wenige Zeichen* verwendet werden.

In der römischen Zahlschrift hat also jedes Zahlzeichen im Wesentlichen einen **festen Wert**, unabhängig von der Stellung im Zahlwort (kleinere Ausnahme: siehe Regel 3). Den Zahlenwert eines mehrstelligen Zahlwortes erhalten wir durch Addition (Ausnahme: Regel 3). Eine **Null** ist in der römischen Zahlschrift daher nicht notwendig. Wegen der Reihung werden die Zahlwörter allerdings oft recht lang und unübersichtlich.

Rechenoperationen
Besonders schwierig sind jedoch die vier *Rechenoperationen* in der römischen Zahlschrift: Ein systematisches, einfaches Rechnen ist mit ihr nicht möglich. Während Additionen und Subtraktionen auf Rechenbrettern durchaus noch relativ leicht durchführbar sind, ist die Durchführung der **Multiplikation** oder gar der **Division** in dieser Zahlschrift ausgesprochen langwierig und kompliziert. Sie wurde daher bis tief in das Mittelalter hinein auch nur von **Rechenmeistern** beherrscht und war keineswegs ein Stoffgebiet für Kinder! Die Rechenmeister rechneten *nicht* direkt in der römischen Zahlschrift, sondern führten die Rechenoperationen auf dem **Rechenbrett (Abakus)** mit Hilfe von Münzen, Steinen und Kugeln durch. Ein solcher weiterentwickelter römischer Abakus besteht aus sieben Spalten[9] mit beispielsweise den Einheiten I, X, C, M, $\overline{\text{X}}$(10.000), $\overline{\text{C}}$ (100.000) und $\overline{\text{M}}$ (1.000.000). Während die Felder *unterhalb* dieser Einheiten für die entsprechenden Einheiten reserviert sind, stehen die *oberen* Felder für die Einheiten fünf, fünfzig, fünfhundert, fünftausend usw. zur Verfügung. Die Zahl 647.518 hat daher die folgende Darstellung:

	•		•	•		•
$\overline{\text{M}}$	$\overline{\text{C}}$	$\overline{\text{X}}$	M	C	X	I
	•	•	•		•	•
		•	•			•
		•				•
		•				

Die römische Zahlschrift wird also im Wesentlichen nur dazu benutzt, um Zahlen zu notieren und das Ergebnis der am Abakus gegenständlich durchgeführten Rechnung ggf. festzuhalten. Für die eigentlichen Rechnungen verwendet man den Abakus.

[9] Vgl. G. Ifrah [6], S. 137.

2.5 Unsere heutige Zahlschrift

Im Vergleich zur römischen Zahlschrift bedeutet unsere heutige Zahlschrift einen gewaltigen Sprung vorwärts. Die Eleganz und Effizienz des dezimalen Stellenwertsystems werden allerdings erkauft durch einen deutlichen Verlust an Anschaulichkeit und durch eine starke Steigerung der Abstraktion. So wird in unserer heutigen Zahlschrift völlig auf eine anschauliche Darstellung des Bündelungszeichens verzichtet. Dies wird dadurch erreicht, dass den Zahlzeichen nicht ständig ein *fester* Zahlenwert zugeordnet wird.

Jede Ziffer übermittelt zwei Informationen

Während in der römischen Zahlschrift V bzw. X *stets* fünf bzw. zehn (bis auf die wenigen Ausnahmen nach Regel 3) bedeutet, bedeutet *ein und dieselbe* Ziffer 3 in 123 drei, in 132 dreißig und in 312 dreihundert. Die Ziffer 3 hat also in diesen drei Beispielen jeweils einen völlig *unterschiedlichen* Wert – abhängig von ihrer *Stellung*. Jede Ziffer in unserer Zahlschrift vermittelt uns also *zwei* Informationen:

1. Der *Stellung* einer Ziffer innerhalb eines Zahlwortes können wir die zugehörige Bündelungseinheit entnehmen. Wir wissen so, ob es sich hier um Einer, Zehner, Hunderter usw. handelt. Wir sprechen daher vom **Stellenwert** der Ziffer. Wissen wir beispielsweise, dass die Ziffer 7 auf dem dritten Platz – von rechts gezählt – steht, so handelt es sich hier um *Hunderter*.
2. Der Ziffer 7 im vorstehenden Beispiel können wir weiterhin entnehmen, um *wie viel* Hunderter es sich hier handelt, nämlich um *sieben* Hunderter. Wir sprechen daher in diesem Zusammenhang vom **Zahlenwert** der Ziffer 7.

Diese *doppelte* Funktion der Ziffern (Zahlenwert, Stellenwert) hat gravierende Folgen.

Null unverzichtbar

Notieren wir beispielsweise 20 bzw. 301 in *römischer Zahlschrift*, so schreiben wir XX bzw. CCCI. Wie in Abschnitt 2.3 erwähnt, ist wegen des im Wesentlichen additiven Aufbaus dieser Zahlschrift hier eine Null offensichtlich *nicht* notwendig. Ganz anders ist dagegen die Situation bei unserer *heutigen Zahlschrift*. Wollen wir zwanzig notieren, so notieren wir dies als 20. Eine Notation von 2 (für zwei Zehner) allein ist *nicht* sinnvoll, denn dies bedeutet zwei und nicht zwanzig. Nur bei der Notation 20 wissen wir, dass es sich wegen der *zweiten* Position von rechts bei der 2 um zwei Zehner (und null Einer) handelt, also um zwanzig. Oder betrachten wir das Beispiel dreihunderteins. Würden wir dies mit Ziffern ebenfalls kurz 31 schreiben – denn nur diese beiden Ziffern werden genannt – so wären beispielsweise die Notationen von dreihunderteins, einunddreißig und auch dreitausendeins nicht unterscheidbar. Um diese Problematik zu vermeiden, müssen wir also **nicht besetzte Stellen** bei unserer Zahlschrift **kenntlich machen**. Üblicherweise nimmt man hierfür die **Ziffer 0** und schreibt dann 20 bzw. 301 bzw. 3001.

Hierbei informiert uns die Ziffer 0 bei 20, 301 oder 3001 gleichzeitig noch, dass die Anzahl der Einer bei 20 bzw. die Anzahl der Zehner bei 301 bzw. die Anzahl der Zehner und Hunderter bei 3001 jeweils *null* ist.

Diese Beispiele zeigen nachdrücklich, dass die Null bei unserer Zahlschrift unbedingt notwendig und unverzichtbar ist.

Entdeckung der Null

Der Einsatz von Nullen bei unserer heutigen Zahlschrift wirkt auf uns wegen der langen Gewöhnung fast völlig selbstverständlich. Dass dies *keineswegs* so ist, können wir sehr leicht daran erkennen, dass im Grunde **nur dreimal** im Laufe unserer langen Geschichte Wissenschaftlern die Entdeckung der *Null* gelang, nämlich den *babylonischen* Gelehrten, den Priestern und Astrologen der *Mayas* und zuletzt den *indischen* Mathematikern und Astronomen (vgl. G. Ifrah [6], S. 481). Diese Entdeckung kann nicht hoch genug eingeschätzt werden: „Zusammen mit dem Positionsprinzip (Stellenwertprinzip, F. P.) war die Entdeckung der Null zweifellos die entscheidende Etappe einer Entwicklung, ohne die der Fortschritt der modernen Mathematik, Wissenschaft und Technik undenkbar wäre.“ (G. Ifrah [6], S. 481)

Wortform und Ziffernschreibweise

Durch die Berücksichtigung der *Stellung* der Ziffern im Zahlwort können wir auf die Angabe von Bündelungseinheiten verzichten. Kürzen wir – wie schon in Kap. 1 erwähnt – Einer mit E, Zehner mit Z und Hunderter mit H ab, so müssen wir also beispielsweise dreihundertdreiunddreißig nicht umständlich in der Form $3H3Z3E$ aufschreiben, sondern die übliche Kurzschreibweise 333 ist schon völlig eindeutig. Die Berücksichtigung des *Stellenwertes* ist also ein entscheidendes Charakteristikum unserer heutigen Zahlschrift. Wir müssen in diesem Zusammenhang allerdings unterscheiden zwischen der Darstellung von **Zahlen in Wortform** (Beispiel: dreitausendvierhundertzweiundsechzig) und in *Ziffernschreibweise* (3462). Bei der Wortform wird die zugehörige Bündelungseinheit jeweils genannt, im obigen Beispiel drei-tausend, vier-hundert, sech-zig. In der Wortform benutzen wir also **kein** Stellenwertsystem, sondern nur ein *reines Bündelungssystem*. Erst in der **Ziffernschreibweise** spielt der Stellenwert eine zentrale Rolle, arbeiten wir also mit einem **Stellenwertsystem**.

Reine Zehnerbündelung

Ein weiteres typisches Kennzeichen der heutigen Zahlschrift ist die *reine Zehnerbündelung*; denn als Bündelungseinheiten verwenden wir nur Einer, Zehner, Hunderter, Tausender usw., also nur Zehnerpotenzen ($10^0 = 1, 10^1 = 10, 10^2, 10^3, \ldots$). Daher charakterisieren wir unsere heutige Zahlschrift als **dezimales Stellenwertsystem**. Im dezimalen Stellenwertsystem benötigen wir zur Darstellung *sämtlicher* Zahlen *nur zehn* unterschiedliche Zahlzeichen, nämlich die Ziffern 0, 1, 2, 3, 4, 5, 6, 7, 8 und 9. Anders als bei der römischen Zahlschrift erfordert die Darstellung größerer – oder auch kleinerer – Zahlen also nicht jeweils eine Verabredung *neuer* Zahlzeichen. Den jeweiligen Zahlenwert eines mehrstelligen Zahlwortes erhalten wir per Multiplikation und Addition (Beispiel: $367 = 3 \cdot 10^2 + 6 \cdot 10 + 7$). Wegen des Zusammenspiels von Stellenwert und Zehnerbündelung besitzen auch große Zahlen leicht lesbare, relativ kurze Zahlwörter. Dieses Zusammenspiel hat ferner zur Folge, dass wir sämtliche vier Rechenoperationen rasch, elegant und weitgehend unkompliziert durchführen können. Die Kenntnis des kleinen Einspluseins und des kleinen Einmaleins reicht aus, um Aufgaben mit beliebig großen Zahlen lösen zu können.

Zusammenfassende Gegenüberstellung

Die folgende tabellarische Gegenüberstellung zentraler Eigenschaften der römischen Zahlschrift und des dezimalen Stellenwertsystems lässt die *Charakteristika* des dezimalen Stellenwertsystems besonders klar vortreten (F. Padberg/C. Benz [15], S. 83f):

Römische Zahlschrift	**Dezimales Stellenwertsystem**
Alternierende Fünfer-Zweier-Bündelung	Reine Zehnerbündelung
Jede Ziffer gibt uns zugleich auch die jeweilige Bündelungseinheit an	Nur die Stellung der Ziffer informiert über die jeweilige Bündelungseinheit
Jede Ziffer hat einen festen Wert (geringfügige Ausnahme: Regel 3), unabhängig von ihrer Stellung im Zahlwort	Der Wert einer Ziffer hängt von ihrer Stellung innerhalb des Zahlwortes ab (Stellenwert) und ist entsprechend jeweils unterschiedlich
Jede Ziffer übermittelt nur eine Information, nämlich ihren Zahlenwert	Jede Ziffer übermittelt zwei Informationen, nämlich ihren Zahlen- und ihren Stellenwert
Den jeweiligen Zahlenwert eines mehrstelligen Zahlwortes erhält man durch Addition bzw. Subtraktion, daher ist eine Ziffer 0 in diesem Zusammenhang nicht erforderlich	Den jeweiligen Zahlenwert eines mehrstelligen Zahlwortes erhalten wir durch eine Kombination aus Multiplikation und Addition. Nicht besetzte Stellen innerhalb eines Zahlwortes müssen deshalb kenntlich gemacht werden. Daher ist die Ziffer 0 unbedingt erforderlich
Für größere (und kleinere) Zahlen werden ständig weitere Zeichen benötigt	Für beliebig große (und kleine) Zahlen kommt man mit zehn Ziffern aus
Die Zahlwörter sind vielfach relativ lang und kompliziert zu lesen	Die Zahlwörter sind relativ kurz und einfach zu lesen
Die schriftlichen Rechenverfahren (insbesondere die Multiplikation und die Division) sind äußerst kompliziert und langwierig	Die schriftlichen Rechenverfahren können rasch, elegant und weitgehend unkompliziert durchgeführt werden

Didaktische Bemerkungen

Um unsere heutige Zahlschrift wirklich zu verstehen, müssen wir zu einer vorgegebenen Menge von Elementen (z. B. Kringel, Perlen) das zugehörige Zahlwort nennen können

- in der Wortform (Beispiel: dreiundvierzig),
- in der Ziffernschreibweise unter Angabe von Bündelungseinheiten (Beispiel: $4Z3E$) bzw. in der Stellentafel und
- in der reinen Ziffernschreibweise (Beispiel: 43).

Wir müssen ferner zu einer – in einer dieser drei Notationsformen – vorgegebenen Zahl eine passende Menge angeben können sowie die Zusammenhänge zwischen diesen Schreibweisen beherrschen.

Ein besonderes Problem speziell im Deutschen ist die sogenannte **Inversion**, also die Tatsache, dass bei zweistelligen Zahlwörtern die *Reihenfolge* der Ziffernnennung bzw. -notation in der Wortform (dreiundvierzig) und in der Ziffernschreibweise (43) *unterschiedlich* ist. Dies kann zu Problemen im Unterricht führen.[10]

2.6 Ist bei Stellenwertsystemen die Basis 10 notwendig?

Für unser dezimales Stellenwertsystem sind zwei Ideen grundlegend, nämlich die der *Bündelung* und die des *Stellenwertes*. Während wir beim dezimalen Stellenwertsystem mit einer *reinen Zehnerbündelung* arbeiten, zeigt uns ein Blick in unsere Umwelt, dass dort daneben viele *andere* Formen der Bündelung vorkommen (etwa bei der Verpackung von Lebensmitteln).

► **Beispiel 2.1** In Anlehnung an reale Sachsituationen lässt sich beispielsweise die **Bündelung zu jeweils viert** gut über folgende Modellvorstellung einführen. Bei der Verpackung von Apfelsinen werden zunächst jeweils vier einzelne Apfelsinen in ein Netz gepackt, jeweils vier Netze kommen in einen kleinen Karton, jeweils vier Kartons in eine Kiste . . . ■

Packen wir konkret beispielsweise 30 Apfelsinen jeweils zu viert in ein Netz, so erhalten wir sieben Netze, zwei einzelne Apfelsinen bleiben übrig. Packen wir weiterhin jeweils vier Netze in einen Karton, so erhalten wir abschließend: 1 Karton, 3 Netze, 2 einzelne Apfelsinen. Ist bekannt, dass die erste Ziffer von rechts die einzelnen Apfelsinen angibt, die zweite die Anzahl der Netze und die dritte die Anzahl der Kartons, so können wir hierfür auch knapp und eindeutig festhalten 132. Bei dieser Notation benutzen wir *implizit* ein **Stellenwertsystem mit reiner Viererbündelung**, wobei die Netze in der Apfelsinen-Aufgabe den Vierern und die Kartons den Sechzehnern entsprechen. Die Bündelungseinheiten Einer (E), Netze bzw. Vierer (V), Kartons bzw. Sechzehner (S), ... verwenden wir nämlich völlig entsprechend wie die Bündelungseinheiten E, Z, H, ... im dezimalen Stellenwertsytem.

[10] Vgl. F. Padberg/C. Benz [15], S. 52ff., S. 64f.

Verzicht auf die Notation der Bündelungseinheiten

Im „Vierersystem“ können wir ebenso wie im dezimalen Stellenwertsystem auf die Angabe der Bündelungseinheiten verzichten, weil auch hier durch die Stellung innerhalb des Zahlwortes die Bündelungseinheit – also der Stellenwert – eindeutig bestimmt ist. Um Zahlenangaben in reiner Viererbündelung – wir sagen hierfür kurz: in der Basis 4 – von Zahlenangaben in reiner Zehnerbündelung unterscheiden zu können, kennzeichnen wir die Basis 4 durch eine ④ und schreiben kurz **30 = 132**$_{④}$ **(gelesen: eins-drei-zwei in der Basis vier)**. Völlig analog wie die im Dezimalsystem gegebene Zahl 30 können wir *jede* natürliche Zahl in der Basis 4 **eindeutig darstellen**, indem wir die gegebene Zahl geeignet in Viererpotenzen zerlegen.

Beispiel:

$$46 = 2 \cdot 4^2 + 3 \cdot 4 + 2 = 232_{④}.$$

Während wir jedoch in der Basis 10 zehn Ziffern benötigen, kommen wir in der Basis 4 schon mit den vier Ziffern 0, 1, 2 und 3 aus. Vier oder mehr Bündel einer gegebenen Bündelungseinheit werden jeweils in die nächsthöhere Bündelungseinheit gebündelt (Beispiele: $4E = 1V0E = 10_{④}$; $5V = 1S1V0E = 110_{④}$), unbesetzte Stellenwerte müssen – genau wie in der Basis 10 – durch eine Null kenntlich gemacht werden.

Will man an die Idee der Bündelung *enaktiv* mit Material oder *ikonisch*, also auf der Bildebene, heranführen, so sind neben der *Viererbündelung* insbesondere die *Zweier-*, *Dreier-*, und *Fünferbündelungen* empfehlenswert. Diese Anzahlen lassen sich nämlich gut „auf einen Blick“ überschauen.

Vergleich verschiedener Basen

Vergleichen wir verschiedene Basen, so erkennen wir, dass die **Anzahl der notwendigen Ziffern** jeweils *unterschiedlich* ist. Die *geringste* Anzahl an Ziffern benötigen wir in der Basis 2, nämlich nur die beiden Ziffern 0 und 1. Dafür werden hier aber die Zahlwörter ziemlich lang. Allgemein gilt: Je *kleiner* eine Basis, umso weniger Ziffern muss man erlernen, je *größer* eine Basis, umso kürzer sind die betreffenden Zahlwörter. Bei der Auswahl einer Basis muss man daher die *Anzahl* der zu lernenden Ziffern gegen die *Länge* der Zahlwörter abwägen. Unter diesem Gesichtspunkt ist die **Basis 10** ein guter Kompromiss, der mit der Anzahl unserer Finger eng zusammenhängt. Allerdings weist eine **Basis 12** unter verschiedenen Aspekten deutliche Vorteile gegenüber unserer Basis 10 auf, die wir an dieser Stelle nur andeuten können. So kommen bei der Bestimmung von *Teilbarkeitsregeln* in der Basis 12 wesentlich häufiger die besonders leichten *Endstellenregeln* (vgl. Kap. 5) vor als im dezimalen Stellenwertsystem. Oder bei der Betrachtung von *Systembrüchen* – eine Verallgemeinerung der Idee der Dezimalbrüche – kommen in der Basis 12 die besonders leichten *endlichen* Systembrüche wesentlich häufiger vor als die *endlichen* Dezimalbrüche in der Basis 10 (vgl. F. Padberg, Elementare Zahlentheorie, Heidelberg 2008 (3. Auflage)).

Verallgemeinerung
Neben den bisher genannten Basen können wir aber auch *jede andere* natürliche Zahl b – mit Ausnahme von 1 – als Basis wählen. Für den entsprechenden Nachweis müssen wir zunächst zeigen, dass wir *jede* natürliche Zahl analog als Summe von Potenzen von b schreiben können, wie wir jede natürliche Zahl im dezimalen Stellenwertsystem als Summe von Zehnerpotenzen schreiben können, und wir müssen anschließend zeigen, dass diese Darstellung stets eindeutig ist. Wir verzichten an dieser Stelle auf den entsprechenden Beweis.[11]

Vorzüge der Verallgemeinerung
Die spezielle Basis zehn ist also bei der Notation von Zahlen mit Hilfe von Stellenwertsystemen keineswegs notwendig. Das – zumindest knappe – Kennenlernen dieser Tatsache hat bei geeigneter Vorgehensweise folgende Vorzüge (wegen weiterer Vorteile vgl. Abschnitte 2.2 bis 2.4 und Kap. 3):

- Die Einsicht in das *Aufbauprinzip des dezimalen Stellenwertsystems* wird durch das Kennenlernen von Stellenwertsystemen mit verschiedenen Basen verbessert. Für ein wirkliches Verständnis des Zehnersystems müssen nämlich *Bündelung* und *Stellenwert* als die beiden zentralen Prinzipien erkannt werden. Bei ausschließlicher Kenntnis des dezimalen Stellenwertsystems setzt man jedoch leicht *Stellenwert* mit *Zehnerpotenz* gleich, und es sind oft Bündelung, Stellenwert und Zehnersystem unauflösbar miteinander verwoben.
- Für eine enaktive Erarbeitung des *Bündelungsbegriffs* mit konkretem Material ist die Basis 10 sehr groß. Wegen der simultanen Erfassbarkeit und der besseren Überschaubarkeit sind *kleinere* Bündelungszahlen (wie z. B. drei, vier oder fünf) zur Erarbeitung des Grundgedankens wesentlich besser geeignet, insbesondere auch bei Bündelungen höherer Ordnung.
- Durch die Betrachtung von Stellenwertsystemen mit verschiedenen Basen wird der Blick geweitet für die *vielen verschiedenen* Möglichkeiten von Zahldarstellungen mittels Stellenwertsystemen. Die Unterscheidung von *Zahl* und *Zahldarstellung* fällt so leichter.

2.7 Zählen/Größenvergleich

Für *Grundschulkinder* ist die – für uns fast vollautomatisch ablaufende – Vorgänger- und Nachfolgerbildung bei gegebenen Zahlen, das Bilden der Zählreihe sowie der Größenvergleich von Zahlen *rein anhand der Ziffernschreibweise* während der entsprechenden Unterrichtsphase *keineswegs* trivial. Um dies *für uns* besser zu verdeutlichen, aber auch um die Darstellung von Zahlen in Ziffernschreibweise gründlicher abzuklären, werden wir in diesem Abschnitt *Vorgänger* und *Nachfolger* gegebener Zahlen bestimmen, *Zählreihen* aufstellen und *Größenvergleiche* zwischen Zahlen rein anhand der Ziffernschreibweise durchführen – und zwar in verschiedenen Basen.

[11] Vgl. F. Padberg [13], S. 145ff.

Vorgänger und Nachfolger

Vorgänger und *Nachfolger* gegebener Zahlen lassen sich gut mit Hilfe von Rechenbrettern bestimmen. Wir betrachten zunächst einige Beispiele im *Dreiersystem*. Hier bedeuten E Einer, D Dreier und N Neuner.

Beispiele

(1) Nachfolger

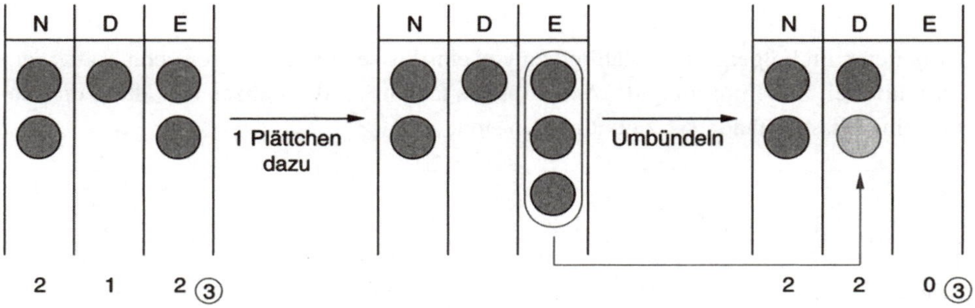

(2) Vorgänger

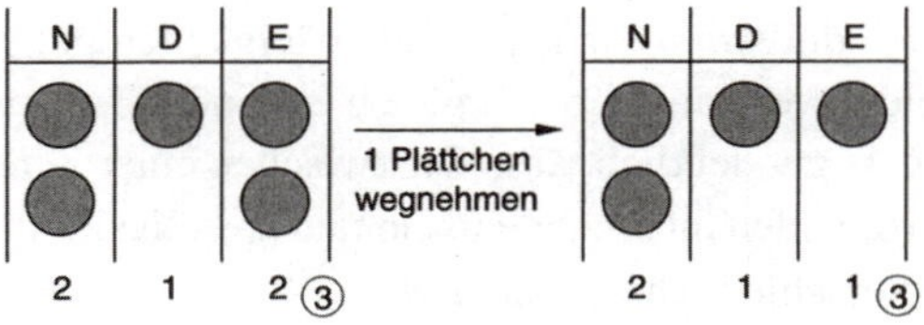

Die **Nachfolger**bildung ist besonders einfach, wenn *kein* Bündeln erforderlich ist. Aber auch das Bündeln bereitet beim Einsatz von Rechenbrettern keine Probleme, wie das Beispiel (1) verdeutlicht. Die **Vorgänger**bildung ist im Beispiel (2) besonders leicht, sie bereitet nur dann etwas mehr Schwierigkeiten, wenn z. B. keine Einer vorhanden sind wie in Beispiel (3). In diesem Fall muss zunächst ein Dreier (sofern vorhanden, sonst zunächst ein Neuner, dann ein Dreier) *ent*bündelt werden. Die weitere Vorgehensweise entspricht dann Beispiel (2).

(3) Vorgänger

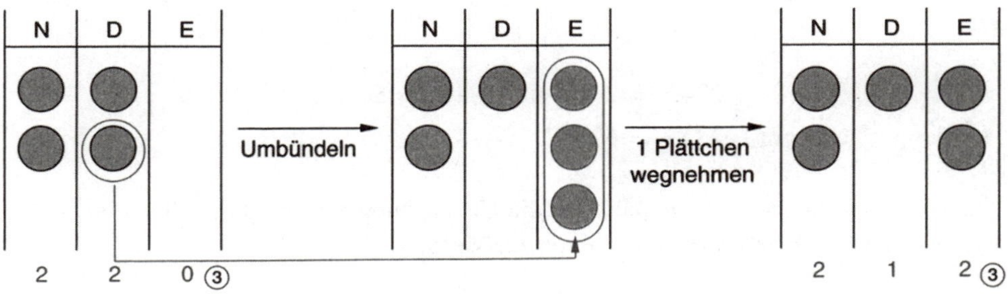

Durch *fortgesetzte Nachfolgerbildung*, beginnend mit der Zahl Eins, gewinnen wir anschaulich und leicht die *Zählreihen* bezüglich beliebiger Basen $b > 1$. So erhalten wir beispielsweise in der Basis 3 die Zählreihe eins, zwei, eins–null, eins–eins, eins–zwei, zwei–null usw. Bei fortgesetzter *Vorgänger*bildung, ausgehend von einer festen Zahl, durchlaufen wir die Zählreihe rückwärts.

Zählreihen

Wir notieren im Folgenden die Zählreihen von eins bis zehn in den Basen zehn, fünf, vier, drei und zwei. Zur Entlastung des Schriftbildes lassen wir die Indizes fort, da in diesem Fall keine Missverständnisse zu befürchten sind.

Basis 10:	1	2	3	4	5	6	7	8	9	10
Basis 5:	1	2	3	4	10	11	12	13	14	20
Basis 4:	1	2	3	10	11	12	13	20	21	22
Basis 3:	1	2	10	11	12	20	21	22	100	101
Basis 2:	1	10	11	100	101	110	111	1000	1001	1010

Ein Vergleich der Zählreihen zeigt, wie die *Zahlwortlänge* bei kleineren Basen zunimmt und lässt zugleich die *syntaktischen* Gesetzmäßigkeiten gut sichtbar werden, nach denen Zählreihen gebildet werden. Beim Vergleich ein und derselben Zahl in verschiedenen Basen wird besonders gut deutlich, dass wir zwischen einer *Zahl* und ihrem *Zahlwort* bzw. Zahlzeichen unterscheiden müssen; denn ein und dieselbe Zahl benennen wir je nach benutzter Basis sehr unterschiedlich (Beispiel: $9 = 14_{⑤} = 21_{④} = 100_{③} = 1001_{②}$).

Mittels Rechenbrettern kann man auch den **Größenvergleich** zwischen natürlichen Zahlen sehr anschaulich erarbeiten und so den *lexikografischen* Größenvergleich rein anhand der Ziffernschreibweise gut fundieren (Aufgabe 17).

2.8 Übersetzungen

Die Umrechnung (*Übersetzung*) von Zahlen aus einer nichtdezimalen Basis in das Zehnersystem ist besonders unkompliziert. Man muss nur die Potenzen der Basis mit ihren Koeffizienten multiplizieren und die Teilprodukte addieren, wie es das folgende Beispiel zeigt:

$$234_{⑤} = 2 \cdot 5^2 + 3 \cdot 5 + 4 = 50 + 15 + 4 = 69,$$

$$\text{also gilt} \quad 234_{⑤} = 69$$

Für die *umgekehrte Richtung*, also für die Übersetzung aus der Basis 10 in eine nichtdezimale Basis, haben wir zwei Verfahren zur Verfügung.

Verfahren 1 (Rückgriff auf die höchste Potenz)

► **Beispiel 2.2** Wir wollen 38 in die Basis 4 übersetzen. Die Basispotenzen – der Einfachheit halber hier im Dezimalsystem notiert – sind $1, 4, 16, 64, \ldots$ Die höchste Basispotenz, die kleiner oder gleich 38 ist, ist 16. Es gilt $38 = 2 \cdot 16 + 6$. Die höchste Basispotenz in 6 ist 4, also gilt:

$$38 = 2 \cdot 16 + 1 \cdot 4 + 2, \quad \text{also} \quad 38 = 212_{\textcircled{4}}$$ ■

► **Beispiel 2.3** Wir gehen bei der Übersetzung von 55 in die Basis 3 entsprechend vor und erhalten $55 = 2 \cdot 3^3 + 1$. Falls wir jetzt $55 = 21_{\textcircled{3}}$ notieren würden, wäre dies natürlich falsch; denn wir müssen in Stellenwertsystemen bekanntlich nicht-besetzte Stellen durch 0 kennzeichnen. Wegen $55 = 2 \cdot 3^3 + 0 \cdot 3^2 + 0 \cdot 3 + 1$ erhalten wir also $55 = 2001_{\textcircled{3}}$. ■

Verfahren 2 (Division mit Rest)

► **Beispiel 2.4 (Übersetzung in das Vierersystem)**

$$\begin{aligned} 39 &= 9 \cdot 4 + \boxed{3} \\ 9 &= 2 \cdot 4 + \boxed{1} \\ 2 &= 0 \cdot 4 + \boxed{2} \end{aligned}$$

Behauptung: $39 = 213_{\textcircled{4}}$. ■

► **Beispiel 2.5 (Übersetzung in das Dreiersystem)**

$$\begin{aligned} 59 &= 19 \cdot 3 + \boxed{2} \\ 19 &= 6 \cdot 3 + \boxed{1} \\ 6 &= 2 \cdot 3 + \boxed{0} \\ 2 &= 0 \cdot 3 + \boxed{2} \end{aligned}$$

Behauptung: $59 = 2012_{\textcircled{3}}$. ■

Das Verfahren bricht stets ab, sobald der Koeffizient vor der Basis *null* wird. Die Reste, von unten nach oben gelesen, ergeben die gewünschte Umrechnung, wie man in diesen beiden Beispielen leicht nachrechnen kann.

Begründung

Dass dieses Verfahren so *stets* funktioniert, begründen wir anhand des zweiten Beispiels. Kürzen wir Einer, Dreier, Neuner, Siebenundzwanziger und Einundachtziger mit E, D, N, S und EA ab, so können wir die obige Gleichungskette offensichtlich folgendermaßen umschreiben:

Rechnung	Kommentar
59 = 19D + 2E	Bei der Dreierbündelung von 59 Elementen erhalten wir 19 Dreierbündel, 2 einzelne Elemente bleiben übrig.
19D = 6N + 1D	Bündeln wir Dreierbündel wieder zu dritt, so erhalten wir Neunerbündel, und zwar erhalten wir aus den 19 Dreierbündeln 6 Neunerbündel, 1 Dreierbündel bleibt übrig.
6N = 2S + 0N	Bündeln wir die Neunerbündel erneut zu dritt, so erhalten wir Siebenundzwanzigerbündel. Wir erhalten somit aus den 6 Neunerbündeln 2 Siebenundzwanzigerbündel, und es bleibt kein Neunerbündel übrig.
2S = **0EA** + 2S	Bündeln wir die Siebenundzwanzigerbündel zu dritt, so erhalten wir Einundachtzigerbündel. Da hier aber nur 2 Siebenundzwanzigerbündel vorliegen, ist dies nicht möglich. Es bleiben 2 Siebenundzwanzigerbündel übrig, das Verfahren endet hiermit.

Durch die wiederholte Dreierbündelung haben wir also schrittweise 59 zerlegt in zwei Einer, einen Dreier, null Neuner und zwei Siebenundzwanziger, also gilt $59 = 2012_{③}$.

Mathematischer Hintergrund

Zentral für das eindeutige Funktionieren dieses zweiten Übersetzungsverfahrens ist natürlich, dass die entsprechende Gleichungskette bei gegebener Zahl und Basis *stets eindeutig* bestimmt ist. Dies ist jedoch der Fall; denn dividieren wir eine natürliche Zahl a durch eine zweite natürliche Zahl b, so erhalten wir stets eindeutig bestimmte Quotienten q und

Reste r mit $0 \leq r < b$. Einen *formalen* Beweis[12] dieses sogenannten Satzes von der Division mit Rest geben wir an dieser Stelle nicht an. Stattdessen begründen wir die Aussage präformal und von einem Beispiel ausgehend auf anschaulicher Ebene.

► **Beispiel 2.6** $17 : 5 = 3$ Rest 2 bzw. $17 = 3 \cdot 5 + 2$

Der Quotient q ist hier also 3, der Rest ist 2. Wir können $17 = 3 \cdot 5 + 2$ anschaulich darstellen durch ein Punktemuster mit drei Fünferreihen und einer Zweierreihe:

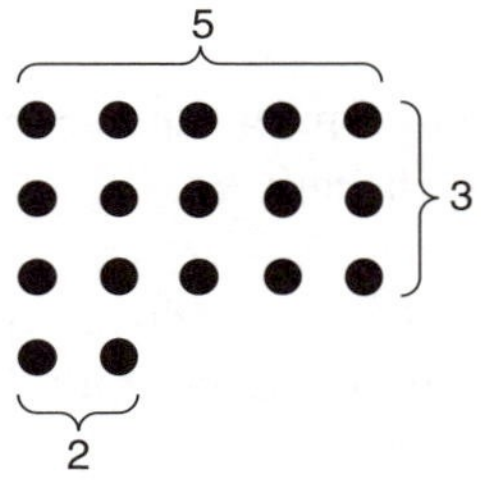

Diese Darstellung mit *drei* Fünferreihen ist hier *eindeutig*; denn offensichtlich können wir 17 *nicht durch vier oder mehr* Fünferreihen darstellen. Eine Darstellung im Sinne der geforderten Normierung mit $0 \leq r < 5$ ist aber auch *nicht mit zwei oder weniger* Fünferreihen möglich; denn im Falle von zwei Fünferreihen müsste die dritte „Rest"-Reihe sieben Punkte umfassen im Widerspruch zu $0 \leq r < 5$. ■

Verallgemeinerung

$a = q \cdot b + r$ mit $0 \leq r < b$. Wir erhalten völlig analog jetzt q Reihen mit jeweils b Punkten. Die letzte „Rest"-Reihe umfasst r Punkte mit $0 \leq r < b$, wobei im Fall von $r = 0$ diese Reihe natürlich entfällt:

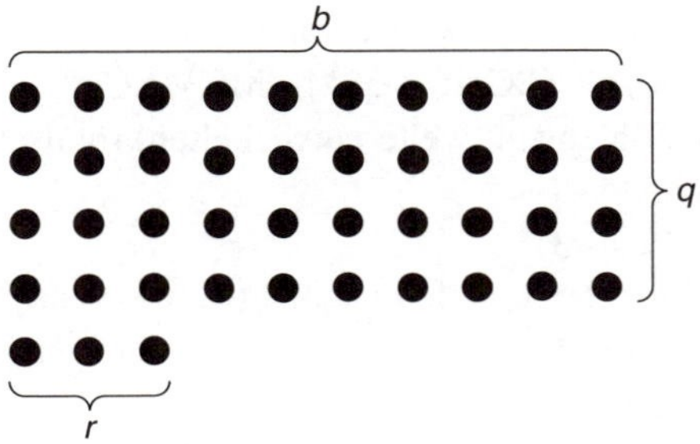

Wie oben überlegt man sich nun, dass die Darstellung *eindeutig* sein muss. Wären nämlich mehr als q Reihen vollständig mit je b Punkten gefüllt, dann würde man mehr

[12] Für einen Beweis des Satzes von der Division mit Rest vergleiche man F. Padberg [13], S. 82f.

als a Punkte benötigen. Würde man von weniger als q vollständig gefüllten Reihen mit je b Punkten ausgehen, dann müssten in der „Rest"-Reihe mehr als b Punkte sein, was wiederum der geforderten Normierung widerspräche.

Wenn man sich vorstellt, dass die a Punkte nacheinander so von links nach rechts und von oben nach unten in einem Punktemuster der Breite b platziert werden, dass zunächst die erste Reihe vollständig gefüllt wird, dann die zweite usw., wird anschaulich klar, dass q und r bei der geforderten Normierung eindeutig bestimmt sind.

Vorteile

Dieses knappe Kennenlernen nichtdezimaler Stellenwertsysteme in den Abschnitten 2.6 und 2.7 weist folgende *weitere* Vorteile auf:

- Da wir ein und dieselbe Zahl bei der Verwendung verschiedener Basen unterschiedlich benennen, fällt die *Unterscheidung* zwischen einer *Zahl* und ihrer Ziffernschreibweise leichter.
- Das *Prinzip* der Bildung von *Zählreihen* (einschließlich der Vorgänger- und Nachfolgerbildung und des Größenvergleichs) wird so gründlicher erfahren.
- Die *schrittweise Erweiterung des Zahlenraumes* (zu zwei-, drei-, vierziffrigen Zahlwörtern usw.) lässt sich bei den Basen kleiner als zehn (insbesondere bei den Basen drei, vier und fünf) wegen ihrer Überschaubarkeit besser enaktiv und ikonisch erarbeiten.

2.9 Aufgaben

1. Schreiben Sie in römischer Zahlschrift
   a) 777 b) 99 c) 1998
2. Notieren Sie in dezimaler Stellenwertschreibweise
   a) LXIV b) XCI c) CCCXXII d) MMMCMXC
3. Stellen Sie folgende Zahlen am (weiterentwickelten) römischen Abakus dar
   a) 76.498 b) 6.487.545
4. Schreiben Sie in der Basis 3
   a) 37 b) 78 c) 90
5. Schreiben Sie in der Basis 5
   a) 140 b) 251 c) 380
6. Bei Basen $b > 10$ benötigt man neben den Ziffern 0 bis 9 weitere Ziffern. In der Basis 12 verwenden wir z für zehn und e für elf.
   1) Notieren Sie im dezimalen Stellenwertsystem
      a) $7\,e$ b) $3\,z\,e$ c) $z\,2\,9$

2) Schreiben Sie in der Basis 12
   a) 137 b) 275 c) 311
3) Verdeutlichen Sie an zwei Beispielen, dass 10 als Ziffer für zehn und 11 als Ziffer für elf in der Basis 12 nicht brauchbar sind, da dann die Zahldarstellung nicht eindeutig ist.

7. Schreiben Sie in den Basen zwei, drei, vier, fünf, sechs, sieben, acht und neun die Zahlen
   a) 131 b) 1583
8. Beschreiben Sie den Zusammenhang zwischen der Anzahl der Ziffern und der betrachteten Basis.
9. Erstellen Sie für ein Ratespiel folgende vier Karten

8	9	10	11	4	5	6	7	2	3	6	7	1	3	5	7
12	13	14	15	12	13	14	15	10	11	14	15	9	11	13	15

   Lassen Sie Ihren Spielpartner sich eine Zahl zwischen 1 und 15 merken. Durch Nennung der Karten, auf denen diese Zahl steht, können Sie ihm unmittelbar die gemerkte Zahl nennen.
   a) Wie gehen Sie vor?
   b) Wieso funktioniert Ihre Strategie stets?
   c) Verallgemeinern Sie obiges Ratespiel für die Zahlen 1 bis 23.
10. Wir verfügen über rote, blaue und gelbe Plättchen. Wir setzen fest: Tauschen Sie jeweils 3 rote Plättchen gegen 1 blaues Plättchen und 3 blaue Plättchen gegen 1 gelbes Plättchen. Welches Ergebnis erhalten Sie bei Vorgabe von
    a) 14 roten Plättchen b) 25 roten Plättchen ?
11. Auf einer fernen Insel gibt es vier verschiedene Geldmünzen, und zwar Eisenmünzen (E), Kupfermünzen (K), Silbermünzen (S) und Goldmünzen (G). Vier Eisenmünzen sind so viel wert wie eine Kupfermünze, vier Kupfermünzen so viel wie eine Silbermünze, vier Silbermünzen so viel wie eine Goldmünze. Tauschen Sie in möglichst wenige Münzen.
    a) 8E 3K 3S 1G b) 4E 3K 3S 2G
12. Beschreiben Sie Zusammenhänge zwischen den Aufgaben (10) und (11) und der Darstellung von Zahlen in verschiedenen Basen. Kann man die Situation in den Aufgaben (10) und (11) mit dem Begriff Stellenwertsystem beschreiben?
13. Bestimmen Sie mit Hilfe von Rechenbrettern den Nachfolger von
    a) $45_{⑥}$ b) $355_{⑥}$ c) $3455_{⑥}$ d) $555_{⑥}$
14. Bestimmen Sie mit Hilfe von Rechenbrettern den Vorgänger von
    a) $312_{⑤}$ b) $410_{⑤}$ c) $300_{⑤}$ d) $2000_{⑤}$
15. Notieren Sie die Zahlen von $44_{⑤}$ bis $200_{⑤}$ in der Basis 5.
16. Notieren Sie in der Basis 4 die Zahlen von $301_{④}$ rückwärts bis $202_{④}$.

17. Beschreiben Sie Ihre Vorgehensweise beim Größenvergleich zweier gegebener vierziffriger Zahlen in der Basis 5.
18. Man kann Zahlen aus einem nichtdezimalen Stellenwertsystem in das Zehnersystem umrechnen, indem man Schritt für Schritt nur mit der Basis multipliziert, wie es das folgende Beispiel zeigt:

$$234_{⑤} \quad 2 \cdot 5 = 10,\ 10 + 3 = 13,\ 13 \cdot 5 = 65,\ 65 + 4 = 69$$
$$\text{Also } 234_{⑤} = 69$$

    a) Übersetzen Sie auf diese Art $2345_{⑥}$.
    b) Erläutern und begründen Sie dieses Verfahren.
19. a) Bestimmen Sie mittels der Division mit Rest die Darstellung von 298 in der Basis 5.
    b) Begründen Sie, dass Sie auf diese Art die Darstellung von 298 in der Basis 5 erhalten.
20. Veranschaulichen Sie das Übersetzungsverfahren 2 (Division mit Rest) auf der *ikonischen Ebene* mittels wiederholter Bündelung an dem Beispiel der Umrechnung von 14 in die Basis 3.
21. a) Bestimmen Sie mittels der Division mit Rest die Darstellung von 413 in der Basis 5.
    b) Begründen Sie die Richtigkeit dieses Verfahrens durch *sukzessives Einsetzen*.
22. Addieren Sie folgende Zahlen in römischer Zahlschrift mit Hilfe eines geeigneten Rechenbretts, *ohne* sie vorher in das dezimale Stellenwertsystem umzurechnen. Erläutern und begründen Sie Ihre einzelnen Schritte.
    a) CLX + CCXXVII b) DCXCVII + CCCLXXXVI

Schriftliche Rechenverfahren im Dezimalsystem und anderen Basen

3

Für eine Thematisierung schriftlicher Rechenverfahren *zunächst* im vertrauten dezimalen Stellenwertsystem – beispielsweise zur Auffrischung der eigenen Kenntnisse! – und *anschließend exemplarisch* in nichtdezimalen Stellenwertsystemen spricht in einem Einführungskurs Arithmetik für zukünftige Grundschullehrerinnen und Grundschullehrer eine Reihe von überzeugenden Argumenten. Einige hiervon listen wir an dieser Stelle schon knapp auf. Bei der Thematisierung der einzelnen schriftlichen Rechenverfahren werden wir diese Argumente noch ergänzen und vertiefen:

- Rechnungen im dezimalen Stellenwertsystem laufen für uns aufgrund unserer langjährigen Vertrautheit *fast vollautomatisch* ab. Dies verstellt uns leicht den Blick für die vielen möglichen *Hürden* beim Lernprozess für die Grundschulkinder. Die Erarbeitung der schriftlichen Rechenverfahren in ausgewählten nichtdezimalen Basen bringt uns in eine vergleichbare Situation zu den Grundschulkindern.
- *Kleine*, nichtdezimale Basen wie beispielsweise vier ermöglichen uns eine gut durchschaubare Erarbeitung schriftlicher Rechenverfahren auf der *enaktiven* und *ikonischen* Ebene. Wir gewinnen so eine *vertiefte Einsicht* in die vier schriftlichen Rechenverfahren.
- Die *selbstständige* Erarbeitung von schriftlichen Rechenverfahren in (weiteren) nichtdezimalen Basen ermöglicht uns *Transferleistungen*.

Zum Abschluss dieses dritten Kapitels gehen wir auf einige *Alternativen* zu den schriftlichen Rechenverfahren ein, und zwar auf die Computersubtraktion, die Gittermethode (Multiplikation) und auf die Neperschen Streifen (Multiplikation, Division).

F. Padberg, A. Büchter, *Einführung Mathematik Primarstufe – Arithmetik*,
Mathematik Primarstufe und Sekundarstufe I + II, DOI 10.1007/978-3-662-43449-9_3

3.1 Schriftliche Addition

Dezimalsystem

Wir addieren beliebig große natürliche Zahlen bekanntlich folgendermaßen: Wir schreiben die Summanden *stellengerecht* untereinander, also Einer unter Einer, Zehner unter Zehner, Hunderter unter Hunderter. Wir addieren spaltenweise, bei den Einern beginnend. Aufgaben ohne Übertrag sind offensichtlich besonders leicht. Wird in einer Stellenwertspalte bei der Addition der Wert 9 überschritten, so bündeln wir und notieren die Übertragszahl in der nächsten linken Spalte.

Beispiel 3.1

$$\begin{array}{r} 546 \\ + \;{}_{1}293 \\ \hline 839 \end{array}$$ ■

Beliebig große Zahlen können deshalb so elegant und einfach addiert werden, weil unsere Zahlschrift ein Stellenwertsystem ist, bei dem derselbe Platz – von rechts aus gezählt – stets *denselben Stellenwert* hat. So rechnen wir in der vorstehenden Aufgabe faktisch

- $3E + 6E = 9E$ und notieren 9 in der Einerspalte des Ergebnisses,
- $9Z + 4Z = 13Z = 1H3Z$, notieren 3 in der Zehnerspalte des Ergebnisses und den einen Hunderter (klein) in der Hunderterspalte des unteren Summanden sowie
- $1H + 2H + 5H = 8H$ und notieren 8 in der Hunderterspalte des Ergebnisses,

ohne dies jeweils so ausführlich zu beschreiben.

Spaltenweise Addition

Dass wir bei der schriftlichen Addition überhaupt *spaltenweise* addieren dürfen, beruht – neben der Tatsache, dass wir ein Stellenwertsystem benutzen – wesentlich auf der Gültigkeit des Kommutativ-, Assoziativ- und Distributivgesetzes im Bereich der natürlichen Zahlen[1]; denn daher dürfen wir rechnen:

$$\begin{aligned} 546 + 293 &= (5H + 4Z + 6E) + (2H + 9Z + 3E) \\ &= (3E + 6E) + (9Z + 4Z) + (2H + 5H) \\ &= 9E + 13Z + 7H \\ &= 9E + 3Z + 1H + 7H \\ &= 8H + 3Z + 9E \\ &= 839 \end{aligned}$$

[1] Wir gehen in Kap. 8 noch systematisch auf diese Rechengesetze ein und setzen hier zunächst ihre Gültigkeit voraus.

Zur Erinnerung
Auf das **Kommutativgesetz** der Addition sind wir schon in Abschnitt 1.1 kurz eingegangen.

Das **Assoziativgesetz** der Addition bewirkt, dass beispielsweise $(3 + 4) + 7$ und $3 + (4 + 7)$ dasselbe Ergebnis haben, obwohl wir im ersten Fall $7 + 7$ und im zweiten Fall $3 + 11$ rechnen. Allgemein können wir daher bei der Addition von drei Summanden die Klammern beliebig setzen, ohne dass sich das Ergebnis ändert. Oder in der Schreibweise mit Variablen: Für alle natürlichen Zahlen a, b, c gilt $(a + b) + c = a + (b + c)$.

Auch das **Distributivgesetz** bewirkt, dass zwei *unterschiedliche* Rechenwege stets zum *selben* Ergebnis führen. Die Aufgabe $3 \cdot (4 + 7)$ können wir entweder berechnen über $3 \cdot 11 = 33$ oder über $3 \cdot 4 + 3 \cdot 7 = 12 + 21 = 33$. Oder in der Schreibweise mit Variablen: Für alle natürlichen Zahlen a, b, c gilt $a \cdot (b + c) = a \cdot b + a \cdot c$. Wegen der Gültigkeit des Kommutativgesetzes können wir das Distributivgesetz auch aufschreiben in der Form $(b + c) \cdot a = b \cdot a + c \cdot a$.

Andere Basen

Ist die schriftliche Addition in der uns vertrauten Form so nur im Dezimalsystem durchführbar, oder können wir sie im Prinzip auch genauso in *nicht*dezimalen Stellenwertsystemen durchführen?

Zur Beantwortung dieser Frage betrachten wir exemplarisch folgende Aufgabe in der Basis vier:

▶ **Beispiel 3.2**

$$\begin{array}{rr} & 121_{④} \\ + & 132_{④} \\ \hline \end{array}$$

■

Genauso wie im dezimalen Stellenwertsystem schreiben wir auch hier Einer (E) unter Einer, Vierer (V) unter Vierer, Sechzehner (S) unter Sechzehner, etc. Wird bei der spaltenweisen Addition der Wert 3 überschritten, so bündeln wir und notieren die Übertragszahl ebenfalls in der nächsten linken Spalte. Auch hier sind Aufgaben ohne Übertrag offensichtlich besonders leicht.

Rechnung
Bei der vorstehenden Aufgabe rechnen wir faktisch

- $2E + 1E = 3E$ und notieren 3 in der Einerspalte des Ergebnisses,
- $3V + 2V = 11_{④}V = 1S1V$, notieren 1 in der Viererspalte des Ergebnisses und den einen Sechzehner (klein) in der Sechzehnerspalte des unteren Summanden sowie
- $1S + 1S + 1S = 3S$ und notieren 3 in der Sechzehnerspalte des Ergebnisses,

ohne dies bei der Rechnung jeweils so ausführlich zu beschreiben.

Wir erhalten so:

$$\begin{array}{rr} & 121_{④} \\ + & {}_{1}132_{④} \\ \hline & 313_{④} \end{array}$$

Spaltenweise Addition

Wir dürfen auch in einem Stellenwertsystem beispielsweise mit der Basis 4 *spaltenweise* addieren, da auch hier Kommutativ-, Assoziativ- und Distributivgesetz gelten. Diese Gesetze gelten nämlich für *natürliche Zahlen* – also unabhängig davon, in welcher Basis wir beispielsweise die natürlichen Zahlen notieren. Bei der schriftlichen Addition dürfen wir daher die folgenden Umordnungen, Bündelungen und Zusammenfassungen vornehmen:

$$\begin{aligned} 121_{④} + 132_{④} &= (1S + 2V + 1E) + (1S + 3V + 2E) \\ &= (2E + 1E) + (3V + 2V) + (1S + 1S) \\ &= 3E + 11_{④}V + 2S \\ &= 3E + 1V + 1S + 2S \\ &= 3E + 1V + 3S \\ &= 3S + 1V + 3E \\ &= 313_{④} \end{aligned}$$

Das Beispiel verdeutlicht, dass wir die vertraute schriftliche Addition in der üblichen Form nicht nur im dezimalen Stellenwertsystem, sondern in Stellenwertsystemen mit beliebigen Basen $b > 1$ durchführen können. Schon durch Rückgriff auf das jeweilige Kleine Einspluseins können wir Additionen mit beliebig großen Summanden sehr einfach durchführen. Sobald bei der spaltenweisen Addition der Wert $b - 1$ überschritten wird, müssen wir bündeln und die Übertragszahl in der nächsten Spalte notieren.

Vorteile

Die Beschäftigung mit der schriftlichen Addition auch in **nichtdezimalen Stellenwertsystemen** bringt bei geeigneter Vorgehensweise folgende *Vorteile*:

- Die *Einsicht* in den Kalkül der schriftlichen Addition im Dezimalsystem kann durch die Erarbeitung der charakteristischen Kennzeichen (Prinzip des Bündelns, Prinzip des Übertrags, Rückgriff auf das kleine Einspluseins, Beachtung des Stellenwertes der Ziffern) in Stellenwertsystemen mit *kleineren*, überschaubaren Basen $b < 10$ vertieft werden. Hier kann auch gut eine Erarbeitung auf der enaktiven oder ikonischen Ebene erfolgen.
- Die weitgehende *Unabhängigkeit* der vertrauten schriftlichen Addition von der speziellen Basis zehn kann so gut erarbeitet werden.

- Die weitgehend selbstständige Erarbeitung der schriftlichen Addition in einem nichtdezimalen Stellenwertsystem erfordert *Transferleistungen* und kann so *flexibles Denken* fördern.
- Die schriftliche Addition im dezimalen Stellenwertsystem ist bei uns vollautomatisiert, der *Schwierigkeitsgrad für Grundschulkinder* beim Erlernen dieses Verfahrens daher für uns nur noch schwer abzuschätzen. Durch die Erarbeitung der Addition in nichtdezimalen Stellenwertsystemen werden wir in eine vergleichbare Situation wie die Grundschulkinder beim Erlernen des Kalküls versetzt und können so den Schwierigkeitsgrad besser einschätzen.

3.2 Schriftliche Subtraktion

Dezimalsystem

Die Differenz zweier Zahlen lässt sich durch **Abziehen** (Beispiel: $16 - 7 = ?$) oder durch **Ergänzen** (Beispiel: $7 + ? = 16$) bestimmen, also in Minus- oder in Plussprechweise ausdrücken.

Während *über lange Jahre* in Deutschland bei der schriftlichen Subtraktion einseitig nur das *Ergänzungsverfahren* gestattet war – in dieser Form haben Sie vermutlich die schriftliche Subtraktion kennengelernt! – ist *heute* generell auch das *Abziehverfahren* erlaubt.

Aufgaben wie $\begin{array}{r} 693 \\ -\ 453 \\ \hline \end{array}$ können wir *direkt* durch stellenweises Abziehen oder Ergänzen lösen. Allerdings funktioniert dies offensichtlich *nicht* mehr so direkt bei einer Aufgabe wie $\begin{array}{r} 873 \\ -\ 498 \\ \hline \end{array}$. Zusätzlich sind hier viel mehr *Überträge*, im vorstehenden Beispiel zwei, erforderlich. **Drei verschiedene Übertragstechniken** stehen grundsätzlich zur Verfügung. Wir lösen im Folgenden die vorstehende Aufgabe im Sinne der Borgetechnik (Entbündelungstechnik) und der Minussprechweise, weil wir diese Kombination für die günstigste Form der Subtraktion halten.

▶ **Beispiel 3.3**

$$\begin{array}{r} 873 \\ -\ 498 \\ \hline \end{array}$$ ■

Rechnung
Wir beschreiben unsere Vorgehensweise im Folgenden sehr ausführlich:

- 3 minus 8 geht nicht. Daher entbündeln wir einen von den sieben Zehnern und machen dies durch einen kleinen Strich an der 7 kenntlich, schreiben also $7'$. Wir erhalten so 10

Einer und somit insgesamt 13 Einer im Minuenden. Nun können wir $13E - 8E = 5E$ rechnen.

- Wegen des Entbündelns stehen in der Zehnerspalte nur noch sechs Zehner. 6 minus 9 geht nicht. Daher entbündeln wir einen Hunderter (Notation: $8'$), erhalten so 10 Zehner und damit insgesamt 16 Zehner. $16Z - 9Z = 7Z$.
- Wegen des Entbündelns stehen in der Hunderterspalte nur noch sieben Hunderter. $7H - 4H = 3H$.

Wir notieren insgesamt hierfür knapp:

$$\begin{array}{rr} & 8'7'3 \\ - & 498 \\ \hline & 375 \end{array}$$

Aufgaben, bei denen die Ziffern im Minuenden *stellenweise* jeweils größer sind als im Subtrahenden, sind besonders problemlos zu rechnen. Kommen im Minuenden eine oder mehrere *Nullen* vor, so muss man im Minuenden so weit nach links gehen, bis man entbündeln kann. Man entbündelt dann schrittweise, bis man zur gewünschten Stelle kommt (Aufgabe 9).

Didaktische Bemerkungen

Neben der Borgetechnik, die auch zutreffender als **Entbündelungstechnik** bezeichnet wird, gibt es zur Lösung des Problems des Übertrags noch die *Erweiterungstechnik* und die *Auffülltechnik*. Die beiden ersten Techniken sind sowohl mit dem Abzieh- wie Ergänzungsverfahren kombinierbar, die Auffülltechnik *nur* mit dem Ergänzungsverfahren. Die **Erweiterungstechnik** beruht darauf, dass Minuend und Subtrahend jeweils im gleichen Sinne („gleichsinnig“) um die gleiche Zahl (nur in unterschiedlicher Bündelung) verändert („erweitert“) werden. Bei der **Auffülltechnik** wird der Subtrahend schrittweise „aufgefüllt“, bis die Zahl im Minuenden erreicht ist. Nach unserer Einschätzung auf der Grundlage gründlicher Analysen bietet die Borgetechnik mit Abziehen (Minussprechweise) von den fünf möglichen Kombinationen mit Abstand die *meisten Vorzüge* für Grundschulkinder und Lehrkräfte.

Einführungswege: Vor- und Nachteile

Wenn Sie sich genauer informieren wollen, finden Sie sehr ausführliche Analysen

- zu den Vor- und Nachteilen des *Abzieh- bzw. Ergänzungsverfahrens* in F. Padberg/C. Benz [15], S. 237ff.;
- zum Einführungsweg sowie zu den Vor- und Nachteilen der *Borgetechnik mit Abziehverfahren* in F. Padberg/C. Benz [15], S. 240ff.;
- zum Einführungsweg sowie den Vor- und Nachteilen der *Erweiterungstechnik* mit Ergänzungsverfahren in F. Padberg/C. Benz [15], S. 245ff.;
- zum Einführungsweg sowie den Vor- und Nachteilen der *Auffülltechnik* in F. Padberg/C. Benz [15], S. 248ff.;

- zu einer *zusammenfassenden Bewertung* der verschiedenen Einführungswege zur schriftlichen Subtraktion in F. Padberg/C. Benz [15], S. 251f.

Andere Basen

Können wir die schriftliche Subtraktion im Sinne der Borgetechnik mit Minussprechweise entsprechend wie im dezimalen Stellenwertsystem auch in beliebigen Basen durchführen, oder ist dies auf diese Art nur im dezimalen Stellenwertsystem möglich? Zur Beantwortung dieser Frage betrachten wir exemplarisch folgende Aufgabe in der Basis fünf:

Beispiel 3.4

$$\begin{array}{r} 423_{⑤} \\ -\ \ 234_{⑤} \\ \hline \end{array}$$

■

Rechnung
In der Basis fünf stehen an letzter Stelle die Einer (E), an vorletzter Stelle die Fünfer (F) und an drittletzter Stelle von rechts die Fünfundzwanziger (FZ). Wir können daher rechnen:

- 3 minus 4 geht nicht. Wir entbündeln einen von den zwei Fünfern (Notation: $2'$) und erhalten so fünf Einer. Wir verfügen damit insgesamt über acht Einer (oder $13_{⑤}$ Einer) und können jetzt $8E - 4E = 4E$ rechnen.
- Wegen des Entbündelns steht in der Fünferspalte des Minuenden nur noch ein Fünfer. 1 minus 3 geht nicht. Wir entbündeln daher einen von den vier Fünfundzwanzigern (Notation: $4'$) und erhalten so fünf Fünfer. Wir verfügen damit insgesamt über sechs Fünfer (oder $11_{⑤}$ Fünfer) und können jetzt $6F - 3F = 3F$ rechnen.
- Wegen des Entbündelns stehen in der Fünfundzwanzigerspalte noch 3 Fünfundzwanziger und wir rechnen $3FZ - 2FZ = 1FZ$.

Hierfür notieren wir insgesamt knapp:

$$\begin{array}{r} 4'2'3_{⑤} \\ -\ \ 2\,3\,4_{⑤} \\ \hline 1\,3\,4_{⑤} \end{array}$$

Aufgaben, bei denen die Ziffern im Minuenden *stellenweise* jeweils größer sind als im Subtrahenden, sind wiederum besonders leicht zu rechnen. Kommen im Minuenden eine oder mehrere *Nullen* vor, so muss man – genauso wie im Dezimalsystem – im Minuenden so weit nach links gehen, bis man entbündeln kann. Von hier aus entbündelt man dann Schritt für Schritt, bis man zur gewünschten Stelle kommt (Aufgabe 11).

Vorteile
Wir können also nicht nur die schriftliche Addition, sondern auch die schriftliche Subtraktion in Stellenwertsystemen mit einer beliebigen Basis $b > 1$ völlig analog durchführen, wie wir es von der Basis zehn her gewohnt sind. Zur Lösung beliebig großer Subtraktionsaufgaben reicht auch hier die Kenntnis des entsprechenden kleinen Einsminuseins aus. Die Beschäftigung mit der schriftlichen Subtraktion in nichtdezimalen Basen bietet bei geeigneter Vorgehensweise entsprechende Vorteile, wie wir sie bei der Addition schon genauer ausgeführt haben.

3.3 Schriftliche Multiplikation

Dezimalsystem

Die Charakteristika der heutigen Form der schriftlichen Multiplikation im vertrauten Dezimalsystem kann man dem folgenden einfachen Beispiel entnehmen.

► **Beispiel 3.5**

$$\begin{array}{cccccc} 4 & 5 & \cdot & 3 & 2 \\ \hline & 1 & 3 & 5 & \\ & & & 9 & 0 \\ \hline & 1 & 4 & 4 & 0 \end{array}$$

■

Beide Faktoren stehen in einer Zeile nebeneinander. Die rechte Zahl ist der Multiplikator, die linke der Multiplikand. Diese Unterscheidung ist insbesondere bei der mündlichen Multiplikation, aber auch hier bei der schriftlichen Multiplikation zum Vorstellungsaufbau bedeutsam, jedoch später beim Rechnen wegen des Kommutativgesetzes unerheblich.

Man beginnt die Multiplikation mit der höchsten Stelle des zweiten Faktors. Die Teilprodukte ordnet man jeweils ihrem Stellenwert entsprechend unter dem zweiten Faktor an und lässt die zugehörigen Endnullen, die aus der Multiplikation mit Zehnerpotenzen resultieren, fort.

Einziffrige Multiplikatoren
Um dieses Verfahren voll zu verstehen, betrachten wir zunächst die Multiplikation mit einem *einziffrigen Multiplikator* genauer.

► **Beispiel 3.6**

$$\begin{aligned} 45 \cdot 3 &= (4Z + 5E) \cdot 3 \underset{\text{DG}}{=} 4Z \cdot 3 + 5E \cdot 3 = 12Z + 15E \\ &\underset{\text{(x)}}{=} (1H + 2Z) + (1Z + 5E) \underset{\text{AG}}{=} 1H + 3Z + 5E = 135 \end{aligned}$$

Hierbei greifen wir an der mit DG markierten Stelle auf das Distributivgesetz zurück und bündeln an der Stelle (x). Wegen der Gültigkeit des Assoziativgesetzes (AG) dürfen wir die Zehner – trotz der Klammern – zusammenfassen und erhalten so 135 als Ergebnis. ■

Besitzt der **Multiplikand mehr Stellen**, so ändert sich im Prinzip nichts. Es treten allerdings mehr Zusammenfassungen aufgrund des Assoziativgesetzes und mehr Bündelungen auf. In diesem Fall ist es – zur Vorbereitung des endgültigen Verfahrens – am günstigsten, mit den Bündelungen bei den Einern zu beginnen.

► **Beispiel 3.7**

$$\begin{aligned}
768 \cdot 7 &= (7H + 6Z + 8E) \cdot 7 \underset{\text{DG}}{=} 7H \cdot 7 + 6Z \cdot 7 + 8E \cdot 7 \\
&= 49H + 42Z + 56E \underset{(\text{x})}{=} (4T + 9H) + (4H + 2Z) + (5Z + 6E) \\
&\underset{\text{x/AG}}{=} (4T + 9H) + 4H + (2Z + 5Z) + 6E \underset{\text{AG}}{=} 4T + (9H + 4H) + 7Z + 6E \\
&= 4T + 13H + 7Z + 6E \underset{(\text{x})}{=} 4T + (1T + 3H) + 7Z + 6E \\
&\underset{\text{AG}}{=} 5T + 3H + 7Z + 6E = 5376
\end{aligned}$$

■

Übergang zur Endform

Die Rechnung lässt sich übersichtlicher mittels folgender **Stellentafel** notieren:

$$\begin{array}{cccc}
7 & 6 & 8 & \cdot\ 7 \\
\hline
T & H & Z & E \\
 & & 5 & 6 \\
 & 4 & 2 & \\
4 & 9 & & \\
\hline
5 & 3 & 7 & 6
\end{array}$$

Lassen wir die Stellenwertbezeichnungen fort, merken uns die „Überträge" bei den Bündelungen jeweils im Kopf und schreiben das Ergebnis in *eine* Zeile, so erreichen wir die vertraute **Endform** der schriftlichen Multiplikation mit einziffrigem Multiplikator:

$$\begin{array}{cccc}
7 & 6 & 8 & \cdot\ 7 \\
\hline
5 & 3 & 7 & 6
\end{array}$$

Zehnerpotenzen als Multiplikatoren

Ein weiterer wichtiger Schritt auf dem Weg zum vollen Verständnis der schriftlichen Multiplikation ist die Beherrschung der Multiplikation mit *Vielfachen von 10* als Multiplikator. Wir beginnen mit dem Sonderfall, dass der Multiplikator eine *Zehnerpotenz* ist. Zur Begründung des Verfahrens eignet sich gut eine Stellentafel.

► **Beispiel 3.8**

$348 \cdot 10$

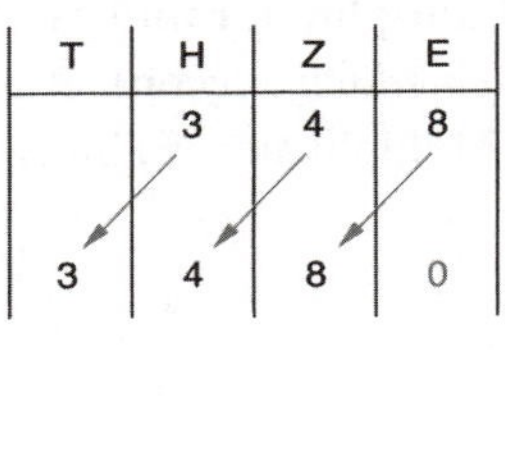

■

Durch die Multiplikation mit zehn werden aus den Einern Zehner, aus den Zehnern Hunderter, aus den Hundertern Tausender. *Jede* Ziffer wird also in der Stellentafel um *eine* Stelle nach *links* verschoben. Da die *Einerstelle* hierdurch zwangsläufig leer bleibt, müssen wir dies in der Stellenwertschreibweise durch eine Null kenntlich machen. In der *Stellentafel* ist dies natürlich *nicht* unbedingt notwendig.

Vielfache von 10 als Multiplikatoren

Auf der Grundlage der Multiplikation mit Zehnerpotenzen können wir jetzt leicht die Multiplikation mit *beliebigen Vielfachen von 10* begründen. Wir können diese nämlich wegen der Gültigkeit des Assoziativgesetzes zurückführen auf die schon behandelten Fälle der Multiplikation mit einziffrigen Multiplikatoren sowie auf die Multiplikation mit Zehnerpotenzen. Pfeildiagramme gestatten es, die Zerlegung in diese beiden Teilaufgaben übersichtlich aufzuschreiben, wie es die folgenden beiden **Beispiele** zeigen:

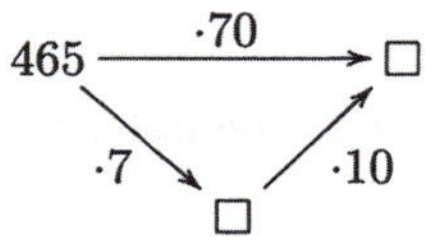

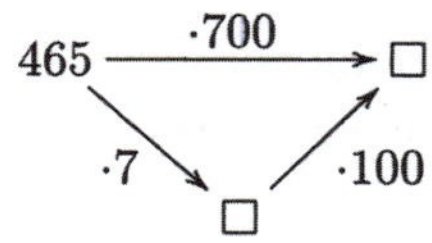

Mehrziffrige Multiplikatoren

Hiermit sind jetzt alle Grundlagen für die Multiplikation mit *beliebigen* zwei- oder mehrziffrigen Multiplikatoren gelegt; denn durch Rückgriff auf das Distributivgesetz und das Assoziativgesetz können Aufgaben mit beliebig großen Multiplikatoren und Multiplikanden jetzt zurückgeführt werden auf die bekannten Fälle der Multiplikation mit einziffrigen Multiplikatoren und mit Zehnerpotenzen, wie die folgenden beiden **Beispiele** zeigen:

$$45 \cdot 32 = 45 \cdot (30 + 2) \underset{\text{DG}}{=} 45 \cdot 30 + 45 \cdot 2 \underset{\text{AG}}{=} (45 \cdot 3) \cdot 10 + 45 \cdot 2$$

$$\begin{aligned} 387 \cdot 495 &= 387 \cdot (400 + 90 + 5) \underset{\text{DG}}{=} 387 \cdot 400 + 387 \cdot 90 + 387 \cdot 5 \\ &\underset{\text{AG}}{=} (387 \cdot 4) \cdot 100 + (387 \cdot 9) \cdot 10 + 387 \cdot 5 \end{aligned}$$

Zur Berechnung beliebig großer Produkte ist also nur die Beherrschung des kleinen Einmaleins und der Multiplikation mit Zehnerpotenzen – sowie des kleinen Einspluseins für die Addition der Teilprodukte – erforderlich. Bei der normierten Endform werden die Endnullen bei den Teilprodukten, die aus der Multiplikation mit Zehnerpotenzen resultieren, aus Gründen der Zeitersparnis fortgelassen.

Didaktische Bemerkungen

Ihnen ist sicher aufgefallen, dass **Multiplikator und Multiplikand** beim mündlichen und schriftlichen Multiplizieren *unterschiedlich* angeordnet werden. Beim mündlichen Multiplizieren (Beispiel $6 \cdot 8$) steht der Multiplikator (6) links und der Multiplikand (8) rechts.

Dagegen ist beim schriftlichen Multiplizieren (Beispiel 45·32) die links stehende Zahl (45) der Multiplikand und die rechts stehende Zahl (32) der Multiplikator. Diese unterschiedliche Anordnung muss beim schriftlichen Multiplizieren unbedingt beachtet werden.

Bei der Endform der schriftlichen Multiplikation werden die **Endnullen** im Regelfall fortgelassen. Dies war früher aus Zeitgründen eine verständliche Maßnahme. Heute steht jedoch zu Recht das *Verständnis* dieses Rechenverfahrens im Vordergrund. Aus diesem Grund und weil das Fortlassen der Endnullen leicht Fehler verursacht, sollten die Endnullen zumindest bei schwächeren Grundschulkindern beibehalten werden. Eine weitere Maßnahme, um die hohe Komplexität der Endform der schriftlichen Multiplikation etwas zu reduzieren, ist zumindest für schwächere Kinder eine Notation der **Übertragziffer**, wie es bei der deutlich leichteren schriftlichen Addition üblich ist. Wegen der komplexeren Schreibweise bei der Multiplikation müssen allerdings der Platz und die Art der Notation gut durchdacht sein (für Details vgl. F. Padberg/C. Benz [15], S. 276f.).

Andere Basen

Wir betrachten in diesem Abschnitt exemplarisch die Basis vier mit den Bündelungseinheiten Einer (E), Vierer (V), Sechzehner (S), Vierundsechziger (VS), etc. Lässt sich auch hier eine schriftliche Multiplikation beliebig großer Zahlen *so einfach* einführen, wie wir es vom vertrauten Dezimalsystem gewohnt sind?

Kleines Einmaleins

Eine wichtige Grundlage bildet im Dezimalsystem das kleine Einmaleins, also die Produkte mit einziffrigen Faktoren von $1 \cdot 1$ bis $9 \cdot 9$. Das *kleine Einmaleins* in der Basis vier ist offensichtlich *viel kürzer* – und damit auch viel rascher zu lernen – denn es besteht nur aus den Produkten mit einziffrigen Faktoren von $1 \cdot 1$ bis $3 \cdot 3$ (Produkte mit Null lassen wir hier und in der folgenden Einmaleins-Tafel unberücksichtigt).

Kleines Einmaleins in der Basis 4

·	1	2	3
1	1	2	3
2	2	10④	12④
3	3	12④	21④

Einziffrige Multiplikatoren

Auf dieser Grundlage können wir ebenfalls schon beliebige Produkte mit *einziffrigem Multiplikator* leicht ausrechnen. Betrachten wir hierzu folgendes

Beispiel 3.9

$$\begin{aligned} 32_{④} \cdot 3 &= (3V + 2E) \cdot 3 \underset{\text{DG}}{=} 3V \cdot 3 + 2E \cdot 3 \\ &= 21_{④} V + 12_{④} E \underset{(x)}{=} (2S + 1V) + (1V + 2E) \\ &\underset{\text{AG}}{=} 2S + 2V + 2E = 222_{④} \end{aligned}$$

■

Übergang zur Endform
Die Berechnung läuft offensichtlich völlig analog zur Basis zehn ab. Auch hier notieren wir die komprimierte Stellenwertschreibweise zunächst ausführlicher mit den zugrundeliegenden Bündelungseinheiten, also hier mit den entsprechenden Viererpotenzen. An der mit DG markierten Stelle greifen wir auch hier auf das Distributivgesetz zurück. Dieses gilt für die natürlichen Zahlen und ist damit völlig unabhängig davon, ob wir Zahlen in der Basis zehn oder in einer anderen Basis notieren. Entsprechendes gilt selbstverständlich auch für das Assoziativgesetz. Die vorstehende Rechnung lässt sich mit folgender **Stellentafel** übersichtlicher aufschreiben:

$32_{④}$	$\cdot$	3
S	V	E
	1	2
2	1	
2	2	$2_{④}$

Durch Fortlassen der Stellenwertbezeichnungen E, V und S, Merken der „Überträge“ bei den Bündelungen jeweils im Kopf und Notieren des Ergebnisses in einer Zeile erhalten wir folgende **Endform**:

$$\begin{array}{ccc} 32_{④} & \cdot & 3 \\ \hline 2 & 2 & 2_{④} \end{array}$$

Besitzt der Multiplikand *mehr* Stellen, so ändert sich im Prinzip nichts. Es ist dann auch hier am günstigsten, mit der Bündelung bei den Einern zu beginnen (Aufgabe 17).

Multiplikation mit Viererpotenzen
In der Basis zehn spielt neben der Multiplikation mit einziffrigem Multiplikator die Multiplikation mit Zehnerpotenzen, also mit Potenzen der zugrundeliegenden Basis, *die* zentrale Rolle bei der schriftlichen Multiplikation. Gilt Entsprechendes auch in der Basis vier? Was bewirkt die Multiplikation mit *Viererpotenzen* (also mit $10_{④}$, $100_{④}$, ...)? Sie bewirkt – wie die folgende Stellentafel gut verdeutlicht – genauso ein Anhängen von Endnullen wie die Multiplikation mit Zehnerpotenzen (also mit 10, 100, ...) in der Basis zehn:

▶ **Beispiel 3.10**

$232_{\textcircled{4}} \cdot 10_{\textcircled{4}}$

VS	S	V	E
	2	3	2
2	3	2	0

■

Durch die Multiplikation mit $10_{\textcircled{4}}$, also vier im Dezimalsystem, werden aus den Einern Vierer, aus den Vierern Sechzehner, aus den Sechzehnern Vierundsechziger. Jede Ziffer wird also in der Stellenwerttafel um *eine* Stelle nach *links* verschoben. Hierdurch wird die Einerstelle zwangsläufig leer. Dies müssen wir in der komprimierten Stellenwertschreibweise durch eine Null kenntlich machen. Wir erhalten:

$$232_{\textcircled{4}} \cdot 10_{\textcircled{4}} = 2320_{\textcircled{4}}$$

Beliebige Vielfache von Viererpotenzen

Die Multiplikation mit *beliebigen Vielfachen von* $10_{\textcircled{4}}$ lässt sich wegen der Gültigkeit des Assoziativgesetzes leicht auf die beiden schon behandelten Fälle zurückführen, wie die folgenden Pfeildiagramme verdeutlichen:

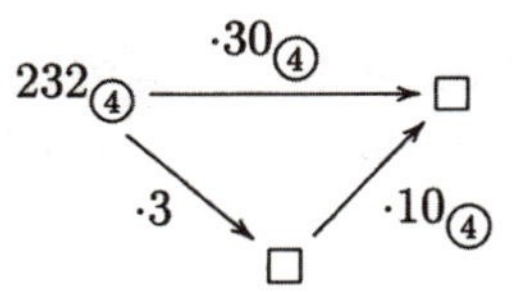

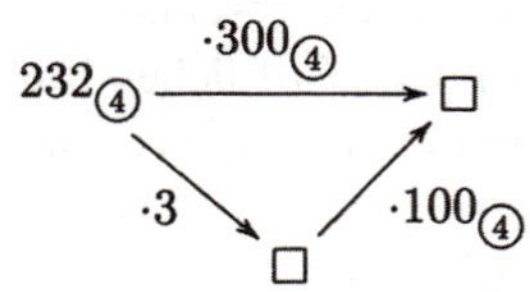

Genauso wie in der Basis 10 gilt $30 = 3 \cdot 10$ bzw. $300 = 3 \cdot 100$, gilt auch in der Basis 4 $30_{\textcircled{4}} = 3 \cdot 10_{\textcircled{4}}$ bzw. $300_{\textcircled{4}} = 3 \cdot 100_{\textcircled{4}}$; denn Multiplikation mit beispielsweise $10_{\textcircled{4}}$, also mit vier, bewirkt, dass aus drei Einern drei Vierer werden, für die wir kurz $30_{\textcircled{4}}$ notieren (Aufgabe 18).

Mehrziffrige Multiplikatoren

Hiermit sind jetzt alle Grundlagen für die Multiplikation beliebig großer Multiplikanden mit *beliebig großen Multiplikatoren* gelegt, wie wir am folgenden einfachen **Beispiel** zeigen:

▶ **Beispiel 3.11**

$$\begin{aligned} 332_{\textcircled{4}} \cdot 23_{\textcircled{4}} &= 332_{\textcircled{4}} \cdot (20_{\textcircled{4}} + 3) \underset{\text{DG}}{=} 332_{\textcircled{4}} \cdot 20_{\textcircled{4}} + 332_{\textcircled{4}} \cdot 3 \\ &\underset{\text{AG}}{=} (332_{\textcircled{4}} \cdot 2) \cdot 10_{\textcircled{4}} + 332_{\textcircled{4}} \cdot 3 \end{aligned}$$

■

Übergang zur Endform

Zweckmäßigerweise werden in der knappen Endform die Teilprodukte genauso angeordnet wie in der Basis zehn. Bei dieser Normierung kann man hier auf die Endnullen verzichten, wir erhalten hiermit:

$$
\begin{array}{cccccc}
3 & 3 & 2_{\textcircled{4}} & \cdot & 2 & 3_{\textcircled{4}} \\
\hline
 & 1 & 3 & 3 & 0_{\textcircled{4}} & \\
 & & 2 & 3 & 2 & 2_{\textcircled{4}} \\
\hline
 & 2 & 2 & 2 & 2 & 2_{\textcircled{4}}
\end{array}
$$

Vorteile

- Zur Berechnung beliebig großer Produkte in der Basis 4 ist also nur die Beherrschung des kleinen Einmaleins und der Multiplikation mit Viererpotenzen – sowie des kleinen Einspluseins für die Addition der Teilprodukte – erforderlich.
- Der übliche Multiplikationskalkül ist also *keineswegs* nur an das dezimale Stellenwertsystem gebunden, sondern völlig analog in Stellenwertsystemen mit *beliebigen* Basen $b > 1$ durchführbar.
- Wegen weiterer *Vorteile*, die mit einer Erarbeitung der schriftlichen Multiplikation in nichtdezimalen Stellenwertsystemen bei geeigneter Vorgehensweise gerade in einer Einführungsveranstaltung für zukünftige Grundschullehrkräfte verbunden sind, verweisen wir auf den Abschnitt 2.5.
- Speziell bei der schriftlichen Multiplikation kann darüber hinaus die Rolle der Multiplikation mit Zehnerpotenzen auf diese Art und Weise gründlicher verstanden werden.

3.4 Schriftliche Division

Dezimalsystem

Die Charakteristika der schriftlichen Division im Dezimalsystem kann man gut dem folgenden Beispiel entnehmen:

Beispiel 3.12

$$
\begin{array}{l}
10.488 : 24 = 437 \\
\underline{96} \\
88 \\
\underline{72} \\
168 \\
\underline{168} \\
0
\end{array}
$$

■

Das schriftliche Dividieren, insbesondere durch mehrstellige Divisoren, ist zweifelsohne die bei Weitem *schwierigste* Grundrechnungsart. Folgende Schrittfolge muss nämlich im Prinzip immer wieder durchlaufen werden:

- Bestimmen des Teildividenden,
- überschlagsmäßiges Dividieren,
- schriftliches Multiplizieren,
- schriftliches Subtrahieren.

Hierbei macht das überschlagsmäßige Dividieren den Schülerinnen und Schülern die meisten Schwierigkeiten.

Einziffrige Divisoren

Um das Divisionsverfahren voll zu verstehen, ist die Benutzung von Stellentafeln hilfreich. Wir beginnen mit *einziffrigen* Divisoren.

► **Beispiel 3.13**

H	Z	E		H	Z	E
7	0	8	$: 3 =$	2	3	6
6						
1	0					
	9					
	1	8				
	1	8				
		0				

■

► **Beispiel 3.14**

T	H	Z	E		T	H	Z	E
1	5	1	2	$: 4 =$	–	3	7	8
1	2							
	3	1						
	2	8						
		3	2					
		3	2					
			0					

■

Die beiden Beispiele verdeutlichen die beiden möglichen Fälle bei der Division durch einziffrige Divisoren:

- Die Ziffernanzahl des Dividenden (hier: 708) und des Quotienten (hier: 236) stimmt überein.
- Der Quotient (hier: 378) besitzt *eine* Ziffer weniger als der Dividend (hier: 1512).

In den beiden Beispielen werden die Aufgaben in leicht lösbare Teilaufgaben zerlegt, so im zweiten Beispiel in die drei Teilaufgaben $12H : 4, 28Z : 4$ und $32E : 4$. Dass dies so möglich ist, hängt mit dem Aufbau unseres dezimalen Stellenwertsystems zusammen. Wegen seines speziellen Aufbaus gilt nämlich, dass wir jeweils die benachbarten Ziffern im Divisionskalkül wie $1T2H$ zu $12H$, $2H8Z$ zu $28Z$ und $3Z2E$ zu $32E$ zusammenfassen können. Endnullen sind in der Stellentafel überflüssig, werden aber auch in der Endform des Divisionskalküls aus Gründen der Rationalisierung nicht notiert. Den Übergang zur Endform erreichen wir daher durch Fortlassen der Stellenwertbezeichnungen. *Besondere Schwierigkeiten*[2] bereiten Grundschulkindern insbesondere Aufgaben, die Nullen im Dividenden oder im Quotienten haben, sowie Aufgaben mit Rest (Aufgabe 20).

Division durch Zehnerpotenzen/Vielfache von 10

Die Division durch *Zehnerpotenzen* verläuft weitgehend analog zur Multiplikation mit Zehnerpotenzen (Aufgabe 21). Die Division durch *Vielfache von 10 könnte* auf die beiden leichten Sonderfälle der Division durch einziffrige Divisoren und durch Zehnerpotenzen zurückgeführt werden, wie das folgende Pfeildiagramm verdeutlicht:

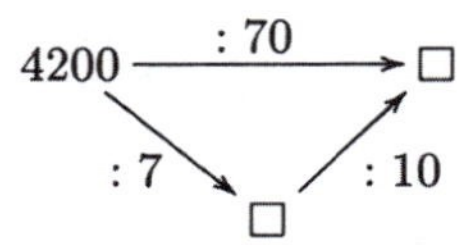

Im Gegensatz zur Multiplikation mit Vielfachen von 10 ist dies bei der Division jedoch *nicht* sonderlich hilfreich. Vielmehr lassen sich auch diese Aufgaben genauso im Stellenwertschema lösen wie die Divisionsaufgaben mit einziffrigen Divisoren. Der einzige Unterschied: Da die jeweils zu betrachtenden Zahlen sowohl bei den Teildividenden, beim überschlagsmäßigen Dividieren, beim Multiplizieren wie auch beim Subtrahieren jeweils größer sind, ist dieser Weg fehleranfälliger. Durch den Verzicht auf das Stellenwertschema erfolgt auch hier der Übergang zur Endform.

Mehrziffrige Divisoren

Aber auch im allgemeinen Fall der Division durch *beliebig große zwei- oder mehrziffrige Divisoren* treten keine neuen *prinzipiellen* Schwierigkeiten auf – die zu betrachtenden Zahlen werden *größer* und damit steigt die Fehleranfälligkeit deutlich an. Ein gravierender Unterschied lässt sich allerdings – besonders deutlich in diesem Fall – zu den *drei übrigen* Grundrechenarten feststellen: Während wir dort sämtliche Aufgaben im Wesentlichen mit dem kleinen Einspluseins und kleinen Einmaleins lösen können, trifft dies bei der Division durch größere Divisoren *nicht* mehr zu.

[2] Vgl. F. Padberg/C. Benz [15], S. 296f.

Didaktische Bemerkungen

Während früher die Division durch zweistellige Divisoren im Grundschulunterricht sicher beherrscht werden musste, hat sich heute die Situation hier stark verändert: Im Vordergrund steht ein gründliches *Verständnis* der schriftlichen Division. Dies kann man besser an Aufgaben mit *einstelligen* und mit gezielt ausgewählten *zweistelligen* Divisoren erwerben. So wird beispielsweise in den neuen Richtlinien und Lehrplänen von Nordrhein-Westfalen [9] verlangt, dass die Schülerinnen und Schüler das schriftliche Divisionsverfahren für einstellige und wichtige zweistellige Divisoren (10, 12, 20, 25, 50) *erläutern* können, „indem sie die einzelnen Rechenschritte an Beispielen in nachvollziehbarer Weise beschreiben" ([9], S. 62), während eine *sichere Ausführung* bei der Division – im Gegensatz zu den übrigen Rechenoperationen – *nicht* verlangt wird.

Wege zur schriftlichen Division
Die schriftliche Division kann im Unterricht der Grundschule idealtypisch auf drei Wegen eingeführt werden

- über *Sachsituationen* beispielsweise mit dem gerechten Verteilen von Geld (vgl. F. Padberg/C. Benz [15], S. 291ff.);
- über die *halbschriftliche Strategie* des schrittweisen Rechnens (für genauere Details vgl. F. Padberg/C. Benz [15], S. 293);
- über die *wiederholte Subtraktion* – analog zur wiederholten Addition bei der Multiplikation (vgl. F. Padberg/C. Benz [15], S. 289ff.).

Einfachere Schreibweise
Die folgende, modifizierte Schreibweise bei der schriftlichen Division kann zu einer deutlichen **Fehlerreduzierung** beitragen. Wir schreiben hierbei das Ergebnis der Divisionsaufgaben, also den Quotienten, *nicht* mit einem Gleichheitszeichen *hinter* die Aufgabe, sondern *stellengerecht* (d. h. Einer über Einer, Zehner über Zehner, ...) über den Dividenden, wie die beiden folgenden Beispiele zeigen. Ist die *höchste* Stelle im Ergebnis (Quotienten) nicht besetzt – wie im zweiten Beispiel – so machen wir dies durch einen Punkt oder auch eine Null kenntlich.

$$\frac{1769}{7076:4} \qquad \frac{\bullet 876R5}{7889:9}$$

Der Merkaufwand ist hier *nicht* höher als bei einer entsprechenden Multiplikationsaufgabe. Der Einsatz dieser leichteren Schreibweise ist in der Grundschule problemlos möglich, da die neuen Lehrpläne *keine* spezielle Schreibweise bei der schriftlichen Division mehr vorschreiben. Für genauere Details vgl. F. Padberg/C. Benz [15], S. 294f.

Andere Basen

Wir betrachten in diesem Abschnitt exemplarisch die Basis sechs mit den Bündelungseinheiten Einer (E), Sechser (S), Sechsunddreißiger (SD), Zweihundertsechzehner (Z), ... Wir beschränken uns hier im Wesentlichen auf *einziffrige* Divisoren und auf die Division durch *Basispotenzen*. Es stellt sich wiederum die Frage, ob auch die Division völlig analog zum Kalkül in der Basis zehn verläuft.

Einziffrige Divisoren

Hilfreich für das Dividieren durch *einziffrige Divisoren* ist die Kenntnis des kleinen Einmaleins. Die Einmaleins-Tafel in der Basis 6 umfasst die Produkte von $1 \cdot 1$ bis $5 \cdot 5$ und lautet:

Kleines Einmaleins in der Basis sechs

·	1	2	3	4	5
1	1	2	3	4	5
2	2	4	10	12	14
3	3	10	13	20	23
4	4	12	20	24	32
5	5	14	23	32	41

Hinweis: Um das Schriftbild zu entlasten, lassen wir in der vorstehenden Einmaleins-Tafel die Indizes ⑥ fort, da keine Missverständnisse zu befürchten sind.

Für ein besseres Verständnis des Divisionsverfahrens benutzen wir auch hier – wie in der Basis 10 – zunächst eine Stellentafel.

▶ **Beispiel 3.15**

$2152_{⑥} : 4 =$

Z	SD	S	E
2	1	5	2
2	0		
	1	5	
	1	2	
		3	2
		3	2
			0

$: 4 =$

Z	SD	S	E
–	3	2	5

Wir erhalten also: $2152_{⑥} : 4 = 325_{⑥}$ ■

Bei der schriftlichen Division zerlegen wir die Ausgangsaufgabe in die drei leicht lösbaren Teilaufgaben $20_{⑥}SD : 4$, $12_{⑥}S : 4$ und $32_{⑥}E : 4$, die wir durch Rückgriff auf das kleine Einmaleins leicht lösen können. Das Verfahren funktioniert so, da wir auch in einem Stellenwertsystem mit der Basis sechs offensichtlich zwei benachbarte Ziffern wie $2Z0SD$ zu $20_{⑥}SD$, $1SD2S$ zu $12_{⑥}S$ und $3S2E$ zu $32_{⑥}E$ zusammenfassen können. Der einzige Unterschied bei der Rechnung zur Basis zehn: Wir beherrschen das kleine Einmaleins in der Basis sechs *nicht auswendig* und müssen daher die Ergebnisse aus der Einmaleins-Tafel entnehmen oder jeweils berechnen. Der Übergang zur Endform des Kalküls erfolgt durch Fortlassen der Stellenwertbezeichnungen.

Division durch Basispotenzen

Bei der Division durch *Sechserpotenzen* gilt hier genau wie im dezimalen Stellenwertsystem bei der Division durch Zehnerpotenzen eine **Nullstreichungsregel**; denn bei der Division durch $10_{⑥}$, also durch sechs, werden aus Sechsern Einer, aus Sechsunddreißigern Sechser, etc., also rutschen alle Ziffern in dem Stellenwertschema um einen Platz nach rechts, und es entfällt – sofern vorhanden – die Endziffer Null (Aufgabe 22).

Mehrziffrige Divisoren

Aber auch die Division durch *mehrziffrige Divisoren* in der Basis sechs bereitet keine *grundsätzlichen* Schwierigkeiten. Probleme ergeben sich nur insbesondere beim überschlagsmäßigen Dividieren – aber nur wegen unserer mangelnden Vertrautheit mit Abschätzungen in der Basis sechs! Hilfreich ist es daher, Vielfache der Divisoren zu notieren (Aufgabe 23).

Vorteile

Wir können abschließend festhalten:

- Auch die schriftliche Division lässt sich in Stellenwertsystemen mit *beliebigen* Basen $b > 1$ genauso durchführen wie speziell in dem *dezimalen* Stellenwertsystem. Daher gibt es auch von diesem Kalkül her *keine* Argumente, dass bei der Einführung von Stellenwertsystemen und von Rechenoperationen die spezielle Basis zehn ausgesucht werden *muss*.
- Zusätzlich wird gerade bei der schriftlichen Division besonders gut deutlich, welche Vorteile die Behandlung nichtdezimaler Stellenwertsysteme insbesondere auch für zukünftige Grundschullehrkräfte mit sich bringt. Während nämlich Rechnungen in der Basis zehn weitgehend vollautomatisch ablaufen und damit der Blick für potenzielle Schülerschwierigkeiten weitgehend verstellt ist, befinden Sie sich als Studierende bei nichtdezimalen Stellenwertsystemen in einer vergleichbaren Situation wie Ihre zukünftigen Schülerinnen und Schüler, die diesen Kalkül erst lernen müssen und die insbesondere das überschlagsmäßige Dividieren in der Basis zehn genauso viel Nachdenken kostet wie uns in nichtdezimalen Stellenwertsystemen.
- Genauer analysiert, ist Ihre Situation hier sogar immer noch *komfortabler* als die Situation der Grundschulkinder. Sie können sich beim Rechnen in anderen Basen nämlich immer noch in den „sicheren Hafen“ des Dezimalsystems zurückziehen und so zu einer Lösung kommen. Einen solchen sicheren Hafen haben die Grundschulkinder beim Erarbeiten des Dezimalsystems und der schriftlichen Rechenverfahren jedoch nicht.

3.5 Alternativen zu den schriftlichen Rechenverfahren

In den vorhergehenden Abschnitten haben wir gesehen, dass es neben dem *dezimalen* noch *viele* Stellenwertsysteme mit von 10 verschiedenen Basen gibt, in denen wir grundsätzlich genauso effizient schriftlich rechnen können wie in unserem vertrauten Dezimalsystem. In diesem Abschnitt erfahren wir, dass es darüber hinaus schriftliche Rechenverfahren gibt, die von den uns vertrauten Verfahren *stark abweichen*, aber durchaus ihre Vorzüge besitzen. So lernen wir in Abschnitt 3.5 zunächst die *Computersubtraktion* in der Basis 2 kennen, auf deren Grundlage Computer Subtraktionen durchführen. Im mittleren Bereich von Abschnitt 3.5 steht ein Multiplikationsverfahren *(Gittermethode)*, bei dem die Übertragsziffern *nicht* im Kopf behalten werden müssen. Die *Neperschen Streifen* schließlich am Ende erleichtern besonders stark die Multiplikation, sind aber auch bei der Division gut einsetzbar.

Computersubtraktion

Das folgende Subtraktionsverfahren ist in der Basis zwei besonders leicht. Daher wird es bei Computern als Subtraktionsverfahren eingesetzt (Aufgabe 25). Wir erläutern das Verfahren im Dezimalsystem am **Beispiel** der Subtraktionsaufgabe:

▶ **Beispiel 3.16**

$$\begin{array}{r} 6\;3\;2\;4 \\ -\;2\;5\;9\;6 \\ \hline \end{array}$$

Schritt 1 Bilde die *Gegenzahl* von 2596, also die Zahl, die zu 2596 addiert 9999 ergibt, und addiere sie zum Minuenden:

$$\begin{array}{r} 6\;3\;2\;4 \\ +\;7\;4\;0\;3 \\ \hline 1\;3\;7\;2\;7 \end{array}$$

Schritt 2 Streiche bei der Summe die Ziffer mit dem höchsten Stellenwert und addiere sie zur „Restzahl“ der Summe. Das Ergebnis ist die gewünschte Differenz:

$$\begin{array}{r} 3\;7\;2\;7 \\ +\;\;\;\;\;\;\;1 \\ \hline 3\;7\;2\;8 \end{array}$$

also:

$$\begin{array}{r} 6\;3\;2\;4 \\ -\;2\;5\;9\;6 \\ \hline 3\;7\;2\;8 \end{array}$$

■

Allgemeiner Ansatz
Das Verfahren können wir *allgemein* folgendermaßen beschreiben:

1. Vereinheitliche – sofern unterschiedlich – die Anzahl der Ziffern bei Minuend und Subtrahend durch Ergänzen von Anfangsnullen beim Subtrahenden.
2. Bilde die Gegenzahl zum Subtrahenden und addiere sie zum Minuenden.
3. Streiche bei der Summe die Ziffer mit dem höchsten Stellenwert und addiere sie zur „Restzahl" der Summe. Das Ergebnis ist die gewünschte Differenz.

Begründung
Was auf den ersten Blick nach Hexerei aussieht, können wir leicht erklären. Wir rechnen nämlich bei der Computersubtraktion – dies ist so nur nicht unmittelbar erkennbar! – folgende Rechnung:

$$6324 + (9999 - 2596) - 10.000 + 1$$

Diese Aufgabe und die Ausgangsaufgabe sind *gleichwertig*, denn es gilt:

$$\begin{aligned} &6324 - 2596 \\ &= 6324 + 9999 - 2596 - 9999 \\ &= 6324 + (9999 - 2596) - 10.000 + 1 \end{aligned}$$

Entsprechend können wir zeigen, dass die Computersubtraktion stets zum richtigen Ergebnis führt (vgl. auch Aufgabe 24).

Vorteile/Nachteile
Die Computersubtraktion besitzt den großen *Vorteil*, dass sie nur auf der Addition und der leichten Bildung der Gegenzahl beruht. *Überträge*, welche die meisten Fehler bei der Subtraktion verursachen, kommen nicht vor. Ihr Nachteil ist, dass sie sich *rein mechanisch* ohne jedes Verständnis für die zugrunde liegende Subtraktion durchführen lässt. Dies ist ein Vorteil für den Einsatz bei Computern, aber ein Nachteil für ihre Behandlung im Unterricht. Sie bietet sich daher nur zur Ergänzung und Vertiefung der üblichen schriftlichen Subtraktion an, zumal auch der Schreibaufwand deutlich höher ist.

Gittermethode (Multiplikation)

Bei der schriftlichen Multiplikation verursachen die Merkziffern eine Reihe von Fehlern. Bei der Gittermethode müssen diese Überträge nicht im Kopf behalten werden, sondern haben im Gitterschema einen festen Platz.

▶ **Beispiel 3.17** $648 \cdot 587$

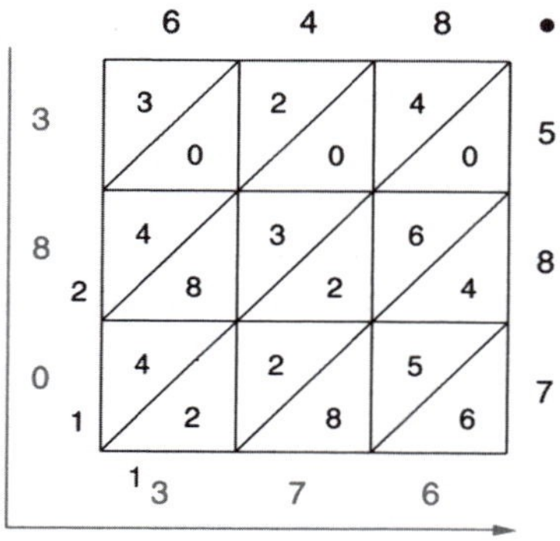

Wir können aus dem Gitter direkt ablesen:

$$648 \cdot 587 = 380.376$$ ■

Rechnung
Bei der Gittermethode wird also *jede* Ziffer des einen Faktors mit *jeder* Ziffer des anderen Faktors multipliziert. Da die Reihenfolge unerheblich ist, können Rechenvorteile ausgenutzt werden. Kommen einstellige Produkte vor wie z. B. $3 \cdot 2 = 6$, so wird dieses Ergebnis als 06 in das Gitter eingetragen. Das Ergebnis erhält man, indem man zunächst *rechts unten* beginnend und *links oben* endend die Zahlen in den diagonalen Streifen jeweils addiert und eventuelle Überträge beim nächsten Streifen berücksichtigt. Dann kann man das Produkt – wie oben durch Pfeile angedeutet – unmittelbar ablesen.

Begründung
Wieso enthält eigentlich, wenn wir rechts unten beginnen, der erste diagonale Streifen *sämtliche Einer*, der zweite *sämtliche Zehner*, der dritte *sämtliche Hunderter* etc.? Anhand des folgenden Schemas können wir uns dies leicht klarmachen:

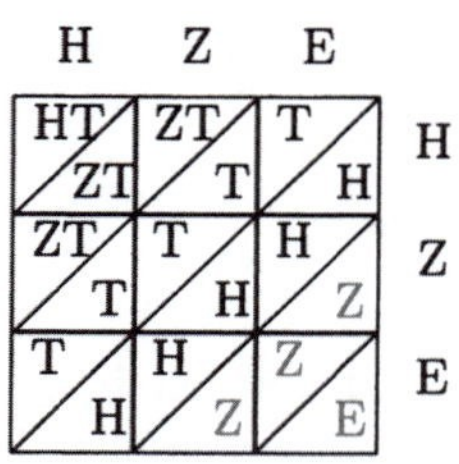

Hierbei bedeuten wie üblich *E* Einer, *Z* Zehner, *H* Hunderter, *T* Tausender, *ZT* Zehntausender und *HT* Hunderttausender. Wir begründen exemplarisch, warum im ersten diagonalen Streifen *sämtliche Einer* und im zweiten diagonalen Streifen *sämtliche Zehner*

liegen. Multiplizieren wir nämlich die **Einer** der gegebenen Zahlen miteinander, so erhalten wir ein Ergebnis, das zwischen $0E = 0Z0E$ und $81E = 8Z1E$ liegt. Schon bei den Produkten Einer mal Zehner und umgekehrt kommen im Ergebnis *keine Einer* mehr vor, sondern nur noch *Zehner*, maximal $81Z = 8H1Z$. Also liegen *sämtliche* Einer im ersten diagonalen Streifen. Aufgrund unserer bisherigen Argumentation ist auch klar, dass der zweite diagonale Streifen ausschließlich aus **Zehnern** besteht. Es kann aber auch *außerhalb* des zweiten diagonalen Streifens *keine* Zehner mehr geben, da das nächstgrößere Produkt vom Typ Zehner mal Zehner nur noch *Hunderter* enthält, maximal $81H = 8T1H$. Also enthält der zweite diagonale Streifen *sämtliche Zehner*. Entsprechend können wir auch bei den weiteren diagonalen Streifen argumentieren (Aufgabe 26).

Vorteile/Nachteile
Die Gittermethode hat den *Vorteil*, dass die Merkziffern jeweils automatisch passend notiert werden und nicht im Kopf behalten werden müssen. Sie hat den *Nachteil*, dass zunächst sorgfältig ein entsprechendes Gitter hergestellt werden muss, bei dem die einzelnen diagonalen Streifen eindeutig zu erkennen sind, und dass Ziffern addiert werden, die *nicht* untereinander stehen.

Nepersche Streifen (Multiplikation, Division)

Die Neperschen Streifen – benannt nach dem schottischen Gelehrten John Napier[3] Lord von Merchiston (1550–1617) – hängen eng mit der Gittermethode zusammen. Sie können insbesondere bei der schriftlichen Multiplikation eingesetzt werden, aber auch bei der schriftlichen Division.

Multiplikation
Wir beginnen mit der *Multiplikation*. Die Neperschen Streifen enthalten jeweils in spezieller Notation und Anordnung sämtliche Zahlen einer Einmaleinsreihe. So enthält beispielsweise der Siebenerstreifen sämtliche Vielfache von 7 von $1 \cdot 7$ bis $9 \cdot 7$. Sind Zahlen einziffrig, wie in diesem Beispiel 7, werden sie als 07 zweiziffrig notiert. Die Notation der einzelnen Vielfachen entspricht genau der Notation der einzelnen Produkte bei der Gittermethode.

Einziffrige Multiplikatoren
Mit Hilfe der Neperschen Streifen lassen sich problemlos – ohne Notation der Faktoren oder des Rechenweges – Produkte beliebig großer Zahlen mit *einziffrigen Multiplikatoren* ausrechnen, wie wir am Beispiel der Aufgaben $468 \cdot 4$ und $468 \cdot 7$ aufzeigen. Hierzu legen wir einen Vierer-, einen Sechser- und einen Achterstreifen nebeneinander:

[3] Napier ist bekannt als einer der Erfinder der Logarithmenrechnung, die vor dem Computerzeitalter das wichtigste Hilfsmittel bei der Durchführung aufwändiger Rechnungen war.

Beispiel 3.18

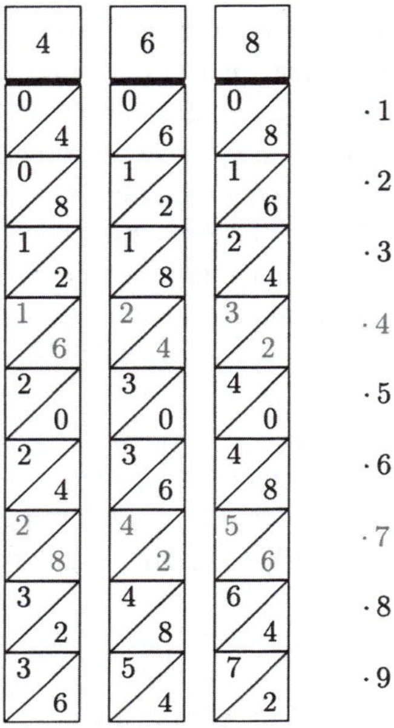

■

Aus der vierten Zeile können wir unmittelbar $468 \cdot 4 = 1872$ ablesen, aus der siebten Zeile $468 \cdot 7 = 3276$. Dies beruht darauf, dass wir wegen unserer Stellenwertschreibweise $468 \cdot 4$ folgendermaßen berechnen können: $468 \cdot 4 = (4H + 6Z + 8E) \cdot 4 = 16H + 24Z + 32E = 1T6H + 2H4Z + 3Z2E = 1T + 8H + 7Z + 2E = 1872$.

Infolge der durch die Diagonalen bei den Neperschen Streifen bewirkten geschickten Anordnung der Überträge kann man so das Ergebnis praktisch unmittelbar von rechts nach links den Streifen entnehmen. Insbesondere bei größeren Faktoren müssen allerdings in manchen Fällen zusätzlich *weitere* Überträge berücksichtigt werden wie im Beispiel $468 \cdot 7$; denn dort sind auf dem Streifen die Ergebnisse folgender Rechnung leicht ablesbar:

$$\begin{aligned} 468 \cdot 7 &= (4H + 6Z + 8E) \cdot 7 \\ &= 28H + 42Z + 56E = 2T8H + 4H2Z + 5Z6E \\ &= 2T8H + 4H + 7Z + 6E = 2T + 12H + 7Z + 6E \\ &= 2T + 1T2H + 7Z + 6E = 3T + 2H + 7Z + 6E \\ &= 3276 \end{aligned}$$

So können wir die Ergebnisse bei der Multiplikation beliebig großer Zahlen mit *einziffrigen Multiplikatoren* mit Hilfe der Neperschen Streifen fast wie bei einem Computer auf einen Blick ablesen – allerdings einem Computer, den man *selbst* bauen und dessen Rechenweg man *vollständig verstehen* kann.

Mehrziffrige Multiplikatoren

Durch Rückgriff auf die Neperschen Streifen sowie auf unsere Kenntnis der Multiplikation mit Zehnerpotenzen können wir aber auch beliebige Produkte mit *mehrziffrigen Multiplikatoren* leicht berechnen, wie wir am Beispiel $468 \cdot 95$ verdeutlichen.

Wir können von den Neperschen Streifen direkt ablesen: $468 \cdot 9 = 4212$ und $468 \cdot 5 = 2340$. Also gilt $468 \cdot 90 = 42.120$ und damit $468 \cdot 95 = 44.460$.

Division

Die Neperschen Streifen lassen sich auch gut bei der *Division* durch *mehrstellige* Divisoren einsetzen, während sie bei der Division durch *einstellige* Divisoren keine Vorteile bringen. Da wir anhand der Streifen direkt nur *Produkte* ablesen können, müssen wir Divisionsaufgaben über die zugehörigen Multiplikationsaufgaben lösen, wie es das folgende Beispiel zeigt:

$$17.328 : 38 = ?$$

Durch das Nebeneinanderlegen eines Dreier- und eines Achterstreifens können wir unmittelbar alle Vielfache von 38 von $1 \cdot 38$ bis $9 \cdot 38$ ablesen. So können wir in mehreren Zwischenschritten die zu obiger Aufgabe gleichwertige Frage leicht beantworten:

Wie oft ist 38 in 17.328 enthalten? Hierzu ziehen wir – in frei wählbaren Teilschritten je nach Leistungsvermögen – so lange Vielfache von 38 von 17.328 ab, bis wir Null bzw. einen Rest kleiner als 38 erreichen.

$$\begin{array}{rrrrrrl}
 & 1 & 7 & 3 & 2 & 8 & \\
- & 1 & 5 & 2 & 0 & 0 & \quad (= 38 \cdot 400) \\
\hline
 & & 2 & 1 & 2 & 8 & \\
 & - & 1 & 9 & 0 & 0 & \quad (= 38 \cdot 50) \\
\hline
 & & & 2 & 2 & 8 & \\
 & & - & 2 & 2 & 8 & \quad (= 38 \cdot 6) \\
\hline
 & & & & & 0 &
\end{array}$$

Also gilt: $17.328 = 38 \cdot 456$

bzw. $17.328 : 38 = 456$.

Vorteile/Nachteile

Die Neperschen Streifen vereinfachen das übliche Divisionsverfahren, da sie bei den beiden fehleranfälligsten Teilschritten – beim Bestimmen des Teildividenden und des Teilquotienten – helfen. Ein Nachteil dieses Verfahrens ist allerdings, dass diese Streifen ständig verfügbar sein bzw. jeweils angefertigt werden müssen.

3.6 Aufgaben

1. Addieren Sie schriftlich 357 + 438, und erläutern Sie jeweils genau die hierbei verwendeten Rechengesetze.
2. Notieren Sie jeweils in einer Tabelle das kleine Einspluseins in den Basen 5, 7 und 9.
3. Stellen Sie die folgenden Zahlen in der Basis fünf mit Hilfe von Kringelmengen auf einem Rechenbrett dar, und veranschaulichen Sie so die Addition auf dieser ikonischen Ebene.

a) $\begin{array}{rr} & 314_{\textcircled{5}} \\ + & 223_{\textcircled{5}} \\ \hline \end{array}$ b) $\begin{array}{rr} & 233_{\textcircled{5}} \\ + & 134_{\textcircled{5}} \\ \hline \end{array}$ c) $\begin{array}{rr} & 343_{\textcircled{5}} \\ + & 324_{\textcircled{5}} \\ \hline \end{array}$

4. Berechnen Sie schriftlich, und erläutern Sie den Rechenweg.

a) $\begin{array}{rr} & 342_{\textcircled{6}} \\ + & 423_{\textcircled{6}} \\ \hline \end{array}$ b) $\begin{array}{rr} & 555_{\textcircled{6}} \\ + & 435_{\textcircled{6}} \\ \hline \end{array}$ c) $\begin{array}{rr} & 454_{\textcircled{6}} \\ + & 545_{\textcircled{6}} \\ \hline \end{array}$

5. Ergänzen Sie in den folgenden „Klecks"-Aufgaben die fehlenden Ziffern.

a) $\begin{array}{rccc} & 6 & 2 & 4 \\ + & \square & \square & \square \\ \hline & 9 & 7 & 5 \end{array}$ b) $\begin{array}{rccc} & 4 & 8 & \square \\ + & \square & 5 & 6 \\ \hline & 7 & \square & 9 \end{array}$ c) $\begin{array}{rccc} & 5 & \square & 9 \\ + & \square & 2 & \square \\ \hline & 9 & 3 & 2 \end{array}$

6. Ergänzen Sie in den folgenden „Klecks"-Aufgaben in der Basis sieben die fehlenden Ziffern.

a) $\begin{array}{rccc} & 5 & 2 & 3_{\textcircled{7}} \\ + & \square & \square & \square_{\textcircled{7}} \\ \hline & 6 & 6 & 4_{\textcircled{7}} \end{array}$ b) $\begin{array}{rccc} & 4 & 6 & \square_{\textcircled{7}} \\ + & \square & 5 & 6_{\textcircled{7}} \\ \hline & 6 & \square & 2_{\textcircled{7}} \end{array}$ c) $\begin{array}{rccc} & 5 & \square & 6_{\textcircled{7}} \\ + & \square & 2 & \square_{\textcircled{7}} \\ \hline & 6 & 4 & 2_{\textcircled{7}} \end{array}$

7. Kann man bei der schriftlichen Addition auch beim *höchsten* Stellenwert beginnen, also von links nach rechts rechnen?
8. Lösen Sie mittels der Borgetechnik in Minussprechweise, und beschreiben Sie Ihre Vorgehensweise sehr ausführlich.

a) $\begin{array}{rr} & 736 \\ - & 452 \\ \hline \end{array}$ b) $\begin{array}{rr} & 863 \\ - & 547 \\ \hline \end{array}$ c) $\begin{array}{rr} & 945 \\ - & 678 \\ \hline \end{array}$

9. Lösen Sie mittels der Borgetechnik in Minussprechweise, und beschreiben Sie Ihre Vorgehensweise sehr ausführlich.

a) $\begin{array}{rr} & 750 \\ - & 423 \\ \hline \end{array}$ b) $\begin{array}{rr} & 702 \\ - & 423 \\ \hline \end{array}$ c) $\begin{array}{rr} & 8007 \\ - & 4238 \\ \hline \end{array}$

Hinweis: Gehen Sie im Minuenden jeweils so weit nach links, bis Sie entbündeln können (also bei a) bis zu den Zehnern, bei b) bis zu den Hundertern und bei c) bis zu den Tausendern), und entbündeln Sie schrittweise, bis Sie zur gewünschten Stelle kommen.

10. Lösen Sie mittels der Borgetechnik in Minussprechweise, und beschreiben Sie Ihre Vorgehensweise sehr ausführlich

a) $\begin{array}{rr} & 453_{\textcircled{6}} \\ - & 322_{\textcircled{6}} \\ \hline \end{array}$ b) $\begin{array}{rr} & 425_{\textcircled{6}} \\ - & 232_{\textcircled{6}} \\ \hline \end{array}$ c) $\begin{array}{rr} & 523_{\textcircled{6}} \\ - & 245_{\textcircled{6}} \\ \hline \end{array}$

11. Lösen Sie mittels der Borgetechnik in Minussprechweise, und beschreiben Sie Ihre Vorgehensweise sehr ausführlich

a) $\begin{array}{r} 670_{⑧} \\ -\ 453_{⑧} \\ \hline \end{array}$ b) $\begin{array}{r} 604_{⑧} \\ -\ 325_{⑧} \\ \hline \end{array}$ c) $\begin{array}{r} 7002_{⑧} \\ -\ 2465_{⑧} \\ \hline \end{array}$

12. Begründen Sie Schritt für Schritt das Verfahren der Multiplikation mit einziffrigem Multiplikator anhand der Aufgabe $6849 \cdot 8$.
13. Begründen Sie mit Hilfe einer Stellentafel die Regel für die Multiplikation mit 100 am Beispiel der Aufgabe $678 \cdot 100$.
14. Berechnen Sie

a) $345 \cdot 406$ b) $345 \cdot 5007$

Erläutern Sie zwei verschiedene mögliche Schreibweisen bei der Produktberechnung und damit zusammenhängende mögliche Probleme.

15. Ergänzen Sie die fehlenden Ziffern

a) $\begin{array}{cccccc} 3 & \square & \square & 6 & \cdot & 7 \\ \hline & \square & 4 & \square & 9 & \square \end{array}$ b) $\begin{array}{cccc} \square & \square & \cdot & \square \\ \hline & 1 & 3 & 2 \end{array}$

16. Erläutern Sie die folgende, beispielsweise in den USA übliche Notationsform der schriftlichen Multiplikation

$$\begin{array}{cccccc} & & & 5 & 6 & 8 \\ & & \times & 3 & 4 & 7 \\ \hline & & 3 & 9 & 7 & 6 \\ & 2 & 2 & 7 & 2 & \\ 1 & 7 & 0 & 4 & & \\ \hline 1 & 9 & 7 & 0 & 9 & 6 \end{array}$$

17. Berechnen Sie zunächst Schritt für Schritt, und begründen Sie Ihre Rechnung. Notieren Sie die Rechnung anschließend in der Endform.

a) $2323_{④} \cdot 2$ b) $4324_{⑤} \cdot 3$

c) $3545_{⑥} \cdot 5$ d) $2122_{③} \cdot 2$

18. Erläutern Sie durch Rückgriff auf die Stellentafel die Nullanhängungsregeln für die Multiplikationen mit $100_{⑤}$ und $1000_{⑤}$.
19. Berechnen Sie zunächst Schritt für Schritt, und begründen Sie Ihre Rechnung. Notieren Sie die Rechnung anschließend in der Endform

a) $323_{④} \cdot 33_{④}$ b) $432_{⑤} \cdot 34_{⑤}$

c) $4534_{⑥} \cdot 454_{⑥}$ d) $3243_{⑤} \cdot 434_{⑤}$

20. Berechnen Sie mit Hilfe einer Stellentafel folgende, für Grundschulkinder fehlerträchtige Aufgaben, erklären Sie den Rechenweg, und nennen Sie Ursachen für die jeweiligen Fehler.

a) $1216 : 4 = 34$ b) $49.056 : 7 = 708$

c) $3240 : 6 = 54$ d) $3243 : 6 = 54R3$

21. Formulieren Sie für die Division durch 10 bzw. 100 eine Nullstreichungsregel, und begründen Sie diese mittels Stellentafeln.

22. Formulieren Sie für die Division durch $100_{⑥}$ eine Nullstreichungsregel, und begründen Sie diese mittels Stellentafeln.
23. Berechnen Sie mit Hilfe einer Stellentafel
    a) $3231_{④} : 3$ b) $3322_{④} : 23_{④}$
    c) $4234_{⑤} : 4$ d) $4342_{⑤} : 21_{⑤}$
24. Berechnen Sie mittels der Computersubtraktion, und begründen Sie ausführlich das Verfahren anhand der Beispiele.

    a)
$$\begin{array}{rcccc} & 5 & 4 & 6 & 3 \\ - & 2 & 7 & 9 & 5 \\ \hline \end{array}$$
    b)
$$\begin{array}{rcccc} & 7 & 4 & 6 & 5 \\ - & & 9 & 0 & 6 \\ \hline \end{array}$$

25. Berechnen Sie mittels der Computersubtraktion im Dualsystem, und erläutern Sie, warum dieses Verfahren in dieser Basis zwei ganz besonders einfach ist.

    a)
$$\begin{array}{rcccccc} & 1 & 0 & 1 & 1 & 0 & 1_{②} \\ - & 1 & 0 & 0 & 1 & 1 & 0_{②} \\ \hline \end{array}$$
    b)
$$\begin{array}{rcccccc} & 1 & 1 & 0 & 0 & 0 & 1_{②} \\ - & & 1 & 1 & 1 & 0 & 1_{②} \\ \hline \end{array}$$

26. Begründen Sie ausführlich, dass bei der Gittermethode der dritte diagonale Streifen nur aus Hundertern besteht und dass er auch sämtliche Hunderter des Produktes schon enthält.
27. Berechnen Sie nach der Gittermethode.
    a) $786 \cdot 468$ b) $9635 \cdot 6478$
    c) $894 \cdot 78$ d) $59 \cdot 468$
28. Berechnen Sie mittels Neperscher Streifen, und erläutern Sie Ihre Vorgehensweise.
    a) $537 \cdot 3$ b) $2468 \cdot 9$
29. Berechnen Sie mittels Neperscher Streifen, beschreiten Sie jeweils zwei unterschiedliche Wege, und erläutern Sie Ihre Vorgehensweise.
    a) 17.226 : 27 b) 490.840 : 56

Teilbarkeits- und Vielfachenrelation 4

Wir haben die *natürlichen Zahlen* im zweiten Kapitel unter dem Blickwinkel ihrer Schreibweise in *Stellenwertsystemen* sowie im dritten Kapitel unter dem Blickwinkel der *schriftlichen Rechenverfahren* genauer kennengelernt. In diesem Kapitel – und auch in den beiden folgenden – untersuchen wir die natürlichen Zahlen unter dem Blickwinkel der Beziehungen *ist Teiler von* und *ist Vielfaches von*.

Nach einer *anschaulichen Einführung* der Teilbarkeits- und Vielfachenrelation lernen wir im **zweiten Abschnitt** einige einfache Aussagen über sie kennen (Summen-, Differenz-, Produktregel), die wir auf **drei unterschiedlichen Begründungsniveaus** beweisen. Hierbei sind gerade die *beiden ersten* Begründungsniveaus (beispielgebundene Beweisstrategie auf der ikonischen Repräsentationsebene, beispielgebundene Beweisstrategie auf der Zahlenebene) unter dem Gesichtspunkt der späteren Berufspraxis für zukünftige Grundschullehrkräfte von besonderer Bedeutung. Wir zeigen aber auch konkret auf, dass der Beweis mit Variablenbenutzung eng mit der Beweisstrategie auf der Zahlenebene zusammenhängt und dass diese formale Beweisebene durch eine *Verzahnung* mit anderen Begründungsniveaus besser zugänglich ist.

Die Teilbarkeits- und Vielfachenbeziehung zwischen mehreren Zahlen lässt sich gut durch **Pfeildiagramme** veranschaulichen. So können wir einige wichtige Eigenschaften beider Relationen, die sie als *Ordnungsrelation* charakterisieren, sehr anschaulich *entdecken*, allerdings nicht beweisen. Hierzu greifen wir im **dritten Abschnitt** auf anschauliche Vorstellungen des Teilens zurück und beweisen so diese Eigenschaften auf verschiedenen Begründungsniveaus. Entsprechend lassen sich hier diese Aussagen für die Vielfachenrelation beweisen.

Die bislang in diesem Band besprochenen Sätze sind alle (Ausnahme: Schnupperkurs) von der *Struktur* „Aus ... folgt ...“. Wir thematisieren daher im **vierten und letzten Abschnitt** dieses Kapitels auf einem ersten – recht anschaulichen – Niveau den **Folgerungsbegriff** sowie die Frage der **Umkehrbarkeit von Sätzen**. Beides greifen wir im folgenden *fünften* Kapitel noch einmal auf und vertiefen es dort. Wir beenden das vierte Kapitel mit einer Analyse einiger im Zusammenhang mit der Teilbarkeits- und Vielfachen-

F. Padberg, A. Büchter, *Einführung Mathematik Primarstufe – Arithmetik*,
Mathematik Primarstufe und Sekundarstufe I + II, DOI 10.1007/978-3-662-43449-9_4

relation schon häufiger *naiv* benutzter *Verknüpfungen* von Aussagen (und, oder, entweder – oder).

4.1 Einführung

Zur Einführung der Teilbarkeits- und Vielfachenrelation gehen wir von zwei Sachsituationen aus:

Sachsituation 1

Vor Anja liegen 12 Apfelsinen auf dem Tisch. Sie will sie restlos und gleichmäßig in Netze packen. Welche Möglichkeiten hat sie?

Enaktive/ikonische Ebene
Anja kann 2 Netze mit jeweils 6, 3 Netze mit jeweils 4, 4 Netze mit jeweils 3 und 6 Netze mit jeweils 2 Apfelsinen füllen. Ferner kann sie 12 Netze mit jeweils einer Apfelsine oder ein Netz mit sämtlichen 12 Apfelsinen füllen. Dagegen kann sie beispielsweise nicht jeweils 5 Apfelsinen gleichmäßig und restlos in Netze füllen; denn so kann sie zwar 2 Netze füllen, es bleiben jedoch 2 Apfelsinen übrig.

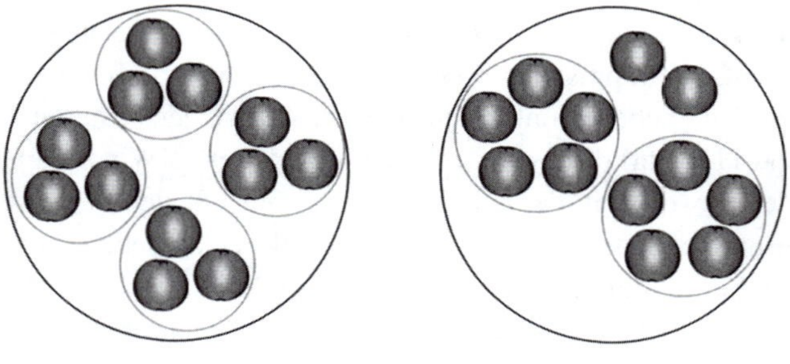

Die verschiedenen Möglichkeiten können wir konkret mit Apfelsinen oder Material, also *enaktiv*, realisieren oder auch auf der *ikonischen* Ebene, also mit Hilfe von Bildern.

Zahlenebene
Viel schneller können wir die verschiedenen Möglichkeiten jedoch rein auf der *Zahlenebene* bestimmen. Wir können nämlich 12 Apfelsinen genau dann restlos und gleichmäßig in Dreiernetze füllen, wenn es eine natürliche Zahl – hier die Zahl 4 – gibt mit der Eigenschaft $4 \cdot 3 = 12$. Dagegen funktioniert dies nicht mit Fünfernetzen, da es *keine* entsprechende natürliche Zahl gibt; denn $2 \cdot 5 = 10$ ist zu klein und $3 \cdot 5 = 15$ ist zu groß. Statt mittels der Multiplikation können wir die vorstehende Sachsituation auch mit

Hilfe der Division lösen. Wir können 12 Apfelsinen genau dann restlos und gleichmäßig in Dreiernetze füllen, wenn wir 12 durch 3 *ohne Rest* dividieren können. Dagegen bleibt bei der Division von 12 durch 5 der Rest 2 übrig, und daher können wir die 12 Apfelsinen nicht restlos und gleichmäßig in Fünfernetze abfüllen.

Grundvorstellung Aufteilen
Die vorstehende Sachsituation können wir abstrakt folgendermaßen beschreiben: Vorgegeben ist eine Menge (im Beispiel: eine Menge von Apfelsinen), die restlos aufgeteilt werden soll in Teilmengen (im Beispiel: Netze mit Apfelsinen) gleicher Elementanzahl. Dieses *Aufteilen* bildet *eine* gute und anschauliche Grundvorstellung für die *Einführung* der Division in der Primarstufe[1], aber auch für die Einführung der Teilbarkeits- und Vielfachenrelation. Der Hauptvorzug dieser Grundvorstellung ist, dass wir mit ihrer Hilfe viele *Eigenschaften anschaulich beweisen* können. Dies gelingt uns mit einer zweiten wichtigen Grundvorstellung der Division, nämlich dem *Verteilen*[2], *nicht* im selben Umfang – daher hier der Rückgriff auf das Aufteilen.

Eine *andere* anschauliche Grundvorstellung vermittelt die folgende Sachsituation:

Sachsituation 2

Herr Meyer will einen 20 m langen Gartenzaun aus Fertigteilen bauen. Hierbei will er *nur gleich lange* Teile benutzen. Im Gartencenter gibt es Fertigteile von 1 m, 2 m, 3 m, 4 m und 5 m Länge. Welche Teile kann er benutzen?

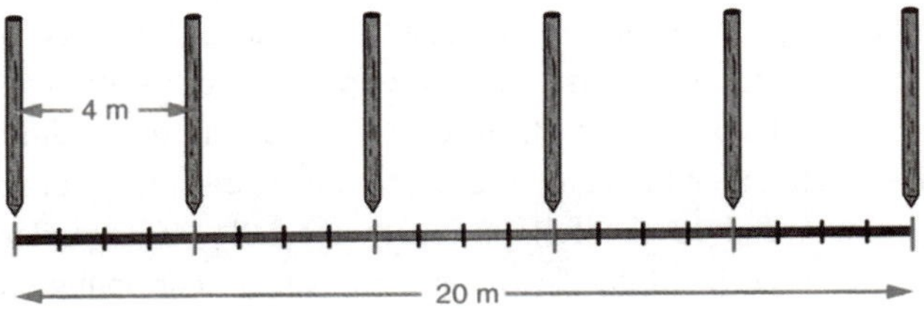

Herr Meyer kann 4 m lange Fertigteile benutzen; denn fünf Fertigteile von 4 m Länge ergeben genau 20 m, wie die vorstehende Zeichnung verdeutlicht. Auch hier lässt sich leicht rein rechnerisch entscheiden, welche Fertigteile in Frage kommen, nämlich Teile der Länge 1 m, 2 m, 4 m und 5 m, da $20 \cdot 1\,\text{m} = 20\,\text{m}$, $10 \cdot 2\,\text{m} = 20\,\text{m}$, $5 \cdot 4\,\text{m} = 20\,\text{m}$ und $4 \cdot 5\,\text{m} = 20\,\text{m}$ ergibt. Dagegen kann man Fertigteile von 3 m Länge für einen 20 m langen Gartenzaun nicht verwenden, da $6 \cdot 3\,\text{m} = 18\,\text{m}$ und $7 \cdot 3\,\text{m} = 21\,\text{m}$ ergibt. Außer durch Multiplikation können wir vorstehende Sachsituation auch wieder per Division lösen: Herr

[1] Vgl. F. Padberg/C. Benz [15], S. 153f.
[2] Vgl. F. Padberg/C. Benz [15], S. 154ff.

Meyer kann Fertigteile der Länge 4 m benutzen; denn $20 : 4 = 5$, wir können also 20 durch 4 ohne Rest dividieren. Dagegen sind Fertigteile der Länge 3 m unbrauchbar, da bei der Division von 20 durch 3 ein Rest – konkret der Rest 2 – übrig bleibt.

Grundvorstellung Messen

Das in der zweiten Sachsituation angesprochene *Messen* bildet ebenfalls eine tragfähige und anschauliche Grundvorstellung für die Einführung sowie den Nachweis wichtiger Eigenschaften der Teilbarkeits- und Vielfachenrelation. Vergleicht man beide Sachsituationen genauer, so bemerkt man, dass zwischen dem Aufteilen und dem Messen ein enger *Zusammenhang* besteht. Allerdings müssen wir hier beim Messen voraussetzen, dass die gegebene Strecke und die Teilstrecke, mit der wir die gegebene Strecke ausmessen, Vielfache einer Einheitsstrecke sind, sie also jeweils ausschließlich *natürliche* Zahlen als Maßzahlen besitzen.[3] Während dies von der Sachsituation her beim Aufteilen von Mengen selbstverständlich erfüllt ist, trifft dies beim Messen nicht automatisch zu; denn wir können eine Strecke der Länge 12 m auch beispielsweise restlos ausmessen mit Teilstrecken der Länge 2,4 m.

Abstraktion

Die vorstehende Zaunaufgabe verdeutlicht anschaulich, dass beispielsweise zwischen den beiden natürlichen Zahlen 4 und 20 ein spezieller Zusammenhang besteht: Wir können 20 schreiben als Vielfaches von 4, da wegen $5 \cdot 4 = 20$ gilt, dass 20 zur Viererreihe gehört (vgl. Kap. 1). Gleichzeitig gilt damit auch $20 : 4 = 5$. Dieser Zusammenhang besteht dagegen beispielsweise nicht zwischen den Zahlen 3 und 20: Es gibt *keine* natürliche Zahl n, so dass $n \cdot 3 = 20$; denn 6 ist offenbar zu klein und 7 schon zu groß. Dies hat zur Folge, dass bei der Division von 20 durch 3 ein Rest auftritt, nämlich die Zahl 2. Entsprechende Beobachtungen können wir auch bei der Apfelsinen-Aufgabe machen. So stehen beispielsweise 4 und 12 ebenfalls in einem speziellen Zusammenhang, während dies für 5 und 12 nicht zutrifft. Führen wir zur knappen Beschreibung dieses speziellen Zusammenhangs zwischen einigen natürlichen Zahlen den Begriff *Teiler* ein, so können wir formulieren: 4 ist ein Teiler von 12; denn es gibt eine natürliche Zahl, nämlich die Zahl 3, mit der Eigenschaft $3 \cdot 4 = 12$ bzw. wir können 12 durch 4 ohne Rest dividieren. Genau in diesem Fall gehört aber 12 auch zur Viererreihe, und es gilt daher gleichzeitig: 12 ist ein *Vielfaches* von 4. Wir erkennen schon hieran, dass die Beziehungen *ist Teiler von* und *ist Vielfaches von* in einem sehr engen Sinnzusammenhang stehen. Daher führen wir sie in der folgenden Definition 4.1 simultan ein.

Dagegen ist 5 kein Teiler von 12 und auch 12 kein Vielfaches von 5.

[3] Greifen wir im Folgenden auf das Messen zurück, so setzen wir dies stets stillschweigend voraus.

Wir können die Teilbarkeits- und Vielfachenbeziehung zwischen zwei natürlichen Zahlen also sowohl durch Rückgriff auf die *Multiplikation* als auch durch Rückgriff auf die *Division ohne Rest* einführen. Der Ansatz über die Multiplikation bietet jedoch insbesondere für die Teilbarkeitsrelation einige Vorteile, auf die wir gleich noch näher eingehen werden. Daher definieren wir:

Definition 4.1 (Teiler, Vielfache)
Die natürliche Zahl a heißt genau dann *Teiler* der natürlichen Zahl b, wenn (mindestens) eine natürliche Zahl n existiert mit $n \cdot a = b$. Dann heißt gleichzeitig b *Vielfaches* von a. Wir benutzen in beiden Fällen die Schreibweise $a|b$ und lesen sie im Fall der Teilbarkeitsbeziehung von links nach rechts *a teilt b* oder *a ist ein Teiler von b*, im Fall der Vielfachenbeziehung von rechts nach links *b ist ein Vielfaches von a*.

Bemerkungen
1. Ist *a kein Teiler* von b bzw. *b kein Vielfaches* von a, so schreiben wir hierfür kurz $a \nmid b$.
2. Aufgrund der Definition 4.1 leuchtet unmittelbar ein: a ist genau dann ein Teiler von b, wenn b ein Vielfaches von a ist.
3. Die **Menge** $\mathbb{N}$ bezeichnet in diesem Band die natürlichen Zahlen $1, 2, 3, \ldots$. Diese Menge $\mathbb{N}$ legen wir im Folgenden bei der Untersuchung der Teilbarkeits- und Vielfachenrelation in der Regel zugrunde. Gelegentlich betrachten wir jedoch auch die Menge der natürlichen Zahlen einschließlich Null und kürzen sie durch $\mathbb{N}_0$ ab. Die Terminologie ist in der Literatur allerdings nicht einheitlich. In anderen Büchern findet man auch $\mathbb{N}$ als Bezeichnung für $0, 1, 2, 3, 4, \ldots$
4. Dividieren wird umgangssprachlich oft auch als Teilen bezeichnet. Im Zusammenhang mit der Teilbarkeitsrelation[4] müssen wir jedoch diese beiden Begriffe unterscheiden. Wir sprechen nur dann vom Teilen und sagen *a teilt b*, wenn in der zugehörigen Multiplikationsaufgabe $n \cdot a = b$ sowohl n als auch a und b sämtlich *natürliche* Zahlen sind bzw. wenn die zugehörige Divisionsaufgabe $b : a$ den Rest Null lässt. Teilen ist also ein *Spezialfall* des Dividierens. Teilbarkeitsaufgaben und Divisionsaufgaben unterscheiden sich ferner hinsichtlich der angestrebten Information: Während man bei Divisionsaufgaben wissen will, *wie oft* der Divisor im Dividenden enthalten ist, will man bei Teilbarkeitsaufgaben nur wissen, *ob* eine Zahl in einer zweiten Zahl enthalten ist.
5. Wir haben in Definition 4.1 das Wort *mindestens* in Klammern gesetzt, da im üblichen mathematischen Sprachgebrauch *ein* schon *mindestens ein* bedeutet. Die Formulierung *mindestens ein* ist notwendig, wenn wir die Teilbarkeitsrelation in $\mathbb{N}_0$ betrachten (vgl. den entsprechenden Absatz hier).

[4] Auf den Begriff der *Relation* gehen wir systematisch in Kap. 7 (Relationen und Funktionen) ein.

Vorteile des multiplikativen Ansatzes

In Definition 4.1 haben wir die Teilbarkeits- und Vielfachenbeziehung zwischen zwei natürlichen Zahlen definiert durch Rückgriff auf die Multiplikation und nicht durch Rückgriff auf die Division ohne Rest. Folgende Gründe sprechen für *diese* Vorgehensweise:

1. Bei der Definition der *Teilbarkeitsrelation* über die Division ohne Rest erfolgt eine *Vertauschung* der beiden beteiligten Zahlen mit hieraus resultierenden typischen Fehlern: So müssen beispielsweise bei der Begründung, dass 4 Teiler von 12 ist, die beiden Zahlen 4 und 12 vertauscht werden ($4 \mid 12$, da $12 : 4 = 3$), während dies bei Rückgriff auf die Multiplikation *nicht* der Fall ist ($4 \mid 12$, da $3 \cdot 4 = 12$). Aus dieser Vertauschung der Reihenfolge resultieren häufiger Fehler der Art „4 teilt nicht 12; denn $4 : 12$ geht doch gar nicht". Diese Argumentation trifft offensichtlich für die *Vielfachenrelation* *nicht* zu.
2. Beweise von Eigenschaften der Teilbarkeits- und Vielfachenrelation sind beim multiplikativen Ansatz oft *leichter* zu führen, da auf das Kommutativ-, Assoziativ- und Distributivgesetz zurückgegriffen werden kann.
3. Durch den Rückgriff auf die Multiplikation wird der Zusammenhang zwischen Teilbarkeits- und Vielfachenrelation unmittelbar sichtbar; denn mit derselben Gleichung (z. B. $3 \cdot 4 = 12$) können wir direkt begründen, dass 4 ein Teiler von 12 wie auch dass 12 ein Vielfaches von 4 ist.

Teilbarkeitsrelation in $\mathbb{N}_0$

Betrachten wir kurzfristig die Teilbarkeits- und Vielfachenrelation statt in $\mathbb{N}$ in der Menge $\mathbb{N}_0$ der natürlichen Zahlen einschließlich Null, so müssen wir zusätzlich folgende – durch je ein Beispiel verdeutlichte – Teilbarkeitsaussagen untersuchen:

Gilt $0 \mid 5,\ 5 \mid 0$ und $0 \mid 0$?

Durch Rückgriff auf die Definition 4.1 erhalten wir unmittelbar $0 \nmid 5,\ 5 \mid 0$ und $0 \mid 0$ (Aufgabe 4). Hierbei tritt bei $0 \mid 0$ die Besonderheit auf, dass die zugehörige Gleichung $n \cdot 0 = 0$ nicht nur *eine*, sondern *unendlich viele* Lösungen besitzt, nämlich ganz $\mathbb{N}_0$. Da in Definition 4.1 jedoch verlangt wird, dass *mindestens eine* – und nicht *genau eine* – natürliche Zahl n existiert, und da diese Voraussetzung offensichtlich erfüllt ist, gilt $0 \mid 0$. Wir müssen allerdings $0 \mid 0$ und $0 : 0$ auseinanderhalten. Während $0 \mid 0$ eine wahre Aussage ist, ist $0 : 0$ nicht definiert, da es wegen der fehlenden Eindeutigkeit des Ergebnisses als Zahlzeichen unbrauchbar ist. Diese Nichtdefiniertheit von $0 : 0$ ist übrigens ein *weiteres* Argument für die Einführung der Teilbarkeitsrelation über die Multiplikation.

4.2 Summen- und Produktregel

Insbesondere bei größeren Zahlen fällt es oft schwer, direkt ohne schriftliche Division zu entscheiden, ob zwischen zwei natürlichen Zahlen die Teilbarkeits- und Vielfachenbeziehung besteht. Allerdings können wir Zahlen oft geeignet in Summanden zerlegen, bei denen die Teilbarkeits- und Vielfachenbeziehung jeweils fast direkt sichtbar wird, wie folgendes Beispiel verdeutlicht: Gilt $13 \mid 3952$? Wir können 3952 zerlegen in $3952 = 3900 + 52$, und offenkundig gilt $13 \mid 3900$ und $13 \mid 52$. Dass wir hieraus schließen können, dass 13 auch die Summe, also unsere Ausgangszahl 3952, teilt, bzw. dass 3952 ein Vielfaches von 13 ist, sagt der folgende Satz aus:

Satz 4.1 (Summenregel)
Für alle natürlichen Zahlen a, b, c gilt:
Aus $a \mid b$ und $a \mid c$ folgt $a \mid (b + c)$.

Bei der Begründung dieses Satzes können wir unterschiedlich abstrakt vorgehen und **verschiedene Begründungsniveaus** benutzen. Wir können zurückgreifen auf die bei der Apfelsinen-Aufgabe thematisierte anschauliche Vorstellung des Aufteilens einer Menge und können hiermit die Aussage – ausgehend von einem konkreten Beispiel – *beispielgebunden* beweisen. Oder wir können mit *Variablen* einen formalen Beweis führen. Wir werden im Folgenden den Satz 4.1 auf beiden Begründungsniveaus beweisen sowie auch noch auf einem *Zwischenniveau*, wo nicht ikonisch, sondern auf der Zahlenebene argumentiert wird.

Begründungsniveau I (beispielgebundene Beweisstrategie auf der ikonischen Repräsentationsebene)

Begründung am Beispiel
Durch Rückgriff auf die anschauliche Vorstellung des *Aufteilens* zeigen wir ausgehend von dem Beispiel „Aus $2 \mid 6$ und $2 \mid 8$ folgt $2 \mid (6 + 8)$“ die Gültigkeit der Summenregel auf.

$2 \mid 6$ bzw. $2 \mid 8$ bedeutet: Wir können Mengen mit 6 bzw. 8 Elementen jeweils *restlos* in Teilmengen mit 2 Elementen aufteilen.

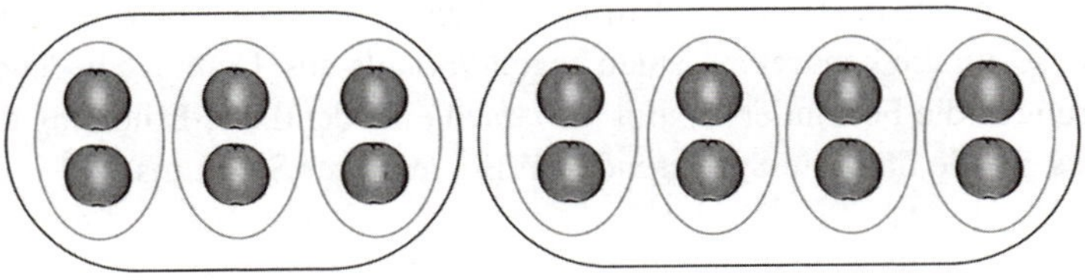

Dann gilt Entsprechendes zwangsläufig auch für jede Menge mit $6 + 8$ Elementen, gilt also $2 \mid (6 + 8)$, wie die folgende Abbildung anschaulich verdeutlicht:

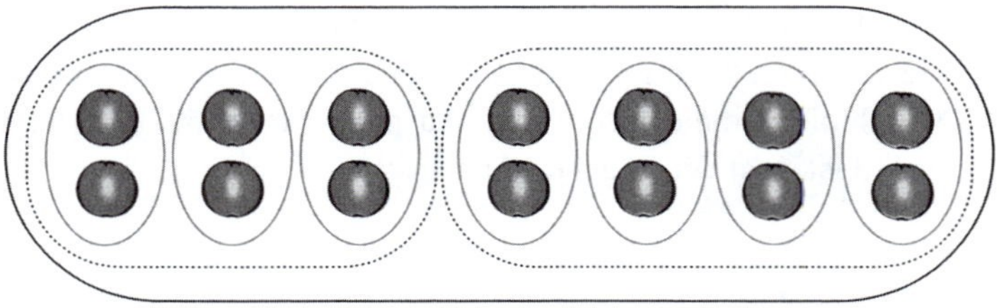

Verallgemeinerung
Die Argumentation „greift" offenkundig nicht nur in *diesem* speziellen Beispiel, sondern bei *allen entsprechenden* Teilbarkeits- und Vielfachenaussagen, also gilt die Summenregel. Durch vorstehende Begründung an einem konkreten Beispiel haben wir wesentlich mehr geleistet als *ein* Beispiel aufwändig durchzurechnen; denn durch dieses Beispiel gewinnen wir die *Einsicht*, dass die Vorgehensweise in diesem konkreten Fall so unmittelbar auf *alle entsprechenden Fälle* übertragbar ist. Das Beispiel liefert uns also eine Strategie, wie wir *stets* vorgehen können, es liefert uns eine *Beweisstrategie*. □

Begründungsniveau II (beispielgebundene Beweisstrategie auf der Zahlenebene)
Durch Rückgriff auf das *Distributivgesetz* zeigen wir – ausgehend von einem Beispiel – die Gültigkeit der Summenregel auf:

$2 \mid 6$, also gibt es eine natürliche Zahl, nämlich 3, mit der Eigenschaft $3 \cdot 2 = 6$. $2 \mid 8$, also gibt es eine natürliche Zahl, nämlich 4, mit der Eigenschaft $4 \cdot 2 = 8$. Dann gilt zwangsläufig wegen des Distributivgesetzes für die Summe $6 + 8$ die Gleichungskette $3 \cdot 2 + 4 \cdot 2 = (3 + 4) \cdot 2 = 6 + 8$, also gilt zwangsläufig $2 \mid (6 + 8)$.

Da wir bei *allen* entsprechenden Teilbarkeits- und Vielfachenaussagen wegen der Gültigkeit des Distributivgesetzes völlig analog argumentieren können, verfügen wir hiermit über eine Beweisstrategie, also gilt die Summenregel. □

Begründungsniveau III (Beweis mit Variablenbenutzung)
Formal handelt es sich beim Übergang vom Begründungsniveau II zum Begründungsniveau III nur um einen kleinen Schritt: wir „tauschen" bei ansonsten völlig gleicher Vorgehensweise nur die konkreten Zahlen gegen Variable aus. Dennoch bedeutet nach unseren Erfahrungen die Formulierung mit Variablen eine deutliche Erhöhung des Schwierigkeitsgrades gerade für viele Studierende am Beginn ihres Studiums.

$$a \mid b, \text{ also gibt es ein } m \in \mathbb{N} \text{ mit } m \cdot a = b.$$
$$a \mid c, \text{ also gibt es ein } n \in \mathbb{N} \text{ mit } n \cdot a = c.$$

Dann gilt zwangsläufig wegen der Gültigkeit des *Distributivgesetzes* für die Summe $b + c$:

$$m \cdot a + n \cdot a = (m + n) \cdot a = b + c, \text{ also gilt } a \mid (b + c),$$
$$\text{da mit } m, n \in \mathbb{N} \text{ auch } (m + n) \in \mathbb{N}.$$ □

Ist genau eine der beiden Voraussetzungen nicht erfüllt, gilt etwa $a \mid b$, nicht aber $a \mid c$, dann gilt folgende *Variante der Summenregel*:

Satz 4.2
Für alle natürlichen Zahlen a, b, c gilt:
Aus $a \mid b$ und $a \nmid c$ folgt $a \nmid (b + c)$.

Wir beweisen diesen Satz auf dem **Begründungsniveau I** (beispielgebundene Beweisstrategie auf der ikonischen Repräsentationsebene) und greifen auf die Grundvorstellung des *Messens* zurück. Wir gehen hierzu von dem Beispiel „Aus $2 \mid 4$ und $2 \nmid 5$ folgt $2 \nmid (4 + 5)$" aus. $2 \mid 4$ bedeutet: Wir können Strecken beispielsweise der Länge 4 m stets *restlos* durch Strecken der Länge 2 m ausmessen. $2 \nmid 5$ bedeutet: Wir können Strecken der Länge 5 m *nicht* restlos durch Strecken der Länge 2 m ausmessen, es bleibt jeweils ein Rest übrig.

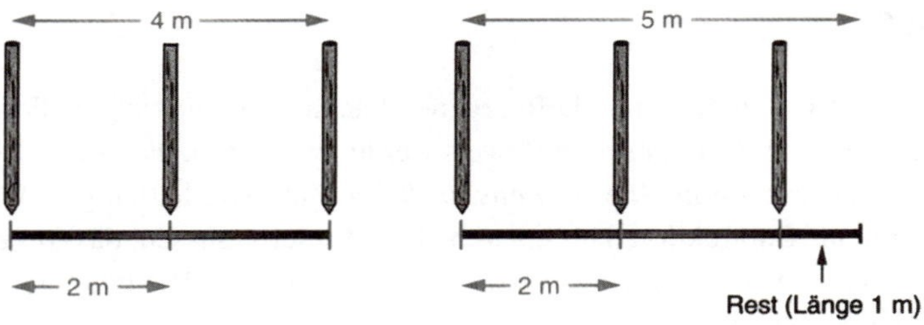

Legen wir beide Strecken unmittelbar hintereinander, so erhalten wir

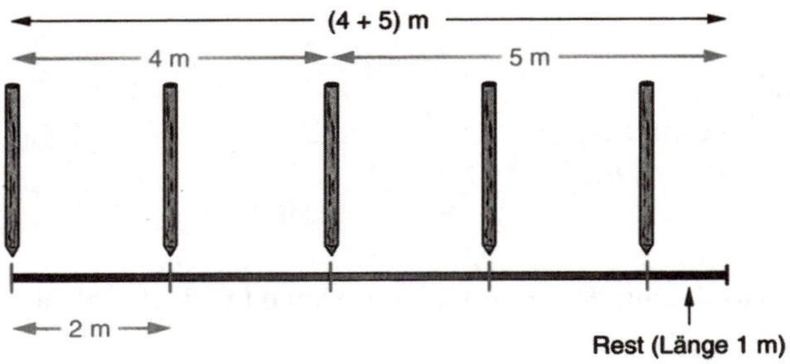

Wir können also auch Strecken der Länge $(4 + 5)$ m *nicht* restlos durch Strecken der Länge 2 m ausmessen. Es bleibt jeweils ein Rest übrig, und zwar *derselbe* Rest, der vorher schon bei der Strecke der Länge 5 m übrig blieb. Also gilt zwangsläufig $2 \nmid (4+5)$. Diese Idee ist offenbar tragfähig bei *allen* entsprechenden Teilbarkeits- und Vielfachenaussagen, also gilt: „Aus $a \mid b$ und $a \nmid c$ folgt $a \nmid (b + c)$". □

Differenzregel

Nicht nur zur Addition, sondern auch zur *Subtraktion* besteht ein entsprechender Zusammenhang. Es gilt folgende **Differenzregel** (vgl. Aufgabe 8):

Für alle natürlichen Zahlen a, b, c mit $b > c$ gilt:

$$\text{Aus } a \mid b \text{ und } a \mid c \text{ folgt } a \mid (b - c).$$

Die Differenzregel kann ebenso wie die Summenregel helfen, Teilbarkeits- und Vielfachenaussagen leichter zu überprüfen, wie folgendes Beispiel zeigt: Gilt $4 \mid 3996$? Es gilt $4 \mid 4000$ und $4 \mid 4$, also auch $4 \mid 3996$. Die Forderung $b > c$ (möglich wäre auch $b \geq c$) dient lediglich dazu, sicherzustellen, dass wir bei der Subtraktion im Bereich der natürlichen Zahlen bleiben.

Statt im Bereich der natürlichen Zahlen kann die Teilbarkeitsrelation auch im umfassenderen Bereich der *ganzen Zahlen* betrachtet werden (für Details vgl. F. Padberg [13], S. 23). Hier ist dann die Einschränkung $b > c$ *nicht* mehr erforderlich.

Produktregel

Gibt es auch eine zur Summen- und Differenzregel analoge *Produktregel*? Folgt aus $a \mid b$ und $a \mid c$ auch $a \mid (b \cdot c)$? Bei unserem Beweis werden wir sehen, dass diese Regel richtig ist und dass sie sogar noch in einer *weitaus größeren* Zahl von Fällen gilt. Während wir bei der Addition und Subtraktion nämlich unbedingt fordern müssen, dass a *beide* Zahlen teilt bzw. beide Zahlen ein Vielfaches von a sind, ist dies bei der Produktregel *nicht* nötig: Unabhängig davon, ob neben $a \mid b$ gilt $a \mid c$ oder $a \nmid c$, folgt stets $a \mid (c \cdot b)$ und damit – wegen der Gültigkeit des Kommutativgesetzes in $\mathbb{N}$ – auch $a \mid (b \cdot c)$. Wir formulieren daher:

Satz 4.3 (Produktregel)
Für alle natürlichen Zahlen a, b, c gilt:
Aus $a \mid b$ folgt $a \mid (c \cdot b)$.

Wir beweisen Satz 4.3 auf dem Begründungsniveau I und III (vgl. auch Aufgabe 11).

Begründungsniveau I (beispielgebundene Beweisstrategie auf der ikonischen Repräsentationsebene)

Durch Rückgriff auf die Grundvorstellung des *Aufteilens* zeigen wir ausgehend von dem Beispiel „Aus $2 \mid 6$ folgt $2 \mid (3 \cdot 6)$“ die Gültigkeit der Produktregel.

$2 \mid 6$ bedeutet: Wir können eine Menge mit 6 Elementen restlos in Teilmengen zu jeweils 2 Elementen aufteilen.

Produkte zweier natürlicher Zahlen wie $3 \cdot 6$ können wir stets als *wiederholte Addition* des zweiten Faktors deuten, also $3 \cdot 6 = 6 + 6 + 6$. Da wir jede Menge mit 6 Elementen restlos in Teilmengen zu jeweils 2 Elementen aufteilen können, gilt Entsprechendes selbstverständlich auch für Mengen mit $3 \cdot 6$ Elementen – allgemein mit $m \cdot 6$ Elementen für $m \in \mathbb{N}$ – wie die folgende Abbildung anschaulich verdeutlicht:

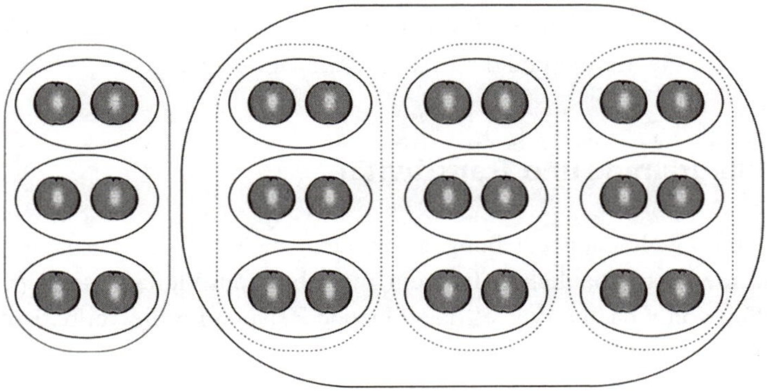

Da wir bei *allen* entsprechenden Teilbarkeitsaussagen durch Rückgriff auf die Deutung der Multiplikation als wiederholte Addition jeweils völlig analog argumentieren können, verfügen wir hiermit über eine Beweisstrategie, also gilt die Produktregel. □

Begründungsniveau III (Beweis mit Variablenbenutzung)

Die Vorgehensweise im Begründungsniveau I lässt sich zu einem Beweis mit Variablenbenutzung ausbauen (vgl. Aufgabe 11). Wir beschreiten hier jedoch einen *anderen, „eleganteren" Weg*.

$a \mid b$ bedeutet nach Definition: Es gibt eine natürliche Zahl n mit $n \cdot a = b$.

Multiplizieren wir beide Seiten dieser Gleichung mit c, so erhalten wir

$$c \cdot (n \cdot a) = c \cdot b$$
$$(c \cdot n) \cdot a = c \cdot b$$

Wegen des Assoziativgesetzes können wir umklammern, und es gilt $a \mid (c \cdot b)$, da ein Produkt $c \cdot n$ zweier natürlicher Zahlen stets wieder eine natürliche Zahl ergibt. □

Vorteile

Die Begründung von Sätzen auf *verschiedenen Begründungsniveaus* bietet folgende *Vorteile*:

1. Für die spätere *Unterrichtspraxis* sind gerade *beispielgebundene Beweisstrategien* – insbesondere auf der enaktiven oder ikonischen Ebene, aber auch auf der Zahlenebene – von besonderer Bedeutung. Sie sollten daher auch im Studium – soweit es sinnvoll möglich ist – benutzt werden.

2. Ein *ausschließliches* Agieren auf diesen beiden Ebenen ist allerdings für Sie als Studierende nicht optimal, da Beweise mit Variablen öfter *leichter aufzuschreiben* und *prägnanter* sind. Daher bleiben wir nicht auf diesen Ebenen stehen und führen häufiger auch Beweise mit Variablenbenutzung.
3. Verschiedene Begründungsniveaus ermöglichen eine *gute Abstufung* im Schwierigkeitsgrad, tragen – sofern wie bei der Summenregel der „gleiche" Weg beschritten wird – zu einer wechselseitigen Stützung und Klärung des Beweisgedankens bei und erhöhen so die Flexibilität und die Erfolge beim Beweisen.

4.3 Pfeildiagramme und Transitivität

Teilbarkeits- und Vielfachenbeziehungen zwischen mehreren Zahlen lassen sich durch **Pfeildiagramme** veranschaulichen. Ist a ein Teiler bzw. ein Vielfaches von b, so zeichnet man einen Pfeil von a nach b, wie es das folgende Beispiel für die Teilbarkeitsbeziehung verdeutlicht:

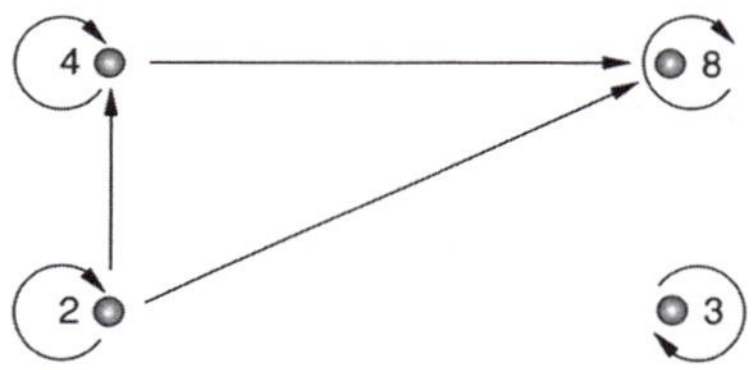

Zeichnen wir das entsprechende Pfeildiagramm für die **Vielfachenrelation**, so verlaufen alle Pfeile genau umgekehrt (warum?).

Die Begründungen für die folgenden Aussagen in Abschnitt 4.3 verlaufen bei der Teilbarkeits- und Vielfachenrelation jeweils völlig analog. Um häufigere Doppelformulierungen zu vermeiden, beschränken wir uns in diesem Abschnitt auf die **Teilbarkeitsrelation**, eine Übertragung auf die Vielfachenrelation ist für Sie leicht möglich.

Ringpfeile/Doppelpfeile

Untersuchen wir verschiedene Pfeildiagramme, so beobachten wir, dass zu *jeder* Zahl ein **Ringpfeil** gehört. So schlägt sich anschaulich nieder, dass jede Zahl sich selbst teilt, dass also für alle $a \in \mathbb{N}$ gilt $a \mid a$. Man sagt hierzu auch: Die Teilbarkeitsrelation ist **reflexiv**. Bei der Untersuchung von Pfeildiagrammen fällt weiter auf, dass dort **keine Doppelpfeile** existieren. Geht ein Pfeil von a nach b mit $a \neq b$, dann geht nie *gleichzeitig* ein Pfeil in die umgekehrte Richtung, also von b nach a. Dies bedeutet: Geht ein Pfeil von a nach b und gleichzeitig ein Pfeil von b nach a, dann können a und b *nicht* verschieden sein, dann *muss* gelten $a = b$. In Kurzformulierung: Aus $a \mid b$ und $b \mid a$ folgt $a = b$. Man sagt: Die Teilbarkeitsrelation ist **identitiv oder antisymmetrisch** (vgl. Aufgaben 13 und 14).

Überbrückungspfeile

Am Pfeildiagramm können wir auch eine dritte, wichtige Eigenschaft der Teilbarkeitsrelation beobachten: Gibt es einen Pfeil von a nach b und zusätzlich einen Pfeil von b nach c, so gibt es stets auch einen direkten Pfeil **(Überbrückungspfeil)** von a nach c.

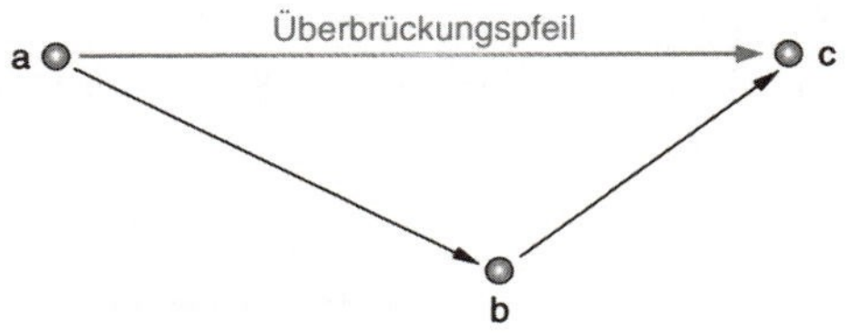

Wenn also gilt $a \mid b$ und $b \mid c$, dann gilt stets $a \mid c$. Man sagt auch: Die Teilbarkeitsrelation ist **transitiv**.

Pfeildiagramme erleichtern zwar das anschauliche Entdecken bzw. Vermuten verschiedener Eigenschaften der Teilbarkeitsrelation, sie tragen allerdings nichts zu einer *Begründung* dieser Eigenschaften bei. Hierzu können wir jedoch auch hier auf die anschaulichen Grundvorstellungen des Aufteilens oder Messens zurückgreifen, wie wir dies hier am Beispiel der Transitivität genauer aufzeigen:

Satz 4.4 (Transitivität)
Für alle natürlichen Zahlen a, b, c gilt:
Aus $a \mid b$ und $b \mid c$ folgt $a \mid c$.

Begründungsniveau I (beispielgebundene Beweisstrategie auf der ikonischen Repräsentationsebene)

Durch Rückgriff auf die Grundvorstellung des *Messens* zeigen wir ausgehend von dem Beispiel „Aus $2 \mid 6$ und $6 \mid 24$ folgt $2 \mid 24$ “, dass die Teilbarkeitsrelation transitiv ist.

$2 \mid 6$ bedeutet: Wir können jede Strecke z. B. der Länge 6 m restlos ausmessen durch Teilstrecken der Länge 2 m.

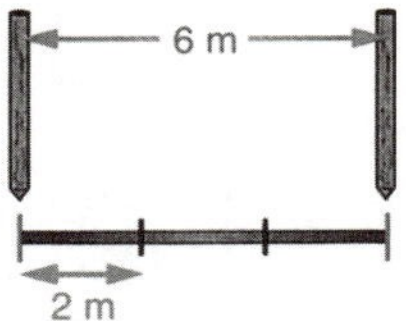

$6 \mid 24$ bedeutet entsprechend: Wir können jede Strecke der Länge 24 m restlos durch Teilstrecken der Länge 6 m ausmessen.

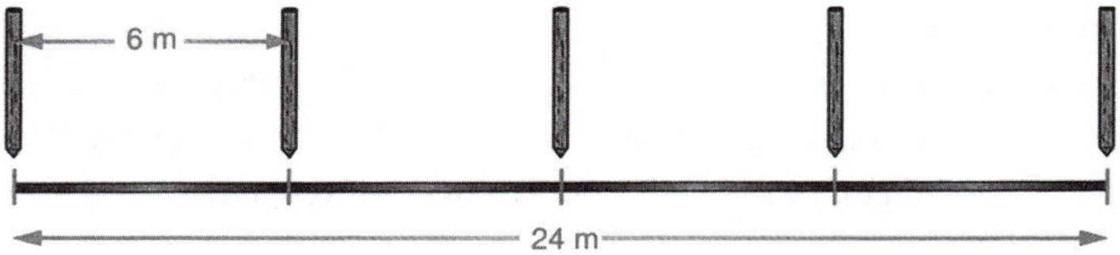

Dann können wir zwangsläufig auch jeweils jede Strecke der Länge 24 m restlos durch Teilstrecken der Länge 2 m ausmessen:

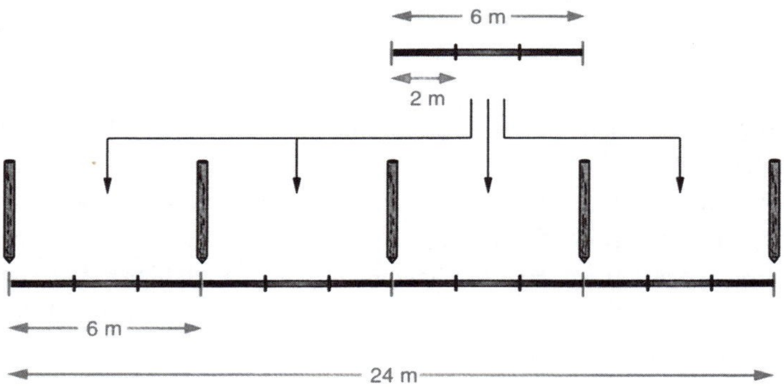

Also gilt zwangsläufig $2 \mid 24$.

Diese Argumentation über das Messen „greift" offenkundig nicht nur in diesem speziellen Beispiel, sondern bei *allen* entsprechenden Teilbarkeitsaussagen, also ist die Teilbarkeitsrelation transitiv. □

Begründungsniveau II (beispielgebundene Beweisstrategie auf der Zahlenebene)

Wir gehen wiederum von dem Beispiel „Aus $2 \mid 6$ und $6 \mid 24$ folgt $2 \mid 24$" aus und beweisen mit seiner Hilfe die Transitivität.

$2 \mid 6$ bedeutet: Es gibt eine natürliche Zahl, hier speziell 3, mit der Eigenschaft $3 \cdot 2 = 6$.

$6 \mid 24$ bedeutet: Es gibt eine natürliche Zahl, hier speziell 4, mit der Eigenschaft $4 \cdot 6 = 24$.

Dann gilt zwangsläufig $2 \mid 24$; denn:

$$\begin{array}{llll} 4 \cdot & 6 & = 24 & (\text{wegen } 6 \mid 24) \\ & \wedge & & \\ 4 \cdot & (3 \cdot 2) & = 24 & (\text{wegen } 2 \mid 6) \\ (4 \cdot 3) & \cdot 2 & = 24 & (\text{Assoziativgesetz}) \end{array}$$

$$\textit{also } 2 \mid 24 \ (4 \cdot 3 = 12,\ 12 \in \mathbb{N})$$

Offensichtlich können wir völlig analog bei *allen* entsprechenden Teilbarkeitsaussagen argumentieren, also ist die Teilbarkeitsrelation transitiv. □

Trotz der starken Entsprechung ist die Begründung auf der ikonischen Repräsentationsebene (Niveau I) eingängiger und einprägsamer sowie intuitiv einsichtiger als die

Begründung auf der Zahlenebene (Niveau II). Von hier ist es nur noch ein relativ kleiner – jedoch anspruchsvoller – Sprung bis zu einem allgemeinen Beweis.

Begründungsniveau III (Beweis mit Variablenbenutzung)

$a \mid b$ bedeutet: Es gibt eine natürliche Zahl n mit der Eigenschaft $n \cdot a = b$.
$b \mid c$ bedeutet: Es gibt eine natürliche Zahl m mit der Eigenschaft $m \cdot b = c$.
Dann gilt zwangsläufig $a \mid c$; denn:

$$\begin{array}{llll} m \cdot & b & = c & \text{(wegen } b \mid c) \\ & \wedge & & \\ m \cdot & (n \cdot a) & = c & \text{(wegen } a \mid b) \\ (m \cdot n) \cdot a & & = c & \text{(Assoziativgesetz)} \end{array}$$

$$\textit{also } a \mid c \quad (m \cdot n \in \mathbb{N}, \text{da } m,\ n \in \mathbb{N})$$ □

Relationen, die reflexiv, transitiv und identitiv sind, bezeichnet man als identitive Ordnungsrelationen (vgl. Kap. 7). Die Teilbarkeits- und Vielfachenrelationen sind daher **Ordnungsrelationen**, genauer *identitive* Ordnungsrelationen.

4.4 Folgerungen, Umkehrung von Sätzen und aussagenlogische Verknüpfungen I

Vergleichen wir die Struktur der in diesem Kapitel behandelten Sätze 4.1, 4.3 und 4.4, so sehen wir **deutliche Übereinstimmungen**.

Satz 4.1 (Summenregel)	*Aus* $a \mid b$ und $a \mid c$ *folgt* $a \mid (b + c)$.
Satz 4.3 (Produktregel)	*Aus* $a \mid b$ *folgt* $a \mid (c \cdot b)$.
Satz 4.4 (Transitivität)	*Aus* $a \mid b$ und $b \mid c$ *folgt* $a \mid c$.

Wahrheitstafel

Alle drei Sätze haben einheitlich die Struktur **„Aus** … **folgt** …**“**, wobei vorne eine oder mehrere *Voraussetzungen* stehen und hinten die *Schlussfolgerung*. Ein Satz von der Struktur „Aus … folgt …“ macht nur für *den* Fall eine „verbindliche“ Aussage, dass *alle* Voraussetzungen wahr sind. Dann muss nämlich auch die Schlussfolgerung zwangsläufig wahr sein. Was in den *anderen* Fällen geschieht, wenn die Voraussetzungen nicht oder nur teilweise erfüllt sind, bleibt offen, wie uns die folgende Aufgabe aus einem Schulbuch für das sechste Schuljahr zeigt:

„Setze in die freien Felder der Tabelle wahr (w) oder falsch (f) ein:

$a \mid b$	$a \mid c$	$a \mid (b + c)$	$a \mid (b \cdot c)$
w	w		
w	f		
f	w		
f	f	?	?

Kannst du erklären, warum in 2 Feldern ein Fragezeichen steht? ... "

Die vorstehende Tabelle bezeichnet man als **Wahrheitstafel**. In den beiden ersten Spalten sind systematisch alle möglichen Kombinationen von Wahrheitswerten aufgelistet, die bezogen auf zwei Aussagen[5] vorkommen können: Beide Aussagen können wahr sein (erste Zeile), eine Aussage kann wahr, eine falsch sein (zweite und dritte Zeile) oder beide Aussagen können falsch sein (vierte Zeile).

Wahrheitstafel/Summenregel

Bezogen auf die **Summenregel** (3. Spalte) müssen wir die Tabelle folgendermaßen ausfüllen:

Erste Zeile Aus dem Beweisgang der Summenregel wissen wir: Gilt $a \mid b$ und $a \mid c$, dann gilt auch zwangsläufig $a \mid (b + c)$. Wir müssen also in der ersten Zeile w notieren.

Zweite Zeile Wegen Satz 4.2 wissen wir, dass gilt: „Aus $a \mid b$ und $a \nmid c$ folgt $a \nmid (b + c)$". Gilt also $a \mid b$ und gilt gleichzeitig *nicht* $a \mid c$, gilt also $a \nmid c$, dann gilt stets auch *nicht* $a \mid (b + c)$. Wir müssen also in der zweiten Zeile den Wahrheitswert f notieren.

Dritte Zeile Die Vertauschung der Reihenfolge hat keine Auswirkungen auf die vorstehende Argumentation, also müssen wir auch hier den Wahrheitswert f notieren.

Vierte Zeile In der vierten Zeile steht ein Fragezeichen, da wir hier weder w noch f notieren können; denn wir erhalten in Abhängigkeit von den untersuchten Beispielen *teils* den Wahrheitswert w, *teils* den Wahrheitswert f, wie die folgenden beiden Beispiele belegen:

$$2 \mid 3 \text{ (f)},\ 2 \mid 5 \text{ (f)},\ 2 \mid (3 + 5) \text{ (w)}$$
$$3 \mid 5 \text{ (f)},\ 3 \mid 2 \text{ (f)},\ 3 \mid (5 + 2) \text{ (f)}.$$

[5] Wir gehen am Ende dieses Abschnittes genauer auf den Begriff *Aussage* ein.

Wahrheitstafel/Spezielle Produktregel

Bezogen auf die in der Tabelle formulierte **spezielle Produktregel** (Aus $a \mid b$ und $a \mid c$ folgt $a \mid (b \cdot c)$) müssen wir die Tabelle (4. Spalte) wie folgt ausfüllen:

Erste Zeile Im Beweisgang von Satz 4.3 haben wir gezeigt: Gilt $a \mid b$, dann gilt auch zwangsläufig stets $a \mid (c \cdot b)$ – unabhängig davon, ob gilt $a \mid c$. Da wegen des Kommutativgesetzes in $\mathbb{N}$ stets gilt $c \cdot b = b \cdot c$, gilt damit auch stets $a \mid (b \cdot c)$, müssen wir also in dieser Zeile w notieren.

Zweite Zeile Wir wissen: Gilt $a \mid b$, dann gilt zwangsläufig stets auch $a \mid (c \cdot b)$ und damit auch $a \mid (b \cdot c)$. Da im Beweisgang von Satz 4.3 keine speziellen Anforderungen an das c gestellt werden, ist dies unabhängig davon, ob gilt $a \mid c$ oder $a \nmid c$. Daher müssen wir auch in dieser Zeile w notieren.

Dritte Zeile Mit derselben Argumentation wie in Satz 4.3 bzw. einfacher durch Umbenennung der Variablen ergibt sich: Gilt $a \mid c$, dann gilt zwangsläufig stets auch $a \mid (b \cdot c)$, auch hier wie in Zeile 2 unabhängig davon, ob gilt $a \mid b$ oder $a \nmid b$. Daher müssen wir auch hier w notieren.

Vierte Zeile In der vierten Zeile können wir auch hier weder w noch f notieren, wie die beiden folgenden Beispiele belegen:

$$6 \mid 2 \text{ (f)},\ 6 \mid 3 \text{ (f)},\ 6 \mid (2 \cdot 3) \text{ (w)}$$
$$2 \mid 3 \text{ (f)},\ 2 \mid 5 \text{ (f)},\ 2 \mid (3 \cdot 5) \text{ (f)}$$

Setzen wir die vorstehend gefundenen Ergebnisse in die folgende Tabelle ein, so erhalten wir:

$a \mid b$	$a \mid c$	$a \mid (b+c)$	$a \mid (b \cdot c)$
w	w	w	w
w	f	f	w
f	w	f	w
f	f	?	?

Folgerungen

Die eingetragenen Wahrheitswerte sind bei der Summenregel bzw. bei der Variante der Produktregel deutlich *unterschiedlich* (vgl. auch Aufgabe 20). Während wir bei der Summenregel nur genau dann ein w eintragen können, wenn *beide* Voraussetzungen wahr sind, müssen wir bei der *speziellen Produktregel* zusätzlich auch dann w notieren, wenn *mindestens eine* der Voraussetzungen wahr ist. Sind beide Voraussetzungen falsch, so müssen wir einheitlich bei beiden Regeln teils w, teils f notieren – je nach betrachtetem Beispiel.

Entscheidend für den Wahrheitsgehalt von Sätzen der Struktur „Aus ... folgt ...“ ist also offenbar nur Folgendes: **Sind beide (alle) Voraussetzungen wahr, dann muss auch die Schlussfolgerung stets wahr sein.** Ist hingegen mindestens eine Voraussetzung falsch oder sind alle Voraussetzungen falsch, dann kann die Schlussfolgerung sowohl wahr als auch falsch sein. Wenn wir einen Satz der Struktur „Aus ... folgt ...“ beweisen wollen, müssen wir also nur nachweisen:

Immer dann, wenn die Voraussetzungen wahr sind, ist zwangsläufig auch die Schlussfolgerung wahr – so wie wir ja auch beim Beweis der Sätze 4.1 bis 4.4 vorgegangen sind.

Wir haben hier den *Folgerungsbegriff* auf einem sehr *anschaulichen* Niveau behandelt. Wir greifen dieses Thema im nächsten Kapitel noch einmal auf und vertiefen es durch Rückgriff auf die Subjunktion (vgl. Abschnitt 5.5).

Umkehrung von Sätzen

Die bislang behandelten Sätze 4.1 bis 4.4 sind alle von der Struktur „Aus ... folgt ...“. *Vertauschen* wir Voraussetzung und Schlussfolgerung, so erhalten wir die *Umkehrung* des betreffenden Satzes.

So lautet die **Umkehrung der Summenregel**:

Für alle natürlichen Zahlen a, b, c gilt:

Aus $a \mid (b + c)$ folgt $a \mid b$ und $a \mid c$.

Die Umkehrung der Summenregel besagt, dass bei Gültigkeit der Voraussetzung $a \mid (b + c)$ auch *immer* die Schlussfolgerung $a \mid b$ und $a \mid c$ gilt. Zwar gilt beispielsweise $2 \mid (8 + 10)$ und gleichzeitig $2 \mid 8$ und $2 \mid 10$ oder $3 \mid (15 + 24)$ und gleichzeitig $3 \mid 15$ und $3 \mid 24$, aber es gilt auch $2 \mid (3 + 5)$ und gleichzeitig gilt *nicht* $2 \mid 3$ und auch *nicht* $2 \mid 5$. Das letzte Beispiel zeigt, dass bei der Umkehrung die Schlussfolgerung nicht immer gilt, wenn die Voraussetzung erfüllt ist, d. h. die Umkehrung der Summenregel liefert *keinen* gültigen Satz. An dieser Stelle fällt ein deutlicher Unterschied zum Beweis der Summenregel auf: Während wir dort zeigen müssen, dass die betreffende Aussage *stets* gilt, genügt zur *Widerlegung* obiger Aussage die Angabe *eines einzigen* **Gegenbeispiels**. Damit ist nämlich schon gezeigt, dass die Aussage *nicht* für *alle* natürlichen Zahlen a, b, c gilt, für die die Voraussetzungen erfüllt sind.

Die **Umkehrung der Produktregel** lautet:

Für alle natürlichen Zahlen a, b, c gilt:

Aus $a \mid (c \cdot b)$ folgt $a \mid b$.

Auch diese Umkehrung ist offenbar *kein* wahrer Satz. Zwar gilt beispielsweise $3 \mid (7 \cdot 9)$ und gleichzeitig auch $3 \mid 9$, aber es gilt z. B. auch $4 \mid (2 \cdot 10)$, aber $4 \nmid 10$.

Auch der Satz von der Transitivität der Teilbarkeitsrelation ist *nicht umkehrbar*, d. h. die Umkehrung des Satzes von der Transitivität ist *kein* wahrer Satz (vgl. Aufgabe 21). Damit sind alle vier in diesem Kapitel behandelten Sätze *nicht umkehrbar*. Beispiele für Sätze, die *umkehrbar* sind (vgl. auch Abschnitt 1.1), bei denen also auch die Umkehrung wahr ist, lernen wir im nächsten Kapitel bei den Teilbarkeitsregeln kennen.

Aussagen

Wir haben bislang schon mehrfach von *Aussagen* gesprochen und auch schon Aussagen verneint oder durch *und* miteinander verknüpft. Der Begriff der **Aussage** lässt sich folgendermaßen allgemein beschreiben:

Definition 4.2 (Aussage)
Ein sprachliches Gebilde, das seinem Inhalt nach entweder wahr oder falsch ist, nennen wir eine Aussage.

Streng genommen handelt es sich bei der vorstehenden Beschreibung des Begriffs Aussage **nicht** um eine Definition; denn wir erklären hier den Begriff Aussage durch weitere Begriffe, die mindestens ebenso unscharf und schillernd sind wie der Begriff Aussage, nämlich z. B. durch den Begriff *sprachliches Gebilde*. Letztlich ist für uns in diesem Band der Begriff Aussage ein **Grundbegriff**, den wir durch Beispiele und obige „Definition" nur etwas genauer zu beschreiben und erklären versuchen.

Negation
Wir haben bislang auch schon *verneinte* Aussagen benutzt. So ist beispielsweise – ganz im Sinne der Alltagssprache – $3 \nmid 6$ die Verneinung von $3 \mid 6$. Hierbei ist die Aussage $3 \mid 6$ wahr, die Verneinung hiervon, also $3 \nmid 6$, falsch. Die Verneinung von $3 \nmid 5$ ist offenbar $3 \mid 5$, wobei $3 \nmid 5$ wahr und $3 \mid 5$ falsch ist. Wir definieren daher die **Verneinung oder Negation** einer Aussage p (Symbol: $\neg p$, gelesen *non p* oder *nicht p*) folgendermaßen:

Definition 4.3 (Negation)
$\neg p$ ist genau dann falsch, wenn p wahr ist, und genau dann wahr, wenn p falsch ist.

Diese Definition können wir auch übersichtlich mit Hilfe folgender **Wahrheitstafel** notieren:

p	$\neg p$
w	f
f	w

Beim Verneinen von Aussagen können leicht Fehler unterlaufen. So ist die Verneinung der falschen Aussage „5 ist kleiner als 5" nicht die ebenfalls falsche Aussage „5 ist größer als 5", sondern die wahre Aussage „5 ist nicht kleiner als 5" bzw. „5 ist größer oder gleich 5".

Konjunktion

Wir haben bislang auch schon häufiger zwei Aussagen durch **und** miteinander verknüpft wie z. B. „2 ist Teiler von 8 *und* 2 ist Teiler von 10". In Übereinstimmung mit der Umgangssprache fassen wir nur genau dann die Gesamtaussage als wahr auf, wenn *beide* Teilaussagen wahr sind. Wir definieren daher die **Und-Verknüpfung oder Konjunktion** zweier Aussagen p und q (Symbol: $p \wedge q$, gelesen: *p und q*) wie folgt:

Definition 4.4 (Konjunktion)
Die Konjunktion $p \wedge q$ zweier Aussagen p und q ist genau dann wahr, wenn sowohl p als auch q wahr sind.

Mit Hilfe folgender **Wahrheitstafel** können wir diese Definition übersichtlich festhalten:

p	q	$p \wedge q$
w	w	w
w	f	f
f	w	f
f	f	f

Ist also eine Teilaussage falsch oder sind gar beide Teilaussagen falsch, so ist die Gesamtaussage falsch.

Mit Hilfe der Wahrheitstafeln können wir jetzt auch leicht eine Und-Verknüpfung zweier Aussagen verneinen (vgl. Aufgabe 22) und erhalten so: Die Negation der Konjunktion zweier Aussagen $\neg(p \wedge q)$ ist genau dann wahr, wenn eine oder beide Teilaussagen falsch sind. Hierbei muss *zunächst* der Wahrheitswert des Ausdrucks in der Klammer bestimmt werden.

Disjunktion

Wir haben bislang schon gelegentlich zwei Aussagen durch **oder** miteinander verknüpft. Hierbei müssen wir in der Umgangssprache zwischen zwei verschiedenen Formen von *oder* unterscheiden, die durch folgende Beispiele verdeutlicht werden:

1. Autofahrer, die zu schnell fahren oder falsch überholen, verhalten sich verkehrswidrig.
2. Bernd erhält auf seinem nächsten Zeugnis im Fach Deutsch gut oder befriedigend.

Im Beispiel **1.** ist das „oder" im **einschließenden Sinne** gemeint. Auch *die* Autofahrer verhalten sich verkehrswidrig, die *beide* Delikte begehen. Im Beispiel **2.** ist dagegen das „oder" im **ausschließenden Sinne** gemeint. Bernd bekommt *entweder* gut *oder* befriedigend, auf keinen Fall jedoch gleichzeitig beide Zensuren. Für das „ausschließende oder" kann man daher auch deutlicher **„entweder ... oder“** verwenden. Bei beiden Beispielen handelt es sich um eine verkürzte Darstellung zweier durch „oder“ verknüpfter Aussagen, so wie es in der Umgangssprache oft üblich ist. So lautet das Beispiel **2.** ausführlicher: Bernd erhält auf seinem nächsten Zeugnis im Fach Deutsch gut, oder Bernd erhält auf seinem nächsten Zeugnis im Fach Deutsch befriedigend.

Die **einschließende Oder-Verknüpfung** zweier Aussagen nennen wir *Disjunktion* (Symbol: $p \vee q$, gelesen *p oder q*), die **ausschließende Oder-Verknüpfung** (Symbol: $p \succ\!\prec q$, gelesen: *entweder p oder q*) *Alternative* bzw. Entweder-oder-Verknüpfung. Wir definieren die beiden Verknüpfungen folgendermaßen:

Definition 4.5 (Disjunktion)
Die Disjunktion $p \vee q$ ist genau dann falsch, wenn sowohl p als auch q falsch sind.

Die Disjunktion hat also folgende **Wahrheitstafel**:

p	q	$p \vee q$
w	w	w
w	f	w
f	w	w
f	f	f

Die Disjunktion $p \vee q$ zweier Aussagen ist also genau dann *wahr*, wenn *mindestens eine* der beiden Teilaussagen wahr ist. Sie entspricht dem lateinischen *vel*, das auch gleichzeitig gut als Merkhilfe dienen kann.

Definition 4.6 (Alternative)
Die Alternative $p \succ\!\prec q$ ist genau dann wahr, wenn p und q verschiedene Wahrheitswerte haben.

Die Alternative hat also folgende **Wahrheitstafel**:

p	q	$p \succ\!\prec q$
w	w	f
w	f	w
f	w	w
f	f	f

Die Alternative oder Entweder-oder-Verknüpfung zweier Aussagen ist also genau dann wahr, wenn *genau eine* der beiden Teilaussagen wahr ist, sie ist genau dann falsch, wenn beide Teilaussagen gleiche Wahrheitswerte haben.

Auf zwei *weitere* Verknüpfungen von Aussagen, nämlich auf die „Wenn, dann“- und die „Genau dann, wenn“-Verknüpfung gehen wir systematisch im nächsten Kapitel ein (vgl. Abschnitt 5.5).

4.5 Aufgaben

1. An der Zirkuskasse werden an der Kasse 1 Karten zu 8 Euro, an der Kasse 2 zu 12 Euro und an der Kasse 3 zu 15 Euro verkauft. Kasse 1 nimmt 7224 Euro, Kasse 2 9664 Euro und Kasse 3 1530 Euro ein. Welcher Kassierer hat bestimmt einen Fehler gemacht? Erläutern Sie den Zusammenhang zur Teilbarkeits- und Vielfachenrelation.
2. a) Hans will aus 36 quadratischen Plättchen Rechtecke legen. Welche Möglichkeiten hat er?
   b) Im Sportunterricht sollen aus 32 Schülern gleich große Mannschaften gebildet werden. Welche Möglichkeiten gibt es?
3. Beweisen Sie, dass jede natürliche Zahl $a > 1$ mindestens die beiden Teiler 1 und a besitzt.
4. Begründen Sie, dass gilt $5 \mid 0$ und $0 \nmid 5$.
5. a) Beweisen Sie durch Rückgriff auf das Messen mittels einer beispielgebundenen Beweisstrategie:
   Aus $a \mid b$ und $a \nmid c$ und $b > c$ folgt $a \nmid (b - c)$.
   b) Beweisen Sie diese Aussage durch Rückgriff auf das Aufteilen.
6. Beweisen Sie durch Rückgriff auf das Messen mittels einer beispielgebundenen Beweisstrategie:
   Aus $a \mid b$ folgt für alle $n \in \mathbb{N}$ $a \mid (b + n \cdot a)$.
7. Wegen der Summenregel gilt: Sind zwei Zahlen durch 4 teilbar, so ist auch stets ihre Summe durch 4 teilbar. Gilt auch die Aussage: Ist die Summe zweier Zahlen durch 4 teilbar, so sind auch stets die beiden Zahlen durch 4 teilbar?
8. Beweisen Sie die Differenzregel auf drei verschiedenen Begründungsniveaus.
9. Beweisen Sie durch Rückgriff auf die Differenzregel:
   Aus $a \mid b$ und $a \nmid c$ folgt $a \nmid (b + c)$.
10. Beweisen Sie durch Rückgriff auf die Summenregel:
    Aus $a \mid b$ und $a \nmid c$ folgt $a \nmid (b - c)$, falls $b > c$.
11. a) Beweisen Sie Satz 4.3 durch Rückgriff auf die Grundvorstellung des Messens.
    b) Beweisen Sie Satz 4.3 auf dem Begründungsniveau III durch Rückgriff auf die Deutung der Multiplikation als wiederholte Addition.
12. Konstruieren Sie zu jedem Aufgabentyp jeweils eine geeignete Aufgabe, und lösen Sie diese:

a) Bestimmen Sie zu 5 vorgegebenen Zahlen das zugehörige Pfeildiagramm bezüglich der Teilbarkeitsrelation.

b) Zeichnen Sie (ohne Zahlenangaben) ein Pfeildiagramm mit 5 Punkten. Bestimmen Sie verschiedene Lösungen bezüglich der Teilbarkeitsrelation hierzu. Ist das Pfeildiagramm immer lösbar?

c) Zeichnen Sie ein Pfeildiagramm mit 3 Punkten, zu dem keine geeigneten Zahlen bezüglich der Teilbarkeitsrelation gefunden werden können.

13. Beweisen Sie durch Rückgriff auf die Grundvorstellung des Aufteilens, dass die Teilbarkeitsrelation reflexiv und identitiv ist.
14. Beweisen Sie mit Variablen, dass die Teilbarkeitsrelation reflexiv und identitiv ist.
15. Begründen Sie die Multiplikationsregel auf dem Begründungsniveau II und III durch Rückgriff auf die Transitivität.
16. Beweisen Sie durch Rückgriff auf die Grundvorstellung des Aufteilens, dass die Teilbarkeitsrelation transitiv ist.
17. Beweisen Sie:
    Wenn die Zahl a Teiler der Zahl b ist, dann sind auch sämtliche Teiler von a Teiler der Zahl b.
18. Zeichnen Sie ein Pfeildiagramm bezüglich der Teilbarkeitsrelation zu folgenden Zahlenmengen:
    a) $\{1, 2, 3, 4, 6, 12\}$
    b) $\{1, 3, 5, 15\}$
    c) $\{1, 2, 3, 4, 6, 9, 12, 18, 36\}$
19. Beweisen Sie (Niveau III):
    Wenn a ein Vielfaches von b ist und b ein Vielfaches von c, dann ist stets a ein Vielfaches von c.
20. Stellen Sie eine Wahrheitstafel für Satz 4.4 (Transitivität) auf.
21. Zeigen Sie, dass der Satz von der Transitivität der Teilbarkeitsrelation nicht umkehrbar ist.
22. Stellen Sie die Wahrheitstafel für $\neg(p \wedge q)$ auf.
23. Bei der Verknüpfung von zwei Aussagen gibt es vier verschiedene Kombinationsmöglichkeiten der Wahrheitswerte. Wie viele Kombinationsmöglichkeiten gibt es bei der Verknüpfung von drei Aussagen? Fertigen Sie eine Wahrheitstafel für $p \vee (q \wedge r)$ an. Bestimmen Sie zunächst den Wahrheitswerteverlauf von $q \wedge r$.
24. p, q, r seien Aussagen. Stellen Sie jeweils die Wahrheitstafel auf:

a) $(p \wedge q) \vee r$	b) $(p \vee q) \wedge r$
c) $(p \vee q) \wedge (\neg r)$	d) $p >\!\!\!-\!\!\!< (q \wedge r)$
e) $(\neg p) \vee (\neg q)$	f) $(p \wedge q) \vee p$
g) $p \vee (\neg p)$	h) $(p \vee q) \wedge p$

Bestimmen Sie jeweils zunächst die Wahrheitswerte der in Klammern stehenden Ausdrücke und beachten Sie Aufgabe 23. Was fällt Ihnen bei den Aufgaben g) und h) auf?

25. Stellen Sie die Wahrheitstafel auf für:

a) $p \wedge (q \vee r)$	b) $(p \wedge q) \vee (p \wedge r)$
c) $p \vee (q \wedge r)$	d) $(p \vee q) \wedge (p \vee r)$
e) $(p \wedge q) \wedge r$	f) $p \wedge (q \wedge r)$
g) $(p \vee q) \vee r$	h) $p \vee (q \vee r)$
i) $p \wedge q$	j) $q \wedge p$
k) $(p \vee q) \wedge p$	l) $\neg(p \vee q)$
m) $(\neg p) \wedge (\neg q)$	n) $\neg(p \wedge q)$
o) $(\neg p) \vee (\neg q)$	

Vergleichen Sie jeweils a) und b), c) und d), e) und f), g) und h), i) und j), l) und m), n) und o).

Teilbarkeitsregeln

5

Wie wir im vorigen Kapitel schon gesehen haben, können wir Teilbarkeitsuntersuchungen mit Hilfe der Summen-, Differenz- oder Produktregel oft stark vereinfachen. Eine weitere, oft noch *viel stärkere* Vereinfachung erreichen wir durch die sogenannten *Teilbarkeitsregeln*, auf die wir in diesem Kapitel genauer eingehen. Wir beginnen mit besonders einfachen Teilbarkeitsregeln, bei denen allein schon anhand der Endstelle oder der letzten zwei oder drei Endstellen die Frage der Teilbarkeit entschieden werden kann.

5.1 Endstellenregeln

Teilbarkeitsregel für 4

Ist 457.236 durch 4 teilbar? Zur Beantwortung dieser Frage betrachten wir folgende Zerlegungen von 457.236:

$$\begin{array}{rclcrclcr} 457.236 & = & 457.000 & + & 236 & = & 457 \cdot 1000 & + & 236 \\ 457.236 & = & 457.200 & + & 36 & = & 4572 \cdot 100 & + & 36 \\ 457.236 & = & 457.230 & + & 6 & = & 45.723 \cdot 10 & + & 6 \end{array}$$

Offenbar eignet sich die *mittlere* Zerlegung besonders gut für unsere Zwecke, da wir mit ihrer Hilfe leicht die Frage der *Teilbarkeit durch 4* beantworten und gleichzeitig eine Strategie aufzeigen können, wie wir *generell* bei der Untersuchung auf Teilbarkeit durch 4 vorgehen können. Wir analysieren hierzu die folgenden beiden Beispiele.

F. Padberg, A. Büchter, *Einführung Mathematik Primarstufe – Arithmetik*,
Mathematik Primarstufe und Sekundarstufe I + II, DOI 10.1007/978-3-662-43449-9_5

Beispiel 5.1

$$457.236 = \underbrace{4572 \cdot \overset{\substack{4|100\\ \downarrow}}{100}}_{\substack{\text{Produktregel}\\ 4 \mid (4572 \cdot 100)}} + 36$$

Da hier *zusätzlich* gilt $4 \mid 36$, gilt also nach der Summenregel $4 \mid 457.236$. ■

Strategie

Die in diesem Beispiel aufgezeigte Vorgehensweise – Zerlegung einer Zahl in ein Vielfaches von 100 und in die aus den beiden Endziffern gebildete Zahl, Anwendung der Produkt- und Summenregel – ist offenbar (bei allen mindestens dreiziffrigen, entsprechenden Zahlen) **stets** anwendbar, also gilt generell: Ist die aus den beiden Endziffern gebildete Zahl durch 4 teilbar, so stets auch die *gesamte* Zahl.

Hiermit können wir jetzt in vielen Fällen entscheiden, ob eine Zahl durch 4 teilbar ist. Zu untersuchen bleiben nur noch *die* Fälle, in denen die aus den beiden Endziffern gebildete Zahl **nicht** durch 4 teilbar ist. Wie verhält es sich dann mit der Teilbarkeit der *gesamten* Zahl durch 4? Ist sie teils durch 4 teilbar, teils nicht durch 4 teilbar? Ist sie nie durch 4 teilbar?

Antwort hierauf gibt das

Beispiel 5.2

$$457\,237 = \underbrace{4572 \cdot \overset{\substack{4|100\\ \downarrow}}{100}}_{\substack{\text{Produktregel}\\ 4 \mid (4572 \cdot 100)}} + 37$$

Also gilt $4 \mid 457.200$ und $4 \nmid 37$, und damit wegen Satz 4.2 auch $4 \nmid 457.237$. ■

Strategie

Die in diesem Beispiel aufgezeigte Vorgehensweise ist offenbar (bei allen entsprechenden mindestens dreiziffrigen Zahlen) *stets* anwendbar und daher gilt generell:

Ist die aus den beiden Endziffern gebildete Zahl *nicht* durch 4 teilbar, so auch nicht die gesamte Zahl.

Hiermit überschauen wir jetzt *alle* möglichen Fälle. Wir haben also mit dieser *beispielgebundenen Beweisstrategie* bewiesen:

Für alle natürlichen Zahlen gilt:

Eine natürliche Zahl ist durch 4 teilbar, wenn die aus den beiden Endziffern gebildete Zahl durch 4 teilbar ist, sonst nicht.

Hierfür ist in der Mathematik folgende gleichwertige[1] Sprechweise üblich:

Satz 5.1 (Teilbarkeitsregel für 4)
Für alle natürlichen Zahlen gilt:
Eine natürliche Zahl ist genau dann durch 4 teilbar, wenn die aus den beiden Endziffern gebildete Zahl durch 4 teilbar ist.

Beispiele

$$4 \mid 2332 \quad ; \quad \text{denn} \quad 4 \mid 32.$$
$$4 \nmid 5678 \quad ; \quad \text{denn} \quad 4 \nmid 78.$$

Bemerkungen

1. Im Satz 5.1 ist die recht *umständlich* klingende Formulierung **„. . . die aus den beiden Endziffern gebildete Zahl . . .“** keineswegs unnötig kompliziert, sondern erforderlich; denn die gelegentlich auch vorfindbare Formulierung: „Eine natürliche Zahl ist genau dann durch 4 teilbar, wenn die beiden letzten Ziffern durch 4 teilbar sind“, ist *falsch*, wie folgendes Beispiel belegt:
Es gilt $4 \nmid 3$ und $4 \nmid 2$, folglich müsste auch $4 \nmid 532$ gelten. Das trifft jedoch nicht zu.
2. Ferner ist die Formulierung der Teilbarkeitsregel mit „. . . , *sonst nicht*“ bzw. wie in Satz 5.1 mit **„genau dann, wenn“** notwendig. Eine häufiger in Schulbüchern vorfindbare Formulierung wie: „Eine natürliche Zahl ist durch 4 teilbar, wenn die aus den beiden Endziffern gebildete Zahl durch 4 teilbar ist“, ist nur in *den* Fällen hilfreich, in denen 4 die aus den beiden Endziffern gebildete Zahl teilt, dagegen in den übrigen – weit überwiegenden – Fällen nicht hilfreich, da sie uns hier *keine* Antwort gibt. Diese Art der Regelformulierung begünstigt darüber hinaus einen häufig vorkommenden **logischen Fehler**, dass man nämlich die Formulierung: „Eine natürliche Zahl ist durch 4 teilbar, wenn die aus den beiden Endziffern gebildete Zahl durch 4 teilbar ist“, für gleichwertig hält mit der Formulierung: „Eine natürliche Zahl ist *nicht* durch 4 teilbar, wenn die aus den beiden Endziffern gebildete Zahl *nicht* durch 4 teilbar ist.“ Aus speziellen Gründen[2] sind hier zwar beide Formulierungen richtig, dies trifft aber keineswegs generell zu, und erst recht sind diese beiden Formulierungen *nicht* logisch gleichwertig.
3. Offensichtlich können wir mit dem vorstehenden Ansatz nicht nur eine Teilbarkeitsregel für 4 ableiten, sondern völlig analog auch für alle Teiler von 100, also beispielsweise für 25. Für die Teiler 2, 5 und 10 von 100 lässt sich die Teilbarkeitsregel vereinfachen:

---

[1] Vgl. Abschnitt 5.5.
[2] Vgl. Abschnitt 5.5.

Teilbarkeitsregeln für 2, 5 und 10

Weithin analog können wir auch *Teilbarkeitsregeln für 2, 5 und 10* ableiten. Hierbei zerlegen wir – da $2 \mid 10$, $5 \mid 10$ und $10 \mid 10$ gilt – die zu untersuchenden Zahlen jeweils in Vielfache von 10 und einen einziffrigen Rest, zerlegen also beispielsweise 123.456 in $123.456 = 123.450 + 6 = 12.345 \cdot 10 + 6$. Für die Teilbarkeit durch 2, 5 oder 10 ist also nur die *Endziffer* der gegebenen Zahlen von Interesse. Genauer gilt:

Satz 5.2 (Teilbarkeitsregel für 2, 5 und 10)
Für alle natürlichen Zahlen gilt:
Eine natürliche Zahl ist genau dann durch 2 (bzw. 5 bzw. 10) teilbar, wenn die Endziffer durch 2 (bzw. 5 bzw. 10) teilbar ist.

Bemerkungen

1. Streng genommen müssten wir hier genauer formulieren: „... wenn die durch die Endziffer benannte Zahl teilbar ist ...“, müssten also zwischen Ziffer und Zahl unterscheiden. Da diese Formulierung im betreffenden Fall aber unnötig umständlich ist und keine Missverständnisse zu befürchten sind, wählen wir die kürzere obige Formulierung.
2. Für den Beweis vergleiche Aufgabe 1.

Teilbarkeitsregel für 8

Da 8 weder 10 noch 100, jedoch 1000 teilt, müssen wir bei der Ableitung einer *Teilbarkeitsregel für 8* die Zahlen jeweils aufspalten in Vielfache von 1000 und einen dreiziffrigen Rest; so also beispielsweise 723.456 in $723.456 = 723.000 + 456 = 723 \cdot 1000 + 456$. Auf dieser Grundlage können wir jetzt leicht die Teilbarkeitsregel ableiten.

► **Beispiel 5.3**

$$723.456 = \underbrace{723 \cdot \overset{\substack{8 \mid 1000 \\ \downarrow}}{1000}}_{\substack{\text{Produktregel} \\ 8 \mid (723 \cdot 1000)}} + 456$$

Da hier zusätzlich $8 \mid 456$ gilt, erhalten wir bei Anwendung der Summenregel direkt $8 \mid 723.456$. Betrachten wir entsprechend 723.457, so erhalten wir wegen Satz 4.2 $8 \nmid 723.457$. Wir verfügen hiermit über eine beispielgebundene Beweisstrategie, daher gilt für alle natürlichen Zahlen: Eine natürliche Zahl ist durch 8 teilbar, wenn die aus den drei letzten Ziffern gebildete Zahl durch 8 teilbar ist, *sonst nicht.* ■

Wir halten dies fest als

Satz 5.3 (Teilbarkeitsregel für 8)
Für alle natürlichen Zahlen gilt:
Eine natürliche Zahl ist genau dann durch 8 teilbar, wenn die aus den drei letzten Ziffern gebildete Zahl durch 8 teilbar ist.

Beispiele

$$8 \mid 23.560 \quad ; \quad \text{denn} \quad 8 \mid 560.$$
$$8 \nmid 45.374 \quad ; \quad \text{denn} \quad 8 \nmid 374.$$

Bemerkung
Eine analoge Regel lässt sich offenbar nicht nur für 8 ableiten, sondern für alle Teiler von 1000, also beispielsweise auch für 125.

5.2 Quersummenregeln

Teilbarkeitsregel für 9

Wir wollen *ohne* schriftliche Division feststellen, ob 5463 durch 9 teilbar ist. Gehen wir von der – durch das dezimale Stellenwertsystem nahegelegten – Zerlegung $5463 = 5 \cdot 1000 + 4 \cdot 100 + 6 \cdot 10 + 3$ aus, so können wir **nicht** erkennen, ob 5463 durch 9 teilbar ist. Zweifelsohne sind jedoch 9, 99, 999, 9999, ... durch 9 teilbar, und wir können obige Zerlegung folgendermaßen modifizieren:

Modifizierte Zerlegung

$$5463 = 5 \cdot (999 + 1) + 4 \cdot (99 + 1) + 6 \cdot (9 + 1) + 3$$

Wegen des Distributivgesetzes können wir sämtliche Klammern auflösen, wegen des Assoziativ- und Kommutativgesetzes anschließend alle Zahlen so umsortieren, dass vorne immer eine durch 9 teilbare Zahl steht und hinten ein Rest, der in ganz spezifischer Beziehung zur Ausgangszahl steht:

Umordnung ergibt

$$5463 = (5 \cdot 999 + 4 \cdot 99 + 6 \cdot 9) + (5 + 4 + 6 + 3)$$

Der Rest besteht nämlich genau aus der Summe der Ziffern[3] von 5463. Es handelt sich hier also um die **Quersumme** von 5463, abgekürzt $Q(5463)$. Also gilt:

$$5463 = \underbrace{(5 \cdot \overset{\substack{9|999\\ \downarrow}}{999} + 4 \cdot \overset{\substack{9|99\\ \downarrow}}{99} + 6 \cdot \overset{\substack{9|9\\ \downarrow}}{9})}_{\substack{\text{Produkt- und Summenregel:}\\ 9|(5 \cdot 999 + 4 \cdot 99 + 6 \cdot 9)}} + Q(5463)$$

Da hier außerdem speziell $9 \mid Q(5463)$ gilt, weil $Q(5463) = 5 + 4 + 6 + 3 = 18$, gilt also wegen der Summenregel insgesamt $9 \mid 5463$.

Verallgemeinerung
Entsprechend können wir *jede* mindestens zweiziffrige natürliche Zahl restlos zerlegen in eine durch 9 teilbare Zahl und in ihre Quersumme. Hierbei ist die Quersumme entweder durch 9 teilbar oder nicht. Im ersten Fall erhalten wir stets, dass die Ausgangszahl durch 9 teilbar ist, im zweiten Fall wegen der Variante der Summenregel (Satz 4.2) stets, dass die Ausgangszahl *nicht* durch 9 teilbar ist. Da wir auch jede *einziffrige* natürliche Zahl, beispielsweise 7 oder 9, *formal* in der Form $0 \cdot 9 + 7$ bzw. $0 \cdot 9 + 9$ aufschreiben können und $9 \mid 0$ gilt, gilt die vorstehende Aussage nicht nur für alle mindestens zweiziffrigen, sondern sogar für *alle* natürlichen Zahlen. Durch unsere beispielgebundene Beweisstrategie haben wir also bewiesen:

Satz 5.4 (Teilbarkeitsregel für 9)
Für alle natürlichen Zahlen gilt:
Eine natürliche Zahl ist genau dann durch 9 teilbar, wenn ihre Quersumme durch 9 teilbar ist.

Beweisstrategie (enaktiv/ikonisch)
Die für diesen Beweis zentrale Aussage, dass jede natürliche Zahl darstellbar ist als Summe einer durch 9 teilbaren Zahl und ihrer Quersumme, können wir statt auf der Zahlenebene auch *enaktiv* oder *ikonisch* mit Hilfe von **Stellentafeln** begründen. Hierzu legen wir die gegebene Zahl mittels Plättchen (Beispiel: 3242):

---
[3] Vgl. Bemerkung 1 nach Satz 5.2.

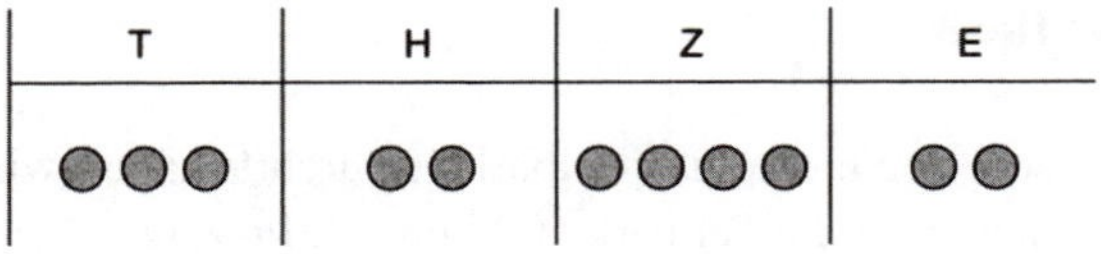

Verschieben wir sämtliche Plättchen *ohne* Beachtung ihres Stellenwertes in die Einerspalte, so erhalten wir offensichtlich die Quersumme dieser Zahl. Wie verändert sich bei diesem Verschieben jeweils die Ausgangszahl? Verschieben wir *ein* Plättchen von der Tausender- in die Hunderterspalte, so wird aus 1000 die Zahl 100, d. h., diese Verschiebung bewirkt eine Verkleinerung der Ausgangszahl um 900, entsprechend bewirkt die Verschiebung *eines* Plättchens von der Hunderter- in die Zehnerspalte bzw. von der Zehner- in die Einerspalte jeweils eine Verkleinerung um 90 bzw. 9, ein Verschieben eines Plättchens von der Tausender- in die Einerspalte bewirkt also insgesamt eine Verkleinerung um $(900+90+9)$, also um 999, von der Hunderter- in die Einerspalte insgesamt eine Verkleinerung um $(90+9)$, also um 99, wie wir in der folgenden Stellentafel übersichtlich festhalten:

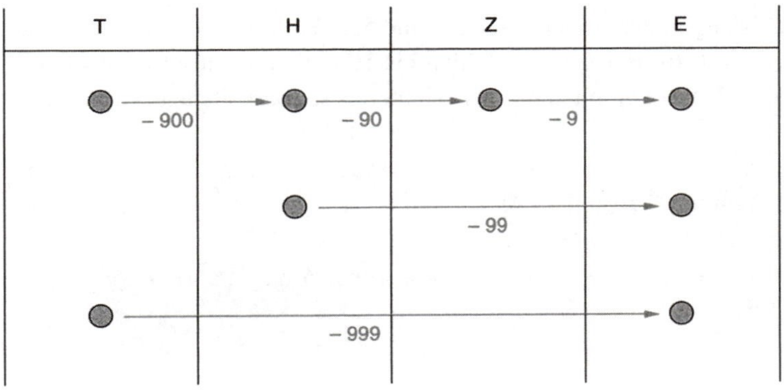

Bei der Umwandlung einer Zahl in ihre Quersumme ziehen wir also von der Ausgangszahl schrittweise jeweils Vielfache von 9, und damit *insgesamt* jeweils ein festes Vielfaches von 9, ab. Also gilt für alle natürlichen Zahlen jeweils der Zusammenhang

$$\text{Ausgangszahl} - (\text{festes Vielfaches von } 9) = \text{Quersumme}$$

bzw.

$$\text{Ausgangszahl} = (\text{festes Vielfaches von } 9) + \text{Quersumme}$$

Ab hier können wir jetzt wörtlich weiterargumentieren wie beim ersten Beweis der Teilbarkeitsregel von 9. □

Teilbarkeitsregel für 3

Durch unsere Beweisüberlegungen zur Teilbarkeit durch 9 haben wir gleichzeitig auch schon eine Beweisstrategie für die Teilbarkeit durch 3 aufgezeigt (Aufgabe 4); denn jedes Vielfache von 9 ist auch gleichzeitig ein Vielfaches von 3 (Begründung!) und damit durch 3 teilbar. Es gilt:

Satz 5.5 (Teilbarkeitsregel für 3)
Für alle natürlichen Zahlen gilt:
Eine natürliche Zahl ist genau dann durch 3 teilbar, wenn ihre Quersumme durch 3 teilbar ist.

5.3 Weitere Teilbarkeitsregeln

Wir haben bislang in den Abschnitten 5.1 und 5.2 Teilbarkeitsregeln für 2, 3, 4, 5, 8, 9 und 10 kennengelernt. Im Bereich der Zahlen bis 10 fehlen uns also nur noch Teilbarkeitsregeln für 6 und 7. Wir beginnen mit der leichteren Teilbarkeitsregel für 6. Es gilt:

Satz 5.6 (Teilbarkeitsregel für 6)
Für alle natürlichen Zahlen gilt:
Eine natürliche Zahl ist genau dann durch 6 teilbar, wenn sie durch 2 und 3 teilbar ist.

Beweis:

1. Jede Zahl, die durch 6 teilbar ist, ist wegen der Transitivität der Teilbarkeitsrelation auch durch 2 und 3 teilbar, da 2 und 3 Teiler von 6 sind (vgl. auch Kap. 4, Aufgabe 17).
2. Ist umgekehrt eine Zahl a durch 2 *und* 3 teilbar, so kommen in der Primfaktorzerlegung[4] dieser Zahl auf jeden Fall die Primzahlen 2 und 3 jeweils einfach vor. Bezeichnen wir das Produkt aller übrigen, eventuell noch vorkommenden Primzahlen (einschließlich ggf. weiterer Primzahlen 2 und 3) mit p und setzen wir $p = 1$, falls es keine weiteren Primzahlen als Faktoren gibt, so gilt also $p \cdot 2 \cdot 3 = a$ und damit $6 \mid a$.

□

[4] Jede natürliche Zahl $a > 1$ ist *eindeutig* als Produkt von Primzahlen darstellbar. Für einen Beweis dieses Hauptsatzes der elementaren Zahlentheorie vergleiche man F. Padberg [13], S. 63ff.

Teilbarkeitsregel für 7

Eine Teilbarkeitsregel für die Zahl 7 ist weithin unbekannt. Dies hängt damit zusammen, dass die Zahl 7 ungünstig zur Zahl 10, der Basis unseres dezimalen Stellenwertsystems, liegt. Die im Folgenden durch eine beispielgebundene Beweisstrategie abgeleitete *Teilbarkeitsregel für 7* lässt sich ferner nicht so prägnant und einprägsam formulieren wie die bisher behandelten Teilbarkeitsregeln. Wir gehen aus von den beiden Beispielen „Gilt $7 \mid 65.625$?" und „Gilt $7 \mid 65.389$?", stellen zunächst unkommentiert die Methode vor und analysieren anschließend den zugrunde liegenden mathematischen Hintergrund.

▶ Beispiel 5.4

1. Gilt $7 \mid 65.625$?

$$\begin{array}{ll} 6562\not{5} & \\ -\quad 10 & (2\cdot 5)\\ \hline 655\not{2} & \\ -\quad 4 & (2\cdot 2)\\ \hline 65\not{1} & \\ -\quad 2 & (2\cdot 1)\\ \hline 63 & \end{array}$$

   $7 \mid 63$, also $7 \mid 65.625$.

2. Gilt $7 \mid 65.389$?

$$\begin{array}{ll} 6538\not{9} & \\ -\quad 18 & (2\cdot 9)\\ \hline 652\not{0} & \\ -\quad 0 & (2\cdot 0)\\ \hline 65\not{2} & \\ -\quad 4 & (2\cdot 2)\\ \hline 61 & \end{array}$$

   $7 \nmid 61$, also $7 \nmid 65.389$.

In beiden Beispielen streichen wir also jeweils die Endziffer und ziehen von der so verbleibenden Restzahl das Doppelte dieser Endziffer ab. ■

Analyse der Beispiele/Verallgemeinerung

Analysieren wir beide Beispiele genauer, so ziehen wir im *ersten Beispiel* der Reihe nach nicht 10, 4 und 2, sondern 105, 42 und 21 sowie im *zweiten Beispiel* der Reihe nach nicht 18 und 4, sondern 189 und 42 ab und dividieren die so erhaltenen Zahlen anschließend jeweils noch durch 10 (Streichen der Endnull!)

Wir subtrahieren also de facto jeweils das **21-Fache der letzten Ziffer**. Somit verkleinern wir die Ausgangszahl jeweils um Vielfache von 7. Das mehrfache Streichen der

Endnull, also das Dividieren durch 10, verändert nicht das Teilbarkeitsverhalten der jeweiligen Zahlen bezüglich 7, weil 7 und 10 keine gemeinsamen Teiler außer 1 haben. Es gilt nämlich für jede natürliche Zahl a die Aussage $7 \mid (10 \cdot a)$ **genau dann, wenn** $7 \mid a$ (vgl. Aufgabe 8). Daher gilt, dass die Ausgangszahl genau dann durch 7 teilbar ist, wenn die so erhaltene „Endzahl" durch 7 teilbar ist (vgl. Aufgabe 9). Es lässt sich als **Teilbarkeitsregel für 7** formulieren:

1. Streiche die letzte Ziffer.
2. Verdopple die gestrichene Ziffer und subtrahiere sie von der neuen Zahl.
3. Fahre so lange wie möglich und nötig gemäß 1. und 2. fort.

Die Ausgangszahl ist genau dann durch 7 teilbar, wenn die nach diesem Verfahren erhaltene Endzahl (und alle Zwischenzahlen) durch 7 teilbar sind.

Hiermit verfügen wir jetzt über Teilbarkeitsregeln für alle natürlichen Zahlen zwischen 2 und 10. Wir beenden diesen Abschnitt mit zwei verschiedenen Teilbarkeitsregeln für die Zahl 11. So können wir gut verdeutlichen, dass es durchaus **verschiedene Teilbarkeitsregeln für einen festen Teiler** geben kann.

Erste Teilbarkeitsregel für 11

Wir gehen von den beiden Beispielen „Gilt $11 \mid 4785$?" und „Gilt $11 \mid 4766$?" aus, stellen die Methode zunächst unkommentiert vor und analysieren sie anschließend genauer.

▶ Beispiel 5.5

1. Gilt $11 \mid 4785$?

$$\begin{array}{r} 478\not{5} \\ -\quad 5 \\ \hline 47\not{3} \\ -\quad 3 \\ \hline 44 \end{array}$$

   $11 \mid 44$, also $11 \mid 4785$.
2. Gilt $11 \mid 4766$?

$$\begin{array}{r} 476\not{6} \\ -\quad 6 \\ \hline 47\not{0} \\ -\quad 0 \\ \hline 47 \end{array}$$

   $11 \nmid 47$, also $11 \nmid 4766$.

In beiden Beispielen streichen wir jeweils die Endziffer und ziehen diese von der so verbleibenden Restzahl ab. ■

Analyse der Beispiele/Verallgemeinerung
Analysieren wir auch hier – wie bei der Teilbarkeitsregel für 7 – beide Beispiele genauer, so ziehen wir im ersten Beispiel der Reihe nach 55 und 33 sowie im zweiten Beispiel 66 ab und dividieren die so erhaltenen Zahlen anschließend jeweils noch durch 10. Wir subtrahieren hier also faktisch jeweils das 11-Fache der letzten Ziffer. Wie bei 7 – und aus denselben Gründen – gilt auch bei 11, dass das Streichen der Endnull, also das Dividieren durch 10, das Teilbarkeitsverhalten der betreffenden Zahlen bezüglich 11 nicht verändert. Daher gilt (vgl. Aufgabe 10 und 11) folgende **Teilbarkeitsregel für 11:**

1. Streiche die letzte Ziffer der gegebenen Zahl.
2. Subtrahiere die gestrichene letzte Ziffer von der neuen Zahl.
3. Fahre so lange wie möglich und nötig gemäß 1. und 2. fort.

Die Ausgangszahl ist genau dann durch 11 teilbar, wenn die nach diesem Verfahren erhaltene Endzahl (und alle Zwischenzahlen) durch 11 teilbar sind.

Zweite Teilbarkeitsregel für 11

Bei diesem zweiten Ansatz arbeiten wir mit **Stellentafeln** und gehen ähnlich vor wie bei der entsprechenden Ableitung der *Teilbarkeitsregel für 9*. Dort verschoben wir die Plättchen – meist mehrfach – jeweils um **eine** Spalte nach rechts und verringerten so die Ausgangszahl jeweils um 9 bzw. 90 bzw. 900 usw. Da diese Zahlen jedoch nicht durch 11 teilbar sind, ist eine Verschiebung um *eine* Spalte nach rechts für den jetzigen Zweck offensichtlich *nicht* hilfreich. Verschieben wir jedoch jedes Plättchen (beginnend mit der Hunderterspalte) um **zwei Spalten nach rechts**, so verringert sich die dargestellte Zahl jeweils um 99 bzw. 990 bzw. 9900 bzw. 99.000, also jeweils um *Vielfache von 11*. Verschieben wir sämtliche Plättchen – ggf. mehrfach – um jeweils zwei Spalten nach rechts, so landen schließlich alle Plättchen, die in der vierten, sechsten, achten, ..., allgemein in einer „*geraden* Spalte“ liegen, in der **Zehnerspalte**, während alle Plättchen, die in der dritten, fünften, siebten, ..., allgemein in einer „*ungeraden* Spalte“ liegen, in der **Einerspalte** landen.

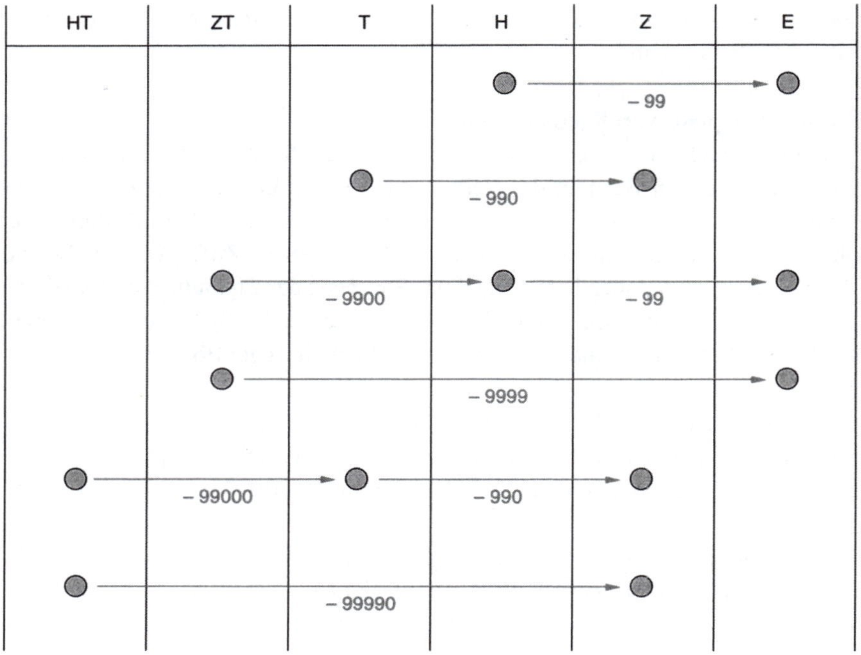

Begründung am Beispiel
Gehen wir beispielsweise konkret von der Zahl 322.135 aus und tragen sie mit Ziffern in die Stellentafel ein, so verringert sich die Ausgangszahl folgendermaßen:

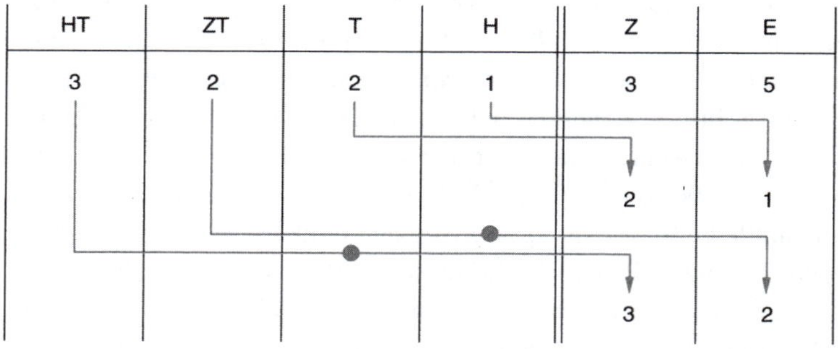

Aus 322.135 erhalten wir durch wiederholte Subtraktion von Vielfachen von 11 die wesentlich kleinere Zahl 35 + 21 + 32 = 88. Es gilt $11 \mid 88$, also gilt auch $11 \mid 322.135$ (mehrfache Anwendung der Summenregel). Aus 322.134 erhalten wir entsprechend durch wiederholte Subtraktion von Vielfachen von 11 die Zahl 34 + 21 + 32 = 87. Es gilt $11 \nmid 87$, also gilt auch $11 \nmid 322.134$ (mehrfache Anwendung der Variante der Summenregel).

Verallgemeinerung
Wir können so offensichtlich ohne Veränderung des Teilbarkeitsverhaltens bezüglich 11 jede gegebene, mindestens dreiziffrige Zahl sehr stark verkleinern zu einer Zahl, die an die Quersumme erinnert. Allerdings wird hier nicht eine Quersumme aus den *einzelnen* Ziffern gebildet, sondern wir addieren – von rechts beginnend – die durch zwei benachbarte Ziffern jeweils gebildeten *zweiziffrigen* Zahlen. Man spricht daher auch von einer **Quersumme zweiter Ordnung**.

Da bei einer (rein formalen) Erweiterung der Begriffsbildung *Quersumme zweiter Ordnung* auf ein- und zweiziffrige Zahlen die nachstehende Aussage richtig bleibt, wie die Überprüfung der wenigen Fälle unmittelbar zeigt, können wir formulieren:

Satz 5.7 (Teilbarkeitsregel für 11)
Für alle natürlichen Zahlen gilt:
Eine natürliche Zahl ist genau dann durch 11 teilbar, wenn ihre Quersumme zweiter Ordnung durch 11 teilbar ist.

Beispiele

$11 \mid 134.662,$ denn $11 \mid (62 + 46 + 13),$ da $11 \mid 121.$

$11 \nmid 245.768,$ denn $11 \nmid (68 + 57 + 24),$ da $11 \nmid 149.$

$11 \mid 64.218,$ denn $11 \mid (18 + 42 + 6),$ da $11 \mid 66.$

Bemerkung
Für den Teiler 11 ist noch eine *weitere* Teilbarkeitsregel bekannt, nämlich eine mit Hilfe der *alternierenden Quersumme*. Wir gehen hierauf im Band **Vertiefung Mathematik Primarstufe – Arithmetik/Zahlentheorie** ein, da sie sich mit dem dortigen allgemeineren Ansatz besonders leicht ableiten lässt.

5.4 Teilbarkeitsregeln und Stellenwertsysteme

Im zweiten Kapitel haben wir neben dem dezimalen Stellenwertsystem auch *nicht*dezimale Stellenwertsysteme kennengelernt. Daher liegt folgende Frage nahe: Gelten die hier abgeleiteten Teilbarkeitsregeln auch in *beliebigen* Stellenwertsystemen? Die Antwort hierauf – gegeben durch Rückgriff auf jeweils zwei Beispiele – führt zu einem gründlicheren Verständnis des Zusammenhangs bzw. des **Unterschieds zwischen Teilbarkeit und Teilbarkeitsregeln**. So wird auch gleichzeitig nochmal deutlich, dass zwischen einer Zahl und ihren möglichen Zifferndarstellungen unterschieden werden muss.

Fragestellung 1 – Gilt die vertraute Endstellenregel für 2 auch in der Basis fünf?
Wir wissen, es gilt $2 \mid 92$, da $2 \mid 2$. Notieren wir 92 in der Basis fünf, so erhalten wir $332_{⑤}$. Diese Zahl ist durch 2 teilbar; denn die Zahl 92 bleibt selbstverständlich stets durch 2 teilbar, gleichgültig in welcher Form wir die Zahl 92 aufschreiben. Dieses Beispiel *könnte* daher die Vermutung nahelegen, dass die vertraute Teilbarkeitsregel für 2 unverändert auch in der Basis fünf gültig bleibt. Betrachten wir jedoch das folgende Beispiel, so sehen wir, dass diese Vermutung *falsch* ist. Wir wissen, es gilt $2 \mid 216$, denn $2 \mid 6$. Notieren wir 216 in der Basis fünf, so erhalten wir $216 = 1331_{⑤}$. Da $1331_{⑤}$ selbstverständlich durch 2 teilbar ist, gilt also für 2 in der Basis fünf *nicht* mehr die vertraute *Endstellenregel*. Dieses Beispiel zeigt, dass die Endstellenregeln des Dezimalsystems keineswegs *unverändert* in beliebigen nichtdezimalen Stellenwertsystemen gültig bleiben (vergleiche jedoch Aufgabe 18).

Fragestellung 2 – Gilt die vertraute Quersummenregel für 3 auch in der Basis sechs?
Es gilt $3 \mid 81$, denn $Q(81) = 9$ und $3 \mid 9$. Notieren wir 81 in der Basis sechs, so erhalten wir $213_{⑥}$. Die Quersumme $Q(213_{⑥})$ ist – der Einfachheit halber im Dezimalsystem notiert – 6 und $3 \mid 6$. Die vertraute Quersummenregel bleibt dennoch *nicht* in der Basis sechs gültig, wie folgendes weiteres Beispiel belegt: $3 \mid 54$; denn $Q(54) = 9$ und $3 \mid 9$. Wandeln wir 54 in die Basis sechs um, so erhalten wir $54 = 130_{⑥}$ mit $Q(130_{⑥}) = 4$ und $3 \nmid 4$. Dieses Beispiel zeigt, dass auch die *Quersummenregeln* des dezimalen Stellenwertsystems in beliebigen nichtdezimalen Stellenwertsystemen im Allgemeinen ihre Gültigkeit verlieren (vergleiche jedoch Aufgabe 20).

Konsequenzen
Wir müssen klar unterscheiden zwischen Teilbarkeit und Teilbarkeitsregeln. Die **Teilbarkeit** zwischen zwei Zahlen a und b gilt unabhängig davon, in welchem Stellenwertsystem wir die beiden Zahlen notieren; denn in der entsprechenden Definition wird nur gefordert, dass es eine natürliche Zahl n gibt mit $n \cdot a = b$. Hierbei ist die gewählte *Schreibweise völlig unerheblich*. Gleiches gilt auch z. B. für die Summen- oder Produktregel. Auch hier werden Aussagen über Summen oder Produkte natürlicher Zahlen gemacht, ohne hierbei Bezug auf die Darstellung der Summanden oder Faktoren zu nehmen. Ganz anders ist dagegen die Sachlage bei den **Teilbarkeitsregeln**. Hier werden gerade unter Bezugnahme auf die *Stellenwertschreibweise* der betreffenden Zahlen (Endziffer(n), Quersumme) Aussagen über die Teilbarkeit von Zahlen gemacht. Daher hängen diese Teilbarkeitsregeln von den benutzten Stellenwertsystemen ab, und deshalb können beispielsweise die vertrauten Teilbarkeitsregeln für 2 oder 3 keineswegs unverändert für beliebige Stellenwertsysteme gültig bleiben.

5.5 Beweisen von Sätzen und aussagenlogische Verknüpfungen II

Wir lernen in diesem Abschnitt zunächst zwei *weitere* Verknüpfungen von Aussagen kennen, bevor wir anschließend auf dieser Grundlage knapp auf die logische Implikation und die logische Äquivalenz eingehen, um so das Beweisen von Sätzen etwas genauer zu beleuchten.

Subjunktion

Wir beginnen mit der **„Wenn-dann"-Verknüpfung** von Aussagen, an die wir durch folgendes Beispiel heranführen:

► **Beispiel 5.6** *Wenn* Lotta morgen das Examen besteht, *dann* schenke ich ihr ein Auto. Wann halte ich dieses Versprechen?

Fall 1: Lotta besteht morgen das Examen, und ich schenke ihr ein Auto.
Fall 2: Lotta besteht morgen *nicht* das Examen. Da ich Lotta für diesen Fall nichts versprochen habe, halte ich mein Versprechen sowohl wenn ich ihr ein Auto schenke als auch wenn ich ihr kein Auto schenke. Mein Versprechen halte ich nur genau dann *nicht* ein, wenn Lotta morgen das Examen besteht und ich ihr kein Auto schenke.

Mit diesem Beispiel ist folgende Definition der Subjunktion (Wenn-dann-Verknüpfung) zweier Aussagen p und q (Symbol: $p \to q$, gelesen: wenn p, dann q) verträglich:

Definition 5.1 (Subjunktion)
Die Subjunktion $p \to q$ ist genau dann falsch, wenn p wahr und q falsch ist.

Wir können also die Subjunktion durch folgende **Wahrheitstafel** beschreiben:

p	q	$p \to q$
w	w	w
w	f	f
f	w	w
f	f	w

In engem Zusammenhang zur Subjunktion $p \to q$ stehen folgende weitere Verknüpfungen, die man bei der Formulierung von Sätzen und bei Beweisen oft mit Vorteil anwenden kann und auf die wir im Zusammenhang mit der logischen Implikation noch etwas genauer eingehen werden. Bezogen auf $\mathbf{p} \to \mathbf{q}$ nennen wir:

- $q \to p$ das **Konverse** (die Umkehrung),
- $(\neg p) \to (\neg q)$ das **Konträre** und
- $(\neg q) \to (\neg p)$ das **Kontraponierte**.

Zusammenhang
Hierbei gehen $p \to q$ und $q \to p$ sowie $(\neg p) \to (\neg q)$ und $(\neg q) \to (\neg p)$ durch *Vertauschen* der Reihenfolge auseinander hervor.

Den *Zusammenhang* zwischen diesen vier Ausdrücken entnehmen wir der folgenden **Wahrheitstafel**:

p	q	$p \to q$	$(\neg q) \to (\neg p)$	$q \to p$	$(\neg p) \to (\neg q)$
w	w	w	w	w	w
w	f	f	f	w	w
f	w	w	w	f	f
f	f	w	w	w	w

Wir können ihr insbesondere entnehmen, dass $p \to q$ und ihr Kontraponiertes $(\neg q) \to (\neg p)$ ebenso wie $q \to p$ und $(\neg p) \to (\neg q)$ in jeder Zeile jeweils *denselben* Wahrheitswert haben, während dies für $p \to q$ und $q \to p$ ebenso wie für $p \to q$ und $(\neg p) \to (\neg q)$ *nicht* zutrifft. Wir kommen hierauf noch am Ende dieses Abschnittes zurück.

Bisubjunktion

Die bisher schon häufiger benutzte **„Genau dann, wenn"-Verknüpfung** können wir durch folgendes Beispiel motivieren:

► **Beispiel 5.7** *Genau dann, wenn* Pia morgen das Examen besteht, schenke ich ihr ein Auto.

Wir betrachten das Versprechen in zwei Fällen als eingehalten:

Fall 1: Pia besteht morgen das Examen. Ich schenke ihr ein Auto.
Fall 2: Pia besteht morgen nicht das Examen. Ich schenke ihr kein Auto.

Dagegen betrachten wir das Versprechen in den beiden übrigen Fällen (Pia besteht morgen das Examen, und ich schenke ihr kein Auto. Pia besteht morgen nicht das Examen, und ich schenke ihr dennoch ein Auto) als *nicht* eingehalten. ■

Dieses Beispiel motiviert folgende Definition der Bisubjunktion („Genau dann, wenn"-Verknüpfung) zweier Aussagen p und q (Symbol: $p \leftrightarrow q$, gelesen: p genau dann, wenn q), die sich offensichtlich auch voll mit unserem bisherigen Gebrauch des *genau dann, wenn* in den Sätzen 5.1 bis 5.7 dieses Kapitels deckt.

Definition 5.2 (Bisubjunktion)
Die Bisubjunktion $p \leftrightarrow q$ ist genau dann wahr, wenn p und q die gleichen Wahrheitswerte haben.

Wir können daher die Bisubjunktion auch durch folgende **Wahrheitstafel** beschreiben:

p	q	$p \leftrightarrow q$
w	w	w
w	f	f
f	w	f
f	f	w

Bislang haben wir in diesem Abschnitt und im Abschnitt 4.4 einige aussagenlogische Verknüpfungen mit den Symbolen $\neg, \wedge, \vee, >\!\!-\!\!<, \rightarrow$ und $\leftrightarrow$ kennengelernt. Diese Zeichen nennen wir **Junktoren**. Im Folgenden wollen wir *kompliziertere aussagenlogische Aussagen* bilden, in denen meist mehrere Junktoren vorkommen. Wie auch beim Rechnen benutzen wir **Klammern**, um auszudrücken, welche Ausdrücke zunächst verknüpft werden sollen. Nicht jede willkürliche Kombination ergibt eine aussagenlogische Aussage.

Wir setzen fest:

Definition 5.3 (Aussagenlogische Aussage)
1. Jede Variable $p, q, r, \ldots$ mit den beiden möglichen Wahrheitswerten w und f ist eine aussagenlogische Aussage.
2. Wenn A und B aussagenlogische Aussagen sind, dann auch $\neg A$, $A \wedge B$, $A \vee B$, $A >\!\!-\!\!< B$, $A \rightarrow B$, $A \leftrightarrow B$.

Um **Klammern** zu **sparen**[5], vereinbaren wir:

1. $\neg$ bindet stärker als $\wedge, \vee, >\!\!-\!\!<$.
2. $\wedge, \vee, >\!\!-\!\!<$ binden stärker als $\rightarrow, \leftrightarrow$.

[5] Eine ähnliche Vereinbarung ist uns schon vom Rechnen mit natürlichen Zahlen in Form der *„Punkt vor Strich"-Regel* bekannt. Statt $(4 \cdot 5) + (6 \cdot 7)$ darf man dort kurz $4 \cdot 5 + 6 \cdot 7$ schreiben.

Beispiele

1. Statt $(\neg p) \wedge q$ dürfen wir kürzer $\neg p \wedge q$ schreiben.
2. Statt $(p \wedge q) \rightarrow q$ dürfen wir kürzer $p \wedge q \rightarrow q$ schreiben.

Zusammengesetzte Aussagen

Die Wahrheitstafeln für zusammengesetzte Aussagen stellen wir zweckmäßigerweise Schritt für Schritt auf, wie es das folgende Beispiel der Aussage $(\mathbf{p} \vee \neg \mathbf{q}) \wedge \neg \mathbf{r}$ zeigt:

p	q	r	$\neg q$	$p \vee \neg q$	$\neg r$	$(p \vee \neg q) \wedge \neg r$
w	w	w	f	w	f	f
w	w	f	f	w	w	w
w	f	w	w	w	f	f
w	f	f	w	w	w	w
f	w	w	f	f	f	f
f	w	f	f	f	w	f
f	f	w	w	w	f	f
f	f	f	w	w	w	w

Um alle acht möglichen Kombinationen in den ersten drei Spalten systematisch zu notieren, geht man bei drei Variablen strukturiert, etwa wie in der vorstehenden Tabelle, vor:

Erste Spalte: erst 4 w, dann 4 f; *zweite* Spalte: jeweils abwechselnd 2 w, 2 f, *dritte* Spalte: jeweils abwechselnd w, f.

Logisches Gesetz, logischer Widerspruch

Besonders wichtig sind aussagenlogische Aussagen, die entweder bei jeder Belegung der Variablen wahr oder bei jeder Belegung der Variablen falsch sind.

Wir definieren:

Definition 5.4 (Logisches Gesetz, logischer Widerspruch)

1. Eine aussagenlogische Aussage heißt logisch wahr oder tautologisch, wenn sie bei *jeder* Belegung der Variablen mit Wahrheitswerten stets in eine wahre Aussage übergeht. Jede solche Aussage heißt ein **logisches Gesetz oder eine Tautologie**.

2. Eine aussagenlogische Aussage heißt *logisch falsch* oder kontradiktorisch, wenn sie bei *jeder* Belegung der vorkommenden Variablen mit Wahrheitswerten stets in eine falsche Aussage übergeht. Jede solche Aussage heißt ein **logischer Widerspruch oder eine Kontradiktion.**

▶ **Beispiel 5.8**

1. $p >\!\!< \neg p$ **ist logisch wahr.**

p	$\neg p$	$p >\!\!< \neg p$
w	f	w
f	w	w

2. $p \wedge q \rightarrow p \vee q$ **ist logisch wahr.**

p	q	$p \wedge q$	$p \vee q$	$p \wedge q \rightarrow p \vee q$
w	w	w	w	w
w	f	f	w	w
f	w	f	w	w
f	f	f	f	w

3. $\neg(p \wedge q) \leftrightarrow \neg p \vee \neg q$ **ist logisch wahr.**

p	q	$p \wedge q$	$\neg(p \wedge q)$	$\neg p$	$\neg q$	$\neg p \vee \neg q$	$\neg(p \wedge q) \leftrightarrow \neg p \vee \neg q$
w	w	w	f	f	f	f	w
w	f	f	w	f	w	w	w
f	w	f	w	w	f	w	w
f	f	f	w	w	w	w	w

4. $p \wedge \neg p$ **ist logisch falsch.**

p	$\neg p$	$p \wedge \neg p$
w	f	f
f	w	f

5. $(p \wedge q) \wedge (p \succ\!\!\!\prec q)$ **ist logisch falsch.**

p	q	$p \wedge q$	$p \succ\!\!\!\prec q$	$(p \wedge q) \wedge (p \succ\!\!\!\prec q)$
w	w	w	f	f
w	f	f	w	f
f	w	f	w	f
f	f	f	f	f

■

Logische Implikation, logische Äquivalenz

Das Besondere an einem logischen Gesetz oder an einem logischen Widerspruch ist also, dass man *ohne* Kenntnis der Wahrheitswerte der Variablen weiß, dass die betreffende Aussage immer wahr bzw. immer falsch ist. Logische Gesetze, in denen eine Subjunktion (wie im Beispiel 2.) oder eine Bisubjunktion (wie im Beispiel 3.) vorkommen, spielen beim Beweisen von Sätzen eine besondere Rolle. Wir führen daher hierfür spezielle Bezeichnungen ein:

Definition 5.5 (Logische Implikation, logische Äquivalenz)
Sind A und B aussagenlogische Aussagen, so wird jedes logische Gesetz der Form $A \to B$ als *logische Implikation* (Kurzschreibweise hierfür: $A \Longrightarrow B$, gelesen: aus A folgt (logisch) B) und jedes logische Gesetz der Form $A \leftrightarrow B$ als eine *logische Äquivalenz* (Kurzschreibweise hierfür: $A \Longleftrightarrow B$, gelesen: A ist (logisch) äquivalent zu B) bezeichnet.

▶ **Beispiel 5.9**

1. Wie gezeigt, ist $p \wedge q \to p \vee q$ ein logisches Gesetz. Also gilt: Aus $p \wedge q$ folgt $p \vee q$ bzw. $p \wedge q \Longrightarrow p \vee q$.
2. Wie wir wissen, ist ebenfalls $\neg(p \wedge q) \leftrightarrow \neg p \vee \neg q$ ein logisches Gesetz. Also gilt: $\neg(p \wedge q)$ ist äquivalent zu $\neg p \vee \neg q$ bzw. kürzer:
$\neg(p \wedge q) \Longleftrightarrow \neg p \vee \neg q$. ■

Bemerkung
Aus A folgt (logisch) B bedeutet also: Falls A wahr ist, muss auch stets B wahr sein, während, falls A falsch ist, B sowohl wahr als auch falsch sein kann – ganz in Übereinstimmung mit unserer vorläufigen Beschreibung des Folgerungsbegriffs im Abschnitt 4.4.

Durch Rückgriff auf *Wahrheitstafeln* können wir jetzt folgende aussagenlogische Gesetze leicht beweisen (vgl. Aufgaben 23 bis 25):

Satz 5.8 (Aussagenlogische Gesetze)

1. *Kommutativgesetze*
   $p \wedge q \iff q \wedge p$
   $p \vee q \iff q \vee p$
   $p \leftrightarrow q \iff q \leftrightarrow p$
2. *Assoziativgesetze*
   $(p \vee q) \vee r \iff p \vee (q \vee r)$
   $(p \wedge q) \wedge r \iff p \wedge (q \wedge r)$
   $(p \leftrightarrow q) \leftrightarrow r \iff p \leftrightarrow (q \leftrightarrow r)$
3. *Distributivgesetze*
   $p \vee (q \wedge r) \iff (p \vee q) \wedge (p \vee r)$
   $p \wedge (q \vee r) \iff (p \wedge q) \vee (p \wedge r)$
4. *Absorptionsgesetze*
   $p \vee (p \wedge q) \iff p$
   $p \wedge (p \vee q) \iff p$
5. *Gesetze von de Morgan*
   $\neg(p \wedge q) \iff \neg p \vee \neg q$
   $\neg(p \vee q) \iff \neg p \wedge \neg q$
6. *Verneinung der Subjunktion und Bisubjunktion*
   $\neg(p \rightarrow q) \iff p \wedge \neg q$
   $\neg(p \leftrightarrow q) \iff p >\!\!< q$

Genauso leicht lassen sich mittels *Wahrheitstafeln* folgende **Gesetze über die Subjunktion und die Bisubjunktion** beweisen (vgl. Aufgabe 26):

Satz 5.9

1. $p \rightarrow q \iff \neg q \rightarrow \neg p$ **(Kontraposition)**
2. $p \wedge (p \rightarrow q) \implies q$ **(Modus ponens)**
3. $(p \rightarrow q) \wedge \neg q \implies \neg p$ **(Modus tollens)**
4. $(p \rightarrow q) \wedge (q \rightarrow r) \implies p \rightarrow r$ **(Modus Barbara)**
5. $p \leftrightarrow q \iff (p \rightarrow q) \wedge (q \rightarrow p)$

Wir beweisen exemplarisch das **Gesetz der Kontraposition**:

p	q	$p \rightarrow q$	$\neg q$	$\neg p$	$\neg q \rightarrow \neg p$	$(p \rightarrow q) \leftrightarrow (\neg q \rightarrow \neg p)$
w	w	w	f	f	w	w
w	f	f	w	f	f	w
f	w	w	f	w	w	w
f	f	w	w	w	w	w

Beim Beweis von logischen Äquivalenzen können wir die letzte Spalte einsparen. Es reicht aus, die Spalten von $p \to q$ und $\neg q \to \neg p$ zu vergleichen. Stimmt der Wahrheitswerteverlauf in diesen beiden Spalten überein, so liegt eine logische Äquivalenz vor. □

Teilbarkeitsregel für 4 im Dezimalsystem/Beweisanalyse

Nach dieser mehr systematischen Darstellung der Subjunktion, Bisubjunktion, logischen Folgerung, Äquivalenz und hiermit formulierter aussagenlogischer Gesetze kommen wir zum Abschluss dieses Kapitels auf einige im Zusammenhang mit der Teilbarkeitsregel für 4 (Satz 5.1) angesprochene Punkte zurück.

Zerlegung in zwei Teilaussagen
Die Teilbarkeitsregel für 4 („Eine natürliche Zahl ist genau dann durch 4 teilbar, wenn die aus den beiden Endziffern gebildete Zahl durch 4 teilbar ist") können wir wegen Satz 5.9 (5) *logisch gleichwertig* in die folgenden *beiden Teile* zerlegen:[6] „Wenn eine natürliche Zahl durch 4 teilbar ist, dann ist auch die aus den beiden Endziffern gebildete Zahl durch 4 teilbar" (*erster* Teil), und: „Wenn die aus den beiden Endziffern gebildete Zahl durch 4 teilbar ist, dann ist auch die zugehörige natürliche Zahl durch 4 teilbar" (*zweiter* Teil). Daher können wir den Beweis von Satz 5.1 in diesen beiden Teilschritten durchführen.

Beweis mittels Kontraposition
Beim Beweis des *ersten* Teiles sind wir allerdings etwas anders vorgegangen. *Statt* der Aussage: „Wenn eine natürliche Zahl durch 4 teilbar ist, dann ist auch die aus den beiden Endziffern gebildete Zahl durch 4 teilbar", haben wir die Aussage: „Wenn die aus den beiden Endziffern gebildete Zahl *nicht* durch 4 teilbar ist, dann ist auch die zugehörige natürliche Zahl *nicht* durch 4 teilbar", bewiesen. Wegen Satz 5.9 1. wissen wir jedoch, dass die von uns bewiesene Aussage die *Kontraposition* der ursprünglichen Aussage ist und dass daher beide Aussagen *logisch gleichwertig* sind. Den *zweiten* Teil haben wir genau wie vorstehend formuliert bewiesen.

Direkter und indirekter Beweis
Zwischen den beiden Beweisteilen besteht folgender weiterer Unterschied: Beim *zweiten* Teil gewinnen wir unmittelbar aus der Voraussetzung die Schlussfolgerung, wir führen also diesen **Beweis direkt**, während wir beim ersten Teil *nicht* so direkt vorgehen. Da die Beweisführung so (etwas) leichter ist, gehen wir vielmehr **indirekt** vor, indem wir statt „aus p folgt q" zu zeigen, „aus nicht q folgt nicht p" beweisen und damit indirekt – nach dem Kontrapositionsgesetz – die ursprüngliche Aussage beweisen. Daher

[6] Wir formulieren hier *nicht* jeweils den vorgeschalteten Satz: „Für alle natürlichen Zahlen gilt" („Allquantor").

sind auch die Formulierung vor Satz 5.1 mit „. . . , sonst nicht" und die „Genau dann, wenn"-Formulierung von Satz 5.1 logisch gleichwertig. Beim Beweis von „Genau dann, wenn"-Aussagen ist es allerdings *nicht* notwendig, einen Teil direkt und einen Teil indirekt über die Kontraposition zu beweisen. So haben wir beispielsweise beim Satz 5.6 beide Teile direkt bewiesen, da dies in beiden Fällen naheliegend ist.

Umkehrbarkeit von „genau dann, wenn"-Sätzen

Am Beispiel der Teilbarkeitsregel für 4 sehen wir gleichzeitig (wegen Satz 5.9 5.) auch ein, dass „Genau dann, wenn"-Sätze **stets umkehrbar** sind und damit die Sätze 5.1 bis 5.7 dieses Kapitels – im Gegensatz zu den Sätzen des vierten Kapitels – alle umkehrbar sind. Wir verstehen jetzt auch, dass die Aussage: „Wenn eine natürliche Zahl durch 4 teilbar ist, dann ist auch die aus den beiden Endziffern gebildete Zahl durch 4 teilbar", *keineswegs* logisch gleichwertig ist zu der Aussage: „Wenn eine natürliche Zahl *nicht* durch 4 teilbar ist, dann ist auch die aus den beiden Endziffern gebildete Zahl *nicht* durch 4 teilbar"; denn die Wahrheitswertverläufe sind – wie im Anschluss an die Definition 5.1 gezeigt – deutlich unterschiedlich. Dennoch ist in *diesem* Fall die zweite Aussage wahr, aber nur, weil die Teilbarkeitsregel für 4 eine „Genau dann, wenn"-Aussage ist und es sich hier daher um die Kontraposition der folgenden *wahren* Aussage handelt: „Wenn die aus den beiden Endziffern gebildete Zahl durch 4 teilbar ist, dann ist auch die Zahl durch 4 teilbar." Bei *nicht* umkehrbaren Sätzen wäre eine entsprechende Aussage *falsch*.

5.6 Aufgaben

1. Beweisen Sie mittels einer beispielgebundenen Beweisstrategie die Teilbarkeitsregeln für
   a) 2, b) 5, c) 10.
2. Beweisen Sie mittels einer beispielgebundenen Beweisstrategie die Teilbarkeitsregeln für
   a) 25, b) 125.
3. Begründen Sie, warum entsprechende Zerlegungen wie bei der Ableitung von Satz 5.1 und Satz 5.3 *nicht* dazu geeignet sind, Teilbarkeitsregeln für 3, 6 oder 9 abzuleiten.
4. Beweisen Sie mittels einer beispielgebundenen Beweisstrategie die Teilbarkeitsregel für 3.
5. Bestimmen Sie alle Zahlen, durch die jede neunziffrige Zahl teilbar ist, die nur aus gleichen Ziffern besteht.
6. 365.760 ist durch 3 und 9 teilbar.
   Begründen Sie: Dann sind auch alle Zahlen durch 3 und 9 teilbar, die aus denselben Ziffern in beliebiger Reihenfolge bestehen.
7. Überprüfen Sie zunächst an drei Beispielen, und beweisen Sie dann mittels einer beispielgebundenen Beweisstrategie:

Subtrahiere ich von einer beliebigen Zahl ihre Quersumme, so ist diese Differenz stets durch 9 teilbar.

8. Beweisen Sie:
   Für jede natürliche Zahl a gilt:
   $7 \mid (10 \cdot a)$ genau dann, wenn $7 \mid a$.
9. Begründen Sie schrittweise, dass in Abschnitt 5.3 aus
   $7 \mid 63$ folgt $7 \mid 65.625$ bzw. dass aus
   $7 \nmid 61$ folgt $7 \nmid 65.389$.
10. Beweisen Sie:
    Für jede natürliche Zahl a gilt:
    $11 \mid (10 \cdot a)$ genau dann, wenn $11 \mid a$.
11. Begründen Sie schrittweise, dass in Abschnitt 5.3 aus
    $11 \mid 44$ folgt $11 \mid 4785$ bzw. dass aus
    $11 \nmid 47$ folgt $11 \nmid 4766$.
12. Begründen Sie mit Hilfe der „Märchenzahl" 1001 Teilbarkeitsregeln für 7, 11 und 13 für maximal sechsziffrige Zahlen.
13. Beweisen bzw. widerlegen Sie:
    a) Eine natürliche Zahl ist genau dann durch 12 teilbar, wenn sie durch 2 und 6 teilbar ist.
    b) Eine natürliche Zahl ist genau dann durch 12 teilbar, wenn sie durch 3 und 4 teilbar ist.

    Was haben beide Regeln gemeinsam? Worauf beruht der Unterschied?
14. Zeigen Sie an drei Beispielen, dass die folgende Vermutung in dieser Allgemeinheit falsch ist:
    Wenn eine Zahl durch zwei Zahlen teilbar ist, dann ist sie stets auch durch das Produkt dieser beiden Zahlen teilbar.
    In welchen Fällen ist die Vermutung zutreffend, in welchen nicht?
15. Begründen Sie – analog zur Ableitung der Teilbarkeitsregel für 7 und 11 – eine Teilbarkeitsregel für 13.
16. Begründen Sie – analog zur Ableitung der Teilbarkeitsregel für 7 und 11 – eine Teilbarkeitsregel für 3.
    Stimmt diese Regel mit einer schon behandelten Regel überein?
    Welche Konsequenzen hat dies?
17. Beschreiben Sie – analog zur Ableitung der Teilbarkeitsregeln für 7 und 11 – einen Weg, wie man entsprechend Teilbarkeitsregeln für *sämtliche* Primzahlen (außer 2 und 5) ableiten kann. Warum funktioniert dieses Verfahren nicht bei 2 und 5?
18. Beweisen Sie mit einer beispielgebundenen Beweisstrategie:
    Eine natürliche Zahl, dargestellt in der Basis sechs, ist genau dann durch 2 teilbar, wenn die Endziffer durch 2 teilbar ist.

19. Erläutern Sie, warum die Summen- und Produktregel nicht nur im dezimalen Stellenwertsystem gilt, sondern auch in beliebigen nichtdezimalen Stellenwertsystemen gültig bleibt.
20. Beweisen Sie mit einer beispielgebundenen Beweisstrategie:
    Eine natürliche Zahl, dargestellt in der Basis vier, ist genau dann durch 3 teilbar, wenn ihre Quersumme durch 3 teilbar ist.
21. Beweisen oder widerlegen Sie:
    a) Eine natürliche Zahl ist genau dann durch 10 teilbar, wenn sie durch 5 teilbar ist.
    b) Eine natürliche Zahl ist genau dann durch 10 teilbar, wenn sie durch 2 und 5 teilbar ist.
    c) Eine natürliche Zahl ist genau dann durch 10 teilbar, wenn sie durch 2 oder 5 teilbar ist.
22. Beweisen oder widerlegen Sie:
    Für alle $a \in \mathbb{N}$ gilt:
    a) Aus $8 \mid a$ folgt $4 \mid a$.
    b) Aus $8 \nmid a$ folgt $4 \nmid a$.
    c) Aus $2 \mid a$ folgt $4 \mid a$.
    d) Aus $100 \mid a$ folgt $4 \mid a$ und $50 \mid a$.
    e) Aus $100 \nmid a$ folgt $4 \nmid a$ und $50 \nmid a$.
    f) Aus $100 \nmid a$ folgt $4 \nmid a$ oder $50 \nmid a$.
    g) Aus $a \mid 9$ folgt $a \mid 72$.
23. Beweisen Sie Satz 5.8, 1. und 2.
24. Beweisen Sie Satz 5.8, 3. und 4.
25. Beweisen Sie Satz 5.8, 5.
26. Beweisen Sie Satz 5.9, 2. bis 5.
27. Welche der folgenden aussagenlogischen Aussagen sind logische Gesetze, welche logische Widersprüche, welche weder logische Gesetze noch logische Widersprüche?
    a) $\neg(\neg p \wedge \neg q)$ b) $(p \to q) \to \neg q$
    c) $p \wedge q \to (p \longleftrightarrow q)$ d) $(p \to q) \to q$
    e) $(p \wedge q) \vee \neg q$ f) $p \vee q \to p$
    g) $p \wedge \neg p$ h) $p \succ\!\prec p$
28. Verneinen Sie folgende Aussagen:
    a) $q \to p$ b) $p \longleftrightarrow q$
    c) $p \succ\!\prec q$ d) $p \to q$
    e) $p \vee q \to p \wedge q$ f) $\neg q \to \neg p$
29. Verneinen Sie folgende Aussagen:
    a) Wenn der Lehrer krank ist, freuen sich die Schüler.
    b) Wenn sich die Schüler freuen, wird der Lehrer böse.
    c) Wenn es regnet, wird die Straße nass.
30. Geben Sie die Kontraposition zu folgenden Aussagen an:
    a) $q \to p$ b) $\neg q \to \neg p$
    c) $\neg p \to \neg q$ d) $\neg p \to q$

e) $(p \wedge q) \rightarrow p \vee q$ f) $\neg(p \wedge q) \rightarrow \neg p \vee \neg q$

31. Kommissar Meyer hat über Pia, Vincent, Kian und Lotta folgende Erkenntnisse gewonnen:
    - Pia ist genau dann schuldig, wenn Vincent unschuldig ist.
    - Kian ist genau dann unschuldig, wenn Lotta schuldig ist.
    - Falls Lotta die Tat begangen hat, dann auch Pia, und umgekehrt.
    - Falls Lotta schuldig ist, dann ist Vincent an der Tat beteiligt.

    Wer ist schuldig, wer ist unschuldig?

Teiler- und Vielfachenmengen/Mengenoperationen

6

Wir beschäftigen uns in diesem Kapitel zunächst mit *sämtlichen* Teilern und Vielfachen gegebener natürlicher Zahlen, also mit ihren **Teiler- und Vielfachenmengen**. Ausgehend von Sachsituationen interessieren wir uns sodann für *gemeinsame Teiler bzw. gemeinsame Vielfache* in zwei oder mehr Teiler- bzw. Vielfachenmengen und ihre Veranschaulichung durch **Venn-Diagramme**.

In diesem Kontext gehen wir auf den **Begriff der Menge** sowie auf die in diesem Zusammenhang naheliegenden Mengenoperationen ein. Für diese **Mengenoperationen** wichtige *Gesetzmäßigkeiten* kann man oft gut durch Venn-Diagramme veranschaulichen und u. a. durch Rückgriff auf die im vorigen Kapitel im Zusammenhang mit den Teilbarkeitsregeln thematisierten Junktoren beweisen, wie wir exemplarisch aufzeigen.

Das Kapitel endet mit dem nach dem griechischen Mathematiker Euklid benannten **Euklidischen Algorithmus**, mit dessen Hilfe wir oft den größten gemeinsamen Teiler (*ggT*) gegebener Zahlen effizienter bestimmen können als durch Rückgriff auf die Durchschnittsbildung von Teilermengen oder auf die aus dem Schulunterricht z. T. bekannte Primfaktorzerlegung. Gleichzeitig deuten wir hier knapp einige weitere interessante Anwendungsmöglichkeiten des Euklidischen Algorithmus an.

6.1 Teiler und Vielfache

Den Begriff eines *Teilers* und einer *Vielfachen* einer natürlichen Zahl haben wir bereits im Kap. 4 anschaulich mittels Aufteil- und Messsituationen eingeführt (vgl. Abschnitt 4.1). Wir interessieren uns in *diesem* Abschnitt für *sämtliche* Teiler gegebener natürlicher Zahlen n, also für die **Teilermengen**, die wir kurz mit $T(n)$ bezeichnen (Beispiel: Die Teilermenge von 10 ist $T(10) = \{1, 2, 5, 10\}$.) sowie für *sämtliche* Vielfache gegebener natürlicher Zahlen, also für die **Vielfachenmengen**.

F. Padberg, A. Büchter, *Einführung Mathematik Primarstufe – Arithmetik*,
Mathematik Primarstufe und Sekundarstufe I + II, DOI 10.1007/978-3-662-43449-9_6

Vielfachenmengen und Sachsituationen

Den Begriff eines *Vielfachen* einer natürlichen Zahl können wir beispielsweise aber auch über folgende Sachsituation anschaulich einführen: „Um 7 Uhr verlässt die S-Bahn die Station Marktplatz in Richtung Hauptbahnhof. Sie fährt um diese Zeit im 6-Minuten-Takt. Wann fährt die S-Bahn innerhalb der nächsten Stunde?" Anknüpfend an dieses und weitere Beispiele können wir festhalten: Multiplizieren wir eine natürliche Zahl mit $1, 2, 3, \ldots$, so erhalten wir **Vielfache** dieser Zahl. So sind $6, 12, 18, 24, \ldots$ Vielfache von 6; denn $6 = 1 \cdot 6$, $12 = 2 \cdot 6$, $18 = 3 \cdot 6$, $24 = 4 \cdot 6, \ldots$ Die Menge *aller* Vielfachen von 6 bezeichnen wir als **Vielfachenmenge** von 6 (Symbol: $V(6)$) und notieren kurz $V(6) = \{6, 12, 18, 24, \ldots\}$.

Teiler- und Vielfachenmengen

Teiler- und Vielfachenmengen kann man – wie bei der Teilermenge $T(10)$ und der Vielfachenmenge $V(6)$ schon geschehen – explizit aufzählen, indem man die Elemente der Menge zwischen zwei geschweifte Klammern (*Mengenklammern*) schreibt (**aufzählendes Verfahren**), oder man kann sie mittels einer definierenden Eigenschaft beschreiben (**beschreibendes Verfahren**), so z. B. $T(10)$ und $V(6)$ durch $T(10) = \{x \in \mathbb{N} \mid x|10\}$ oder $V(6) = \{x \in \mathbb{N} \mid 6|x\}$, wobei wir die Ausdrücke zwischen den geschweiften Klammern im Fall $T(10)$ als „die Menge aller $x \in \mathbb{N}$, für die gilt $x|10$" und im Fall $V(6)$ als „die Menge aller $x \in \mathbb{N}$, für die gilt $6|x$" lesen. Hierbei bedeutet $\mathbf{x} \in \mathbb{N}$, dass x *Element von* $\mathbb{N}$ oder kurz x *aus* $\mathbb{N}$ ist. Ist x *nicht* Element von $\mathbb{N}$, so schreiben wir hierfür $\mathbf{x} \notin \mathbb{N}$.

Anzahl der Elemente

Offensichtlich umfasst **jede Vielfachenmenge** $V(n)$ mit $n \in \mathbb{N}$ **unendlich viele** Elemente, während **jede Teilermenge** $T(n)$ mit $n \in \mathbb{N}$ nur **endlich viele** Elemente besitzt, da für alle Teiler t von n gilt $t \leq n$. (Aufgabe 1). Wir können also Teilermengen stets – zumindest theoretisch – *vollständig* aufzählen, während dies für Vielfachenmengen *nie* zutrifft. Daher zählen wir bei Vielfachenmengen – wie schon bei $V(6)$ geschehen – nur die ersten Elemente explizit auf und deuten die weiteren – unendlich vielen – Elemente durch „..." an. Lassen wir in Teilermengen $T(n)$ und Vielfachenmengen $V(n)$ auch die Zahl **Null** zu, so umfasst $T(0)$ – abweichend von den Verhältnissen in $\mathbb{N}$ – unendlich viele Elemente, während $V(0)$ nur aus einem einzigen Element besteht (Aufgabe 2). Wir betrachten daher im Folgenden nur Teiler- und Vielfachenmengen von natürlichen Zahlen *ungleich null*. Bei den Vielfachenmengen rechnen wir – abweichend vom alltäglichen Sprachgebrauch – auch $1 \cdot n = n$ zu den Vielfachen einer natürlichen Zahl n.

Systematische Bestimmung

Die *systematische* Bestimmung aller **Vielfachen** einer gegebenen natürlichen Zahl n ist aufgrund der Definition möglich. Man bestimmt der Reihe nach $1{\cdot}n, 2{\cdot}n, 3{\cdot}n, \ldots$ Dagegen liefert die Definition der Teilbarkeit keinen so unmittelbaren Zugang zur *systematischen* Bestimmung *sämtlicher* **Teiler** einer gegebenen natürlichen Zahl. Allerdings stehen durch die Definition der Teilbarkeit die Teiler einer natürlichen Zahl jeweils paarweise zueinander in Beziehung. So ist 4 Teiler von 20, da $5 \cdot 4 = 20$ gilt. Wegen des Kommutativgesetzes gilt aber auch $4 \cdot 5 = 20$, und folglich ist auch 5 Teiler von 20. Man bezeichnet daher 4 und 5 als **zueinander komplementäre Teiler** von 20. Gehen wir von 4 aus, so ist 5 der komplementäre, gehen wir von 5 aus, so ist 4 der komplementäre Teiler bezüglich 20. Ordnen wir Teiler und zugehörige komplementäre Teiler in Form von **Teilertabellen** systematisch nebeneinander an, so hilft dies, Teilermengen effektiv zu bestimmen.

▶ **Beispiel 6.1** Wir betrachten zunächst die Teilertabellen von $T(30)$ und $T(36)$:

$T(30)$	
1	30
2	15
3	10
5	6

$T(36)$	
1	36
2	18
3	12
4	9
6	6

Um sämtliche Teiler von 30 bzw. 36 zu erhalten, müssen wir 30 nur auf Teilbarkeit bezüglich der – wenigen und kleinen – Zahlen von 1 bis 5 bzw. 36 auf Teilbarkeit bezüglich der Zahlen von 1 bis 6 untersuchen. Hierbei können wir insbesondere bei größeren Zahlen die im Kap. 5 abgeleiteten Teilbarkeitsregeln gut anwenden. Durch die – leicht zu bestimmenden – zugehörigen komplementären Teiler erhalten wir systematisch die vollständigen Teilermengen. Bei der Teilermenge $T(36)$ fällt auf, dass der Teiler 6 und sein komplementärer Teiler identisch sind. Diese Übereinstimmung von einem Teiler mit seinem komplementären Teiler kann nur genau dann eintreffen, wenn die betreffende Zahl eine Quadratzahl ist (Aufgabe 3). ■

Weitere Beispiele/Satz 6.1
Bestimmen wir entsprechend die Teilermengen $T(50)$ und $T(144)$,

$T(50)$	
1	50
2	25
5	10

$T(144)$	
1	144
2	72
3	48
4	36
6	24
8	18
9	16
12	12

so zeigt sich, dass wir 50 nur auf Teilbarkeit durch die Zahlen von 1 bis 7, 144 auf Teilbarkeit durch die Zahlen von 1 bis 12 untersuchen müssen. Es stellt sich die Frage, ob man bei einer gegebenen Zahl schon *direkt* angeben kann, bis zu *welcher Zahl* die Teiler in der *linken* Spalte der Teilertabelle bestimmt werden müssen, um über die komplementären Teiler *sämtliche* Teiler dieser Zahl zu erhalten. Im Fall der beiden Quadratzahlen $36 = 6^2$ und $144 = 12^2$ müssen wir nur alle Zahlen kleiner oder gleich 6 bzw. kleiner oder gleich 12 auf Teilbarkeit untersuchen, also alle Zahlen, die kleiner oder gleich $\sqrt{36}$ bzw. $\sqrt{144}$ sind. Da Entsprechendes auch für die beiden übrigen Teilermengen $T(50)$ und $T(30)$ zutrifft, vermuten wir:

Satz 6.1
Für alle Teiler t in der linken Spalte der Teilertabelle von a gilt $t \leq \sqrt{a}$.

Beweis
Wir tragen die Teiler natürlicher Zahlen a so in die Teilertabelle von $T(a)$ ein, dass die *links* stehende Zahl stets kleiner oder – im Falle von Quadratzahlen – höchstens gleich dem komplementären Teiler auf der rechten Seite ist. Dann gilt – so behaupten wir – für alle Teiler t in der linken Spalte $t \leq \sqrt{a}$. Um diese Behauptung zu beweisen, *nehmen wir an*, es gäbe dort (mindestens) ein t, für das *nicht* $t \leq \sqrt{a}$ gilt, für das also $t > \sqrt{a}$ gilt. Dann müsste für den zugehörigen komplementären Teiler t' wegen $t' \geq t$ also auch $t' > \sqrt{a}$ gelten. Also müsste insgesamt gelten $t \cdot t' > \sqrt{a} \cdot \sqrt{a}$, folglich $t \cdot t' > a$. Dies ist jedoch ein *Widerspruch* zu unserer Voraussetzung, dass t und t' komplementäre Teiler sind, für die daher gilt $t \cdot t' = a$. Also war unsere *Annahme falsch*, also gibt es in der linken Spalte *keine Teiler* t von a mit $t > \sqrt{a}$, also gilt für alle Teiler in der linken Spalte der Teilertabelle von a stets $t \leq \sqrt{a}$. □

Anmerkung zur Beweisstruktur
Wir beweisen Satz 6.1 **indirekt**. Um zu beweisen, dass für *alle* Teiler t in der linken Spalte gilt $t \leq \sqrt{a}$, gehen wir von dem **logischen Gegenteil** aus, nämlich von der Annahme, dass es *mindestens einen* Teiler t in der linken Spalte gibt mit $t > \sqrt{a}$. Wir zeigen, dass wir ausgehend von dieser Annahme zu einem **Widerspruch** gelangen. Also war unsere *Annahme falsch*, also ist die *ursprüngliche Aussage wahr*.

6.2 Gemeinsame Teiler und Vielfache

Die folgenden Sachsituationen lassen sich mit Hilfe der Begriffe *gemeinsame Teiler* bzw. *gemeinsame Vielfache* gut beschreiben und lösen.

Sachsituation 1
Eine rechteckige Terrasse – 360 cm breit und 280 cm tief – soll ohne zu stückeln mit quadratischen Platten ausgelegt werden. Es stehen Platten mit den Seitenlängen 10 cm, 20 cm,

30 cm, 40 cm, 50 cm, 60 cm, 70 cm und 80 cm zur Verfügung. Welche Platten können genommen werden?

Sachsituation 2
Eine Terrasse ist mit quadratischen Platten von 30 cm Seitenlänge ausgelegt. Zum Garten hin ist sie durch 50 cm lange Randsteine begrenzt. An welchen Stellen treffen die Fugen zwischen den Platten und zwischen den Randsteinen zusammen?

Sachsituation 3
Auf einer Carrerabahn fahren zwei Autos einen Rundkurs. Das rote Auto benötigt für eine Runde 15 Sekunden, das blaue 12 Sekunden. Beide Autos starten gleichzeitig. Nach wieviel Sekunden überqueren sie wieder gemeinsam die Startlinie?

Sachsituation 4
Zwei Stäbe von 45 cm und 75 cm Länge sollen restlos in gleichlange Stücke zersägt werden. In welchen Abständen kann man die Stäbe zersägen?

Eine 360 cm breite Terrasse (vgl. Sachsituation 1) lässt sich im Rahmen der zur Verfügung stehenden Platten durch Platten der Länge 10 cm, 20 cm, 30 cm, 40 cm oder 60 cm auslegen, eine 280 cm tiefe Terrasse durch Platten der Länge 10 cm, 20 cm, 40 cm oder 70 cm. Also lässt sich eine 360 cm breite *und* 280 cm tiefe Terrasse durch quadratische Platten der Länge 10 cm, 20 cm oder 40 cm auslegen.

Ein Stab von 45 cm Länge (vgl. Sachsituation 4) lässt sich restlos in gleich lange Stücke der Länge 1 cm, 3 cm, 5 cm, 9 cm, 15 cm oder 45 cm[1] zersägen, ein Stab von 75 cm Länge restlos in gleich lange Stücke der Länge 1 cm, 3 cm, 5 cm, 15 cm, 25 cm oder 75 cm. *Beide* Stäbe können wir daher restlos zersägen in Stücke der Länge 1 cm, 3 cm, 5 cm oder 15 cm.

Teiler, gemeinsame Teiler, ggT

Die Sachsituationen 1 und 4 können wir offensichtlich mit Hilfe des Begriffs **Teiler** übersichtlich beschreiben und schon allein auf der Zahlenebene lösen. So können wir in *Sachsituation 1* zunächst von den Zahlen 10, 20, 30, 40, 50, 60, 70 und 80 *die* Zahlen, die *Teiler* von 360, und anschließend *die*, die *Teiler* von 280 sind, bestimmen. Durch Vergleichen beider Mengen erhalten wir 10, 20 und 40 als **gemeinsame Teiler** von 280 und 360. Für die Terrasse kommen folglich nur quadratische Platten der Länge 10 cm, 20 cm oder 40 cm in Frage. Während wir in Sachsituation 1 nur *einige* Teiler von 280 bzw. 360, und damit auch nur *einige gemeinsame* Teiler dieser beiden Zahlen, bestimmen, müssen wir in Sachsituation 4 *sämtliche Teiler* von 45 bzw. 75, also die Teilermengen $T(45)$ und

[1] Bei der Länge 45 cm bleibt der ursprüngliche Stab selbstverständlich unzersägt. Wir lassen beim Zersägen ferner ausschließlich nur – in Vereinfachung der Realität – ganzzahlige Maße zu (vgl. auch Abschnitt 4.1).

$T(75)$, bestimmen:

$$T(45) = \{1, 3, 5, 9, 15, 45\}$$
$$T(75) = \{1, 3, 5, 15, 25, 75\}$$

Durch Vergleichen dieser beiden Mengen erhalten wir leicht die Menge aller *gemeinsamen Teiler* von 45 und 75, nämlich $\{1, 3, 5, 15\}$. Beide Stäbe können wir also restlos zersägen in gleich lange Stücke der Länge 1 cm, 3 cm, 5 cm oder 15 cm. Verlangen wir in Sachsituation 4 *zusätzlich*, dass die beiden Stäbe in gleich lange, aber *möglichst große* Stücke zersägt werden sollen, so erhalten wir die Lösung, indem wir aus der Menge der **gemeinsamen Teiler** das **größte Element** bestimmen.

Vielfache, gemeinsame Vielfache, kgV

Während sich die Sachsituationen 1 und 4 mit Hilfe der Begriffe Teiler, gemeinsame Teiler und größter gemeinsamer Teiler gut beschreiben und lösen lassen, ist bei den Sachsituationen 2 und 3 der Begriff **Vielfaches** hilfreich. So treten in Sachsituation 2 die Fugen bei den quadratischen Platten nach 30 cm, 60 cm, 90 cm, ..., bei den Randsteinen nach 50 cm, 100 cm, 150 cm, ... ab Außenkante auf, wenn wir vereinfachend die (relativ geringe) Fugenbreite unberücksichtigt lassen. Durch den Vergleich der Vielfachenmengen von 30 und 50 bezüglich **gemeinsamer Vielfacher** erhalten wir rein auf der rechnerischen Ebene die Stellen, an denen die Fugen zwischen den Platten und zwischen den Randsteinen zusammentreffen, nämlich nach 150 cm, 300 cm, ...

In der Sachsituation 3 benötigt das rote Auto für jede Runde 15 Sekunden, es überquert also die Startlinie nach 15 Sekunden, 30 Sekunden, 45 Sekunden ... ab Start. Das blaue Auto benötigt für eine Runde 12 Sekunden und überquert also die Startlinie nach 12 Sekunden, 24 Sekunden, 36 Sekunden ... ab Start. Wir erhalten somit die Zeitpunkte, zu denen beide Autos wieder gemeinsam die Startlinie überfahren, wenn wir die Vielfachenmengen von 12 und 15 auf gemeinsame Elemente hin untersuchen:

$$V(12) = \{12, 24, 36, 48, 60, 72, 84, 96, 108, 120, 132, \ldots\}$$
$$V(15) = \{15, 30, 45, 60, 75, 90, 105, 120, 135, \ldots\}$$

Gemeinsame Vielfache von 12 und 15 sind also 60, 120, ...

Die beiden Autos fahren also nach 60 Sekunden, 120 Sekunden, ... wieder gleichzeitig über die Startlinie.

GgT, kgV und Bruchrechnung

Durch die Frage, wann in Sachsituation 3 die beiden Autos zum *ersten* Mal wieder über die Startlinie fahren oder wann in Sachsituation 2 die Fugen zum *ersten Mal* zusammentreffen, kann der Blick auf das **kleinste der gemeinsamen Vielfachen** (kurz: auf das *kleinste gemeinsame Vielfache*, abgekürzt **kgV**) gerichtet werden. Hierbei werden im Mathematikunterricht die Begriffe gemeinsame Teiler und ggT sowie gemeinsame Vielfache und kgV meist nicht zur Lösung von Sachsituationen eingesetzt, sondern sind im Zusammenhang mit der **Bruchrechnung**[2] nützlich. Man kann nämlich Brüche vereinfachen, indem man Zähler und Nenner durch gemeinsame Teiler t dividiert. Dieses *Kürzen* kann man entweder Schritt für Schritt durchführen, bis Zähler und Nenner keine gemeinsamen Teiler mehr haben, oder in *einem einzigen* Schritt, indem man sofort Zähler und Nenner durch den größten gemeinsamen Teiler dividiert. Die gemeinsamen Vielfachen und das kgV spielen bei der *Addition* und *Subtraktion* von Brüchen sowie beim *Größenvergleich* eine wichtige Rolle. Hier macht man die Brüche bekanntlich zunächst gleichnamig. Jedes gemeinsame Vielfache der beiden Nenner kommt als gemeinsamer Nenner in Frage. Am einfachsten rechnet man jedoch mit dem *kleinsten* gemeinsamen Vielfachen, also dem kgV.

6.3 Mengenoperationen mit Teiler- und Vielfachenmengen/Venn-Diagramme

Durchschnitt

Bei der Bestimmung der *gemeinsamen* Teiler und der *gemeinsamen* Vielfachen gehen wir jeweils von zwei Mengen aus, nämlich von zwei Teilermengen bzw. zwei Vielfachenmengen, und bestimmen *die* Elemente, die sowohl zur ersten wie auch zur zweiten Menge gehören. Zur knappen Beschreibung dieses Sachverhaltes ist folgende Definition nützlich:

Definition 6.1 (Durchschnitt)
Unter dem *Durchschnitt* oder der *Schnittmenge* zweier Mengen A und B (Symbol: $A \cap B$, gelesen: A geschnitten B) versteht man die Menge aller Elemente, die zu der Menge A *und* zu der Menge B gehören, also:

$$A \cap B = \{x \mid x \in A \wedge x \in B\}.$$

Betrachten wir speziell zwei *Teiler*mengen, so liegt im Durchschnitt stets *mindestens* ein Element, nämlich die Zahl 1. Auch bei zwei *Vielfachen*mengen $V(a)$ und $V(b)$ liegt im Durchschnitt stets mindestens ein Element, nämlich ihr Produkt $a \cdot b$, und damit liegen dort sogar unendlich viele Elemente, nämlich auch alle Vielfachen dieses Produktes (Aufgabe 7). Betrachten wir dagegen zwei *beliebige* Mengen A und B, so kann es durchaus vorkommen, dass sie *kein* gemeinsames Element haben, dass ihr Durchschnitt also *leer* ist.

[2] Vgl. F. Padberg [14], S. 46ff.

Hierfür schreiben wir kurz $A \cap B = \{\}$ oder $A \cap B = \varnothing$. Wir sagen auch: Die Mengen A und B sind *disjunkt* (Aufgabe 8).

Venn-Diagramme bei Teilermengen

Teiler- und Vielfachenmengen lassen sich mit **Venn-Diagrammen** gut veranschaulichen, Teilermengen wegen ihrer endlichen Elementanzahl jedoch besser als Vielfachenmengen. Wir beginnen daher mit **Teilermengen**, und zwar mit den Teilermengen $T(16)$ und $T(20)$:

$$T(16) = \{1, 2, 4, 8, 16\} \qquad T(20) = \{1, 2, 4, 5, 10, 20\}$$

Tragen wir diese Teilermengen zunächst getrennt in Mengenkreise ein, so erhalten wir:

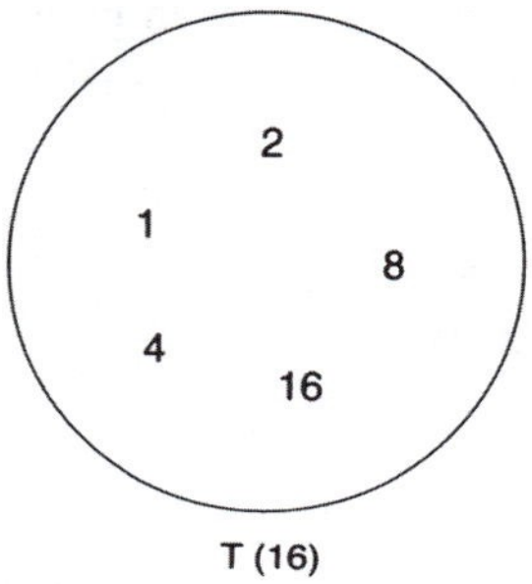

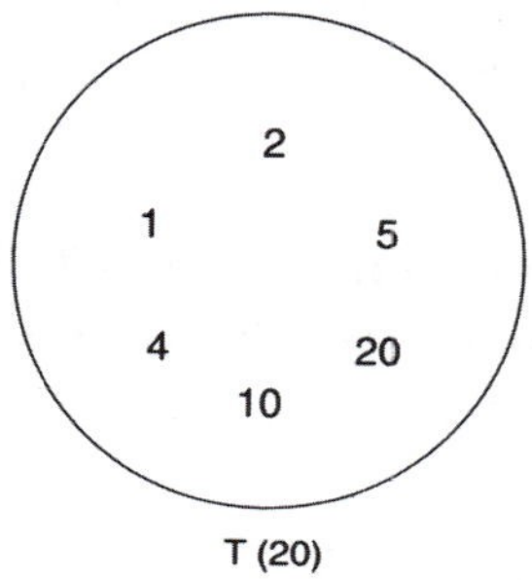

Wegen $T(16) \cap T(20) = \{1, 2, 4\}$ enthalten die beiden Mengenkreise 1, 2 und 4 als *gemeinsame* Elemente. Wir legen daher die beiden Mengenkreise *so* übereinander, dass sie sich in einem Teilbereich überschneiden. Hier tragen wir die gemeinsamen Teiler 1, 2 und 4 ein und erhalten so folgendes *Venn-Diagramm der Teilermengen* $T(16)$ *und* $T(20)$:

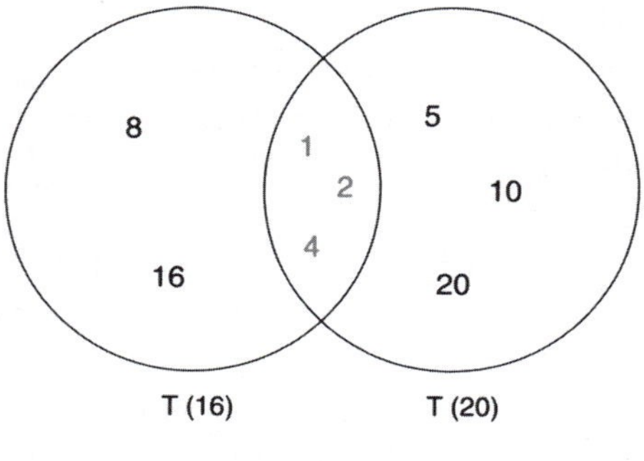

Im mittleren Bereich des Venn-Diagramms liegen also die gemeinsamen Teiler von 16 und 20, im linken *die* Teiler von 16, die nicht gleichzeitig auch noch Teiler von 20 sind und im rechten Bereich *die* Teiler von 20, die nicht gleichzeitig auch noch Teiler von 16 sind.

Venn-Diagramme – zwei Fälle

Betrachten wir Venn-Diagramme von zwei *beliebigen* Teilermengen, so wissen wir, dass der *mittlere* Bereich stets *mindestens ein* Element enthält, nämlich die 1. Dagegen enthält der linke oder der rechte Bereich *nicht* stets mindestens ein Element, wie das Beispiel der Teilermengen $T(18)$ und $T(36)$ schon belegt.

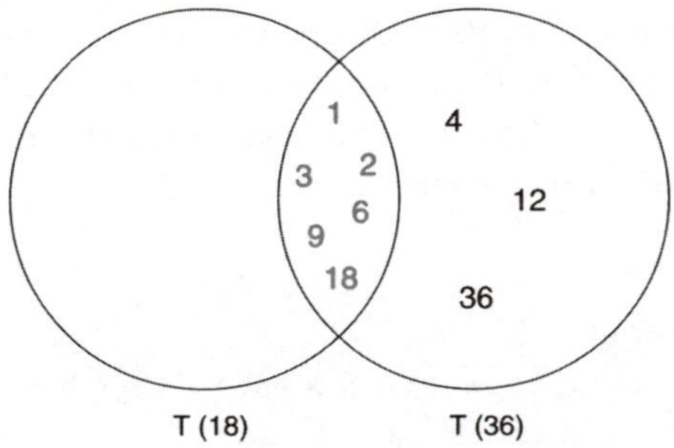

Vereinbart man jedoch, dass die Venn-Diagramme *so* angelegt werden, dass möglichst *keine* leeren Bereiche auftreten, so erhalten wir in diesem Fall folgendes Venn-Diagramm:

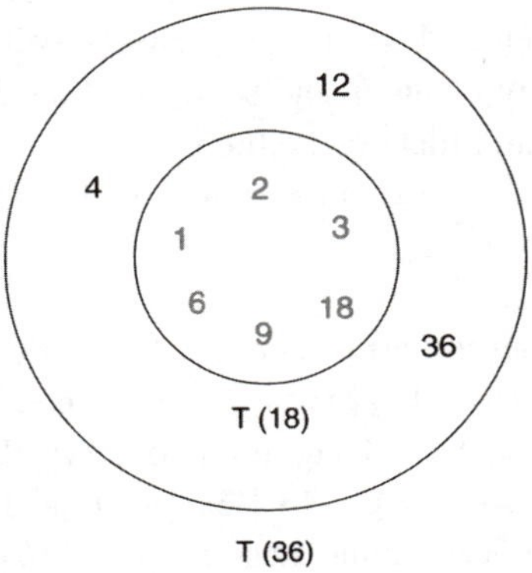

Da bei zwei verschiedenen Teilermengen offensichtlich jeweils *höchstens ein* Bereich des Venn-Diagramms frei bleiben kann, gibt es bei den Venn-Diagrammen von zwei Teilermengen nur die beiden bislang betrachteten Fälle (**Typ I**, Beispiel: $T(16)$ und $T(20)$; **Typ II**, Beispiel: $T(18)$ und $T(36)$).

Genauere Analyse

Analysieren wir unsere beiden vorstehenden Venn-Diagramme noch einmal etwas genauer, so erkennen wir, dass $T(16) \cap T(20) = \{1, 2, 4\}$ und $T(18) \cap T(36) = \{1, 2, 3, 6, 9, 18\}$ gilt, dass also in beiden Fällen der Durchschnitt zweier Teilermengen *nicht* eine *beliebige* Menge, sondern speziell eine **Teilermenge** ist, nämlich $T(4)$ bzw. $T(18)$, also die Teilermenge des **ggT** der beiden Zahlen 16 und 20 bzw. 18 und 36. Die Frage liegt nahe, ob dies so auch für zwei beliebige Teilermengen gilt oder hier nur zufällig der Fall ist. Eine Antwort auf diese Frage geben wir im übernächsten Abschnitt.

Teilmengen

Eine *andere* naheliegende Frage ist, ob wir schon direkt anhand der natürlichen Zahlen a und b entscheiden können, ob das Venn-Diagramm von $T(a)$ und $T(b)$ vom Typ I oder Typ II ist. Das zugehörige Venn-Diagramm ist offensichtlich genau dann vom Typ II, wenn jeder Teiler von a auch schon ein Teiler von b ist, wenn also $T(a)$ eine *Teilmenge* von $T(b)$ ist oder umgekehrt. Wir definieren:

Definition 6.2 (Teilmenge)
Eine Menge A nennen wir *Teilmenge* einer Menge B (Symbol: $A \subseteq B$), wenn jedes Element von A auch Element von B ist.

Bemerkung

1. Aufgrund dieser Definition ist jede Menge auch Teilmenge von sich selbst. Fordern wir $A \subseteq B$ und gleichzeitig $A \neq B$, so ist dieser Fall ausgeschlossen. Wir sagen dann: A ist **echte Teilmenge** von B und schreiben hierfür $\mathbf{A} \subset \mathbf{B}$. Allerdings ist die Terminologie in der Literatur nicht einheitlich.
2. Für den Beweis, dass $A \subseteq B$ gilt, müssen wir zeigen: Aus $t \in A$, t beliebig, folgt $t \in B$.

Ein Venn-Diagramm zweier Teilermengen $T(a)$ und $T(b)$ ist also genau dann vom Typ II, wenn gilt $T(a) \subseteq T(b)$ oder $T(b) \subseteq T(a)$. Untersuchen wir den Zusammenhang zwischen 18 und 36 beim Venn-Diagramm vom Typ II sowie zwischen 16 und 20 beim Venn-Diagramm vom Typ I, so gilt $18 \mid 36$, während $16 \nmid 20$. Eine Untersuchung weiterer Beispiele führt zu der Vermutung, dass $T(a) \subseteq T(b)$ (also das zugehörige Venn-Diagramm vom Typ II) genau dann gilt, wenn a ein Teiler von b ist.

Satz 6.2
Für alle natürlichen Zahlen a, b gilt:
$T(a) \subseteq T(b)$ genau dann, wenn $a \mid b$.

Beweis:

1. Wir setzen $T(a) \subseteq T(b)$ voraus. Wir müssen zeigen: Dann gilt $a \mid b$.
   Wegen $a \mid a$ gilt stets $a \in T(a)$. Da $T(a) \subseteq T(b)$ gilt damit auch $a \in T(b)$. Die Zahl a gehört also zur Menge der Teiler von b, d. h. $a \mid b$.
2. Wir setzen $a \mid b$ voraus. Wir müssen zeigen: $T(a) \subseteq T(b)$. Dies bedeutet nach Definition 6.2, dass wir nachweisen müssen, dass jedes beliebige Element t von $T(a)$ auch ein Element von $T(b)$ ist.

Für jedes $t \in T(a)$ gilt $t \mid a$. Nach Voraussetzung gilt $a \mid b$, also gilt wegen der Transitivität (Satz 4.4) $t \mid b$, d. h. $t \in T(b)$.
Also ist – falls $a \mid b$ gilt – jedes Element von $T(a)$ auch Element von $T(b)$, also gilt dann $T(a) \subseteq T(b)$. □

Venn-Diagramme bei Vielfachenmengen

Venn-Diagramme können auch zur Veranschaulichung von **gemeinsamen Vielfachen** zweier Zahlen a und b eingesetzt werden. Auch bei Venn-Diagrammen von zwei Vielfachenmengen können wir entsprechend wie bei den Teilermengen zwei verschiedene Typen unterscheiden, wie die beiden folgenden Beispiele belegen.

Beispiel 1/Typ I

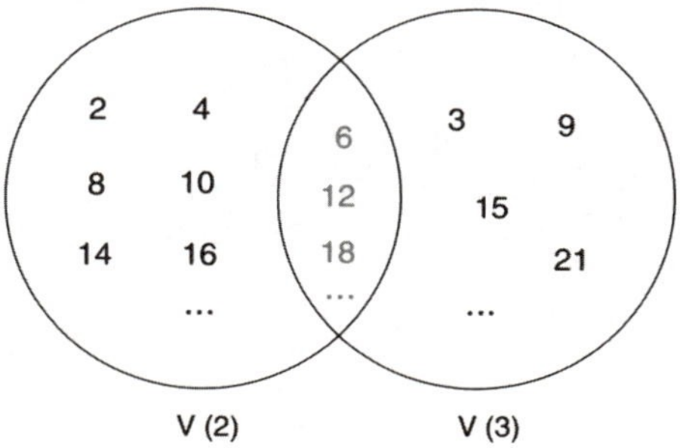

Beispiel 2/Typ II

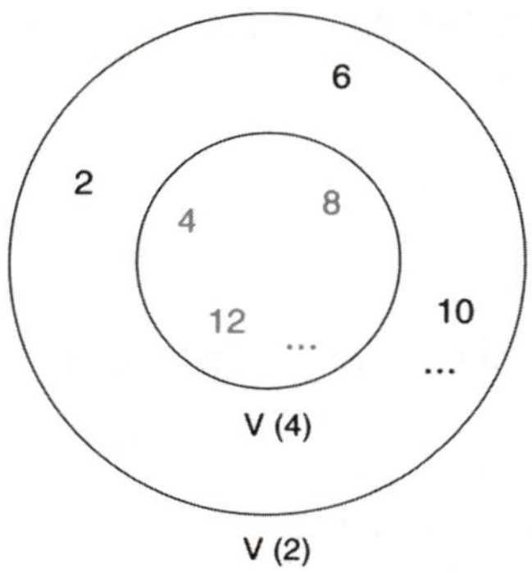

Betrachten wir den *Durchschnitt* der Vielfachenmengen in den beiden Beispielen, so erkennen wir, dass das Ergebnis stets wieder speziell eine **Vielfachenmenge** ist, und zwar im Beispiel 1 die Vielfachenmenge $V(6)$ und im Beispiel 2 die Vielfachenmenge $V(4)$, also in beiden Beispielen speziell die Vielfachenmenge des zugehörigen *kleinsten gemeinsamen*

Vielfachen (**kgV**)[3]. Völlig analog zu den Teilermengen können wir auch hier schon direkt anhand der Zahlen a und b von $V(a)$ und $V(b)$ entscheiden, wann Typ I und wann Typ II bei den Venn-Diagrammen vorliegt. Wir vermuten: $V(a) \subseteq V(b)$ genau dann, wenn $b \mid a$ (Aufgabe 11).

Venn-Diagramme von drei Zahlen

Auch bei der Bestimmung von gemeinsamen Teilern und Vielfachen von **drei natürlichen Zahlen** können wir *Venn-Diagramme* einsetzen. Allerdings ist die Erstellung entsprechender Venn-Diagramme wesentlich aufwändiger als im Fall von zwei natürlichen Zahlen. Es gibt hier auch wesentlich *mehr* verschiedene Diagrammtypen. Wir beschränken uns hier auf die Angabe eines Beispiels (vgl. auch Aufgabe 12):

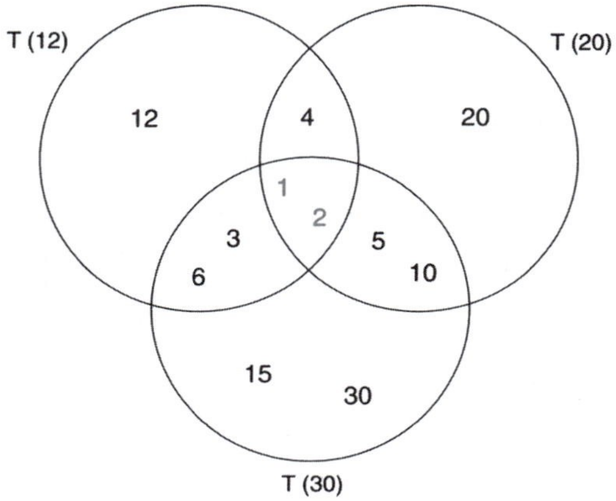

Offensichtlich kann man in diesem Venn-Diagramm neben den gemeinsamen Teilern von 12, 20 und 30 auch übersichtlich die gemeinsamen Teiler

- von 12 und 20,
- von 12 und 30 sowie
- von 20 und 30

ablesen. Dem Diagramm können wir ferner auch leicht alle Zahlen entnehmen, die

- Teiler von 12 *oder* 20 *oder* 30,
- Teiler von 12, aber *nicht* von 20 *und* 30,
- Teiler von 20, aber *nicht* von 12,
- Teiler von 12 *und* 30, aber *nicht* von 20

[3] Eine Teilrichtung dieser Aussage ist leicht zu beweisen (Aufgabe 10), die andere Richtung ist etwas aufwändiger. Wir verzichten daher hier auf einen Beweis und verweisen auf F. Padberg [13], S. 95f.

sind, um nur einige Beispiele zu nennen. Die erwähnten Mengen können wir präziser mit dem schon eingeführten Begriff der Durchschnittsmenge sowie mit den Begriffen *Vereinigungsmenge* und *Differenzmenge* beschreiben. Zuvor wollen wir jedoch einige Anmerkungen zu dem von uns bislang schon häufig benutzten Begriff der *Menge* machen.

Begriff der Menge

Der Begriff der **Menge** wird in der Schule sowie in den Anwendungsbereichen der Mathematik benutzt, ohne dass er streng definiert wird. Häufig genannt wird folgende *Erläuterung von* ***Cantor***: „Unter einer Menge verstehen wir jede Zusammenfassung von bestimmten, wohlunterschiedenen Objekten unserer Anschauung oder unseres Denkens (die Elemente der Menge genannt werden) zu einem Ganzen.“ Diese Erklärung von Cantor ist offensichtlich *keine* Definition; denn was ist eine „Zusammenfassung“, was sind „Objekte“ oder was bedeutet „bestimmt“, „wohlunterschieden“ oder „Ganzes“? Man fasst den Mengenbegriff daher als einen undefinierten *Grundbegriff* auf, den ohnehin jeder kennt und den man durch die obige Erläuterung Cantors beschreiben kann.

Mögliche Probleme
Die Erklärung des Mengenbegriffs im Sinne Cantors kann allerdings zu Widersprüchen führen, wie die **Russelsche Antinomie** belegt. Im Sinne der Erläuterung von Cantor ist es nämlich nicht ausgeschlossen, **„Mengen aller Mengen“** zu bilden. Das folgende **anschauliche Beispiel** verdeutlicht gut hierbei auftretende Probleme:

In einem Dorf auf Kreta lebt ein Barbier, der von sich behauptet: „Ich rasiere genau alle diejenigen Männer im Dorf, die sich nicht selbst rasieren.“ Für alle Männer außer ihm selbst ist diese Aussage problemlos. Bei *sich selbst* bekommt der Barbier jedoch Probleme: Wenn er sich selbst rasiert, darf er sich gemäß seiner Aussage *nicht* selbst rasieren. Wenn er sich selbst aber *nicht* rasiert, muss er sich gemäß seiner Aussage rasieren. In jedem Fall verstrickt er sich also in **Widersprüche**.

Russel hat diese Antinomie in **folgender Form** präsentiert:

Sei M die Menge aller Mengen, die sich nicht selbst als Element enthalten. Diese Menge ist nicht leer; denn beispielsweise ist die Menge $\{1, 2\}$ eine solche Menge; denn da $\{1, 2\}$ nur 1 und 2 als Element hat, gilt $\{1, 2\} \notin \{1, 2\}$. Bei der Beantwortung der Frage, ob M ein Element von M ist, verwickelt man sich jedoch genauso in Widersprüche wie vorstehend bei der Barbiergeschichte. Gilt nämlich $M \notin M$, dann muss aufgrund der Definition von M jedoch $M \in M$ gelten. Gilt aber $M \in M$, dann muss ebenfalls wegen der Definition von M gelten: $M \notin M$. Also kann die so „definierte“ Menge nicht existieren.

Vermeidung von Widersprüchen
Zur Vermeidung von derartigen Widersprüchen stellte man daher in der mathematischen Grundlagenforschung die **Mengenlehre** auf eine **axiomatische Basis**. Auf derartige Axio-

mensysteme können wir allerdings in diesem Zusammenhang nicht eingehen. Für unsere Zwecke genügt jedoch schon folgende **Erklärung des Mengenbegriffs**

Eine Menge ist gebildet, wenn von jedem Objekt (eindeutig) feststeht, ob es Element der Menge ist oder nicht.

Die in der Russelschen Antinomie formulierte Menge M ist offensichtlich *keine* Menge im Sinne dieser Erläuterung des Mengenbegriffs.

Gleichheit von Mengen

Aus obiger Erklärung folgt, dass eine Menge schon vollständig durch ihre Elemente bestimmt ist. Daher stimmen zwei Mengen überein, die sich nur in der **Reihenfolge** ihrer Elemente unterscheiden. Nennt man ferner beim Aufzählen einer Menge ein und dasselbe Element **mehrfach**, so ändert sich auch hierdurch die Menge nicht. Es gilt beispielsweise $\{2,3,2,4\} = \{2,3,4\}$ und $\{2,3,4\} = \{3,2,4\}$.

Umgangssprachlich verbinden wir mit dem Begriff der Menge die Vorstellung einer *größeren Anzahl* von Dingen. In der Mathematik ist es allerdings zweckmäßig, auch dann schon von Mengen zu sprechen, wenn diese *nur ein* oder gar *kein* Element enthalten. So besteht die Lösungsmenge der Ungleichung $x + 3 < 10$ in $\mathbb{N}$ aus den sechs Elementen 1, 2, 3, 4, 5 und 6, während die Lösungsmenge von $x + 5 < 4$ in $\mathbb{N}$ kein Element enthält, also leer ist oder die Lösungsmenge von $x + 2 = 10$ nur ein Element enthält. Es kann auch nur **eine leere Menge** geben, und wir sprechen daher auch von *der* leeren Menge $\{\}$; denn Mengen, die keine Elemente enthalten, unterscheiden sich offensichtlich nicht.

Wir können jetzt auch die Gleichheit von Mengen definieren:

Definition 6.3 (Gleichheit von Mengen)
Zwei Mengen A und B nennt man genau dann *gleich* (Symbol: $A = B$), wenn *jedes* Element von A auch Element von B ist und wenn *jedes* Element von B auch Element von A ist.

Bemerkung

Durch Rückgriff auf den Begriff der Teilmenge erhalten wir also:

$A = B$ genau dann, wenn $A \subseteq B$ *und* $B \subseteq A$.

Vereinigungsmenge

Wir kommen jetzt zu den schon angekündigten Definitionen der Vereinigungsmenge und der Differenzmenge.

Definition 6.4 (Vereinigungsmenge)
Unter der *Vereinigungsmenge* oder kurz *Vereinigung* zweier Mengen A und B (Symbol: $A \cup B$, gelesen: A vereinigt B) versteht man die Menge aller Elemente, die zu der Menge A *oder* zu der Menge B gehören, also: $A \cup B = \{x \mid x \in A \vee x \in B\}$.

▶ **Beispiel 6.2**
- $\{1,2,3\} \cup \{4,5\} = \{1,2,3,4,5\}$
- $\{a,b,c,d\} \cup \{c,d,e\} = \{a,b,c,d,e\}$
- $T(4) \cup T(8) = \{1,2,4\} \cup \{1,2,4,8\} = T(8)$
- $V(4) \cup V(2) = \{4,8,12,\ldots\} \cup \{2,4,6,8,\ldots\} = V(2)$ ■

Im achten Kapitel führen wir die **Addition** in der Menge der natürlichen Zahlen systematisch durch Rückgriff auf die **Mengenvereinigung** ein. Hierbei können wir allerdings *nicht* auf (jeweils zwei) beliebige Mengen mit der entsprechenden Elementanzahl zurückgreifen, sondern müssen offensichtlich zusätzlich noch eine *spezielle* Beziehung zwischen diesen beiden Mengen fordern. Die beiden Mengen müssen *disjunkt* sein. Die Notwendigkeit dieser Forderung lässt sich gut an Beispielen verdeutlichen (vgl. Aufgabe 15).

Venn-Diagramme

Die Vereinigung von zwei (oder auch mehr) Mengen lässt sich gut durch Venn-Diagramme veranschaulichen, wie die folgenden Beispiele zeigen:

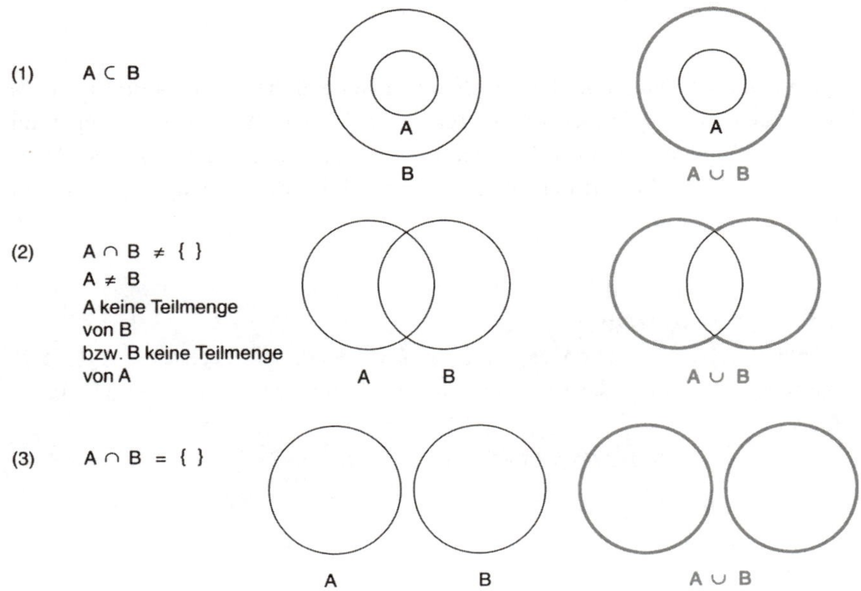

(4) A = B

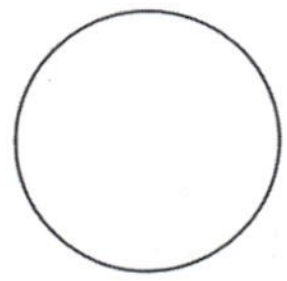

A = B

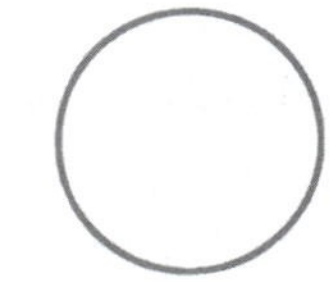

A ∪ B

Die Venn-Diagramme eignen sich auch gut zur Veranschaulichung der Durchschnittsmengenbildung, wie wir schon zu Beginn von Abschnitt 6.3 gesehen haben (vgl. auch Aufgabe 16).

Differenzmenge

Die folgende Betrachtung der Venn-Diagramme der Teilermengen $T(12)$ und $T(18)$ dient dazu, den Begriff der *Differenzmenge* anschaulich zu motivieren.

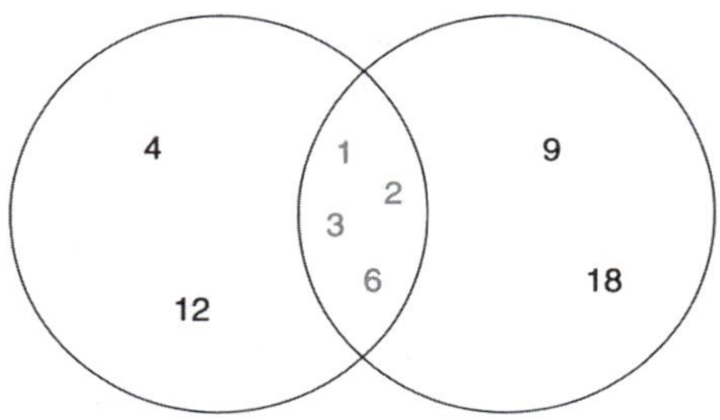

T (12) T (18)

Im vorstehenden Venn-Diagramm liegen im linken Bereich die Zahlen 4 und 12. Dies sind *die* Teiler von 12, die *nicht* gleichzeitig Teiler von 18 sind. Entsprechend liegen im rechten Bereich die Zahlen 9 und 18. Dies sind *die* Teiler von 18, die *nicht* gleichzeitig Teiler von 12 sind. Der Begriff der Differenzmenge hilft, diese Mengen präziser zu beschreiben:

Definition 6.5 (Differenzmenge)
Unter der *Differenzmenge* zweier Mengen A und B (Symbol: $A \setminus B$, gelesen: A ohne B) versteht man die Menge aller Elemente, die zur Menge A und *nicht* zur Menge B gehört, also:

$$A \setminus B = \{x | x \in A \wedge x \notin B\}$$

Bemerkung
In Definition 6.5 muss B nicht notwendig eine Teilmenge von A sein.

Beispiel 6.3

- $T(16) \setminus T(12) = \{1, 2, 4, 8, 16\} \setminus \{1, 2, 3, 4, 6, 12\} = \{8, 16\}$
- $T(12) \setminus T(16) = \{3, 6, 12\}$
- $V(4) \setminus V(2) = \{4, 8, 12, 16, \ldots\} \setminus \{2, 4, 6, 8, 10, \ldots\} = \{\}$
- $V(2) \setminus V(4) = \{2, 6, 10, \ldots\}$ ■

Im achten Kapitel führen wir die **Subtraktion** in der Menge der natürlichen Zahlen systematisch mittels der **Differenzmengenbildung** ein. Hierbei muss allerdings bei Rückgriff auf die Differenzmenge $A \setminus B$ speziell $\mathbf{B \subseteq A}$ gelten, wie man sich an geeigneten Beispielen leicht verdeutlichen kann (vgl. Aufgabe 18).

Die Differenzmenge $A \setminus B$ zweier Mengen A und B lässt sich wiederum gut durch Venn-Diagramme veranschaulichen, wie die folgenden Beispiele zeigen:

(1) A ⊂ B

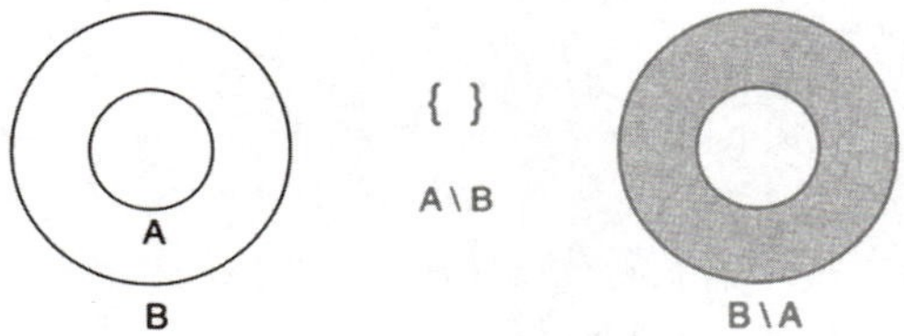

(2) A ∩ B ≠ { }
A ≠ B
A keine Teilmenge von B
bzw. B keine Teilmenge von A

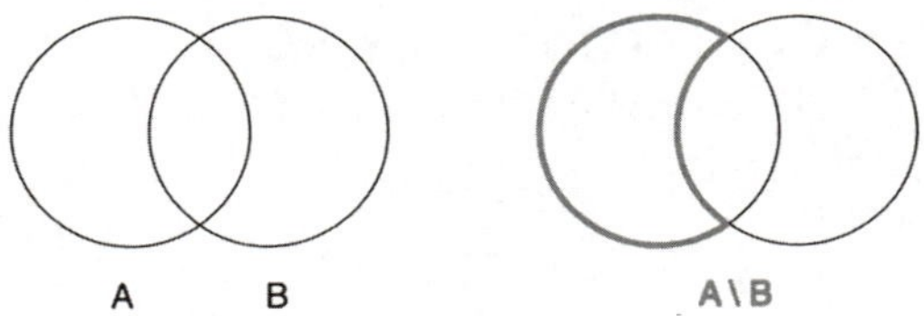

(3) A ∩ B = { }

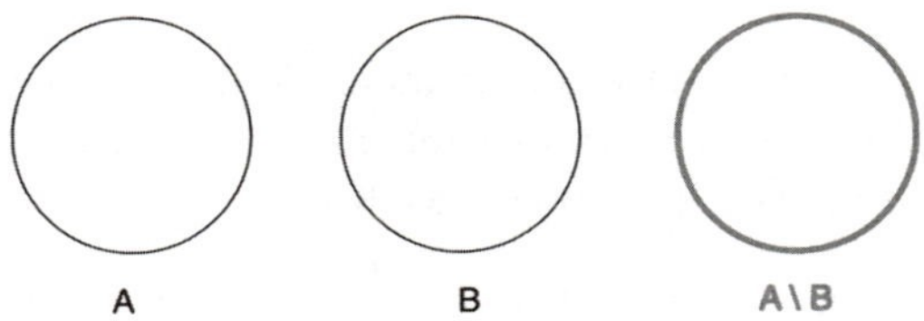

(4) A = B

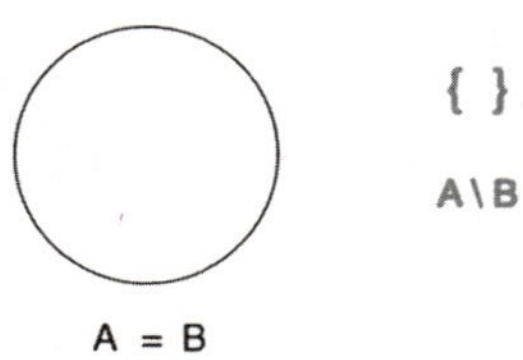

6.4 Einige Gesetze der Mengenalgebra

Die Mengenoperationen $\cap$, $\cup$ und $\setminus$ haben wir durch Rückgriff auf die Junktoren $\wedge$, $\vee$ und $\neg$ eingeführt.[4] Für diese Junktoren haben wir im fünften Kapitel (Satz 5.8) einige aussagenlogische Gesetze formuliert und durch Rückgriff auf Wahrheitstafeln bewiesen. Daher liegt die Vermutung nahe, dass entsprechende Sätze auch für diese Mengenoperationen gelten. Wir formulieren im folgenden Satz 6.3 einige Gesetze für die beiden Mengenoperationen $\cap$ und $\cup$. Auf die meisten dieser Gesetze kommen wir im achten Kapitel bei der *Fundierung der natürlichen Zahlen als Kardinalzahlen* wieder zurück.

Satz 6.3 (Einige Gesetze der Mengenalgebra)

1. *Kommutativgesetze*
   $A \cap B = B \cap A$
   $A \cup B = B \cup A$
2. *Assoziativgesetze*
   $(A \cap B) \cap C = A \cap (B \cap C)$
   $(A \cup B) \cup C = A \cup (B \cup C)$
3. *Distributivgesetze*
   $A \cap (B \cup C) = (A \cap B) \cup (A \cap C)$
   $A \cup (B \cap C) = (A \cup B) \cap (A \cup C)$
4. *Absorptionsgesetze*
   $A \cap (A \cup B) = A$
   $A \cup (A \cap B) = A$

Die vorstehenden Gesetze können mittels Venn-Diagrammen gut veranschaulicht werden, wie wir am ersten Distributivgesetz für eine spezielle Konstellation der drei Mengen A, B und C exemplarisch aufzeigen wollen:

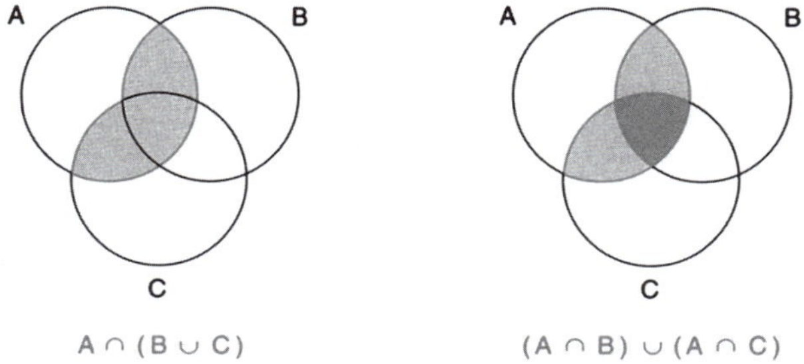

[4] $x \notin B$ bedeutet: $\neg(x \in B)$.

Den Venn-Diagrammen können wir für diese Konstellation der Mengen A, B, C entnehmen:

$$A \cap (B \cup C) = (A \cap B) \cup (A \cap C)$$

Die Gesetze der Mengenalgebra können durch Rückgriff auf die Definition der zugrunde liegenden **Junktoren** und die entsprechenden Gesetze der Aussagenlogik *oder* auch durch Rückgriff auf sogenannte **Zugehörigkeitstafeln** (entsprechend den Wahrheitstafeln bei den Gesetzen der Aussagenlogik) bewiesen werden. Wir verdeutlichen die beiden Vorgehensweisen wiederum exemplarisch am ersten Distributivgesetz.

Erster Beweisansatz (über die zugrunde liegenden Junktoren)

$$\begin{aligned}
& x \in A \cap (B \cup C) \\
\Longleftrightarrow\ & x \in A \quad \text{und} \quad x \in (B \cup C) \\
\Longleftrightarrow\ & x \in A \quad \text{und} \quad (x \in B \quad \text{oder} \quad x \in C) \\
\Longleftrightarrow\ & (x \in A \quad \text{und} \quad x \in B) \quad \text{oder} \quad (x \in A \quad \text{und} \quad x \in C) \\
\Longleftrightarrow\ & x \in (A \cap B) \quad \text{oder} \quad x \in (A \cap C) \\
\Longleftrightarrow\ & x \in (A \cap B) \cup (A \cap C)
\end{aligned}$$

Daher ist jedes Element von $A \cap (B \cup C)$ auch ein Element von $(A \cap B) \cup (A \cap C)$ und umgekehrt, also gilt $A \cap (B \cup C) = (A \cap B) \cup (A \cap C)$. □

Zweiter Beweisansatz (mittels Zugehörigkeitstafeln)
Völlig analog zu den acht verschiedenen Kombinationen von Wahrheitswerten bei drei Aussagen (vgl. Abschnitt 5.5) können für Elemente x bezüglich ihrer Zugehörigkeit zu den Mengen A, B, C ebenfalls acht verschiedene Kombinationen auftreten, die wir in der folgenden Zugehörigkeitstafel knapp durch $\in$ (wenn x ein Element der betreffenden Menge ist) oder durch $\notin$ (wenn x kein Element der betreffenden Menge ist) kennzeichnen:

A	B	C	$B \cap C$	$\mathbf{A \cup (B \cap C)}$	$A \cup B$	$A \cup C$	$\mathbf{(A \cup B) \cap (A \cup C)}$
$\in$	$\in$	$\in$	$\in$	$\in$	$\in$	$\in$	$\in$
$\in$	$\in$	$\notin$	$\notin$	$\in$	$\in$	$\in$	$\in$
$\in$	$\notin$	$\in$	$\notin$	$\in$	$\in$	$\in$	$\in$
$\in$	$\notin$	$\notin$	$\notin$	$\in$	$\in$	$\in$	$\in$
$\notin$	$\in$	$\in$	$\in$	$\in$	$\in$	$\in$	$\in$
$\notin$	$\in$	$\notin$	$\notin$	$\notin$	$\in$	$\notin$	$\notin$
$\notin$	$\notin$	$\in$	$\notin$	$\notin$	$\notin$	$\in$	$\notin$
$\notin$	$\notin$	$\notin$	$\notin$	$\notin$	$\notin$	$\notin$	$\notin$

In den beiden fett hervorgehobenen Spalten ergeben sich jeweils zeilenweise die gleichen Werte, also gilt:

$$x \in A \cup (B \cap C) \Longleftrightarrow x \in (A \cup B) \cap (A \cup C)$$

Daher gilt:

$$A \cup (B \cap C) = (A \cup B) \cap (A \cup C) \qquad \square$$

Völlig analog können wir weitere Aussagen von Satz 6.3 durch Venn-Diagramme veranschaulichen und mittels der beiden Ansätze beweisen (vgl. die Aufgaben 20, 21, 22 und 23), aber entsprechend auch beispielsweise Sätze über den Zusammenhang von $\cup$, $\cap$ und $\setminus$ wie $A \setminus (B \cup C) = (A \setminus B) \cap (A \setminus C)$.

6.5 Der Euklidische Algorithmus

Die gemeinsamen Teiler sowie den *größten* gemeinsamen Teiler (*ggT*) zweier natürlicher Zahlen kann man mit Hilfe des *Durchschnitts der zugehörigen Teilermengen* bestimmen, wie wir in den Abschnitten 6.2 und 6.3 gesehen haben. Spätestens bei *größeren* oder *teilerreichen* Zahlen sind allerdings das Verfahren über die *Primfaktorzerlegung* sowie das nach dem griechischen Mathematiker Euklid benannte Verfahren des *Euklidischen Algorithmus* wesentlich *vorteilhafter*. Hierbei weist der **Euklidische Algorithmus** noch **deutliche Vorzüge** gegenüber dem – zumindest früher im Mathematikunterricht behandelten und daher bekannteren – Verfahren über die Primfaktorzerlegung auf. Der Euklidische Algorithmus ist nämlich bei größeren Zahlen in der Regel effizienter, da die häufig komplizierte Primfaktorzerlegung nicht erforderlich ist. Ferner ist die Begründung für das Verfahren des Euklidischen Algorithmus elementarer, da wir hierbei – im Unterschied zur Primfaktorzerlegung – nicht auf den beweistechnisch nicht ganz leichten sogenannten Hauptsatz der elementaren Zahlentheorie[5] zurückgreifen müssen. Zugleich können wir bei diesem Weg auch noch die aus dem Abschnitt 6.3 *offene Frage* beantworten, ob der **Durchschnitt zweier Teilermengen** stets eine **Teilermenge** ergibt und ob es sich hierbei sogar stets speziell um die Teilermenge des **ggT** der beiden betrachteten Zahlen handelt.

Eine entsprechende Aussage gilt nämlich beispielsweise *weder* für die Vereinigungs- *noch* für die Differenzmenge zweier Teilermengen, wie schon die folgenden beiden Beispiele zeigen:

$$T(4) \cup T(6) = \{1, 2, 4\} \cup \{1, 2, 3, 6\} = \{1, 2, 3, 4, 6\}$$

bzw. $T(4) \setminus T(6) = \{4\}$; denn weder $\{1, 2, 3, 4, 6\}$ noch $\{4\}$ sind *Teiler*mengen einer natürlichen Zahl. Gleichzeitig können wir beim Euklidischen Algorithmus auch noch von seinen vielfältigen und interessanten *Anwendungsmöglichkeiten* profitieren.

Euklidischer Algorithmus – Wegnahme von Strecken

In seiner einfachsten Form lässt sich der Euklidische Algorithmus sehr schön über die *Wegnahme von Strecken* geometrisch veranschaulichen und begründen. Wir beginnen da-

[5] Dieser Hauptsatz sagt aus, dass jede natürliche Zahl $n > 1$ eindeutig als Produkt von Primzahlen darstellbar ist. Für einen Beweis vgl. F. Padberg [13], S. 63ff.

her mit diesem sehr einfachen *subtraktiven Verfahren*. Hierbei greifen wir auf das in Abschnitt 4.1 angesprochene Messen als anschauliche Grundvorstellung der Teilbarkeitsrelation zurück. So können wir bekanntlich anhand einer Strecke mit entsprechender Maßzahl geometrisch–anschaulich die *Teiler* einer gegebenen Zahl bestimmen, indem wir nach geeigneten Teilstrecken (Maßen) suchen, mit denen wir diese Strecke vollständig ausmessen können. Hierbei müssen wir hier und im Folgenden – wie schon in Abschnitt 4.1 erwähnt – voraussetzen, dass die gegebene Strecke und die Teilstrecken Vielfache einer Einheitsstrecke sind, sie also natürliche Zahlen als Maßzahlen besitzen. Durch *sämtliche* verschiedene Maße für eine gegebene Strecke erhalten wir *sämtliche Teiler* der zugeordneten (Maß-)Zahl. Entsprechend kann man geometrisch-anschaulich die *gemeinsamen Teiler* und den *ggT* zweier Zahlen bestimmen, nämlich über die Frage nach den **gemeinsamen Maßen** (also nach jenen Maßen, mit denen wir zwei gegebene Strecken *zugleich* ausmessen können) bzw. nach dem **größten gemeinsamen Maß**.

▶ **Beispiel 6.4** Wir verdeutlichen im Folgenden das subtraktive Verfahren ausführlich am einfachen Beispiel der Bestimmung des **ggT von 50 und 70**. Gesucht ist also das *größte gemeinsame Maß* zweier Strecken der Länge 50 Längeneinheiten (*LE*) und 70 *LE*.

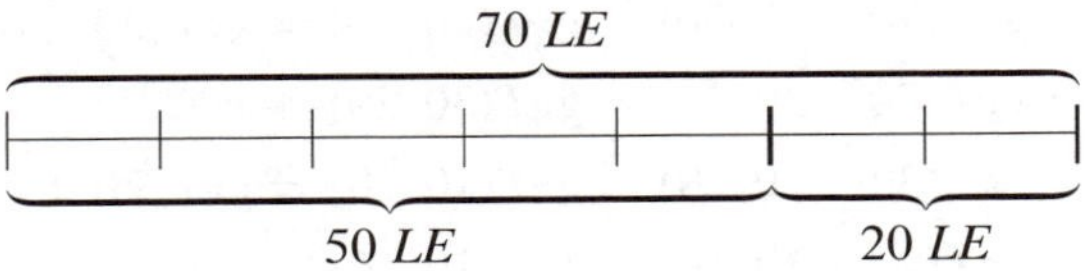

Die **Zeichnung** verdeutlicht gut: *Jedes* gemeinsame Maß, mit dem wir die Strecken der Längen 50 *LE* und 70 *LE* ausmessen können, muss auch schon zwangsläufig ein Maß der Strecke der Länge 20 *LE* (70 *LE* – 50 *LE*) sein. (Wäre dies nicht der Fall, ergäbe sich sofort ein Widerspruch.) Es ist also auch ein *gemeinsames* Maß der Strecken der Längen 50 *LE* und 20 *LE*. Diese Aussage gilt für jedes gemeinsame Maß, also auch für das *größte* gemeinsame Maß (andernfalls ergäbe sich wiederum sofort ein Widerspruch). Statt also das größte gemeinsame Maß der Strecken der Längen 50 *LE* und 70 *LE* zu bestimmen, genügt es, das *leichter* zu bestimmende größte gemeinsame Maß der Strecken der Längen 20 *LE* und 50 *LE* zu bestimmen. Die in diesem ersten, sehr ausführlich beschriebenen Schritt beobachtete Strategie – die sich im Folgenden bis zum Abbruch ständig wiederholt – lässt sich sehr plastisch durch die Sprechweise *Vererbung des gemeinsamen Maßes zweier Strecken* in Bezug auf ihre Summe und Differenz charakterisieren. Durch *entsprechende* Argumentation können wir daher weiter schließen: Das größte gemeinsame Maß der Strecken der Längen 20 *LE* und 50 *LE* ist gleich dem (leichter zu findenden!) größten gemeinsamen Maß der Strecken der Längen 20 *LE* und 30 *LE* (50 *LE* – 20 *LE*):

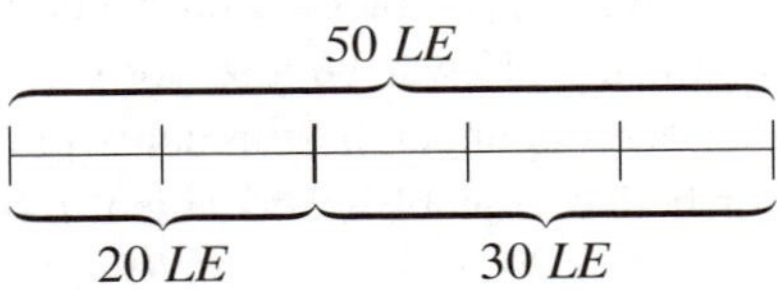

Dieses ist gleich dem größten gemeinsamen Maß der Strecken der Länge 20 *LE* und 10 *LE* (30 *LE* – 20 *LE*):

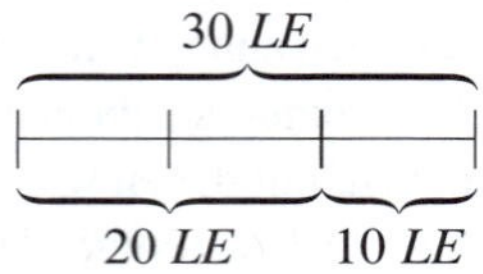

Und dieses ist gleich dem größten gemeinsamen Maß der Strecken der Längen 10 *LE* und 10 *LE* (20 *LE* – 10 *LE*):

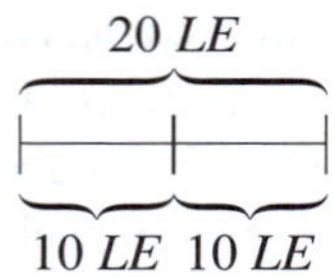

Das größte gemeinsame Maß der beiden Ausgangsstrecken ist also 10 *LE*.

Übersetzen wir die vorstehenden geometrisch-anschaulichen Aussagen in die **ggT-Sprechweise**, so haben wir also gezeigt:

$$\begin{aligned} &ggT(70, 50)\\ &= ggT(70-50, 50) = ggT(20, 50) = ggT(50, 20)\\ &= ggT(50-20, 20) = ggT(30, 20)\\ &= ggT(30-20, 20) = ggT(10, 20) = ggT(20, 10)\\ &= ggT(20-10, 10) = ggT(10, 10)\\ &= 10 \end{aligned}$$

Die anschaulich abgeleiteten Aussagen gelten nicht nur für das *größte* gemeinsame Maß, sondern für *alle* gemeinsamen Maße. Damit gilt auch für die **gemeinsamen Teiler**:

$$\begin{aligned} &T(70) \cap T(50) = T(20) \cap T(50) = T(50) \cap T(20)\\ &= T(30) \cap T(20) = T(10) \cap T(20) = T(20) \cap T(10)\\ &= T(10) \cap T(10) = T(10) \end{aligned}$$

Die Menge der gemeinsamen Teiler von 70 und 50 ist also wiederum eine *Teiler*menge, und zwar die Teilermenge des $ggT(70, 50)$. ■

Euklidischer Algorithmus – wiederholte Subtraktion

Das vorgeführte Beispiel zeigt, wie wir einfach durch wiederholte Subtraktion den ggT zweier Zahlen bestimmen können, und zwar *ohne* zuvor die zugehörigen Teilermengen bzw. die zugehörigen Primfaktorzerlegungen bestimmen zu müssen; denn offensichtlich können wir völlig analog für beliebige natürliche Zahlen a, b mit $a > b$ geometrisch-anschaulich zeigen, dass stets $ggT(a, b) = ggT(a - b, b)$ gilt.

In vielen Fällen ist die ggT-Bestimmung so allerdings noch ziemlich langwierig. Wenden wir nämlich schematisch das bislang benutzte Verfahren beispielsweise auf die Bestimmung des $ggT(280, 15)$ an, so erhalten wir:

$$\begin{aligned}
&ggT(280, 15) = ggT(280 - 15, 15) \\
&= ggT(280 - 15 - 15, 15) = ggT(280 - 2 \cdot 15, 15) \\
&= ggT(280 - 3 \cdot 15, 15) \\
&= ggT(280 - 4 \cdot 15, 15) \\
&= \ldots
\end{aligned}$$

Abkürzung durch Division mit Rest
Diese monoton sich wiederholende Subtraktion des gleichen Subtrahenden lässt sich abkürzen, indem wir per **Division** feststellen, wie oft wir insgesamt im Bereich der natürlichen Zahlen 15 von 280 abziehen können. Wegen $280 = 18 \cdot 15 + 10$ *(Division mit Rest)* können wir also die Zahl 15 insgesamt 18 mal von 280 subtrahieren und erhalten daher:

$$\begin{aligned}
&ggT(280, 15) = ggT(280 - 18 \cdot 15, 15) = ggT(10, 15) \\
&= ggT(15, 10) = ggT(5, 10) = ggT(10, 5) = ggT(5, 5) \\
&= 5
\end{aligned}$$

In einigen Fällen ist es sogar sinnvoll, die **Division mit Rest mehrfach** anzuwenden, wie das folgende Beispiel zeigt:

$ggT(916, 180) = ?$

$916 = 5 \cdot 180 + 16$, daher:

$ggT(916, 180) = ggT(916 - 5 \cdot 180, 180) = ggT(180, 16)$

$180 = 11 \cdot 16 + 4$, daher

$ggT(180, 16) = ggT(180 - 11 \cdot 16, 16) = ggT(16, 4) = 4$,

also insgesamt: $ggT(916, 180) = 4$.

Euklidischer Algorithmus – zentrale Beweisidee

Von diesem Beispiel aus ist es nur noch ein kleiner Schritt bis zur üblichen, *allgemeinen Notation* des Euklidischen Algorithmus. Hierfür zeigen wir zunächst *konkret* an dem vorstehenden Beispiel die zentrale Beweisidee zur Begründung des Euklidischen Algorithmus auf, bevor wir diese direkt anschließend *völlig analog allgemein* aufschreiben.

Beispiel
Wir zeigen also zunächst *konkret*:

Wegen $916 = 5 \cdot 180 + 16$ gilt $T(916) \cap T(180) = T(180) \cap T(16)$, d. h., *sämtliche* gemeinsame Teiler von 916 und 180 *und* von (den kleineren Zahlen!) 180 und 16 stimmen überein und damit auch deren *größter* gemeinsamer Teiler, also gilt insbesondere auch $ggT(916, 180) = ggT(180, 16)$.

Um die **Gleichheit von** $T(916) \cap T(180)$ **und** $T(180) \cap T(16)$ allgemein zu beweisen, zeigen wir im Sinne von Definition 6.3, dass (1) *jedes* Element von $T(916) \cap T(180)$ auch Element von $T(180) \cap T(16)$ ist und dass (2) auch umgekehrt *jedes* Element von $T(180) \cap T(16)$ Element von $T(916) \cap T(180)$ ist.

- **Teil 1**:
  Sei $t \in T(916) \cap T(180)$, *t beliebig*. Dann gilt $t \in T(916)$ und $t \in T(180)$, d. h. $t \mid 916$ und $t \mid 180$. Dann gilt nach der Produktregel (Satz 4.3) $t \mid 5 \cdot 180$, also wegen $t \mid 916$ und der Differenzregel (vgl. Abschnitt 4.2) auch $t \mid (916 - 5 \cdot 180)$, also $t \mid 16$. Laut Voraussetzung gilt $t \mid 180$ und damit insgesamt $t \mid 16$ und $t \mid 180$, also $t \in T(180) \cap T(16)$. Folglich ist *jedes* Element von $T(916) \cap T(180)$ auch Element von $T(180) \cap T(16)$.
- **Teil 2**:
  Sei $t \in T(180) \cap T(16)$, *t beliebig*. Dann gilt $t \mid 180$ und $t \mid 16$, also wegen der Produkt- und Summenregel (Satz 4.1, Satz 4.3) auch $t \mid (5 \cdot 180 + 16)$, daher $t \mid 916$. Insgesamt gilt also $t \mid 916$ und $t \mid 180$, also $t \in T(916) \cap T(180)$. Also ist auch umgekehrt *jedes* Element von $T(180) \cap T(16)$ Element von $T(916) \cap T(180)$.

Damit gilt insgesamt $T(916) \cap T(180) = T(180) \cap T(16)$.
Völlig analog können wir auch **allgemein** zeigen:

Satz 6.4
Seien $a, b \in \mathbb{N}$ mit $a > b$. Die Division von a durch b ergebe $a = q \cdot b + r$, wobei der Quotient $q \in \mathbb{N}$ sei und für den Rest r gelte $0 \leq r < b$.

Dann gilt: $T(a) \cap T(b) = T(b) \cap T(r)$, d. h., die Menge der gemeinsamen Teiler von a und b ist gleich der Menge der gemeinsamen Teiler von b und r.

Beweis:
- **Teil 1**: Sei $t \in T(a) \cap T(b)$, *t beliebig*. Dann gilt $t \in T(a)$ und $t \in T(b)$, d. h. $t \mid a$ und $t \mid b$. Dann gilt nach der Produktregel (Satz 4.3) $t \mid q \cdot b$, also wegen $t \mid a$ und der Differenzregel[6] (vgl. Abschnitt 4.2) auch $t \mid (a - q \cdot b)$, also $t \mid r$. Laut Voraussetzung gilt $t \mid b$ und damit insgesamt $t \mid b$ und $t \mid r$, also $t \in T(b) \cap T(r)$. Also ist *jedes* Element von $T(a) \cap T(b)$ auch Element von $T(b) \cap T(r)$.

[6] Wegen $a - q \cdot b = r$ und $r \geq 0$ gilt $a \geq q \cdot b$.

- **Teil 2**: Völlig analog zum konkreten Beispiel können wir zeigen, dass *jedes* Element von $T(b) \cap T(r)$ auch Element von $T(a) \cap T(b)$ ist (vgl. Aufgabe 25).

Also gilt insgesamt: $T(a) \cap T(b) = T(b) \cap T(r)$. □

Anmerkung

1. Satz 6.4 gilt auch für $r = 0$. In diesem Fall erhalten wir $a = q \cdot b + 0$, also $b|a$. Also ist der $ggT(a, b) = b$ (warum?). Für die gemeinsamen Teiler von a und b gilt wegen $T(0) = \mathbb{N}_0$ auch $T(a) \cap T(b) = T(b) \cap T(r) = T(b) \cap T(0) = T(b) \cap N_0 = T(b)$.
2. Da $T(a) \cap T(b)$ und $T(b) \cap T(r)$ gleich sind, ist auch das *größte* Element in beiden Schnittmengen gleich, also gilt $ggT(a, b) = ggT(b, r)$ und damit wegen $r = a - q \cdot b$ auch $ggT(a, b) = ggT(a - q \cdot b, b)$.

Wir halten dies fest als

Satz 6.5
Es seien $a, b \in \mathbb{N}$ mit $a > b$ und $a = q \cdot b + r$ mit $q \in \mathbb{N}$ und $0 \leq r < b$. Dann gilt:

$$ggT(a, b) = ggT(a - q \cdot b, b)$$

Beispiel
$741 = 9 \cdot 78 + 39$. Daher gilt:

$$ggT(741, 78) = ggT(741 - 9 \cdot 78, 78) = ggT(39, 78) = 39$$ ■

Häufig führt die *einmalige* Anwendung von Satz 6.4/Satz 6.5 noch nicht zu *so* einfachen Zahlen b und r, dass wir leicht den ggT ablesen können. In diesem Fall müssen wir ggf. **mehrfach Divisionen mit Rest** durchführen. Nennen wir die hierbei entstehenden Quotienten der Reihe nach $q_1, q_2, \ldots$, die auftretenden Reste der Reihe nach $r_1, r_2, \ldots$, so gilt:

Satz 6.6 (Euklidischer Algorithmus)
Seien $a, b \in \mathbb{N}$ mit $a > b$. Durch (ggf. mehrfache) Divisionen mit Rest[7] erhalten wir stets eine – nach endlich vielen Schritten – mit dem erstmalig auftretenden Rest 0 abbrechende Kette von Gleichungen:

[7] Für den Nachweis, dass bei der Division mit Rest Quotient und Rest jeweils eindeutig bestimmt sind und damit die Gleichungskette eindeutig ist, vgl. man F. Padberg [13], S. 82f.

$$\begin{aligned}
a &= q_1 \cdot b + r_1 & 0 &\le r_1 < b \\
b &= q_2 \cdot r_1 + r_2 & 0 &\le r_2 < r_1 \\
r_1 &= q_3 \cdot r_2 + r_3 & 0 &\le r_3 < r_2 \\
&\vdots & &\vdots \\
r_{n-2} &= q_n \cdot r_{n-1} + r_n & 0 &\le r_n < r_{n-1} \\
r_{n-1} &= q_{n+1} \cdot r_n + 0
\end{aligned}$$

und es gilt
(1) $T(a) \cap T(b) = T(r_n)$ *und* *(2)* $ggT(a,b) = r_n$.

Beweis:

- **Teil 1**: In der Gleichungskette werden die Reste beständig kleiner; denn es gilt $b > r_1 > r_2 > \cdots > r_n$.
  Da sämtliche Reste größer oder höchstens gleich null sind, muss die Gleichungskette *spätestens* nach b Schritten mit einem Rest 0 abbrechen.
- **Teil 2**: Die Anwendung von Satz 6.4 ergibt:

1. Gleichung: $T(a) \cap T(b) = T(b) \cap T(r_1)$

2. Gleichung: $T(b) \cap T(r_1) = T(r_1) \cap T(r_2)$

3. Gleichung: $T(r_1) \cap T(r_2) = T(r_2) \cap T(r_3)$

$\vdots$

vorletzte Gleichung: $T(r_{n-2}) \cap T(r_{n-1}) = T(r_{n-1}) \cap T(r_n)$

letzte Gleichung: $T(r_{n-1}) \cap T(r_n) = T(r_n) \cap T(0)$

In der Gleichungskette stimmt jeweils die *rechte Seite* einer Gleichung mit der *linken Seite* der *folgenden* Gleichung überein. Wegen $T(0) = \mathbb{N}_0$ gilt für die rechte Seite der letzten Gleichung $T(r_n) \cap T(0) = T(r_n) \cap \mathbb{N}_0 = T(r_n)$. Wir erhalten somit insgesamt:

$$\begin{aligned} &T(a) \cap T(b) = T(b) \cap T(r_1) = T(r_1) \cap T(r_2) \\ &= T(r_2) \cap T(r_3) = \cdots = T(r_{n-2}) \cap T(r_{n-1}) \\ &= T(r_{n-1}) \cap T(r_n) = T(r_n), \text{ also gilt:} \\ &T(a) \cap T(b) = T(r_n) \end{aligned}$$

Die Menge der gemeinsamen Teiler von a und b ist also gleich der Teilermenge des letzten von Null verschiedenen Restes in obiger Gleichungskette. Das *größte* Element von $T(a) \cap T(b)$ ist der $ggT(a,b)$, das *größte* Element von $T(r_n)$ ist r_n. Wegen der Gleichheit beider Mengen gilt also $ggT(a,b) = r_n$. Hiermit haben wir Satz 6.6 vollständig bewiesen. □

Anmerkungen

1. Wegen Satz 6.6 gilt $T(a) \cap T(b) = T(r_n)$ und $r_n = ggT(a,b)$, also insgesamt:

$$\mathbf{T(a)} \cap \mathbf{T(b)} = \mathbf{T}(ggT(\mathbf{a}, \mathbf{b})).$$

   Wir haben hiermit also nachgewiesen, dass der Durchschnitt zweier Teilermengen *stets* wieder eine *Teiler*menge ergibt, und zwar die Teilermenge des *zugehörigen ggT*.
2. Aus $T(a) \cap T(b) = T(ggT(a,b))$ ergibt sich direkt, dass jeder gemeinsame Teiler von a und b auch ein Teiler des $ggT(a,b)$ ist.

► **Beispiel 6.5**

- $ggT\,(595, 544) = ?$
  $595 = 1 \cdot 544 + 51$
  $544 = 10 \cdot 51 + 34$
  $51 = 1 \cdot 34 + 17$
  $34 = 2 \cdot 17 + 0$
  also: $ggT\,(595, 544) = 17$
- $ggT\,(612, 510) = ?$
  $612 = 1 \cdot 510 + 102$
  $510 = 5 \cdot 102 + 0$
  also: $ggT(612, 510) = 102$
- $ggT\,(912, 703) = ?$
  $912 = 1 \cdot 703 + 209$
  $703 = 3 \cdot 209 + 76$
  $209 = 2 \cdot 76 + 57$
  $76 = 1 \cdot 57 + 19$
  $57 = 3 \cdot 19 + 0$
  also: $ggT\,(912, 703) = 19$ ■

Zwei überraschende Folgerungen

Der Euklidische Algorithmus hat vielfältige interessante *Anwendungsmöglichkeiten*. So ergeben sich fast direkt aus seinem Beweis schon die folgenden beiden überraschenden Aussagen[8]:

1. Der $ggT(a, b)$ ist *stets* darstellbar als sogenannte Linearkombination von a und b, d. h. es gibt *stets* ganze Zahlen x, y, so dass gilt $ggT(a, b) = x \cdot a + y \cdot b$ (vgl. Aufgaben 27 und 28).
2. Sind a und b disjunkt, d. h. gilt $ggT(a, b) = 1$, dann lässt sich sogar *jede* ganze Zahl als Linearkombination von a und b darstellen (vgl. Aufgabe 29).

6.6 Aufgaben

1. Beweisen Sie, dass für alle Teiler t einer Zahl $n \in \mathbb{N}$ stets gilt $t \leq n$.
2. Geben Sie die Elemente von $T(0)$ und $V(0)$ an.
3. Begründen Sie, dass bei einer Zahl ein Teiler und der zugehörige komplementäre Teiler nur genau dann identisch sein können, wenn die Zahl eine Quadratzahl ist.
4. Bestimmen Sie systematisch die Teilermengen $T(520)$, $T(220)$ und $T(360)$.
5. Geben Sie die folgenden Mengen in der Form des aufzählenden sowie des beschreibenden Verfahrens an.
   a) Die Menge aller Teiler von 400.
   b) Die Mengen aller Vielfachen von 5.
6. Niklas will eine 132 cm lange und 72 cm breite Tischplatte mit möglichst großen quadratischen Mosaikplatten bekleben. Welche Kantenmaße sind möglich? Wie viele Mosaikplatten braucht Niklas jeweils?
7. Begründen Sie ausführlich, dass $V(a) \cap V(b)$ für $a, b \in \mathbb{N}$ stets unendlich viele Elemente enthält.
8. Geben Sie drei Beispiele für zwei Mengen an, die jeweils disjunkt sind.
9. Veranschaulichen Sie zunächst die folgende Aussage an einem geeigneten Venn-Diagramm und beweisen Sie dann:
   Aus $A \subseteq B$ folgt $A \cap B = A$.
10. Beweisen Sie:
    Für alle $a, b \in \mathbb{N}$ gilt:
    $V(kgV(a, b)) \subseteq V(a) \cap V(b)$.
11. Beweisen Sie
    Für alle $a, b \in \mathbb{N}$ gilt:
    $V(a) \subseteq V(b)$ genau dann, wenn $b \mid a$.

[8] Für einen Beweis vgl. man F. Padberg [13], S. 87f.

12. a) Bestimmen Sie geeignete Teiler- und Vielfachenmengen, die die folgenden Venn-Diagramme besitzen:

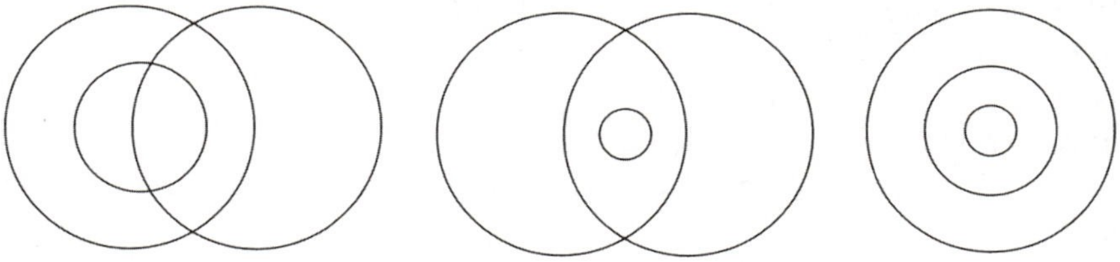

b) Beschreiben Sie Probleme, die sich aus der unvollständigen Eintragung der Vielfachenmengen in die Venn-Diagramme ergeben.

13. Bestimmen Sie die Vereinigungsmenge folgender Mengen:
    a) $\{1, 2, 3, 4\}$, $\{3, 4, 5\}$
    b) $\{a, b, c\}$, $\{d, e\}$
    c) $\{1, 2, 3, 4\}$, $\{5, 6, 7\}$
    d) $\{a, b, c, d\}$, $\{a, c\}$
14. Die Menge A sei eine Teilmenge der Menge B. Bestimmen Sie die Vereinigungsmenge $A \cup B$. Begründen Sie Ihr Ergebnis.
15. Erläutern Sie anhand dreier geeigneter Beispiele, dass Sie bei einer Einführung der Addition über die Mengenvereinigung beliebiger Mengen mit 3 bzw. 4 Elementen die fehlerhaften Ergebnisse $3 + 4 = 6$, $3 + 4 = 5$ oder $3 + 4 = 4$ erhalten können.
16. Veranschaulichen Sie mit Venn-Diagrammen die Durchschnittsmengenbildung von zwei Mengen in den Fällen:
    a) $A \subset B$
    b) $A \cap B \neq \{\}$ und $A \neq B$ und A keine Teilmenge von B
    c) $A \cap B = \{\}$
    d) $A = B$.
17. Begründen Sie durch Rückgriff auf die entsprechenden Definitionen:
    a) $A \cap B \subseteq A \cup B$
    b) $A \cap \{\} = \{\}$
    c) $A \cup \{\} = A$
    d) $A \cap A = A$
    e) $A \cup A = A$
18. Erläutern Sie anhand dreier geeigneter Beispiele, dass Sie bei einer Einführung der Subtraktion über die Differenzmengenbildung $A \setminus B$ zweier beliebiger Mengen A und B mit 9 bzw. 4 Elementen die fehlerhaften Ergebnisse $9 - 4 = 8$, $9 - 4 = 7$ und $9 - 4 = 6$ erhalten können.
19. Veranschaulichen Sie folgende Aussagen von Satz 6.3 durch Venn-Diagramme:
    a) $A \cap B = B \cap A$
    b) $A \cup B = B \cup A$
    c) $A \cap (A \cup B) = A$
    d) $A \cup (A \cap B) = A$

20. Veranschaulichen Sie folgende Aussagen von Satz 6.3 durch Venn-Diagramme. Legen Sie hierbei dieselbe spezielle Konstellation der drei Mengen A, B und C zugrunde wie in dem Beispiel im Anschluss an Satz 6.3:
    a) $(A \cap B) \cap C = A \cap (B \cap C)$
    b) $(A \cup B) \cup C = A \cup (B \cup C)$
    c) $A \cup (B \cap C) = (A \cup B) \cap (A \cup C)$
21. Beweisen Sie durch Rückgriff auf die entsprechenden aussagenlogischen Junktoren:
    a) $A \cap B = B \cap A$
    b) $(A \cup B) \cup C = A \cup (B \cup C)$
    c) $A \cup (B \cap C) = (A \cup B) \cap (A \cup C)$
    d) $A \cup (A \cap B) = A$
22. Beweisen Sie durch Rückgriff auf Zugehörigkeitstafeln:
    a) $A \cup B = B \cup A$
    b) $(A \cap B) \cap C = A \cap (B \cap C)$
    c) $A \cap (B \cup C) = (A \cap B) \cup (A \cap C)$
    d) $A \cap (A \cup B) = A$
23. Zoodirektor Müller zählt seine Schildkröten und stellt fest:
    Er hat in seinem Zoo 23 getupfte und 20 langhalsige Schildkröten. Ferner gibt es dort noch einige schläfrige Schildkröten. Von den schläfrigen Schildkröten sind 12 einfarbig und haben einen kurzen Hals. 18 von den schläfrigen Schildkröten sind einfarbig. 14 getupfte Schildkröten sind hellwach und haben einen kurzen Hals, 3 getupfte Schildkröten sind schläfrig und haben einen kurzen Hals, 2 getupfte Schildkröten sind schläfrig und haben einen langen Hals.
    Wie viel schläfrige Schildkröten gibt es?
    Wie viel langhalsige Schildkröten sind hellwach und einfarbig?
24. Beweisen Sie durch Rückgriff auf die zugrunde liegenden aussagenlogischen Junktoren sowie durch Rückgriff auf Zugehörigkeitstafeln:

$$A \setminus (B \cup C) = (A \setminus B) \cap (A \setminus C)$$

25. Beweisen Sie Teil 2 von Satz 6.4.
26. Bestimmen Sie mit Hilfe des Euklidischen Algorithmus den ggT folgender Zahlen:
    a) $ggT(532, 686)$
    b) $ggT(770, 1012)$
    c) $ggT(345, 435)$
27. Stellen Sie – durch Rückgriff auf die Aufgabe 26 – die Zahl 15 in der Form $x \cdot 435 + y \cdot 345$ mit ganzzahligen x und y dar.
28. Bestimmen Sie zunächst den $ggT(1443, 1776)$, und stellen Sie anschließend den $ggT(1443, 1776)$ in der Form $x \cdot 1776 + y \cdot 1443$ dar.

29. Bestimmen Sie zunächst den ggT von 148 und 265 mit Hilfe des Euklidischen Algorithmus. Begründen Sie anschließend: *Jede* beliebige ganze Zahl lässt sich darstellen in der Form $x \cdot 265 + y \cdot 148$ mit ganzzahligen x und y.
30. Bestimmen Sie den ggT der in Aufgabe 26 genannten Zahlen mit Hilfe der Primfaktorzerlegung. Vergleichen Sie den bei beiden Lösungswegen erforderlichen Aufwand.
31. Beim Spiel *Mathematisches Golf* sei die Startzahl 25 und die Zielzahl 31. Die erlaubten Golfschläge seien 3, −3 sowie 5 und −5. Nennen Sie *verschiedene* Möglichkeiten, von 25 nach 31 zu gelangen. Nennen Sie die Spielweise mit der *geringsten* Zahl an Schlägen.
    Hinweis: Am übersichtlichsten schreiben Sie die verschiedenen Lösungswege *zweidimensional* auf, indem Sie die Golfschläge 3 und −3 vertikal sowie die Golfschläge 5 und −5 horizontal notieren.
32. Beim Spiel *Mathematisches Golf* sei unverändert die Startzahl 25 und die Zielzahl 31. Die erlaubten Golfschläge seien diesmal 4, −4 sowie 8 und −8. Was fällt Ihnen auf bei der Bestimmung verschiedener Spielmöglichkeiten? Begründen Sie Ihre Beobachtung.
33. Bestimmen Sie das kgV folgender Zahlen mit Hilfe der Primfaktorzerlegung:
    a) 490, 525
    b) 462, 980
34. a) Überprüfen Sie die Gültigkeit des folgenden Zusammenhangs zwischen ggT und kgV

$$(*) \qquad ggT(a,b) \cdot kgV(a,b) = a \cdot b$$

    anhand dreier Beispiele.
    b) Begründen Sie die Gültigkeit dieser Beziehung $(*)$ für den Sonderfall, dass gilt $a \mid b$.
    c) Begründen Sie die Gültigkeit dieser Beziehung $(*)$ für den Sonderfall, dass a und b teilerfremd sind.
    Bemerkung
    Aufgrund des Zusammenhanges $(*)$ zwischen ggT und kgV lässt sich auch das kgV zweier gegebener Zahlen durch Rückgriff auf den Euklidischen Algorithmus oft leichter berechnen.

Relationen und Funktionen

7

Wir haben in diesem Band bislang schon häufig das Wort *Relation* im Zusammenhang mit der Teilbarkeits- und Vielfachenrelation benutzt – *ohne* diesen Begriff näher zu erläutern. Wir definieren daher in diesem Kapitel zunächst allgemein den Begriff der **Relation** und gehen auf *Veranschaulichungsmöglichkeiten* ein. Anschließend erarbeiten wir *spezielle Eigenschaften* von Relationen. Diese Eigenschaften führen uns zu zwei wichtigen *Klassen* von Relationen, nämlich zu den **Ordnungs- und Äquivalenzrelationen**. Wie schon im Abschnitt 4.3 erwähnt, ist die Teilbarkeitsrelation eine *Ordnungsrelation*. Die dort gemachten Aussagen erläutern und begründen wir jetzt in einem breiteren Kontext. Den Begriff der *Äquivalenzrelation* und die Kenntnis der Aussage, dass hierdurch stets eine *Klasseneinteilung* bewirkt wird, benötigen wir im achten Kapitel als Grundlage für die Einführung der natürlichen Zahlen als Kardinalzahlen. Dort benötigen wir auch den Begriff der **Abbildung oder Funktion**, den wir in diesem Kapitel auf zwei unterschiedlichen Wegen erarbeiten. Speziell interessieren uns dort *bijektive* Abbildungen oder Funktionen, die wir im letzten Abschnitt dieses Kapitels behandeln.

Doppelte Zielsetzung

Das siebte Kapitel hat insgesamt eine doppelte Zielsetzung: *Einerseits* werden *rückblickend* einige bisher schon angesprochene Begriffe und Eigenschaften (Relation, Transitivität, Reflexivität, Identitivität u. a.) in einen größeren Kontext eingeordnet. *Andererseits* werden hier zentrale Begriffe und Sätze für die im *nächsten* Kapitel erfolgende Einführung der natürlichen Zahlen als Kardinalzahlen bereitgestellt. Diese Verteilung auf zwei Kapitel soll die Fundierung der natürlichen Zahlen erleichtern.

Die zweifache Zielsetzung dieses Kapitels (vertiefender Rückblick bzw. Vorarbeiten für das nächste Kapitel) bestimmt die *Auswahl* der Inhalte aus dem (breiten) Themenbereich Relationen und Funktionen.[1]

[1] Vertiefte Betrachtungen zu Relationen und Funktionen findet man etwa in H. Hischer [5], S. 165ff.

F. Padberg, A. Büchter, *Einführung Mathematik Primarstufe – Arithmetik*,
Mathematik Primarstufe und Sekundarstufe I + II, DOI 10.1007/978-3-662-43449-9_7

7.1 Relationen in einer Menge

Die Teilbarkeitsrelation kann man auf viele verschiedene Arten *veranschaulichen*, wie wir hier am Beispiel der Menge $A = \{2, 4, 6\}$ verdeutlichen:

- (1) **Pfeildiagramm (schon vertraute Darstellungsform)**

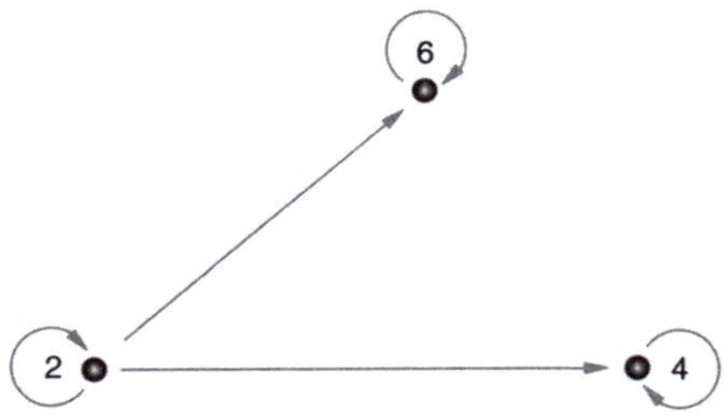

- (2) **Pfeildiagramm (neue Darstellungsform)**

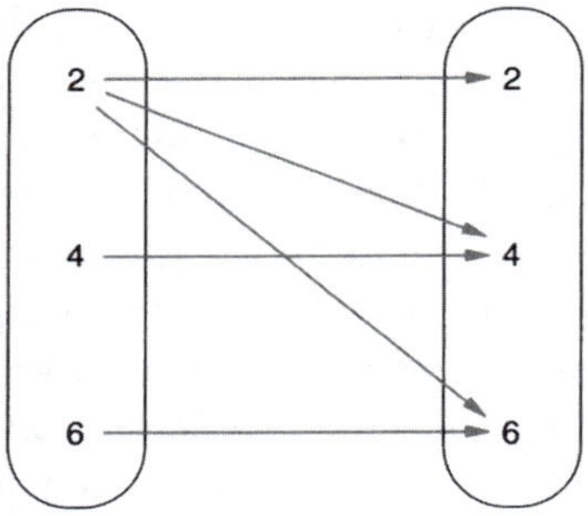

- (3) **Tabelle/Matrix**

ist Teiler von	2	4	6
2	×	×	×
4		×	
6			×

- (4) **Graph im Koordinatensystem**

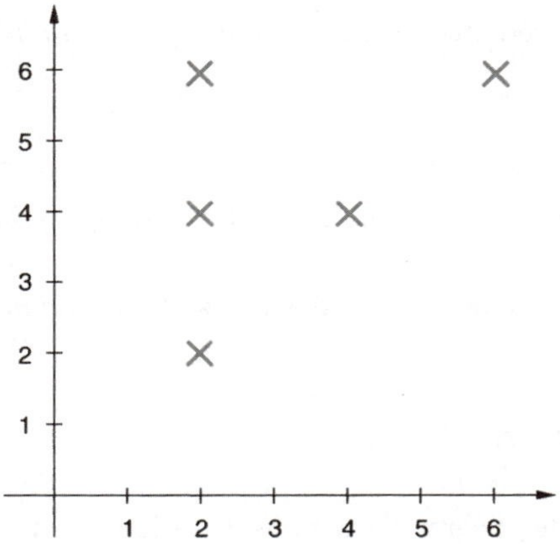

Anmerkung
In (1) und (2) zeichnen wir für die Beziehung *a ist Teiler von b* jeweils einen Pfeil von a nach b ein. Wegen der Reflexivität besitzt jede Zahl in (1) einen Ringpfeil.

In (3) notieren wir die Elemente der Menge (A) sowohl in der senkrechten Eingangsspalte als auch in der waagrechten Eingangszeile. In (4) liegen im Beispiel die Zahlen von 1 bis 6 sowohl auf der waagrechten als auch auf der senkrechten Achse. Bei (3) und (4) kennzeichnen wir das Bestehen der Teilbarkeitsbeziehung zwischen den entsprechenden Zahlen a und b jeweils durch ein Kreuz. Hierbei ist – entsprechend den üblichen Konventionen – bei (4) die waagrechte Achse der Bezugspunkt für Teilbarkeitsuntersuchungen in der Teilmenge A der Menge $\{1, 2, 3, 4, 5, 6\}$.

Geordnete Paare und Beziehung zwischen Zahlen
Die Veranschaulichungsformen (1) bis (4) verdeutlichen gut, dass *einige* Zahlen von A zueinander „in einer bestimmten Beziehung stehen", nämlich:

2——2   2——4   2——6
4——4   6——6,

während zwischen den *übrigen* Zahlen diese Beziehung nicht besteht. Diese Beziehung lässt sich rein schon durch die Angabe der betreffenden Zahlenpaare beschreiben. So besteht zwischen 2 und 4 die Teilbarkeitsbeziehung, nicht dagegen zwischen 4 und 2. Wir notieren die beiden Zahlen 2 und 4 kurz in der Form (2, 4) und nennen sie ein **geordnetes Paar**, da auch die Reihenfolge der beiden Zahlen entscheidend ist. Zwei geordnete Paare (a, b) und (c, d) sind genau dann *gleich*, wenn $a = c$ und $b = d$ gilt. Wir müssen daher deutlich unterscheiden zwischen einer zweielementigen *Menge* $\{a, b\}$ und dem *geordneten Paar* (a, b). Während stets $\{a, b\} = \{b, a\}$ gilt, gilt für $a \neq b$ nie $(a, b) = (b, a)$.

Kreuzprodukt Spezialfall
Die **Menge aller geordneten Paare**, die wir aus der Menge $A = \{2, 4, 6\}$ bilden können, bezeichnen wir als das **Kreuzprodukt** (bzw. *kartesische Produkt*) von A und schreiben hierfür $A \times A$. Es gilt:

$$\begin{aligned} A \times A &= \{2,4,6\} \times \{2,4,6\} \\ &= \{(2,2),(2,4),(2,6),(4,2),(4,4),(4,6),(6,2),(6,4),(6,6)\}. \end{aligned}$$

Durch die Teilbarkeitsbeziehung in A wird aus $A \times A$ eine *Teilmenge* ausgesondert.

Kreuzprodukt allgemein

Die Menge aller geordneten Paare, die wir aus den Elementen *einer* Menge A herstellen können, ist offensichtlich ein *Spezialfall* der Menge aller geordneten Paare, die wir aus den Elementen *zweier* Mengen A und B herstellen können (Spezialfall mit $B = A$). Wir definieren daher sofort allgemeiner:

Definition 7.1 (Kreuzprodukt)
Unter dem *Kreuzprodukt* $A \times B$ (gelesen: A Kreuz B) zweier Mengen A und B verstehen wir die Menge aller geordneten Paare (a, b), deren erste Komponente aus A und deren zweite Komponente aus B stammt, also:

$$A \times B := \{(a,b) \mid a \in A \wedge b \in B\}$$

► **Beispiel 7.1**
1. $A = \{a, b, c\}$ $\quad B = \{1, 2\}$
   $A \times B = \{(a,1),(a,2),(b,1),(b,2),(c,1),(c,2)\}$
2. $A = \{2, 3, 4\}$ $\quad B = \{e, f, g\}$
   $A \times B = \{(2,e),(2,f),(2,g),(3,e),(3,f),(3,g),(4,e),(4,f),(4,g)\}$
3. $A = \{l, m, n\}$
   $A \times A = \{(l,l),(l,m),(l,n),(m,l),(m,m),(m,n),(n,l),(n,m),(n,n)\}$
4. Wir können auch Kreuzprodukte von unendlichen Mengen bilden, beispielsweise $\mathbb{N} \times \mathbb{N}$. ■

Bemerkungen

1. Ist in $A \times B$ mindestens eine der Mengen *leer*, so gilt $A \times B = \{\}$.
2. An die Mengen A und B stellen wir *keine* besonderen Anforderungen wie z. B. nach Disjunktheit, sie können sogar gleich sein (vgl. Beispiel 3.).
3. Das Kreuzprodukt zweier Mengen A und B lässt sich übersichtlich in Form von **Tabellen bzw. Matrizen** darstellen. So lässt sich auch leicht die Gesamtzahl der Elemente eines Kreuzproduktes $A \times B$ bestimmen, wie das folgende Beispiel mit $A = \{1, 2, 3\}$ und $B = \{a, b, c, d\}$ belegt:

A \ B	a	b	c	d
1	(1, a)	(1, b)	(1, c)	(1, d)
2	(2, a)	(2, b)	(2, c)	(2, d)
3	(3, a)	(3, b)	(3, c)	(3, d)

$A \times B$ besitzt $3 \cdot 4$, also 12 Elemente.
Wir erhalten also die Anzahl der Elemente von $A \times B$, indem wir die Elementanzahl von A mit der Elementanzahl von B multiplizieren. Wir gehen hierauf im nächsten Kapitel (vgl. Abschnitt 8.6) noch genauer ein.

Präzisierung des Relationsbegriffs

Mit den Begriffen *Kreuzprodukt* und *Teilmenge* können wir jetzt die **Teilbarkeitsrelation** in der Menge $\{2, 4, 6\}$, aber auch in jeder anderen Menge A natürlicher Zahlen knapp und eindeutig beschreiben als die **Teilmenge des Kreuzproduktes A × A**, die aus den geordneten Paaren (a, b) besteht, für die gilt a teilt b. Die Begriffe Kreuzprodukt und Teilmenge können auf die Grundbegriffe *Menge* und *Element einer Menge* zurückgeführt werden. Durch die Angabe der entsprechenden Teilmenge des Kreuzproduktes $A \times A$ sind wir also schon vollkommen über die Teilbarkeitsrelation in einer Menge A informiert. Daher liegt es in mancher Hinsicht (vgl. Anmerkung 5. im Anschluss an die nachstehende Definition 7.2) nahe, die Teilbarkeitsrelation in A mit der entsprechenden Teilmenge des Kreuzproduktes $A \times A$ zu identifizieren. Durch diese Betrachtung für die Teilbarkeitsrelation angeregt, definieren wir eine Relation *allgemein*:

Definition 7.2 (Relation in einer Menge A)
Unter einer *Relation R in einer Menge A* verstehen wir eine nichtleere Teilmenge des Kreuzproduktes $A \times A$. Anders formuliert:

R ist eine Relation in der Menge A genau dann, wenn gilt: $R \subseteq A \times A$ und $R \neq \{\}$.

Bemerkungen

1. Eine Relation R in einer Menge A zu kennen, bedeutet: Wir können für jedes geordnete Paar (a, b) aus $A \times A$ feststellen, ob es in der Relation R steht und damit zur Teilmenge R von $A \times A$ gehört. Statt $(a, b) \in R$ schreiben wir – analog zur Schreibweise $a \mid b$ bei der Teilbarkeitsrelation – kürzer aRb.
2. Da *jede* nichtleere Teilmenge von $A \times A$ eine Relation in einer Menge A im Sinne von Definition 7.2 beschreibt, gibt es offenbar sehr viele verschiedene Relationen in einer gegebenen Menge A (Aufgabe 4).
3. Wir fordern in Definition 7.2, dass R *nicht leer* ist, da im Fall von $R = \{\ \}$ kein Element bezüglich R zu einem anderen in Beziehung steht.
4. Definition 7.2 erklärt den Begriff der Relation *nicht* durch ihre inhaltliche Bedeutung (ihre Intension), sondern durch ihren Umfang (ihre Extension), d. h. als Menge der zu ihr gehörenden Paare. Man spricht daher hier von einer **extensionalen Definition**.
5. Die Definition 7.2 ist **mathematisch exakt**. Sie befriedigt allerdings weniger ein praktisches als vielmehr ein *theoretisches* Bedürfnis. Der Relationsbegriff wird nämlich in Definition 7.2 *nicht* durch vage Beschreibungen wie „... es besteht eine Beziehung zwischen ...“ erklärt, sondern *exakt* mit Hilfe der klaren Begriffe Kreuzprodukt und Teilmenge. Natürlich geht durch diese abstrakte Beschreibung eine Reihe von Aspekten der jeweils konkret betrachteten Relation verloren.
6. Wir betrachten in Definition 7.2 Teilmengen des Kreuzproduktes $A \times A$. Man spricht daher genauer auch von einer **zweistelligen Relation** in A. Im Abschnitt 7.3 gehen wir knapp auf *mehrstellige* Relationen ein.

► **Beispiel 7.2**

1. *a ist Teiler von b* in $\mathbb{N}$ (oder in Teilmengen von $\mathbb{N}$) – **Teilbarkeitsrelation**
2. *a ist Vielfaches von b* in $\mathbb{N}$ (oder in Teilmengen von $\mathbb{N}$) – **Vielfachenrelation**
3. *a ist kleiner als b* in $\mathbb{N}$ (oder in Teilmengen von $\mathbb{N}$) – **Kleinerrelation**
4. *a ist größer als b* in $\mathbb{N}$ (oder in Teilmengen von $\mathbb{N}$) – **Größerrelation**
5. *a ist restgleich zu b bei Division durch n* in $\mathbb{N}$ (oder in Teilmengen von $\mathbb{N}$) – **Restgleichheits- oder Kongruenzrelation**
6. $a + b < 8$ in $\mathbb{N}$ (oder in Teilmengen von $\mathbb{N}$)
7. $a + b > 8$ in $\mathbb{N}$ (oder in Teilmengen von $\mathbb{N}$) ■

Die letzten beiden Beispiele 6. und 7. zeigen, dass es nicht für sämtliche Relationen **Standardnamen** gibt, so wie dies für die Relationen 1. bis 5. der Fall ist. Das Beispiel 5. erläutern wir im Folgenden noch genauer.

Bemerkungen zur Restgleichheitsrelation

Wir führen für die **Restgleichheitsrelation** – in Anlehnung an die Gleichheitsrelation – die Schreibweise „≡“ ein und notieren *a ist restgleich zu b bei Division durch n* für $a, b \in \mathbb{N}_0, n \in \mathbb{N}$ kurz in der Form $\boldsymbol{a \equiv b\ (n)}$.

Für den Rest r bei Division durch n gilt jeweils $0 \leq r < n$. Wir betrachten im Folgenden als Beispiel die Menge $A = \{1, 2, 3, 4, 5, 6, 7, 8\}$ und nehmen für n speziell die Zahl 3. Bei Division durch 3 können die Reste 0, 1 und 2 auftreten. Bei Division durch 3 lassen 3 und 6 den Rest 0; 1, 4 und 7 den Rest 1, 5 und 8 den Rest 2. Zwischen zwei Zahlen aus A besteht also jeweils die *Beziehung a* ist *restgleich* zu b bei Division durch 3 *oder a* ist *nicht restgleich* zu b bei Division durch 3. Schreiben wir die Zahlen, die restgleich sind, als geordnete Paare auf, so wird durch *a ist restgleich zu b bei Division durch 3* aus $A \times A$ die Teilmenge $\{(1,1), (1,4), (1,7), (2,2), (2,5), (2,8), (3,3), (3,6), (4,1), (4,4), (4,7), (5,2), (5,5), (5,8), (6,3), (6,6), (7,1), (7,4), (7,7), (8,2), (8,5), (8,8)\}$ ausgesondert.

7.2 Eigenschaften von Relationen in einer Menge

Wir haben im Abschnitt 4.3 einige Eigenschaften der *Teilbarkeitsrelation* untersucht. So ist die Teilbarkeitsrelation transitiv, reflexiv und identitiv oder antisymmetrisch. Besitzen auch noch *weitere* – oder gar *alle* – Relationen diese Eigenschaften? Zur Beantwortung dieser Frage untersuchen wir exemplarisch die Relationen 1. bis 7. auf diese Eigenschaften hin.

1. Die Teilbarkeitsrelation ist **transitiv**, d. h., für *alle* $a, b, c \in \mathbb{N}$ gilt: Aus $a \mid b$ und $b \mid c$ folgt $a \mid c$.
   Eine **entsprechende Eigenschaft** besitzen auch die Vielfachenrelation, die Kleiner-, die Größer- und die Restgleichheitsrelation (Aufgabe 5, 6), denn für *alle* $a, b, c \in \mathbb{N}$ gilt:
   - Aus a ist ein Vielfaches von b und b ist ein Vielfaches von c folgt a ist ein Vielfaches von c.
   - Aus a ist restgleich zu b bei Division durch n und b ist restgleich zu c bei Division durch n folgt a ist restgleich zu c bei Division durch n.
   - Aus $a < b$ und $b < c$ folgt $a < c$.
   - Aus $a > b$ und $b > c$ folgt $a > c$.
     Dagegen gilt Entsprechendes **nicht** für die Beispiele 6. und 7., wie folgende *Gegenbeispiele* belegen:
   - So gilt bei 6. zwar $5 + 2 < 8$ und $2 + 4 < 8$, aber es gilt nicht $5 + 4 < 8$;
   - so gilt bei 7. zwar $4 + 6 > 8$ und $6 + 3 > 8$, aber es gilt nicht $4 + 3 > 8$.

   Bezeichnen wir die betrachtete Menge allgemein mit A, so besitzen die Relationen 1. bis 5. also **folgende Eigenschaft gemeinsam**:
   Für alle $a, b, c \in A$ gilt:
   Aus $(a, b) \in R$ **und** $(b, c) \in R$ **folgt** $(a, c) \in R$
   bzw.
   aus aRb **und** bRc **folgt** aRc.

2. Die Teilbarkeitsrelation ist **reflexiv**, d. h., für *alle* $a \in \mathbb{N}$ gilt $a \mid a$.
   Eine *entsprechende* Eigenschaft besitzen auch die Vielfachen- und die Restgleichheitsrelation, während die übrigen Relationen 3., 4., 6. und 7. diese Eigenschaft nicht besitzen (Aufgabe 7).
   Die Relationen 1., 2. und 5. besitzen also **folgende Eigenschaft gemeinsam**: Für alle $a \in A$ gilt: $\boldsymbol{(a,a) \in R}$ **bzw.** $\boldsymbol{aRa}$.
3. Die Teilbarkeitsrelation ist **identitiv oder antisymmetrisch**, d. h., für alle $a, b \in \mathbb{N}$ gilt: Aus $a \mid b$ und $b \mid a$ folgt $a = b$.
   Eine *entsprechende* Eigenschaft besitzt im Rahmen unserer Beispiele nur noch die Vielfachenrelation (vgl. Aufgabe 8).
   Die Teilbarkeits- und die Vielfachenrelation haben also **folgende Eigenschaft gemeinsam**: Für alle $a, b \in A$ gilt:
   Aus $(a, b) \in R$ **und** $(b, a) \in R$ **folgt** $a = b$
   bzw.
   aus aRb **und** bRa **folgt** $a = b$.
4. Während für die Teilbarkeitsrelation wegen der Antisymmetrie (oder Identitivität) für $a \neq b$ *nie* gleichzeitig $a \mid b$ und $b \mid a$ gilt, gilt beispielsweise bei der Restgleichheitsrelation für *alle* $a, b \in \mathbb{N}$ mit $a \equiv b(n)$ stets auch $b \equiv a(n)$. Bei der Restgleichheitsrelation folgt also für alle $a, b \in \mathbb{N}$ aus $a \equiv b(n)$ stets $b \equiv a(n)$. Man sagt: Die Restgleichheitsrelation ist **symmetrisch**. Neben der Teilbarkeitsrelation besitzen offensichtlich auch die Vielfachen-, die Kleiner- und die Größerrelation *keine* entsprechende Eigenschaft. Dagegen gilt wegen des Kommutativgesetzes der Addition in $\mathbb{N}$ mit $a + b < 8$ bzw. $a + b > 8$ stets auch $b + a < 8$ bzw. $b + a > 8$.
   Also haben die Restgleichheitsrelation sowie die Relationen 6. und 7. **folgende Eigenschaft gemeinsam**: Für alle $a, b \in A$ gilt:
   Aus $(a, b) \in R$ **folgt** $(b, a) \in R$ **bzw. aus** aRb **folgt** bRa.

Die Benennung einander entsprechender Eigenschaften oder Sachverhalte durch *einheitliche Begriffe* ist ökonomisch und reduziert die Anzahl erforderlicher Begriffsbildungen, aber auch die Anzahl erforderlicher Beweise, wie wir im Folgenden beispielsweise im Zusammenhang mit Satz 7.1 sehen können. Wir definieren daher:

Definition 7.3
Eine Relation R in einer Menge A heißt genau dann

1. **transitiv**, wenn für alle $a, b, c \in A$ gilt:
   Aus aRb und bRc folgt aRc.
2. **reflexiv**, wenn für alle $a \in A$ gilt aRa,
3. **identitiv** (oder **antisymmetrisch**), wenn für alle $a, b \in A$ gilt:
   Aus aRb und bRa folgt $a = b$.
4. **symmetrisch**, wenn für alle $a, b \in A$ gilt:
   Aus aRb folgt bRa.

Bemerkungen

1. In Definition 7.3 genügt es *nicht*, wenn für *einige* Elemente der Menge A diese Beziehung gilt. Damit eine Relation eine der vorstehenden Eigenschaften besitzt, muss die Beziehung vielmehr für **alle Elemente** von A gelten.
2. Zwischen beispielsweise der $\leq$-Relation und der Teilbarkeits- bzw. Vielfachenrelation besteht ein wichtiger Unterschied: Die $\leq$-Relation ist ein Beispiel für eine **totale (oder vollständige) Ordnung**, d. h., für zwei beliebige Elemente $a \neq b$ gilt stets entweder $a \leq b$ oder $b \leq a$. Die Teilbarkeits- bzw. Vielfachenrelation besitzt diese Eigenschaft nicht. So gilt beispielsweise weder $5 \mid 7$ noch $7 \mid 5$.

Identitive Ordnungsrelation

Die *Teilbarkeits*relation ist *transitiv, identitiv* und *reflexiv*. Dasselbe Paket von Eigenschaften weisen beispielsweise auch die $\leq$-Relationen in $\mathbb{N}$ (oder in Teilmengen von $\mathbb{N}$) und die $\subseteq$-Relation in jeder Menge von Mengen auf. Hierbei bewirkt die *Transitivität*, dass die Elemente einer gegebenen Menge in „Ketten" aufeinanderfolgender Elemente geordnet werden können. Wegen der *Identitivität* kann die Reihenfolge zweier Elemente hierbei *nicht* vertauscht werden. Daher gestatten es transitive und identitive Relationen, die Elemente einer gegebenen Menge nach bestimmten Gesichtspunkten zu *ordnen*. Relationen, die transitiv, identitiv und reflexiv sind, bezeichnen wir daher als *identitive Ordnungsrelationen*. Die Terminologie bei Ordnungsrelationen ist allerdings in der Literatur durchaus *nicht einheitlich*.

Äquivalenzrelation

Die *Restgleichheits*- oder Kongruenzrelation ist *keine* identitive Ordnungsrelation. Sie ist zwar transitiv und reflexiv, aber *nicht* identitiv, sondern stattdessen *symmetrisch*. Relationen, die *transitiv, reflexiv* und *symmetrisch* sind, bezeichnen wir als *Äquivalenzrelationen*. Im Unterschied zu den Ordnungsrelationen fassen sie – wie wir im Folgenden noch genauer sehen werden – innerhalb einer gegebenen Menge jene Elemente zu Teilmengen zusammen, die *äquivalent* – also bezüglich eines betrachteten Aspekts nicht unterscheidbar – sind. In diesem Sinne betonen Äquivalenzrelationen die *Gemeinsamkeiten* der Elemente einer gegebenen Menge, während identitive Ordnungsrelationen die *Unterschiede* hervorheben. Wir definieren:

Definition 7.4 (Identitive Ordnungsrelation, Äquivalenzrelation)
Wir nennen eine Relation R in einer Menge A genau dann eine

1. **identitive Ordnungsrelation,** wenn die Relation transitiv, reflexiv und identitiv ist,
2. **Äquivalenzrelation**, wenn die Relation transitiv, reflexiv und symmetrisch ist.

Äquivalenzrelationen weisen eine wichtige Besonderheit auf, wie wir am Beispiel der Relation *a ist restgleich zu b bei Division durch 3* in der Menge $A = \{1, 2, 3, 4, 5, 6, 7, 8\}$ aufzeigen. Wegen der Symmetrie gilt mit $a \equiv b(3)$ stets gleichzeitig auch $b \equiv a(3)$. Wir können daher restgleiche Zahlen jeweils durch *Doppelpfeile* miteinander verbinden, um so diese Symmetrie hervorzuheben. Wir erhalten dann in A das folgende Bild:

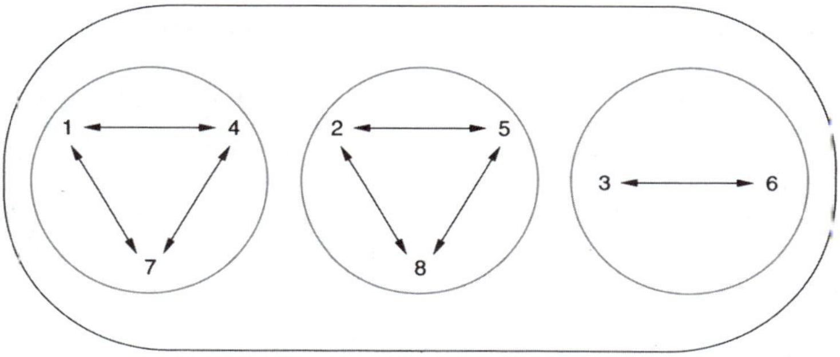

Klasseneinteilung

Durch die Relation wird A in drei *Teilmengen* zerlegt. Die Elemente jeder einzelnen Teilmenge lassen bei Division durch 3 jeweils denselben Rest, sind also in dieser Hinsicht gleichwertig. Obige Zerlegung von A in Teilmengen erinnert (etwas) an die Einteilung einer Grundschule in *Klassen*. Hier wie in der Grundschule ist keine Klasse leer, je zwei Klassen haben kein gemeinsames Element (es gibt keine Schüler, die zu zwei oder mehr Klassen gleichzeitig gehören) und die Vereinigung aller Klassen ergibt die Ausgangsmenge (die Menge aller Schüler). Bezeichnen wir daher obige Einteilung als **Klasseneinteilung**, so bewirkt also obige Äquivalenzrelation in A eine Klasseneinteilung. Dies ist kein Zufall. Wir zeigen jetzt nämlich allgemein, dass *jede* Äquivalenzrelation in einer Menge A eine *Klasseneinteilung* in A bewirkt.

Hierzu definieren wir zunächst:

Definition 7.5 (Klasseneinteilung)
Die Zerlegung einer Menge A in Teilmengen heißt genau dann eine *Klasseneinteilung* von A, wenn gilt:

1. Keine Teilmenge ist leer.
2. Je zwei Teilmengen sind disjunkt.
3. Die Vereinigung aller Teilmengen ergibt A.

Definition 7.6 (Äquivalenzklasse)
Sei R eine Äquivalenzrelation in einer Menge A, a ein beliebiges Element von A. Die Menge aller Elemente von A, welche zu a in der Relation R stehen, nennen wir die *Äquivalenzklasse* von a (geschrieben: $\overline{a}$). Also:
$\overline{a} := \{x \mid x \in A \wedge x\, R\, a\}$.
Jedes Element aus $\overline{a}$ heißt zu a *äquivalent*.

▶ **Beispiel 7.3** Im Beispiel der Relation *a ist restgleich zu b bei Division durch 3* in der Menge $A = \{1, 2, 3, 4, 5, 6, 7, 8\}$ erhalten wir die drei (Äquivalenz)klassen $\overline{1} = \{1, 4, 7\}$, $\overline{2} = \{2, 5, 8\}, \overline{3} = \{3, 6\}$. ■

Statt $\overline{1}$ können wir für die erste Klasse aber auch $\overline{4}$ oder $\overline{7}$ schreiben, statt $\overline{2}$ für die zweite Klasse $\overline{5}$ oder $\overline{8}$ und statt $\overline{3}$ für die dritte Klasse $\overline{6}$; denn es gilt $\overline{1} = \overline{4} = \overline{7}$, $\overline{2} = \overline{5} = \overline{8}$ und $\overline{3} = \overline{6}$. In unserem konkreten Beispiel gilt offensichtlich stets $\overline{a} = \overline{b}$ genau dann, wenn a restgleich zu b bei Division durch 3 ist. Dies ist kein Zufall, vielmehr gilt allgemein: **$\overline{\mathbf{a}} = \overline{\mathbf{b}}$ genau dann, wenn a R b gilt**, wie man leicht zeigen kann (Aufgabe 10). Die einzelnen Elemente einer Klasse bezeichnet man als **Repräsentanten** dieser Klasse.

Satz 7.1
Ist R eine Äquivalenzrelation in einer Menge A, so erzeugt R eine Klasseneinteilung in A.

Beweis[2]
Wir wählen zunächst ein beliebiges Element $a \in A$ und bilden die Äquivalenzklasse $\overline{a}$. Anschließend wählen wir ein weiteres Element $b \in A$ mit $b \notin \overline{a}$ und bilden die Äquiva-

[2] Die Aussage von Satz 7.1 gilt für Mengen mit endlich vielen wie auch mit unendlich vielen Elementen. Wir beschränken uns hier beim Beweis auf den Fall *endlicher* Mengen. Die Überlegungen dieses Beweises lassen sich aber analog auf den unendlichen Fall übertragen.

lenzklasse $\overline{b}$. Dann wählen wir ein weiteres Element $c \in A$, welches weder zu $\overline{a}$ noch zu $\overline{b}$ gehört und bilden die Äquivalenzklasse $\overline{c}$. Wir setzen dieses Verfahren so lange wie möglich entsprechend weiter fort. Offensichtlich ergibt die **Vereinigung** aller so erhaltenen Äquivalenzklassen die Menge A, und **keine** der Äquivalenzklassen ist **leer**.

Je zwei so gebildete Äquivalenzklassen sind aber auch **disjunkt**, wie wir *indirekt* beweisen. Angenommen $\overline{a} \cap \overline{b} \neq \{\}$. Dann gäbe es ein $x \in A$ mit xRa und xRb. Dann würde wegen der Symmetrie aber auch gelten bRx und damit wegen der Transitivität von R auch bRa. Dies würde bedeuten $b \in \overline{a}$ im Widerspruch zur Voraussetzung $b \notin \overline{a}$. Also gilt $\overline{a} \cap \overline{b} = \{\}$. Entsprechend können wir auch bei zwei beliebigen so gebildeten Äquivalenzklassen $\overline{e}$ und $\overline{f}$ argumentieren. □

Es gilt aber auch **umgekehrt**: Zu jeder Klasseneinteilung in einer Menge A kann man eine Äquivalenzrelation angeben (vgl. Aufgabe 11).

Äquivalenzrelationen und Begriffsbildung

Wegen der durch Äquivalenzrelationen in gegebenen Mengen bewirkten *Klasseneinteilungen* sind *Äquivalenzrelationen* in der gesamten Mathematik von großer Bedeutung, insbesondere im Zusammenhang mit **Begriffsbildungen**. So wird beispielsweise im Größenbereich *der Längen* über die Äquivalenzrelation „... ist genauso lang wie ...“ oder im Größenbereich der *Gewichte* über die Äquivalenzrelation „... ist genauso schwer wie ...“ eine Klasseneinteilung bewirkt und man gelangt so zu einer Präzisierung dieser Begriffe. Bezogen auf Zahlen werden wir im folgenden Kapitel die Präzisierung des Begriffs „natürliche Zahl“ mittels Äquivalenzrelationen genauer kennenlernen.

7.3 Relationen von der Menge A nach der Menge B

Bislang haben wir Relationen in *einer* Menge betrachtet. In diesem Abschnitt betrachten wir – zur Vorbereitung des Funktionsbegriffs in Abschnitt 7.4 – Relationen von der Menge A nach der Menge B. Hierzu gehen wir aus von dem *Beispiel*: *a lässt bei Division durch 8 denselben Rest wie b* und nehmen als erste Menge die der ersten sechs natürlichen Zahlen und als zweite Menge die der ersten sechs Quadratzahlen. Wir veranschaulichen diese Relation durch folgendes Pfeildiagramm:

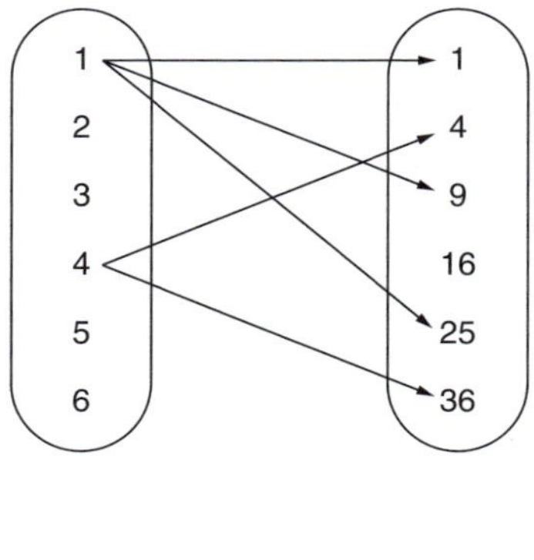

Wir definieren:

Definition 7.7 (Relation von der Menge A nach der Menge B)
Unter einer *Relation* R *von der Menge* A *nach der Menge* B verstehen wir eine nichtleere Teilmenge des Kreuzproduktes $A \times B$.

Anders formuliert: R ist eine Relation von der Menge A nach der Menge B genau dann, wenn gilt $R \subseteq A \times B$ und $R \neq \{\}$.

Bemerkungen

1. Relationen in *einer* Menge A sind ein *Spezialfall* von Relationen *von der Menge* A *nach der Menge* B, nämlich speziell für $A = B$. Da viele wichtige Relationen von dieser speziellen Art sind, haben wir sie in einem *gesonderten* Abschnitt behandelt.
2. *Verallgemeinern* wir den Begriff des geordneten Paares zu dem Begriff des geordneten Tripels (a, b, c), des geordneten Quadrupels (a, b, c, d) usw., so können wir entsprechend auch dreistellige, vierstellige Relationen usw. einführen. So kann man beispielsweise die Addition oder Multiplikation in $\mathbb{N}$ als dreistellige Relation deuten (wie?).

7.4 Funktionen

Ausgehend von dem in den Abschnitten 7.2 und 7.3 eingeführten Relationsbegriff charakterisieren wir Funktionen in diesem Abschnitt *zunächst* als *spezielle* Relationen. Der *so* erarbeitete Funktionsbegriff ist präzise, jedoch ausgesprochen *statisch* und wenig anwendungsnah. Daher beschreiben wir *anschließend* Funktionen anwendungsnäher mit Hilfe des sehr anschaulichen, aber etwas vagen Zuordnungsbegriffs (Funktionen als eindeutige Zuordnungen). Die Erarbeitung der Charakteristika des Funktionsbegriffs lässt sich in dem hier angestrebten Umfang mit Hilfe von *Pfeildiagrammen* besonders gut realisieren. Daher stützen wir uns hier und in Abschnitt 7.5 stark auf diese Veranschaulichungsform.

Linkstotale Relationen

Vergleichen wir die Pfeildiagramme[3] der folgenden beiden Relationen (1) und (2), so fallen Unterschiede auf bezüglich *des* Bereichs von A, von dem Pfeile ausgehen:

[3] Die Elemente der Pfeildiagramme deuten wir jeweils nur durch Punkte an.

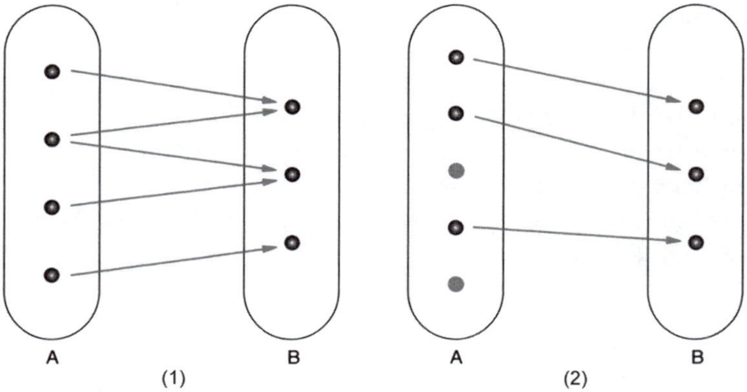

Bei der Relation (1) geht von *jedem* Element von A *mindestens ein* Pfeil aus, während es bei der Relation (2) Elemente gibt, von denen *kein* Pfeil ausgeht. Bei der Relation (1) wird also *jedem* Element von A *mindestens ein* Element von B zugeordnet. Derartige Relationen bezeichnen wir als **linkstotal**.

Rechtseindeutige Relationen

Vergleichen wir die Pfeildiagramme der folgenden beiden Relationen (3) und (4) bezüglich der *Anzahl* der von den Elementen von A *jeweils ausgehenden* Pfeile, so beobachten wir:

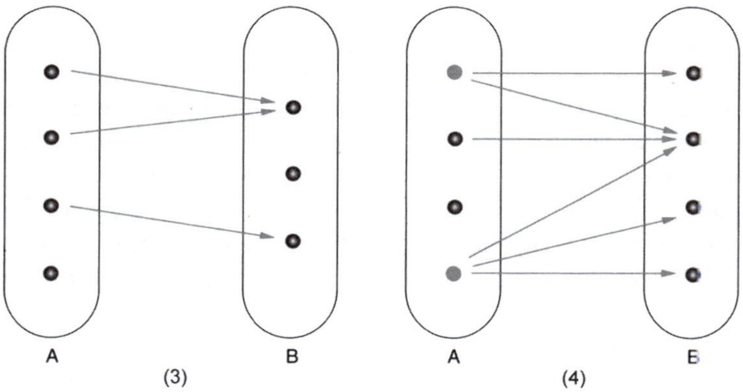

Bei der Relation (3) geht von *jedem* Element von A *ein oder kein* Pfeil, also jeweils *höchstens ein* Pfeil aus. Dagegen gibt es bei der Relation (4) Elemente von A, von denen *zwei oder mehr* Pfeile ausgehen. Bei der Relation (3) wird also *jedem* Element von A *höchstens ein* Element von B zugeordnet. Derartige Relationen bezeichnen wir als **rechtseindeutig**.

Linkstotale und rechtseindeutige Relationen
Die beiden folgenden Relationen (5) und (6) sind *sowohl linkstotal als auch rechtseindeutig*:

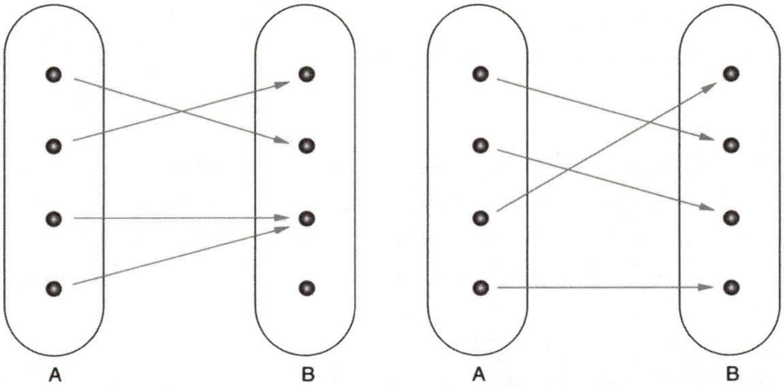

(5) (6)

Da die vorstehenden Relationen *linkstotal* sind, geht von *jedem* Element von A jeweils *mindestens ein* Pfeil aus. Da sie auch *rechtseindeutig* sind, geht von *jedem* Element von A jeweils *höchstens ein* Pfeil aus. Also geht *insgesamt* von *jedem* Element von A jeweils *genau ein* Pfeil aus. Bei den beiden obigen Relationen wird also speziell **jedem Element von A genau ein Element von B zugeordnet**. Wir bezeichnen linkstotale und rechtseindeutige Relationen als **Funktionen oder Abbildungen**.

Präzisierung ohne Rückgriff auf Pfeildiagramme

Wir wollen im Folgenden die Begriffe linkstotal *und* rechtseindeutig *ohne* Rückgriff auf Pfeildiagramme beschreiben und so **präzisieren**. Bei *linkstotalen* Relationen gilt: Zu jedem $a \in A$ gibt es *mindestens ein* geordnetes Paar $(a, b) \in A \times B$. Bei *rechtseindeutigen* Relationen gilt: Zu jedem $a \in A$ gibt es *höchstens ein* geordnetes Paar $(a, b) \in A \times B$. Also gilt bei linkstotalen *und* rechtseindeutigen Relationen: **Zu jedem $a \in A$ gibt es genau ein geordnetes Paar $(a, b) \in A \times B$.**

Damit können wir jetzt definieren:

Definition 7.8 (Funktion/Abbildung – Ansatz 1)
Unter einer *Funktion oder Abbildung* von der Menge A mit Werten in der Menge B verstehen wir eine nichtleere Teilmenge von $A \times B$, für die gilt: Zu *jedem* $a \in A$ gibt es *genau ein* geordnetes Paar $(a, b) \in A \times B$.

Statischer Ansatz
Bei diesem Ansatz wird also eine Funktion f gleichgesetzt mit einer speziellen Teilmenge des Kreuzproduktes $A \times B$. Der Vorteil dieses **statischen Ansatzes**: Der Funktionsbegriff wird auf den allgemeinen Relationsbegriff zurückgeführt, der *präzise* durch die Begriffe Teilmenge und Kreuzprodukt erklärt ist. Ist man an einer sauberen Begriffsfundierung interessiert, so ist der hier beschrittene Weg also naheliegend.

Dynamischer Ansatz
Wir verbinden allerdings *inhaltlich* mit dem Funktionsbegriff meist *dynamische Vorstellungen*, nämlich im Sinne *spezieller* Zuordnungen zwischen zwei Mengen. Ausgehend von den im Zusammenhang mit den Pfeildiagrammen gewonnenen anschaulichen Vorstellungen können wir Funktionen/Abbildungen daher auch wie folgt definieren:

Definition 7.9 (Funktion/Abbildung – Ansatz 2)
Gegeben seien zwei nichtleere Mengen A und B. Wird *jedem* Element von A *genau ein* Element von B zugeordnet, so nennen wir diese Zuordnung eine *Funktion* f mit der *Definitionsmenge* (bzw. dem Definitionsbereich) A und der *Zielmenge* B *oder* auch eine *Abbildung* f von der Menge A in die Menge B (kürzer: von A in B). Man schreibt $f : A \to B$.

Bemerkungen
1. Während in Definition 7.8 alle vorkommenden Begriffe relativ eindeutig (zu den Grundbegriffen Menge und Element einer Menge) sind, ist in Definition 7.9 die Formulierung „zuordnen“ *vage*.
2. In Definition 7.8 werden Funktionen/Abbildungen mit speziellen *Teilmengen* von $A \times B$, in Definition 7.9 mit speziellen *Zuordnungen* („eindeutige Zuordnungen“) von A nach B identifiziert.
3. Wir benutzen die Begriffe Funktion und Abbildung *synonym*. Sind die Ziel- und Definitionsmengen *Zahlen*, so spricht man in der Regel eher von Funktionen, sind sie *Punktmengen*, eher von Abbildungen.
4. A und B *müssen* nicht verschieden sein. Es kann auch $A = B$ gelten. In diesem Fall sprechen wir von einer Abbildung oder Funktion von A *in sich*.
5. Das dem Element $a \in A$ durch die Funktion f zugeordnete Element von B bezeichnen wir mit $f(a)$.
6. Ist die Zuordnungsvorschrift zwischen den Mengen A und B in Form eines Rechenausdrucks gegeben, so notieren wir die Funktion f in der folgenden Form, wie es das Beispiel der Verdoppelungsfunktion in $\mathbb{N}$ verdeutlicht:

$$f : \mathbb{N} \longrightarrow \mathbb{N} \quad \text{mit} \quad x \longmapsto 2 \cdot x$$

7.5 Einige Eigenschaften von Funktionen

Wir betrachten im Folgenden einige einfache Funktionen (Aufgabe 13). Definitions- und Zielmenge sind jeweils die natürlichen Zahlen (bzw. eine Teilmenge von ihnen). Wir notieren hier nur die Zuordnungsvorschriften dieser Funktionen:

1. $x \longmapsto 2 \cdot x$
2. $x \longmapsto m \cdot x$ ($m \in \mathbb{N}$ beliebig; Verallgemeinerung von 1.)
3. $x \longmapsto x + 2$
4. $x \longmapsto x + m$ ($m \in \mathbb{N}$ beliebig; Verallgemeinerung von 3.)
5. $x \longmapsto$ nächster voller Zehner ($\geq x$)
6. $x \longmapsto Q(\mathrm{x})$ ($Q(x)$: Quersumme von x)

Veranschaulichen wir die Funktionen 1., 3., 5. und 6. für spezielle Teilmengen von $\mathbb{N}$ durch Pfeildiagramme, so erhalten wir:

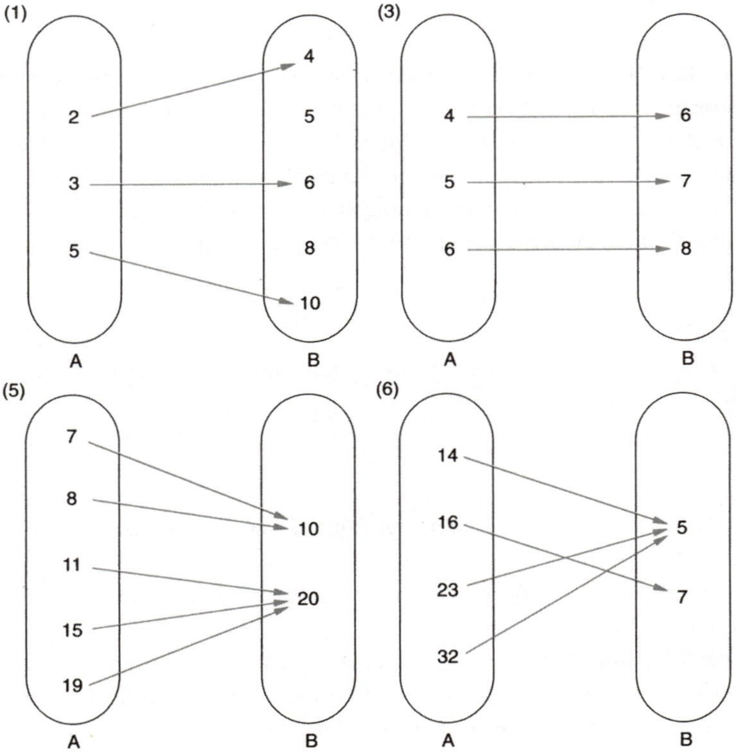

Bezogen auf die *Definitionsmenge* A gibt es *keine* wesentlichen Unterschiede, da es sich in allen vier Fällen um Funktionen handelt und daher von jedem Element von A

jeweils genau ein Pfeil ausgeht. Analysiert man dagegen die **Zielmenge** B, so lassen sich *zwei wesentliche* **Unterschiede** beobachten:

Während es bei (1) zwei Elemente in B gibt, bei denen *kein* Pfeil ankommt, kommt bei (3), (5) und (6) bei *jedem* Element von B *mindestens ein* Pfeil an. Daneben unterscheiden sich (1) und (3) noch deutlich von (5) und (6). Bei (5) und (6) gibt es Elemente in B, bei denen *zwei oder mehr* Pfeile ankommen, dagegen kommt bei (1) und (3) bei *jedem* Element von B jeweils *ein oder kein*, also jeweils **höchstens ein** Pfeil an. Funktionen, bei denen in ihrem Pfeildiagramm bei jedem Element von B *höchstens ein* Pfeil ankommt, sind von besonderer Bedeutung, wie wir im nächsten Kapitel noch genauer sehen werden. Wir definieren daher:

Definition 7.10 (Injektive Funktion)
Eine Funktion $f : A \to B$ heißt genau dann *injektiv*, wenn im Pfeildiagramm dieser Funktion bei *jedem* Element von B *höchstens ein* Pfeil ankommt.

Präzisierung
Können wir diese Eigenschaft von Funktionen auch allgemein **ohne Rückbezug auf Pfeildiagramme** formulieren? Wenn bei *jedem* Element von B *höchstens ein* Pfeil ankommt, bedeutet dies anders formuliert: *Niemals* können Pfeile von zwei (oder gar mehr) verschiedenen Elementen von A bei *einem* Element von B ankommen. Mit anderen Worten: Gilt $f(a) = f(b)$, dann müssen zwangsläufig a und b übereinstimmen, muss also $a = b$ gelten. Wir können daher Definition 7.10 gleichwertig umformulieren in:

Definition 7.11 ((Injektive Funktion)
Eine Funktion $f : A \to B$ heißt genau dann *injektiv*, wenn für alle $a, b \in A$ gilt: Aus $f(a) = f(b)$ folgt $a = b$.

Bemerkungen
1. Beweise lassen sich gelegentlich leichter führen, wenn wir auf die *Kontraposition* zurückgreifen:
   Eine Funktion $f : A \to B$ ist genau dann *injektiv*, wenn für alle $a, b \in A$ gilt: Aus $a \neq b$ folgt $f(a) \neq f(b)$.
2. *Injektive* Funktionen bieten den Vorteil, dass wir von einem gegebenen Funktionswert $f(a)$ *eindeutig* auf die Stelle a der Definitionsmenge zurückschließen können.
3. Injektive Funktionen haben jeweils an *verschiedenen* Stellen *verschiedene* Funktionswerte.
4. Bilden wir analog zum Begriff rechtseindeutig den Begriff *linkseindeutig*, so können wir *injektive Funktionen* in der Sprechweise der Relationen beschreiben als linkstotale, rechtseindeutige Relationen, die zusätzlich *linkseindeutig* sind.

Funktionen wie 3., 5. und 6., bei denen in ihrem Pfeildiagramm bei *jedem* Element von B *mindestens ein* Pfeil ankommt, nennen wir surjektive Funktionen (Abbildungen):

Definition 7.12 (Surjektive Funktion)
Eine Funktion $f : A \to B$ heißt genau dann *surjektiv*, wenn im Pfeildiagramm dieser Funktion bei *jedem* Element von B *mindestens ein* Pfeil ankommt.

Präzisierung
Ohne Rückbezug auf Pfeildiagramme bedeutet surjektiv offensichtlich: Zu jedem $b \in B$ existiert mindestens ein $a \in A$ mit $f(a) = b$. Wir können daher auch formulieren:

Definition 7.13 (Surjektive Funktion)
Eine Funktion $f : A \to B$ heißt genau dann *surjektiv*, wenn zu *jedem* $b \in B$ *mindestens ein* $a \in A$ existiert mit $f(a) = b$.

Bemerkungen
1. In der „Abbildungssprache“ formuliert man statt „f ist eine surjektive Abbildung“ häufiger auch „f ist eine Abbildung von A *auf* B“.
2. Man kann leicht erreichen, dass *jede* Funktion *surjektiv* ist. Nennen wir die Menge *aller* $b \in B$, zu denen es ein $a \in A$ gibt mit $f(a) = b$, **Wertemenge W** der Funktion $f : A \to B$, so ist offensichtlich jede Funktion surjektiv bezüglich ihrer Wertemenge W. Surjektiv bedeutet also für eine Funktion: Wertemenge W und Zielmenge B stimmen überein, es gilt $W = B$.
3. Bilden wir analog zum Begriff linkstotal den Begriff *rechtstotal*, so können wir *surjektive Funktionen* in der Relationssprechweise beschreiben als linkstotale, rechtseindeutige Relationen, die zusätzlich *rechtstotal* sind.

Funktionen, die sowohl injektiv als auch surjektiv sind, spielen in der Mathematik eine wichtige Rolle. Wir definieren daher:

Definition 7.14 (Bijektive Funktion)
Eine Funktion $f : A \to B$ heißt genau dann *bijektiv*, wenn sie injektiv *und* surjektiv ist.

Für das Pfeildiagramm einer *bijektiven* Funktion $f : A \to B$ gilt: Von *jedem* Element von A geht *genau ein* Pfeil aus und bei *jedem* Element von B kommt *genau ein* Pfeil an. Daher kann man die Mengen A und B miteinander **„identifizieren“**.

Verkettung von Funktionen

Wir haben bislang nur jeweils *einzelne* Funktionen betrachtet. Im Folgenden schalten wir zwei Funktionen hintereinander – wir *verketten* sie – und gewinnen so eine *neue* Funktion. Diese Verkettung von Funktionen lässt sich am besten mit Hilfe von **Pfeildiagrammen** veranschaulichen. Wir greifen hierzu auf die Funktionen

$$f : A \to B \quad \text{mit} \quad x \longmapsto 2 \cdot x \quad \textit{und}$$
$$g : B \to C \quad \text{mit} \quad x \longmapsto x + 3$$
$$\text{mit} \quad A = \{1, 2, 3\}, \ B = \{2, 4, 6\} \text{ und } C = \{5, 7, 9\}$$

zurück.

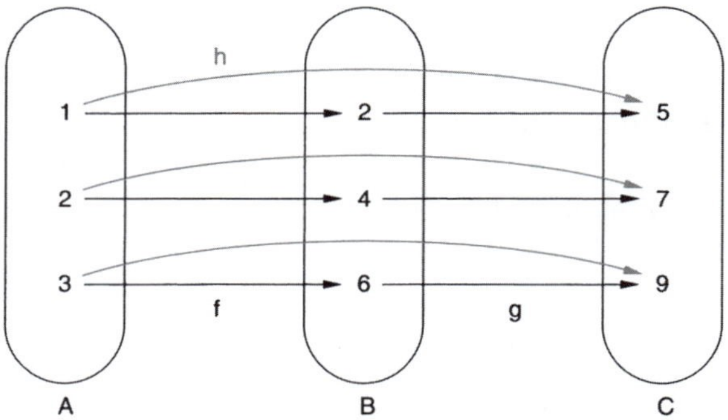

Wir gewinnen aus den beiden Funktionen $f : A \to B$ und $g : B \to C$ in naheliegender Weise eine neue Funktion $h : A \to C$, indem wir die Pfeile von g an die Pfeile von f „hängen" und so eine linkstotale und rechtseindeutige Relation, also eine Funktion mit der Definitionsmenge A und der Zielmenge C, erhalten. Wir sagen: Die Funktion h heißt die **Verkettung von** f **und** g. Wir schreiben hierfür **g ∘ f** und lesen dies **zuerst f, dann g**. In unserem konkreten Beispiel erhalten wir $g \circ f : A \to C$ mit $x \longmapsto 2 \cdot x + 3$.

Sei **allgemein** eine Funktion $f : A \to B$ und eine Funktion $g : B \to C$ gegeben.

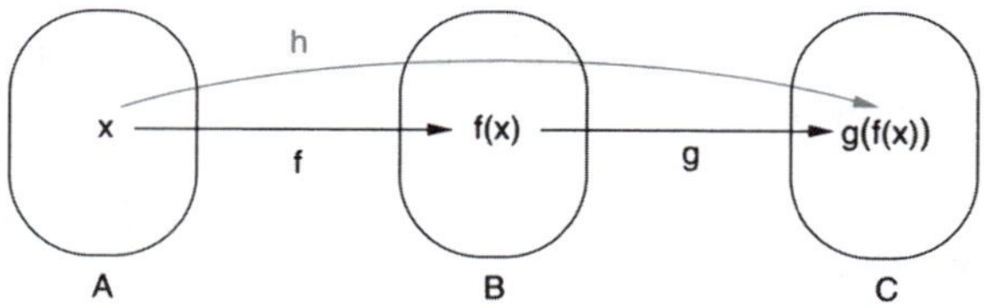

Auch hier gewinnen wir – genauso wie in dem vorhergehenden konkreten Beispiel – in naheliegender Weise aus den beiden Funktionen f und g eine *neue* Funktion $h : A \to C$, indem wir die Pfeile von g an die Pfeile von f „hängen"[4]. Das vorstehende Bild klärt auch

[4] Für die Definition der Verkettung $g \circ f$ zweier Funktionen f und g müssen die Zielmenge von f und der Definitionsbereich von g *nicht* identisch sein (hier: jeweils B). Es genügt die Forderung, dass die Wertemenge von f eine *Teilmenge* des Definitionsbereichs von g bildet.

ab, warum wir die Verkettung *zuerst* f, *dann* g als $g \circ f$ schreiben (und nicht $f \circ g$); denn durch die Verkettung wird jedem $x \in A$ das Element $g(f(x)) \in C$ zugeordnet.

Wir definieren:

Definition 7.15 (Verkettung von Funktionen)
Gegeben seien die Funktionen $f : A \to B$ und $g : B \to C$. Dann ist durch $x \longmapsto g(f(x))$ eine Funktion $h : A \to C$ gegeben mit $h(x) = g(f(x))$. Die Funktion h nennen wir die *Verkettung* von f und g, schreiben hierfür $h = g \circ f$ und lesen dies „zuerst f, dann g". Also: $h(x) = (g \circ f)(x) = g(f(x))$.

Sind *beide* Funktionen f und g injektiv, surjektiv oder bijektiv, so behält auch die Verkettung von f und g diese Eigenschaften bei. Es gilt nämlich:

Satz 7.2
Sind die Funktionen $f : A \to B$ und $g : B \to C$

1. *beide injektiv, dann ist auch $g \circ f$ injektiv,*
2. *beide surjektiv, dann ist auch $g \circ f$ surjektiv,*
3. *beide bijektiv, dann ist auch $g \circ f$ bijektiv.*

Beweis:
1. Die Funktionen f und g seien beide *injektiv*. Es seien $a, b \in A$ und a, b beliebig mit $a \neq b$. Dann gilt, da f injektiv ist, $f(a) \neq f(b)$. Dann folgt hieraus, weil auch g injektiv ist, $g(f(a)) \neq g(f(b))$. Also ist auch die Verkettung $g \circ f : A \to C$ injektiv.
2. Die Funktionen f und g seien beide *surjektiv*. Es sei $c \in C$ und c beliebig. Dann gibt es, weil g surjektiv ist, mindestens ein $b \in B$ mit $g(b) = c$. Da aber auch f surjektiv ist, gibt es mindestens ein $a \in A$ mit $f(a) = b$. Also gibt es insgesamt mindestens ein $a \in A$ mit $g(f(a)) = g(b) = c$, also ist $g \circ f$ surjektiv.
3. Die Funktionen f und g seien *bijektiv*. Dann sind f und g sowohl injektiv als auch surjektiv. Also ist auch die Verkettung $g \circ f$ von f und g injektiv *und* surjektiv und damit bijektiv. □

Umkehrung von Funktionen

Wir beenden dieses Kapitel mit einigen Überlegungen zur *Umkehrung* von Funktionen/Abbildungen. Ist eine *Relation* R von der Menge A nach der Menge B durch ein Pfeildiagramm gegeben, so erhalten wir durch die Umkehrung aller Pfeile eine Relation von der Menge B nach der Menge A, wie wir am folgenden Beispiel gut ersehen können. Diese Relation nennen wir die **Umkehrrelation zu** $\boldsymbol{R}$ und bezeichnen sie mit R^I.

Beispiel

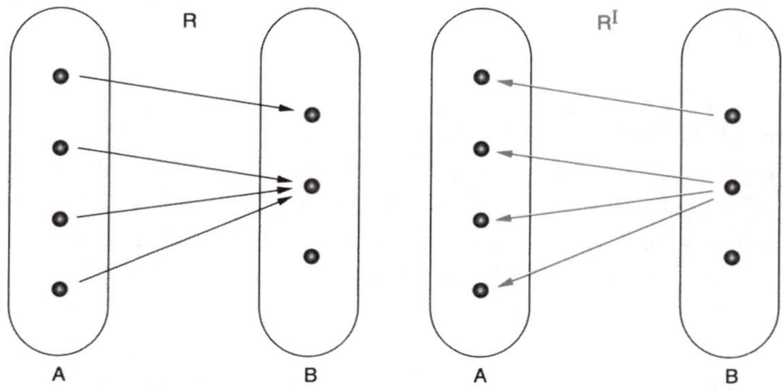

Die Umkehrung aller Pfeile definiert eine *Relation* von der Menge B nach der Menge A, da hierdurch eine Teilmenge von $B \times A$ ausgesondert wird. Die Relation R ist hier speziell eine *Funktion*, die allerdings weder injektiv noch surjektiv ist. Die durch die *Umkehrung* der Pfeile definierte Relation ist jedoch *keine* Funktion; denn sie ist weder linkstotal noch rechtseindeutig[5]. Durch die *Umkehrung* aller Pfeile erhalten wir zu einer Relation stets eine **Umkehrrelation**, während wir so *keineswegs* stets zu einer Funktion eine neue *Funktion* erhalten. *Wenn* wir eine Funktion erhalten, *dann* nennen wir diese **Umkehrfunktion**. Stellen wir jedoch spezielle Anforderungen an Funktionen, so sind diese auch stets umkehrbar. Bevor wir dies abklären, definieren wir zunächst den Begriff der Umkehrrelation:

Definition 7.16 (Umkehrrelation)
Ist R eine Relation von der Menge A nach der Menge B, so nennen wir die Relation $R^I = \{(b,a) \mid (a,b) \in R\}$ die *Umkehrrelation* der Relation R.

Bemerkungen

1. Es gilt also $(b,a) \in R^I$ genau dann, wenn $(a,b) \in R$ bzw. bR^Ia genau dann, wenn aRb gilt.
2. Für den Spezialfall $A = B$, also für Relationen in *einer Menge* A, können wir analog den Begriff der Umkehrrelation definieren. So ist die Vielfachenrelation in $\mathbb{N}$ (oder in Teilmengen von $\mathbb{N}$) die Umkehrrelation der Teilbarkeitsrelation und umgekehrt.
3. Bilden wir die Umkehrrelation von R^I, also $(R^I)^I$, so erhalten wir wieder die ursprüngliche Relation.
4. Wir bezeichnen Umkehrrelationen mit R^I. Hierbei weist I darauf hin, dass es sich um das Inverse der Relation R handelt.

[5] Nach der Umkehrung der Pfeile beim Übergang zu R^I können wir das so neu entstandene Pfeildiagramm zur leichteren Lesbarkeit auch in der üblichen Schreibweise von links nach rechts notieren.

Wir klären zum Abschluss dieses Kapitels mit Hilfe von **Pfeildiagrammen** ab, *welche* Anforderungen wir an Funktionen stellen müssen, damit ihre (stets existierende) Umkehrrelation speziell eine *Funktion* ist. Die folgenden beiden Beispiele verdeutlichen:

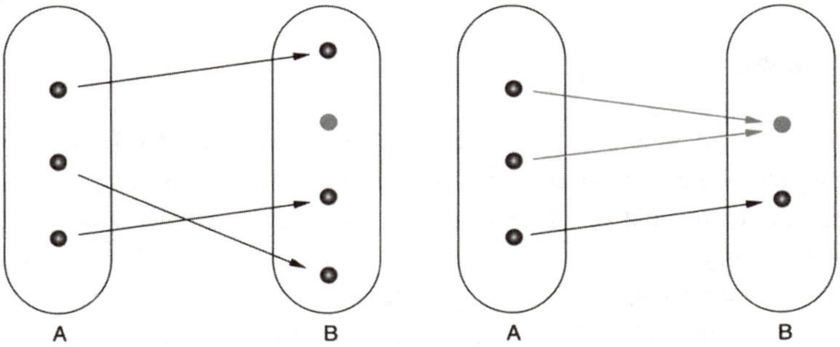

Ist eine Funktion (wie im Beispiel links) **nicht surjektiv**, dann ist die Umkehrrelation allein schon deswegen *keine* Funktion, da sie nicht linkstotal ist.

Ist eine Funktion (wie im Beispiel rechts) **nicht injektiv**, dann ist die Umkehrrelation allein schon deswegen *keine* Funktion, da sie nicht rechtseindeutig ist.

Ist dagegen eine Funktion f injektiv und surjektiv, also **bijektiv**, so ist die Umkehrrelation linkstotal (da f surjektiv ist) und rechtseindeutig (da f injektiv ist), also eine *Funktion*. Diese *Umkehrfunktion* f^I ist sogar injektiv und surjektiv, also *bijektiv*: Bei keinem Element von A kommen bei der Umkehrung zwei (oder mehr) Pfeile an, da f als Funktion rechtseindeutig ist. f^I ist also *injektiv*. Bei jedem Element von A kommt ein Pfeil an, da f als Funktion linkstotal ist. f^I ist also auch *surjektiv* und damit insgesamt bijektiv.

Offensichtlich ergibt die Umkehrung von f^I wiederum die ursprüngliche Funktion. Es gilt also $(f^I)^I = f$. Wir haben hiermit insgesamt begründet:

Satz 7.3
Zu einer Funktion f gibt es genau dann eine Umkehrfunktion f^I, wenn f bijektiv ist. Die Umkehrfunktion f^I ist ebenfalls bijektiv. Die Umkehrfunktion $(f^I)^I$ von f^I ist wieder die Funktion f, d. h., es gilt $(f^I)^I = f$.

Bemerkungen

1. Wir haben gezeigt: Ist eine Funktion f *bijektiv*, so ist sie umkehrbar. Die umgekehrte Richtung: „Gibt es zu einer Funktion f eine Umkehrfunktion f^I, so ist f bijektiv", haben wir mit Hilfe der logisch gleichwertigen *Kontraposition* anhand der beiden einleitenden Beispiele gezeigt: Ist eine Funktion *nicht bijektiv*, also nicht injektiv *oder* nicht surjektiv, so gibt es zur Funktion f *keine* Umkehrfunktion.
2. Die Umkehrung einer bijektiven Funktion ist bei der Benutzung von *Pfeildiagrammen* sehr leicht und anschaulich zu bestimmen. Im Schulunterricht der Sekundarstufen

werden Funktionen mit Hilfe ihres *Graphen* im kartesischen Koordinatensystem dargestellt. Die Umkehrung einer bijektiven Funktion gewinnen wir in diesem Fall durch Spiegeln des Graphen an der „Winkelhalbierenden" $y = x$.

7.6 Aufgaben

1. Bilden Sie die Menge aller möglichen Tanzpaare aus Lea, Pia, Lotta, Niklas, Wim und Jan. Wie viele Tanzpaare erhalten Sie, wenn alle Tanzpaare jeweils aus einem Jungen und einem Mädchen bestehen? Wie viele verschiedene Tanzpaare sind sonst insgesamt möglich?
2. Wie viele verschiedene eingeschossige Häuser können Sie aus drei Quadraten als Erd- und zwei passenden Dreiecken als Dachgeschoss bauen?
3. Begründen Sie:
   $\{\} \times B = \{\}$.
4. Wie viele verschiedene Relationen können wir im Sinne von Definition 7.2
   a) in der Menge $\{1, 2\}$, b) in der Menge $\{a, b, c\}$ definieren?
5. Beweisen Sie, dass
   a) die Vielfachenrelation,
   b) die Kleinerrelation,
   c) die Größerrelation
   in $\mathbb{N}$ (oder in Teilmengen von $\mathbb{N}$) transitiv ist.
6. Begründen Sie:
   Die Relation *a ist restgleich zu b bei Division durch 3* ist transitiv in $\mathbb{N}$ (bzw. in Teilmengen von $\mathbb{N}$).
7. Begründen Sie, dass
   a) die Kleinerrelation,
   b) die Größerrelation,
   c) die Relation $a + b < 8$,
   d) die Relation $a + b > 8$
   in $\mathbb{N}$ (oder in Teilmengen von $\mathbb{N}$) *nicht* reflexiv ist.
8. Untersuchen Sie, ob
   a) die Kleinerrelation,
   b) die Größerrelation,
   c) die Restgleichheitsrelation,
   d) die Relation $a + b < 8$,
   e) die Relation $a + b > 8$
   identitiv ist. Begründen Sie Ihre Antwort.
9. Zerlegen Sie die Menge $\{1, 2, 3, 4, 5, 6, 7, 8, 9, 10, 11, 12\}$ auf drei verschiedene Arten restlos in Teilmengen.
   a) Die Zerlegung ist eine Klasseneinteilung. Alle Klassen haben dieselbe Elementanzahl.

b) Die Zerlegung ist eine Klasseneinteilung. Alle Klassen haben unterschiedlich viele Elemente.
c) Die Zerlegung ist keine Klasseneinteilung.

10. Beweisen Sie:
R sei eine Äquivalenzrelation in A, ferner seien $a, b \in A$. Dann gilt:
$\overline{a} = \overline{b}$ genau dann, wenn gilt aRb.
11. Beweisen Sie:
Zu jeder Klasseneinteilung in A kann man eine Äquivalenzrelation angeben.
12. Zeichnen Sie jeweils ein Pfeildiagramm von A (mit fünf Elementen) nach B (mit sechs Elementen), bei dem die zugrunde liegende Relation
a) linkstotal, aber nicht rechtseindeutig,
b) rechtseindeutig, aber nicht linkstotal,
c) weder rechtseindeutig noch linkstotal,
d) sowohl rechtseindeutig wie linkstotal ist.
13. Begründen Sie, dass in Abschnitt 7.5 durch 1., 3., 5. und 6. Funktionen beschrieben werden.
14. Es sei $A = \{1, 2, 3\}$ und $B = \{1, 2, 3\}$
a) Wie viele verschiedene Abbildungen von A nach B gibt es?
b) Wie viele davon sind injektiv?
c) Wie viele davon sind surjektiv?
d) Wie viele davon sind injektiv und surjektiv?
Verdeutlichen Sie die verschiedenen Abbildungen jeweils durch Pfeildiagramme oder Wertetabellen.
15. Es sei $A = \{1, 2\}$ und $B = \{1, 2, 3\}$
a) Wie viele verschiedene Abbildungen von A nach B gibt es?
b) Wie viele davon sind injektiv?
c) Wie viele davon sind surjektiv?
d) Wie viele davon sind injektiv und surjektiv?
Verdeutlichen Sie die verschiedenen Abbildungen jeweils durch Pfeildiagramme oder Wertetabellen.
16. Geben Sie jeweils eine Funktion $f : \mathbb{N} \to \mathbb{N}$ an, die
a) injektiv, aber nicht surjektiv,
b) surjektiv, aber nicht injektiv,
c) injektiv und surjektiv,
d) weder injektiv noch surjektiv ist.
Begründen Sie mit Hilfe von Definition 7.11 bzw. Definition 7.13, dass ihre Funktion jeweils die geforderten Eigenschaften besitzt.
17. Begründen Sie mit Hilfe von Pfeildiagrammen, dass die Verkettung
a) zweier injektiver Funktionen injektiv,
b) zweier surjektiver Funktionen surjektiv,
c) zweier bijektiver Funktionen bijektiv ist.
18. Überprüfen Sie anhand konkreter Beispiele: Stimmen $f \circ g$ und $g \circ f$ stets überein?

19. Begründen Sie mit Hilfe von Pfeildiagrammen:
Gegeben seien drei Funktionen $f : A \to B, g : B \to C$ und $h : C \to D$. Dann stimmen die Funktionen $(h \circ g) \circ f$ und $h \circ (g \circ f)$ stets überein.
(Es gilt also ein Assoziativgesetz für das Verketten von Funktionen).

Die natürlichen Zahlen als Kardinalzahlen 8

Wir haben uns in diesem Band bislang schon intensiv mit den natürlichen Zahlen unter verschiedenen Gesichtspunkten beschäftigt. In *diesem* Kapitel stellen wir zunächst die Frage: **Was ist eigentlich eine natürliche Zahl**? Die Antwort hierauf gestattet es uns, das (nichtschriftliche) Rechnen und die Kleinerrelation im Bereich der natürlichen Zahlen auf „feste Füße" zu stellen. Wir stellen diese Frage *erst hier* und nicht schon im *ersten* Kapitel, da die Antwort hierauf nicht ganz leicht ist und wir in diesem Zusammenhang auf verschiedene Begriffsbildungen und Sätze aus den vorhergehenden Kapiteln zurückgreifen. Ferner ist es wichtig, dass man **vor der Präzisierung** eines Begriffs zunächst **reichhaltige Erfahrungen** mit den zugrunde liegenden Objekten gesammelt hat. Dies entspricht auch dem historischen Weg: Vor der Präzisierung der natürlichen Zahlen, die auch noch heutigen mathematischen Anforderungen genügt, haben Menschen schon über Jahrtausende mit natürlichen Zahlen Mathematik betrieben.

Mathematische Fundierung

Die natürlichen Zahlen verwenden wir im täglichen Leben *äußerst vielseitig* und in ganz unterschiedlichen Zusammenhängen, wie wir im Abschnitt 8.1 genauer herausarbeiten. Wollen wir jedoch die natürlichen Zahlen *mathematisch fundieren*, so müssen wir von dem Aspektreichtum abstrahieren und uns im Wesentlichen entweder auf den **Kardinalzahl- oder den Ordinalzahlaspekt** konzentrieren. Dabei eignet sich der **Kardinalzahlaspekt** besonders gut für eine *anschauliche* Fundierung der *Rechenoperationen* mit natürlichen Zahlen. Daher stellen wir diesen Weg in diesem Kapitel ausführlich dar. Auf eine Fundierung der natürlichen Zahlen im Sinne des **Ordinalzahlaspekts** mit Hilfe der *Peano-Axiome*[1] gehen wir im nächsten Kapitel ein. Für die *Einführung* der natürlichen Zahlen ist nämlich das in den Peano-Axiomen nachgeahmte *Zählen* ebenfalls von Bedeutung.

---

[1] Vgl. F. Padberg/R. Dankwerts/M. Stein [10], S. 5ff.

F. Padberg, A. Büchter, *Einführung Mathematik Primarstufe – Arithmetik*,
Mathematik Primarstufe und Sekundarstufe I + II, DOI 10.1007/978-3-662-43449-9_8

Addition

Die *elementarste* Vorgehensweise von Kindergartenkindern und Schulanfängern bei der Lösung von einfachen *Sachsituationen* mit *additiver* Struktur können wir **mathematisch** z. B. als **Vereinigung** von zwei (oder mehr, paarweise) disjunkten Mengen beschreiben. Gesucht ist die Elementanzahl der Vereinigungsmenge. Auf der Basis dieser Grundvorstellung können wir die **Beweise** von Sätzen zur Addition dann einheitlich nach folgendem **Schema** führen: Wir greifen auf Mengen als Repräsentanten für natürliche Zahlen zurück und steigen so von der *Zahlenebene* auf die *Mengenebene* herab. Auf der Mengenebene gilt die entsprechende Aussage – beispielsweise das Kommutativ- oder Assoziativgesetz –, wie wir im sechsten Kapitel durch Rückgriff auf aussagenlogische Gesetze des fünften Kapitels gezeigt haben, also gilt sie auch auf der Zahlenebene und damit im Bereich der natürlichen Zahlen.

Neben diesen Beweisen durch Rückgriff auf die Mengenalgebra begründen wir Aussagen in diesem Kapitel aber auch häufiger durch direkt in den Unterricht der Grundschule übertragbare **beispielgebundene Beweisstrategien**, da diese Form von Beweisen gerade für zukünftige Grundschullehrkräfte besonders hilfreich ist. *Beide* Formen von Beweisen benutzen wir auch bei *weiteren* Rechenoperationen. Die Grundschulkinder bleiben im Laufe ihrer Grundschulzeit bei der Addition selbstverständlich *nicht* bei der anfangs genannten elementarsten Additionsvorstellung stehen, sondern bilden die Summe schon bald wesentlich rascher zunächst durch **geschicktere Zählstrategien** und später durch sogenannte **heuristische Strategien**, wie wir am Ende von Abschnitt 8.4 exemplarisch aufzeigen.

Subtraktion

Die *Subtraktion* behandeln wir im Abschnitt 8.5 durch Rückgriff auf die Mengenoperation der Differenzmengenbildung und gehen dort auch auf den Zusammenhang zwischen Addition und Subtraktion als Umkehroperation knapp ein.

Multiplikation – zwei verschiedene Wege

Die *Multiplikation* natürlicher Zahlen führen wir in Abschnitt 8.6 auf zwei verschiedenen Wegen ein, und zwar über die *Mengenvereinigung/Wiederholte Addition* sowie über das *Kreuzprodukt*. Gleichzeitig zeigen wir hier auch den *Zusammenhang* zwischen diesen beiden Einführungswegen auf. Der Weg über das **Kreuzprodukt** bietet unter rein *mathematischen* Gesichtspunkten den Vorteil, dass so beispielsweise die Beweise des Kommutativ-, Assoziativ- und Distributivgesetzes *knapp* und *elegant* geführt werden können – allerdings in einer Form, die schon von der Beweisidee her völlig *außerhalb* der Reichweite der Grundschule liegt. Dagegen können wir beim Einführungsweg über die **Mengenvereinigung/Wiederholte Addition** viele Aussagen – wie z. B. das Kommutativ-, Assoziativ- und Distributivgesetz – mit Hilfe *beispielgebundener Beweisstrategien* begründen, die so fast schon direkt in den Unterricht der Grundschule übertragen werden können. Daher ist auch der Weg über die wiederholte Addition, der sich auf die Mengenvereinigung gründen lässt, der **wichtigste Weg** zur Einführung der Multiplikation in der Grundschule, während der Ansatz über das Kreuzprodukt dort in der Regel *nur ergänzend* – in einigen ausgewählten Aufgaben – thematisiert wird.

Division – verschiedene Zugangswege
An die *Division* führen wir in Abschnitt 8.7 – ganz entsprechend der Praxis in der Grundschule – zunächst eigenständig und anwendungsnah im Sinne des **Aufteilens** und **Verteilens** heran. Gleichzeitig stellen wir hier schon jeweils den Zusammenhang zwischen dem Aufteilen bzw. Verteilen und der *Multiplikation* her. Wir definieren die Division abschließend als **Umkehroperation** der Multiplikation. Dieser Zugangsweg bietet *insgesamt* den Vorteil, dass die Division mit anschaulichen Grundvorstellungen verbunden wird. Gleichzeitig können so Fragen, die bei diesem anschaulichen Zugangsweg zwangsläufig offenbleiben (müssen), durch Rückgriff auf die Definition der Division als Umkehroperation der Multiplikation gründlich beantwortet werden. Wir beenden diesen Abschnitt mit der Diskussion der Division durch **Null**.

Kleinerrelation und Addition
Im letzten Abschnitt (8.8) dieses Kapitels thematisieren wir systematisch die *Kleinerrelation*. Wir skizzieren zunächst die Möglichkeit ihrer Einführung durch einen Vergleich von Mengen mittels der paarweisen Zuordnung und der *Teilmengenbeziehung* und führen die Kleinerrelation anschließend gründlich durch Rückgriff auf die schon zur Verfügung stehende *Addition* ein, da wir so viele Sätze *besonders einfach* beweisen können.

8.1 Verschiedene Aspekte der natürlichen Zahlen

Wir verwenden die natürlichen Zahlen im alltäglichen Leben in ganz verschiedenen Zusammenhängen und für unterschiedliche Zielsetzungen, wie die folgenden *Beispiele* gut verdeutlichen:

Unterschiedliche Verwendungssituationen natürlicher Zahlen

1. Marc Leon hat **zwei Schwestern**. Auf dem Parkplatz stehen fünf Autos. Gib mir die drei Bonbons!
2. Das **dritte Haus** in dieser Straße ist ein Bungalow. Mein Rad fährt im fünften Gang am schnellsten. Morgen ist der 6. Dezember.
3. Ich lese in meinem Buch gerade auf der **Seite 38**. Das Haus mit der Nummer 15 hat ein Flachdach.
4. Das Geschenk kostet **25 Euro**. Die Brücke ist 80 m lang. Die Tüte Bonbons wiegt 250 g.

5. Niklas hat in dieser Woche **dreimal** gefehlt. Vervierfache Deinen Einsatz beim nächsten Spiel! Nimm das Medikament zweimal täglich, nämlich morgens und abends!
6. $\mathbf{7 + 9 = 9 + 7}$ $\quad$ $\mathbf{(37 \cdot 25) \cdot 4 = 37 \cdot (25 \cdot 4)}$
   Wir erhalten bei der Addition von zwei natürlichen Zahlen unabhängig von der Reihenfolge stets dasselbe Ergebnis. Daher gilt beispielsweise $7 + 9 = 9 + 7$. Bei der Multiplikation dreier natürlicher Zahlen ist das Ergebnis ebenfalls unabhängig von der Art ihrer Zusammenfassung durch Klammern. Daher dürfen wir statt der komplizierteren Aufgabe $(37 \cdot 25) \cdot 4$ die leichtere Aufgabe $37 \cdot (25 \cdot 4)$ berechnen, um so das Ergebnis von $(37 \cdot 25) \cdot 4$ zu erhalten.
7. $$\begin{array}{rcccc} & \mathbf{3} & \mathbf{6} & \mathbf{4} & \mathbf{5} \\ + & \mathbf{4} & \mathbf{7} & \mathbf{8} & \mathbf{4} \\ \hline & \mathbf{8} & \mathbf{4} & \mathbf{2} & \mathbf{9} \end{array} \qquad \begin{array}{rcccc} & \mathbf{9} & \mathbf{5} & \mathbf{6} & \mathbf{4} \\ - & \mathbf{3} & \mathbf{4} & \mathbf{2} & \mathbf{3} \\ \hline & \mathbf{6} & \mathbf{1} & \mathbf{4} & \mathbf{1} \end{array}$$
   Bei der Berechnung der Summen oder Differenzen beliebig großer Zahlen reicht die Kenntnis des kleinen Einspluseins aus. Wir addieren oder subtrahieren also die Zahlen *nicht* als Ganzes, sondern gehen im Stellenwertsystem *ziffernweise* vor.
8. Halle/Westf. hat die **Postleitzahl 33790**. Die Bankleitzahl von Wims Bank ist 480 540 71. Bielefeld hat die Vorwahl 0521.

Idealtypische Zusammenfassung zu Zahlaspekten

Die verschiedenen – in den vorstehenden Beispielen skizzierten – *Verwendungssituationen natürlicher Zahlen* können *idealtypisch* zu folgenden verschiedenen *Zahlaspekten* zusammengefasst werden:

- Bei den unter 1. genannten Beispielen dienen die natürlichen Zahlen zur Beschreibung von **Anzahlen**. Wir fragen jeweils „Wie viele?“ und benennen das Ergebnis mit eins, zwei, drei usw. Diesen Aspekt der natürlichen Zahlen bezeichnet man als **Kardinalzahlaspekt**.
- Bei den unter 2. genannten Beispielen beschreiben die Zahlen eine **Reihenfolge** innerhalb einer (total geordneten) Reihe. Wir fragen jeweils „An welcher Stelle?“ oder „Der bzw. die Wievielte?“ und benennen das Ergebnis mit erster, zweiter, dritter usw. Die natürlichen Zahlen werden hier als **Ordnungszahlen** benutzt, und man spricht vom **Ordinalzahlaspekt** der natürlichen Zahlen.
- Auch bei den unter 3. genannten Beispielen beschreiben die Zahlen eine **Reihenfolge**. Zur Kennzeichnung dieser Reihenfolge benutzen wir die natürlichen Zahlen in der Abfolge, wie sie im Zählprozess durchlaufen werden: eins, zwei, drei usw. Die natürlichen Zahlen werden hier als **Zählzahlen** benutzt und man spricht auch hier – wie bei 2. – vom **Ordinalzahlaspekt** der natürlichen Zahlen.
- Bei den unter 4. genannten Beispielen benutzen wir die natürlichen Zahlen als **Maßzahlen** zur Bezeichnung von Größen (*Maßzahlaspekt*). Wir fragen beispielsweise „Wie teuer?“, „Wie lang?“ oder „Wie schwer?“. Maßzahlen spielen auch bei *Skalen* – bei-

spielsweise für Temperatur – oder Höhenangaben – eine Rolle. Man spricht in diesem Zusammenhang auch vom *Skalenaspekt* der natürlichen Zahlen.

- Bei den unter 5. genannten Beispielen beschreiben die natürlichen Zahlen die **Vielfachheit** einer Handlung oder eines Vorgangs. Wir fragen hier „Wie oft?", benennen das Ergebnis mit einmal, zweimal, dreimal usw. und sprechen vom **Operatoraspekt** der natürlichen Zahlen.
- In 6. werden die natürlichen Zahlen zum Rechnen benutzt, also als **Rechenzahlen** eingesetzt (*Rechenzahlaspekt*). Die hier genannten Beispiele beruhen auf der Gültigkeit von **algebraischen Gesetzen** wie dem Kommutativ- oder Assoziativgesetz.
- Auch in 7. werden die natürlichen Zahlen als **Rechenzahlen** benutzt (*Rechenzahlaspekt*). Im Unterschied zu 6. verdeutlichen jedoch die Beispiele hier den Gesichtspunkt, dass man mit den natürlichen Zahlen nach eindeutig bestimmten Verfahren **(Algorithmen)** ziffernweise rechnen kann. Wir sprechen daher hier auch vom *algorithmischen Aspekt* der Rechenzahlen zur Unterscheidung vom *algebraischen Aspekt* der Rechenzahlen in 6.
- Mit den Ziffernfolgen in 8. können wir Dinge *benennen* und *unterscheiden*. Die Ziffernfolgen dienen hier also zur **Codierung** (*Codierungsaspekt*).[2]

Zusammenfassung

Die Beispiele 1. bis 8. verdeutlichen also folgende **verschiedenen Aspekte der natürlichen Zahlen**:

- Kardinalzahlaspekt
- Ordinalzahlaspekt
  - Ordnungszahl
  - Zählzahl
- Maßzahlaspekt
- Operatoraspekt
- Rechenzahlaspekt
  - algebraischer Aspekt
  - algorithmischer Aspekt
- Codierungsaspekt

Von diesen *verschiedenen* Zahlaspekten eignen sich für eine *Fundierung der natürlichen Zahlen* insbesondere der **Kardinalzahlaspekt** – dies führen wir in diesem Kapitel näher aus – sowie der **Ordinalzahlaspekt** (vgl. Kap. 9).

[2] Die Ausgliederung des Codierungsaspekts als *Zahl*aspekt ist umstritten. Für Details vgl. F. Padberg/C. Benz [15], S. 13ff.

Zählen – ein verbindender Aspekt

Diese *idealtypischen Zahlaspekte* darf man allerdings *nicht* isoliert sehen, sie hängen eng miteinander zusammen. So stellt insbesondere das **Zählen** eine **Verbindung** zwischen verschiedenen Aspekten her. So gewinnen wir *Anzahlen* (Kardinalzahlaspekt) durch Zählen. Durch Abzählen erhalten wir die *Reihenfolge* bzw. den Rangplatz (Ordinalzahlaspekt) innerhalb einer Reihe. Durch das Zählen der *Anzahl der erforderlichen Größeneinheiten* können wir die Maßzahl einer Größe (Maßzahlaspekt) bestimmen. Die *Vielfachheit* einer Handlung oder eines Vorgangs (Operatoraspekt) gewinnen wir ebenfalls durch Zählen. Durch das *Weiterzählen* können wir die Ergebnisse beim Addieren und Multiplizieren, durch das *Rückwärtszählen* die Ergebnisse beim Subtrahieren und Dividieren gewinnen. Das Zählen stellt also eine *Verbindung* zwischen verschiedenen Zahlaspekten her. Allerdings werden durch das Zählen nur *einige Nuancen* der jeweiligen Zahlaspekte erfasst. **Erst die Integration aller verschiedenen Aspekte führt zu einem gründlichen Verständnis der natürlichen Zahlen.**

8.2 Kardinalzahlen – anschauliche Vorüberlegungen

Beherrschung des Kardinalzahlaspekts

Das auswendige Aufsagen der Zahlwortreihe (1, 2, 3, ...) alleine reicht offenbar *nicht* aus, um fundierte Aussagen über die Beherrschung des Kardinalzahlaspektes zu machen. Vielmehr muss man hierzu mindestens[3] überprüfen, wie weit jemand etwa bei Vorgabe einer konkreten *Plättchenmenge* die Anzahl der Plättchen mit dem entsprechenden gesprochenen Zahlwort und auch mit der Ziffernschreibweise benennen kann, ferner wie weit er *umgekehrt* einem gesprochenen oder in Ziffernschreibweise vorgegebenen *Zahlwort* die entsprechende Anzahl von Plättchen zuordnen kann. Empirische Untersuchungen belegen, dass in Deutschland schon Schulanfänger **erhebliche Kenntnisse**[4] im Gebrauch der natürlichen Zahlen als Kardinalzahlen haben und keineswegs die Zahlwortreihe nur auswendig aufsagen können.

Vergleich der Elementanzahlen zweier Mengen – zwei verschiedene Wege

Betrachten wir die folgenden beiden Plättchenmengen A und B:

---

[3] Wegen weiterer Gesichtspunkte vgl. F. Padberg/C. Benz [15], S. 21f.

[4] Für genaue Details vgl. F. Padberg/C. Benz [15], S. 21f.

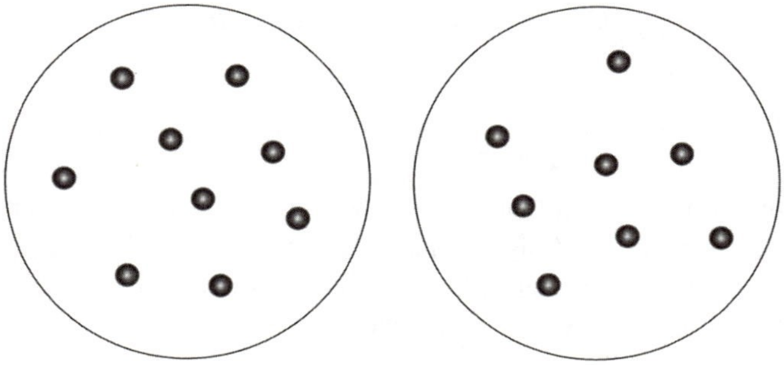

Welche Menge enthält *mehr* Plättchen?

Zwei grundsätzlich verschiedene Zugangswege zur Beantwortung dieser Frage sind möglich.

Weg 1: Zählen

Wir zählen die Plättchen der linken Menge A:

1, 2, 3, 4, 5, 6, 7, 8, 9.

Wir zählen die Plättchen der rechten Menge B:

1, 2, 3, 4, 5, 6, 7, 8.

Da uns das zuletzt genannte Zahlwort jeweils die Anzahl der Plättchen angibt, hat die linke Menge A mehr Plättchen als die rechte Menge B, und zwar ein Plättchen mehr.

Bei diesem Zugangsweg zum Vergleich der Elementanzahlen zweier Mengen ist die Kenntnis der **Zahlwortreihe** erforderlich. Folgende **Prinzipien**[5] müssen für ihren sachgerechten Einsatz sicher beherrscht werden:

- Jedem der zu zählenden Gegenstände wird *genau ein* Zahlwort zugeordnet *(Eindeutigkeitsprinzip)*.
- Die Reihe der Zahlwörter hat eine feste Ordnung *(Prinzip der stabilen Ordnung)*.
- Das *zuletzt genannte* Zahlwort beim Zählprozess gibt die Anzahl der Elemente der abgezählten Menge an *(Kardinalzahlprinzip)*.
- Die ersten drei Zählprinzipien können auf jede beliebige Menge angewandt werden, d. h. es kommt nicht darauf an, von welcher Art die Objekte sind, die gezählt werden *(Abstraktionsprinzip)*.
- Die jeweilige Anordnung der zu zählenden Objekte ist für das Zählergebnis irrelevant *(Prinzip der Irrelevanz der Anordnung)*.

Weg 2: Paarweise Zuordnung

Wir ordnen *jedem* Plättchen der ersten Menge A so lange, wie dies möglich ist, *genau ein* Plättchen der zweiten Menge B zu und auch umgekehrt, indem wir die Plättchen beispielsweise übereinander linear anordnen und mit Strichen miteinander verbinden. Das folgende Beispiel zeigt eine einfache Form der Zuordnung:

[5] Vgl. F. Padberg/C. Benz [15], S. 9f.

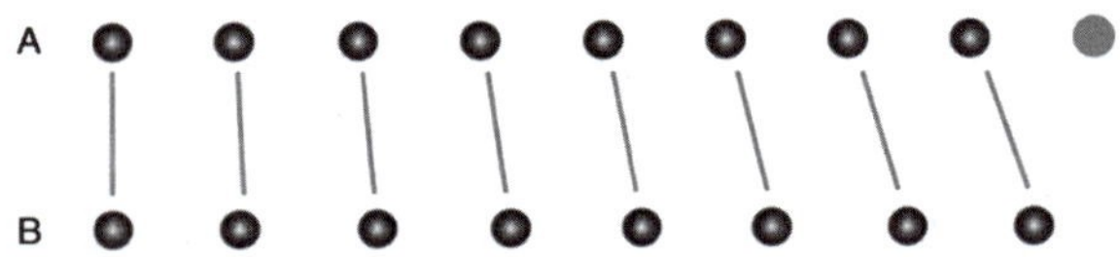

Wenn wir mindestens einem Plättchen der Menge A kein Plättchen der Menge B zuordnen können, hat die *erste* Menge A mehr Plättchen als B. Bleibt dagegen bei dieser paarweisen Zuordnung in der zweiten Reihe mindestens ein Plättchen ohne Verbindungsstrich übrig, so hat die *zweite* Menge mehr Plättchen.

Variation des Materials
Wir können neben Plättchenmengen aber auch beispielsweise Mengen von Tassen und von Untertassen betrachten und durch das Stellen jeweils genau einer Tasse auf eine Untertasse eine paarweise Zuordnung herstellen, oder wir können Mengen von Eiern und von Eierbechern betrachten und durch das Platzieren genau eines Eies in jeweils einen Eierbecher ebenfalls eine paarweise Zuordnung zwischen zwei Mengen A und B herstellen.

Vergleich beider Wege
Vergleichen wir die beiden Wege, so stellen wir folgenden deutlichen **Unterschied** fest: Während wir beim Weg 1 das *Zählen* gut beherrschen müssen, ist beim Weg 2 die Kenntnis des Zählens *nicht* erforderlich. Darum ist Weg 2 in einer bestimmten Entwicklungsphase von Kindern die Methode der Wahl. Auch in der Geschichte der Mathematik findet man als einen Anfang des Zählens eine entsprechende „Buchhaltung“[6]: Will hier beispielsweise ein Schäfer feststellen, ob seine Herde abends wieder vollständig in den Pferch zurückgekehrt ist, so kann er ganz im Sinne der paarweisen Zuordnung folgendermaßen vorgehen: Für jedes Schaf, das morgens den Pferch verlässt, legt er einen Stein beiseite. Abends bei der Rückkehr seiner Herde nimmt er für jedes zurückgekehrte Schaf einen Stein von diesem Haufen. Bleibt *kein* Stein mehr übrig, so sind vermutlich alle Schafe wieder zurückgekehrt – auf jeden Fall stimmt die *Anzahl* der Schafe morgens und abends überein. Hierbei führt der Schäfer offenbar eine paarweise Zuordnung durch.

Relevanz von Weg 2
Durch das paarweise Zuordnen im Sinne von Weg 2 können wir zumindest theoretisch Anzahlvergleiche zwischen beliebigen Mengen durchführen, *ohne* zuvor das Zählen zu beherrschen. Darum wird der zweite Weg auch dazu benutzt, die *natürlichen Zahlen* als *Kardinalzahlen* einzuführen, wie wir im nächsten Abschnitt näher skizzieren werden. In *diesem* Sinne ist der zweite Weg *für uns* an dieser Stelle *wichtig*.

Didaktische Bemerkungen
Betrachten wir den Kenntnisstand von **Schulanfängern**, so haben sie das Stadium der paarweisen Zuordnung allerdings schon weitestgehend hinter sich zurückgelassen. Prak-

[6] Vgl. G. Ifrah [6], Kapitel 1.

tisch *alle* Schulanfänger können zwei Mengen mit 5 bzw. 6 Plättchen, knapp 80 % sogar zwei Mengen mit 13 bzw. 14 Plättchen hinsichtlich ihrer Anzahl richtig vergleichen. Der hierbei mit Abstand am *häufigsten* beschrittene Weg ist der Weg 1, nämlich das Zählen, ein Vergleich im Sinne von Weg 2 über die paarweise Zuordnung erfolgt nur noch in *seltenen* Ausnahmefällen. Überraschend häufig können Kinder am *Ende der Kindergartenzeit* ferner sogar schon *Vorgänger* (dies ist die schwierigere Aufgabe) oder *Nachfolger* von Zahlen im Zahlenraum bis 20 bestimmen.[7]

Eine *explizite* Einführung der natürlichen Zahlen als Kardinalzahlen[8] – so wie es zu Zeiten der sogenannten **Neuen Mathematik** durchgeführt wurde – ist daher im *Anfangsunterricht der* Grundschule *nicht* mehr sonderlich sinnvoll.

Zur Einführung der natürlichen Zahlen als Kardinalzahlen

Wir betrachten im Folgenden möglichst viele verschiedene Mengen konkreter Gegenstände. Hierbei können die Elemente der einzelnen Mengen sehr *unterschiedlich* sein, beispielsweise bezüglich der Größe, der Farbe, der Form usw. Wir vergleichen die verschiedenen Mengen jeweils paarweise bezüglich nur *eines* – von vielen denkbaren – Gesichtspunkten, nämlich: Können wir die Elemente der betrachteten Mengen einander jeweils speziell *so paarweise zuordnen*, dass *jedem* Element der einen Menge *genau ein* Element der zweiten Menge zugeordnet werden kann sowie auch *umgekehrt jedem* Element der zweiten Menge *genau ein* Element der ersten Menge. Ist dies der Fall, so sagen wir: Die Mengen sind **„gleichmächtig“**[9].

Ein Beispiel

Sämtliche Mengen, die zu einer gegebenen Menge jeweils so paarweise zugeordnet werden können, fassen wir zusammen. Das Ergebnis dieser paarweisen Zuordnung kann in dem folgenden einfachen Fall nach einer übersichtlichen Umordnung der einzelnen Mengen schließlich so aussehen:

[7] Für genauere Details vgl. F. Padberg/C. Benz [15], S. 23f.

[8] Für weitere Details zu diesem Einführungsweg und seinen Schwachstellen vgl. F. Padberg: Didaktik der Arithmetik, Heidelberg ^{2}1996, S. 22ff. In den neuesten Auflagen der Didaktik der Arithmetik wird aus naheliegenden Gründen auf eine Darstellung dieses Einführungsweges für den *Unterricht in der Grundschule* verzichtet.

[9] Wir präzisieren diesen Begriff im folgenden Abschnitt 8.3.

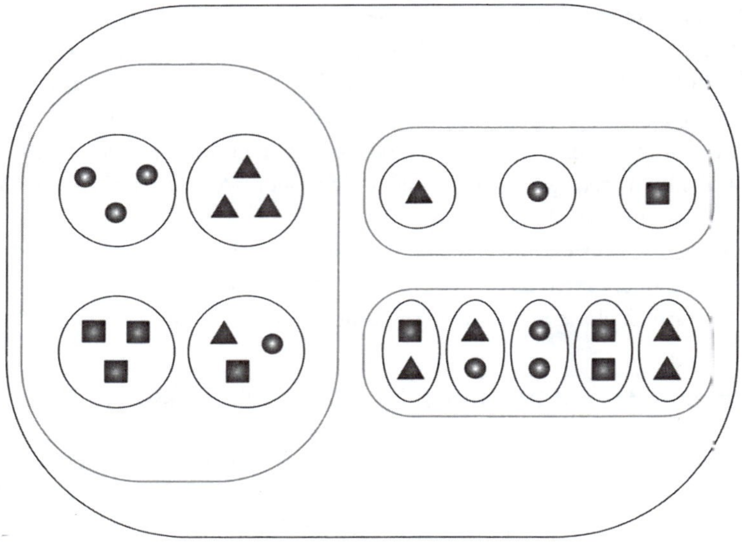

Die paarweise Zuordnung hat also in unserer Ausgangsmenge eine **Klasseneinteilung** bewirkt. Alle Mengen mit jeweils „gleicher" Elementanzahl – genauer: alle gleichmächtigen Mengen – sind hierdurch in *einer* Klasse zusammengefasst worden – *ohne* dass wir hierbei auf das *Zählen* zurückgreifen müssen. ■

Zwei Wege zum Begriff der Kardinalzahl

Wir können jetzt von dieser Ausgangssituation her auf zwei unterschiedlichen Zugangswegen den Begriff der *Kardinalzahl* einführen. Hierbei gehen wir in beiden Fällen *nicht* von den wenigen Mengen in unserem vorstehenden Diagramm aus, sondern von einer *möglichst umfassenden* Menge von Mengen. Wir haben im Abschnitt 6.3 schon ausgeführt, dass wir allerdings *nicht* von der „Menge aller Mengen" ausgehen können, da dies zu Widersprüchen führt.

Weg 1

Vergleichen wir alle Mengen, die in *einer Klasse* zusammengefasst sind, so unterscheiden sich diese in vielen Eigenschaften wie z. B. Form, Größe, Farbe und Anordnung ihrer Elemente. Die *einzige* Eigenschaft, in der *sämtliche* zu z. B. (□▲) gleichmächtigen Mengen übereinstimmen, ist offensichtlich nur ihre „Elementanzahl". In diesem Sinne kann man definieren: Die Kardinalzahl *zwei* ist die **gemeinsame Eigenschaft** aller zu obiger Menge gleichmächtigen Mengen. Entsprechend kann man weitere Kardinalzahlen definieren.

Weg 2

Eine andere Möglichkeit, Kardinalzahlen zu definieren, ist: Wir setzen jeweils eine Klasse und die zugehörige Kardinalzahl gleich, indem wir definieren: Die Kardinalzahl *zwei ist die Klasse* aller zu z. B. (■△) gleichmächtigen Mengen. Entsprechend kann man weitere Kardinalzahlen definieren.

Vergleich der Wege

Wir definieren hier beim **Weg 1** die Kardinalzahlen also durch den **Begriffsinhalt**, während wir sie beim **Weg 2** durch den **Begriffsumfang** definieren. Daher sprechen wir beim Weg 1 auch von einer *intensionalen* Definition der Kardinalzahlen, bei Weg 2 von einer *extensionalen* Definition. In beiden Fällen wird also *ohne* Rückgriff auf das *Zählen* erklärt, was Kardinalzahlen sind, und somit der Kardinalzahlaspekt der natürlichen Zahlen präzisiert.

Auf dieser Grundlage lassen sich dann **Rechenoperationen** mit Kardinalzahlen mittels Mengenoperationen einführen.

8.3 Kardinalzahlen – Skizze einer mathematischen Fundierung

Den im Abschnitt 8.2 anschaulich beschriebenen Weg zur Einführung der natürlichen Zahlen als Kardinalzahlen präzisieren wir in diesem Abschnitt. Auf dieser Grundlage behandeln wir in den weiteren Abschnitten dieses Kapitels die vier Rechenoperationen für natürliche Zahlen und die Kleinerrelation.

Gleichmächtigkeit von Mengen

Wir gehen aus von einer möglichst umfassenden Menge von Mengen, auch **Mengensystem** genannt. Wie schon erwähnt können wir allerdings *nicht* von der Menge aller Mengen ausgehen, da dies zu Widersprüchen (Paradoxien) führt. Unser Mengensystem $\mathbb{M}$ können wir durch bestimmte Anforderungen (Axiome) charakterisieren. Wir gehen hierauf an dieser Stelle nicht weiter ein.[10] In iesem Mengensystem vergleichen wir verschiedene Mengen über die paarweise Zuordnung. Wir haben im Abschnitt 8.2 jeweils all *die* Mengen zu einer *Klasse* zusammengefasst, die zu einer gegebenen Menge, beispielsweise zu der Menge A, „gleichmächtig" sind, für die also gilt, dass wir paarweise *jedem* Element der Menge A *genau ein* Element einer zweiten Menge B und auch umgekehrt *jedem* Element der Menge B *genau ein* Element der Menge A zuordnen können. Diese spezielle Form der paarweisen Zuordnung ist genau dann möglich, wenn die zugrunde liegende Zuordnung eine **bijektive Abbildung** ist (Aufgabe 8). Mit dem Begriff der bijektiven Abbildung können wir jetzt die Gleichmächtigkeit von Mengen folgendermaßen exakt definieren:

Definition 8.1 (gleichmächtig)
Eine Menge A heißt *gleichmächtig* zu einer Menge B (kurz geschrieben: $A\ glm\ B$), wenn es (mindestens) eine bijektive Abbildung von A nach B gibt.

[10] Eine zugängliche Einführung in bestimmte grundlegende Begriff der Mathematik findet man z. B. bei H. Hischer [5].

Bemerkungen

1. Zwischen zwei gleichmächtigen Mengen A und B gibt es – sobald beide mehr als ein Element enthalten – *mehrere* bijektive Abbildungen.
2. Ist A eine Menge mit *endlich* vielen Elementen, so bedeutet „gleichmächtig" dasselbe wie **„gleiche Elementanzahl"**.
3. Bei der Definition 8.1 wird *nicht* auf Zahlen oder das Zählen zurückgegriffen. Sie ist **zahlfrei**. So wird eine zirkuläre Begriffsbildung vermieden.
4. Durch den Rückgriff auf bijektive Abbildungen können wir auch Mengen mit *unendlich* vielen Elementen, bei denen der Weg über das Zählen prinzipiell nicht gangbar ist, da wir so zu keinem Ende gelangen, hinsichtlich ihrer Mächtigkeit vergleichen. So kann man beispielsweise leicht zeigen, dass die Menge der natürlichen Zahlen und die Menge aller geraden Zahlen gleichmächtig sind (Aufgabe 5).

Endliche und unendliche Mengen

Dieses in 4. genannte Ergebnis ist allerdings sehr *überraschend*; denn die geraden Zahlen bilden eine *echte Teilmenge* der natürlichen Zahlen. Vergleichbares kann bei *endlichen* Mengen offensichtlich nicht passieren; denn es würde ja bedeuten, dass eine echte Teilmenge genauso viele Elemente besitzt wie die umfassende Menge. Darum kann man hierdurch definieren, wann eine **Menge unendlich** ist:

Eine Menge M heißt genau dann *unendlich*, wenn sie zu einer *echten* Teilmenge gleichmächtig ist.

Hiermit können wir jetzt *ohne* Benutzung von Zahlen definieren, wann eine **Menge endlich** ist:

Eine Menge M heißt genau dann *endlich*, wenn sie nicht unendlich ist.

Klasseneinteilung des gegebenen Mengensystems

Das gegebene Mengensystem $\mathbb{M}$ können wir durch die Relation **„ist gleichmächtig zu"** in Teilmengen zerlegen. Jede Teilmenge enthält jeweils ausschließlich Mengen gleicher Mächtigkeit. In dem überschaubaren **Beispiel** im Abschnitt 8.2 bildet diese Zerlegung eine *Klasseneinteilung* (vgl. Abschnitt 7.2), d. h. eine Zerlegung in nichtleere, paarweise elementfremde Teilmengen, deren Vereinigung wiederum die vollständige Ausgangsmenge ergibt. Gilt dies auch **allgemein** für die Relation „ist gleichmächtig zu" und das Mengensystem $\mathbb{M}$? Um dies zu beweisen, reicht es aus zu zeigen, dass die Relation *ist gleichmächtig zu* reflexiv, symmetrisch und transitiv, also eine **Äquivalenzrelation**, ist; denn Äquivalenzrelationen bewirken in gegebenen Mengen stets eine Klasseneinteilung, wie wir allgemein in Satz 7.1 gezeigt haben.

Wir beweisen daher:

Satz 8.1
Die Relation „ist gleichmächtig zu" ist eine Äquivalenzrelation in $\mathbb{M}$, d. h., für alle Mengen $A, B, C \in \mathbb{M}$ gilt:

1. *A glm A (reflexiv).*
2. *Aus A glm B folgt B glm A (symmetrisch).*
3. *Aus A glm B und B glm C folgt A glm C (transitiv).*

Beweis
Bei dem Beweis dieser Aussagen benutzen wir im Folgenden jeweils **zwei verschiedene Begründungsniveaus**, nämlich einmal eine beispielgebundene Beweisstrategie auf der ikonischen Repräsentationsebene, daneben einen allgemeinen Beweis.

1. Die Relation „ist gleichmächtig zu" ist reflexiv

a) **Beispielgebundene Beweisstrategie** mit Hilfe von Pfeildiagrammen
Die *identische* Abbildung bildet jede Menge A bijektiv auf sich ab, wie das folgende Pfeildiagramm verdeutlicht (vgl. auch Abschnitt 7.5).

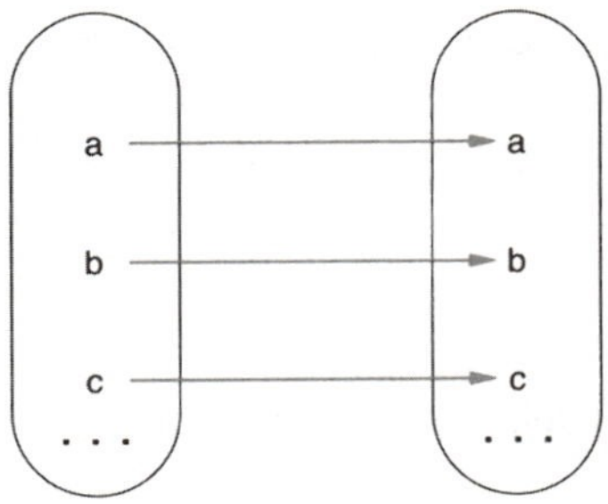

Von *jedem* Element von A (Definitionsmenge) geht *genau ein* Pfeil aus, es liegt also eine Abbildung vor. Bei *jedem* Element von A (Zielmenge) kommt auch *genau ein* Pfeil an, es liegt also insgesamt eine surjektive und injektive Abbildung, also eine bijektive Abbildung vor. Also ist jede Menge stets gleichmächtig zu sich selbst, also ist die Relation „ist gleichmächtig zu" *reflexiv*.

b) **Allgemeiner Beweis** Die identische Abbildung $f : x \longmapsto x$ bildet jede Menge A injektiv und surjektiv auf sich ab. Trivialerweise folgt wegen $f(x) = x$ aus $x \neq y$ auch $f(x) \neq f(y)$, die identische Abbildung ist also injektiv. Ebenso selbstverständlich gibt es wegen $f(x) = x$ zu jedem $x \in A$ (Zielmenge) ein Element aus A (Definitionsmenge), das hierauf abgebildet wird, nämlich gerade dieses x. Die identische Abbildung ist also auch surjektiv und damit insgesamt *bijektiv*. Also ist jede Menge stets gleichmächtig zu sich selbst und die Relation „ist gleichmächtig zu" daher *reflexiv*. □

2. Die Relation „ist gleichmächtig zu" ist symmetrisch

a) **Beispielgebundene Beweisstrategie** mit Hilfe von Pfeildiagrammen
$A\ glm\ B$ bedeutet im zugehörigen Pfeildiagramm: Von *jedem* Element von A geht *genau ein* Pfeil aus, und bei *jedem* Element von B kommt *genau ein* Pfeil an.

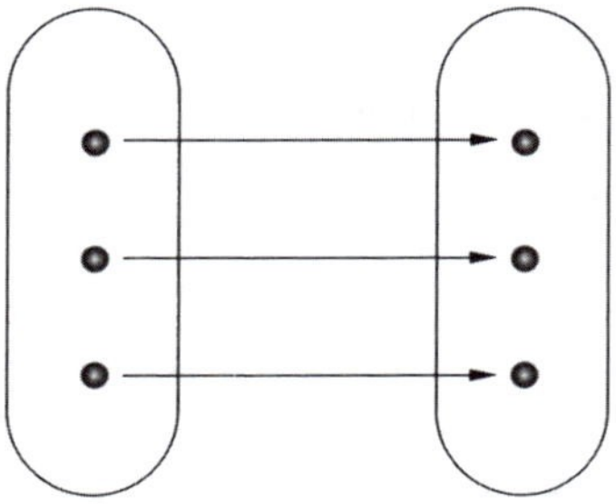

Drehen wir sämtliche Pfeile um, so erhalten wir:

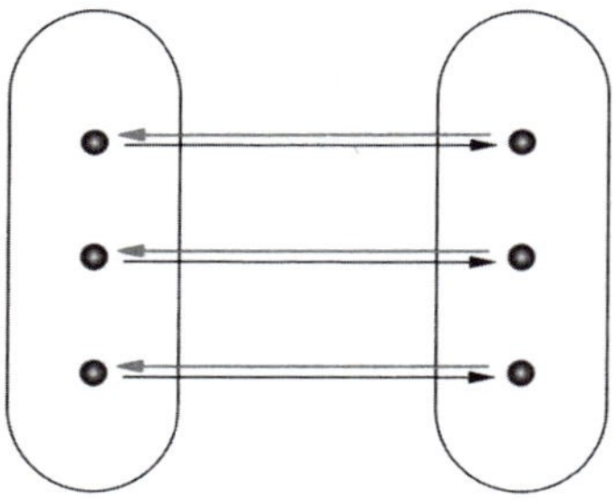

Von *jedem* Element von B geht zwangsläufig *genau ein* Pfeil aus (nämlich der „umgedrehte" Pfeil) und bei *jedem* Element von A kommt *genau ein* Pfeil an. Also ist auch die durch die Umdrehung aller Pfeile beschriebene Abbildung wiederum bijektiv, und es gilt stets $B\ glm\ A$. Die Relation „ist gleichmächtig zu" ist also symmetrisch.

b) **Allgemeiner Beweis** (vgl. Aufgabe 6) □

3. Die Relation „ist gleichmächtig zu" ist transitiv

a) **Beispielgebundene Beweisstrategie** mit Hilfe von Pfeildiagrammen
$A\ glm\ B$ bedeutet:
Von *jedem* Element von A geht *genau ein* Pfeil aus, und bei *jedem* Element von B kommt *genau ein* Pfeil an.
$B\ glm\ C$ bedeutet:
Von *jedem* Element von B geht *genau ein* Pfeil aus, und bei *jedem* Element von C kommt *genau ein* Pfeil an.

Daher können wir die Pfeile von A nach B und von B nach C jeweils *hintereinanderschalten*, wie es das folgende Bild zeigt:

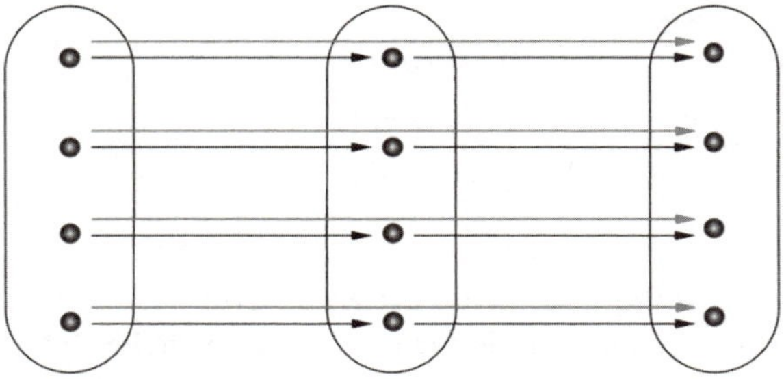

Also gilt *insgesamt*:
Von *jedem* Element von A geht *genau ein* Pfeil aus, und bei *jedem* Element von C kommt *genau ein* Pfeil an. Also gilt $A\ glm\ C$, und die Relation „ist gleichmächtig zu" ist transitiv.

b) **Allgemeiner Beweis** (vgl. Aufgabe 7) □

Definition Kardinalzahlen

Wir haben hiermit Satz 8.1 vollständig bewiesen. Die Relation „ist gleichmächtig zu" ist also eine *Äquivalenz*relation in $\mathbb{M}$ und bewirkt daher dort eine *Klassen*einteilung. Genauso wie bei den anschaulichen Vorüberlegungen im Abschnitt 8.2 können wir jetzt auf *zwei verschiedene Arten* Kardinalzahlen definieren, nämlich einmal extensional als **Äquivalenzklasse** sowie andererseits intensional als **gemeinsame Eigenschaft** aller zu einer Menge M gleichmächtigen Mengen:

Definition 8.2 (Kardinalzahlen; extensionale Definition)
Die Kardinalzahl einer Menge M (kurz $card\ M$) ist die *Äquivalenzklasse* aller zu M gleichmächtigen Mengen.

Bemerkung
Bei der Einführung der Rechenoperationen und der Kleinerrelation in den folgenden Abschnitten greifen wir jeweils auf diese Definition 8.2 zurück.

Definition 8.3 (Kardinalzahl; intensionale Definition)
Die Kardinalzahl einer Menge M ($card\ M$) ist die *gemeinsame Eigenschaft* aller zu M gleichmächtigen Mengen.

Vertraute Standardnamen

Für die Kardinalzahlen endlicher Mengen führt man jetzt die uns vertrauten Standardnamen ein:

$$
\begin{aligned}
0 &:= card\,\{\} \\
1 &:= card\,\{a\} \\
2 &:= card\,\{a, b\}
\end{aligned}
$$

usw.[11,12]

Bei der Definition von $0, 1, 2, \ldots$ wird der Zahlbegriff *nicht* vorausgesetzt. **Die Kardinalzahlen endlicher Mengen bezeichnen wir als natürliche Zahlen**. Hierbei ist uns aufgrund unserer Überlegungen über die verschiedenen Aspekte der natürlichen Zahlen in 8.1 klar, dass bei diesem Ansatz der *mathematischen* Fundierung der natürlichen Zahlen von den *sehr* facetten- und aspektreichen natürlichen Zahlen nur *ein* Aspekt, nämlich der *Kardinalzahlaspekt*, zugrunde gelegt wird. Allerdings findet dieser Aspekt im Alltag eine sehr breite Verwendung.

Die *natürliche Zahl* 3 ist im Sinne der extensionalen Definition 8.2 die *Äquivalenzklasse* aller zu z. B. der Menge $\{a, b, c\}$ gleichmächtigen Mengen, sie ist im Sinne der intensionalen Definition 8.3 der natürlichen Zahlen die *gemeinsame Eigenschaft* aller zu z. B. der Menge $\{a, b, c\}$ gleichmächtigen Mengen. Jede zu $\{a, b, c\}$ gleichmächtige Menge bezeichnen wir als einen **Repräsentanten** der Zahl 3. So sind also beispielsweise $\{\triangle, \bigcirc, \square\}$, $\{5, 38, 17\}$ oder $\{e, f, g\}$ Repräsentanten der natürlichen Zahl 3.

Bei der vorstehenden Definition der natürlichen Zahlen als *Kardinalzahlen* bemerken wir, dass die natürlichen Zahlen hier mit Null beginnen, während wir in den mehr zahlentheoretisch orientierten Kapiteln dieses Bandes die natürlichen Zahlen $\mathbb{N}$ mit 1 beginnen ließen. Im Fall, dass Null in die Betrachtungen einbezogen werden musste, sprachen wir von $\mathbb{N}_0$. Dies geschah dort, um die Formulierungen bei Teilbarkeitsuntersuchungen etwas zu vereinfachen (vgl. Abschnitt 4.1).

Reflexion der beiden Definitionsmöglichkeiten

Im Rahmen der extensionalen Definition 8.2 werden die natürlichen Zahlen als neue mathematische Objekte (als Äquivalenzklassen, in diesem Fall als Mengen von Mengen) aus bereits bekannten mathematischen Objekten (Mengen) mit Hilfe einer Äquivalenzrelation (Gleichmächtigkeit von Mengen) konstruiert. Dieser Weg ist typisch für die moderne Mathematik, jedoch tritt eine große kulturgeschichtliche Leistung, nämlich die kollektive Schaffung der großen Idee „Zahl“, hinter recht technisch wirkende mathematische Konstruktionen zurück. Bei der intensionalen Definition 8.3 ist es eher umgekehrt. Hier ist

---

[11] In unserer Definition sind a und b Buchstaben des Alphabets und daher offensichtlich verschieden.

[12] In der Literatur ist oft folgende – etwas abstraktere – Definition von 0, 1, 2, 3, ... üblich. Aus Gründen der Übersichtlichkeit bezeichnen wir hier die leere Menge mit $\varnothing$.

$0 := card\,\varnothing, \quad 1 := card\,\{\varnothing\}, \quad 2 := card\,\{\varnothing, \{\varnothing\}\}, \quad 3 := card\,\{\varnothing, \{\varnothing\}, \{\varnothing, \{\varnothing\}\}\}, \ldots$

die abstrakte „gemeinsame Eigenschaft“ aller Elemente einer Äquivalenzklasse gerade die Idee „Zahl“. Unklar ist aber, welchen Status diese „gemeinsame Eigenschaft“ hat; es handelt sich jedenfalls nicht um ein vergleichbares mathematisches Objekt wie die konstruierten Äquivalenzklassen. Da diese Reflexionen recht abstrakt sind, ist klar, dass sich Teile davon höchstens in stark elementarisierter Form für die Erörterung mit Schülerinnen und Schülern eignen. Da die Sichtweise „Zahl als Äquivalenzklasse“ für Schülerinnen und Schüler nicht zugänglich ist, kommt nur die Sichtweise „Zahl als gemeinsame Eigenschaft“ infrage. Dies ist aber möglich, wenn konkret überlegt wird, dass die Zwei die gemeinsame Eigenschaft von allen Mengen beschreibt, die gleichmächtig zur Menge $\{a, b\}$ mit $a \neq b$ sind.

8.4 Addition

Wenn Kinder eine Additionsaufgabe wie beispielsweise $5 + 3$ lösen, so benutzen sie – je nach Alter – verschiedene Strategien. Die **elementarste Strategie** besteht darin, dass sie für die natürlichen Zahlen entsprechende Repräsentanten auswählen, also beispielsweise hier bei der Aufgabe $5 + 3$ Mengen mit fünf bzw. drei Plättchen, diese beiden Plättchenmengen zusammenschieben und durch Auszählen der Plättchen in der Gesamtmenge die Summe 8 bestimmen. Die Kinder bleiben allerdings bei dieser Strategie nicht stehen, sondern benutzen bald schon wesentlich **effektivere Additionsstrategien**, wie wir am Ende dieses Abschnitts noch genauer ausführen werden. Die beschriebene Vorgehensweise der Kinder können wir *mathematisch* mit dem Begriff der *Vereinigungsmenge* beschreiben.

Unterschiedlich viele Elemente in der Vereinigungsmenge

Vereinigen wir allerdings *beliebige* Mengen mit drei bzw. fünf Elementen, so gelangen wir zu durchaus *unterschiedlichen* Ergebnissen, wie wir schon knapp im Abschnitt 6.3 angesprochen haben und wie die folgenden Beispiele gut verdeutlichen:

$$\{a, b, c, d, e\} \cup \{c, d, e\} = \{a, b, c, d, e\}$$
$$\{a, b, c, d, e\} \cup \{d, e, f\} = \{a, b, c, d, e, f\}$$
$$\{a, b, c, d, e\} \cup \{e, f, g\} = \{a, b, c, d, e, f, g\}$$
$$\{a, b, c, d, e\} \cup \{f, g, h\} = \{a, b, c, d, e, f, g, h\}$$

In diesen vier Beispielen umfasst die Vereinigungsmenge jeweils *unterschiedlich viele* Elemente (nämlich 5, 6, 7 oder 8 Elemente), obwohl die erste Menge stets 5 und die zweite Menge stets 3 Elemente enthält. Für die Einführung der Addition über die Mengenvereinigung müssen wir daher speziell verlangen, dass die beiden Mengen A und B als Repräsentanten der Zahlen 5 und 3 kein gemeinsames Element besitzen, also **disjunkt** sind. Es muss also gelten $A \cap B = \{\}$. Dann können wir definieren:

Definition 8.4 (Addition)
Die *Summe* $a + b$ zweier natürlicher Zahlen a und b erhalten wir folgendermaßen:

Wir wählen einen Repräsentanten A von a und einen dazu disjunkten Repräsentanten B von b. Die Kardinalzahl von $A \cup B$, also $card\,(A \cup B)$, ist dann die Summe $a + b$.

Bemerkungen

1. Die Definition 8.4 können wir knapp folgendermaßen festhalten: $a + b := card\,(A \cup B)$ mit $a = card\,A$, $b = card\,B$ und $A \cap B = \{\}$.
2. Wählen wir als Repräsentanten für 2 statt $\{e, f\}$ beispielsweise $\{1, 2\}$ oder eine andere hierzu gleichmächtige Menge und als Repräsentanten für 3 statt $\{k, l, m\}$ beispielsweise $\{4, 5, 6\}$ oder eine andere hierzu gleichmächtige Menge, so bleibt die Summe von 2 und 3 offensichtlich unverändert 5. An Beispielen können wir uns so gut klarmachen, dass die Summe zweier natürlicher Zahlen *unabhängig* ist von der *Auswahl ihrer Repräsentanten.*[13] Man sagt hierzu auch: Die Addition natürlicher Zahlen ist **wohldefiniert**. Wäre dies *nicht* der Fall, so wäre die Definition 8.4 *unbrauchbar*, denn je nach ausgesuchten Repräsentanten für zwei feste natürliche Zahlen könnten wir sonst eine unterschiedliche Summe erhalten.
3. Nach Definition 8.4 ist auch unmittelbar klar, dass die Summe zweier natürlicher Zahlen stets wieder eine natürliche Zahl ist, dass also die natürlichen Zahlen bezüglich der Addition **abgeschlossen** sind; denn die Vereinigung zweier endlicher Mengen ergibt stets wieder eine endliche Menge.
4. Auch wenn einer oder beide Summanden **Null** sind, kann die Definition 8.4 angewandt werden. So gilt $0 + 0 = card\,(\{\} \cup \{\}) = card\,\{\} = 0$, $0 + a = card\,(\{\} \cup A) = card\,A = a$ und $a + 0 = card\,(A \cup \{\}) = card\,A = a$.

Auf der Grundlage von Definition 8.4 können wir jetzt beweisen, dass bei den natürlichen Zahlen unter der Addition die vertrauten Gesetze wie beispielsweise das Kommutativ- und Assoziativgesetz gelten. Vorher haben wir diese Gesetze im Sinne einsichtiger, vertrauter und bewährter Erfahrungstatsachen verwendet. Wir greifen hier **exemplarisch** das **Kommutativgesetz** heraus und beweisen:

Satz 8.2 (Kommutativgesetz)
Für alle natürlichen Zahlen a, b gilt:

$$a + b = b + a$$

[13] Für einen Beweis vgl. F. Padberg/R. Danckwerts/M. Stein [10], S. 50f.

Beweis:
Die Mengen A und B seien disjunkte Repräsentanten der natürlichen Zahlen a und b.

Für die Vereinigungsmengenbildung gilt nach Satz 6.3 das Kommutativgesetz, es gilt also stets $A \cup B = B \cup A$. Da die identische Abbildung jede Menge bijektiv auf sich selbst abbildet, sind auch speziell $A \cup B$ und $B \cup A$ gleichmächtig.

Daher stimmen die Kardinalzahlen von $A \cup B$ und $B \cup A$ überein, und es gilt $card(A \cup B) = card(B \cup A)$. Damit gilt wegen $card(A \cup B) = a + b$ und $card(B \cup A) = b + a$ für alle natürlichen Zahlen a, b stets $a + b = b + a$. □

Bemerkung
Der Beweis des Kommutativgesetzes verdeutlicht schon gut die **übliche Beweisstruktur** beim Nachweis von Aussagen über die natürlichen Zahlen im Sinne des Kardinalzahlmodells. Wir beweisen Aussagen auf der *Zahlen*ebene durch Rückgriff auf die *Mengen*ebene. Den Übergang schaffen wir durch die Auswahl von geeigneten zugehörigen *Repräsentanten.* Auf der Mengenebene gilt das Kommutativgesetz (wie wir in Abschnitt 6.3 durch Rückgriff auf entsprechende aussagenlogische Gesetze gezeigt haben), also gilt es auch auf der Zahlenebene, also im Bereich der natürlichen Zahlen.

Beispielgebundene Beweisstrategie
Realisieren wir die Vereinigungsmengenbildung *enaktiv* mit zwei konkret vorgegebenen Plättchenmengen mit a weißen und b schwarzen Plättchen, so lässt sich das Kommutativgesetz sehr leicht mit folgender **beispielgebundener Beweisstrategie** beweisen. Eine Umsetzung in den Unterricht der Grundschule ist in diesem Fall direkt möglich.

Beispiel
Wir legen drei weiße und vier schwarze Plättchen auf einen Tisch.

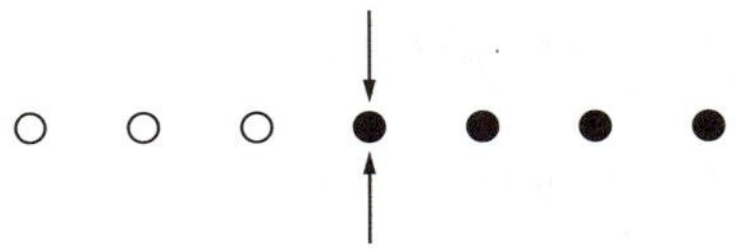

Je nach Blickrichtung beschreiben wir die Gesamtzahl der Plättchen unterschiedlich. Stehen wir *vor* dem Tisch, so sehen wir dort (von links nach rechts) drei weiße und vier schwarze Plättchen, insgesamt also $3 + 4$ Plättchen. Stehen wir *hinter* dem Tisch, so sehen wir (wiederum von links nach rechts) vier schwarze und drei weiße Plättchen, also insgesamt $4+3$ Plättchen. Durch unsere verschiedenen Blickrichtungen ändert sich selbstverständlich *nicht* die *Gesamtzahl* der Plättchen, also gilt $3 + 4 = 4 + 3$.

Verallgemeinerung
Offenbar beruht unsere Argumentation überhaupt nicht auf den speziellen Zahlen 3 und 4. Liegen dort a weiße und b schwarze Plättchen (wobei a und b beliebige natürliche Zahlen

sein dürfen), so beträgt die Gesamtzahl der Plättchen je nach Blickwinkel $a + b$ bzw. $b + a$. Durch unsere verschiedenen Blickwinkel ändert sich selbstverständlich nicht die Gesamtzahl der Plättchen, also gilt für alle natürlichen Zahlen a und b stets $a+b = b+a$. □

Völlig analog können wir auch das **Assoziativgesetz** auf zwei verschiedenen Ebenen beweisen, und zwar durch Rückgriff auf die Mengenebene (Aufgabe 10) sowie auch mittels einer beispielgebundenen Beweisstrategie (Aufgabe 11).

Didaktische Bemerkungen

Bei der Bestimmung von **Summen natürlicher Zahlen** bleiben Kinder *nicht* auf der zur Definition 8.4 führenden Grundvorstellung des Vereinigens von zwei verschiedenen Plättchenmengen mit anschließendem Auszählen der Plättchen in der Gesamtmenge **(„Vollständiges Auszählen mit Material")** stehen. Zum Teil schon *vor* der Grundschulzeit, spätestens jedoch im *ersten* Schuljahr bestimmen sie die Summe zweier natürlicher Zahlen zunächst mit deutlich geschickteren **Zählstrategien** und später mit wesentlich effizienteren sogenannten **heuristischen Strategien**.

Zählstrategien
Hierbei lassen sich – wie wir am Beispiel 6 + 8 demonstrieren – veschiedene Zählstrategien[14] unterscheiden.

- *Vollständiges Auszählen mit Material*
  (1, 2, 3, 4, 5, 6, 7, 8, 9, 10, 11, 12, 13, 14)
- *Weiterzählen vom ersten Summanden aus*
  (7, 8, 9, 10, 11, 12, 13, 14)
- *Weiterzählen vom größeren Summanden aus*
  (9, 10, 11, 12, 13, 14)
- *Weiterzählen vom größeren Summanden aus in größeren Schritten*
  (10, 12, 14 oder noch kürzer 11, 14)

Auf der Grundlage von Zählstrategien beherrschen die Kinder bald schon einige Aufgaben *auswendig*. Besonders leicht prägen sich etwa Verdoppelungsaufgaben ein. Ausgehend von diesen bekannten Aufgaben als *Stützpunkten* lassen sich neue, unbekannte Aufgaben leicht berechnen, *ohne* dass hierbei auf Zählstrategien zurückgegriffen wird.

Heuristische Strategien:[15]
- *Gegensinniges Verändern beider Summanden*

[14] Für eine gründlichere Darstellung vgl. F. Padberg/C. Benz [15], S. 88ff.
[15] Für eine umfassende Darstellung vgl. F. Padberg/C. Benz [15], S. 96ff., S. 105ff.

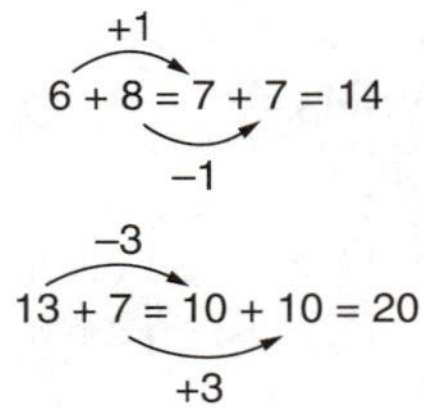

Durch *gegensinniges* Verändern um 3 wird so beispielsweise die unbekannte Aufgabe $13 + 7$ auf die vertraute Verdoppelungsaufgabe $10 + 10$ zurückgeführt (vgl. auch Aufgabe 12).

- *Zerlegung einer Aufgabe in leichtere (bekannte) Teilaufgaben*

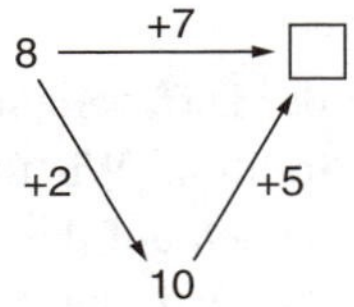

Die schwierigere Aufgabe $8 + 7$ wird in die beiden leichteren und schon bekannten Teilaufgaben $8 + 2 = 10$ und $10 + 5 = 15$ zerlegt.

- *Schrittweises Rechnen am Rechenstrich*
Die Aufgabe $38 + 27$ können wir am Rechenstrich etwa auf die folgenden beiden Arten *schrittweise* rechnen:

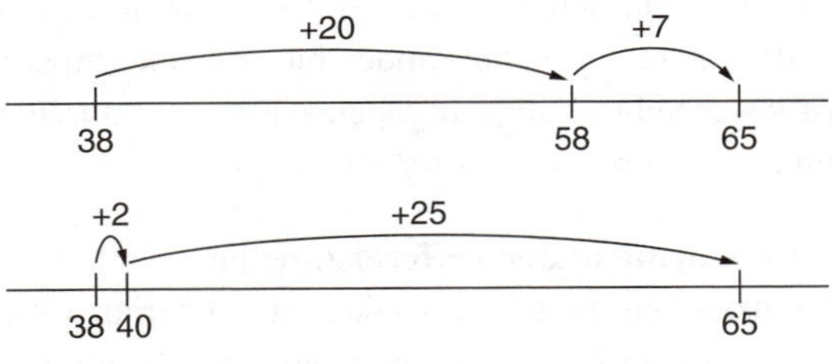

Kleinerrelation

Wir behandeln die *Kleinerrelation systematisch* im **Abschnitt 8.8** im Anschluss an die vier Grundrechenarten. So können wir dort alle wichtigen Aussagen über die Kleinerrelation *zusammenhängend* beweisen. Da wir jedoch bei der im *folgenden* Abschnitt behandelten *Subtraktion* und auch bei der *Division* zur Formulierung einiger weniger Aussagen die Kleiner- bzw. Größerrelation benutzen *und* da wir die Kleinerrelation in 8.8 durch Rückgriff auf die *Addition* einführen, notieren wir hier schon die *dortige Definition* 8.11:

Definition 8.5 (Kleinerrelation, Ansatz 2)
Für $a, b \in \mathbb{N}_0$ gilt:

1. $a < b$ genau dann, wenn gilt: Es existiert ein $n \in \mathbb{N}$ mit $a + n = b$.
2. $a \leq b$ genau dann, wenn gilt: Es existiert ein $n \in \mathbb{N}_0$ mit $a + n = b$.

Bemerkung
Entsprechend zur Kleinerrelation können wir auch die **Größerrelation** definieren.

8.5 Subtraktion

Wir können die Subtraktion mit Hilfe der **Differenzmengenbildung** *eigenständig* einführen oder als **Umkehroperation** der Addition. Wir führen hier die Subtraktion mit Hilfe der Differenzmengenbildung ein und gehen auf den Zusammenhang zwischen Addition und Subtraktion bei der Beschreibung heuristischer Strategien am Ende dieses Abschnitts ein.

Differenzmengenbildung – elementarste Strategien
Wenn Kinder eine Subtraktionsaufgabe wie $8 - 3$ lösen, so benutzen sie – je nach Alter – verschiedene Strategien. Die *elementarste* Strategie beruht auf der *Differenzmengen*bildung mit konkretem Material. Sie legen als Repräsentanten für acht eine konkrete Menge mit acht Elementen hin, nehmen hiervon drei Elemente fort und bestimmen die Elementanzahl der Differenzmenge. Die Kinder bleiben allerdings bei dieser Strategie nicht stehen, sondern lösen Subtraktionsaufgaben schon bald durch *Zählstrategien* ohne Materialbenutzung und auch durch *heuristische Strategien*.

Unterschiedlich viele Elemente in der Differenzmenge
Bilden wir die Differenzmenge *nicht* mit konkretem Material, sondern mit beliebigen Mengen mit beispielsweise acht bzw. drei Elementen, so können wir bei der Differenzmengenbildung zu *unterschiedlichen* Ergebnissen gelangen, wie die folgenden Beispiele zeigen und wie man auch mit Venn-Diagrammen gut veranschaulichen kann:

$$\{a, b, c, d, e, f, g, h\} \setminus \{k, l, m\} = \{a, b, c, d, e, f, g, h\}$$
$$\{a, b, c, d, e, f, g, h\} \setminus \{h, k, l\} = \{a, b, c, d, e, f, g\}$$
$$\{a, b, c, d, e, f, g, h\} \setminus \{g, h, k\} = \{a, b, c, d, e, f\}$$
$$\{a, b, c, d, e, f, g, h\} \setminus \{f, g, h\} = \{a, b, c, d, e\}$$

Die Differenzmenge enthält in diesen vier Beispielen jeweils *unterschiedlich viele* Elemente (nämlich 5, 6, 7 oder 8 Elemente), obwohl die erste Menge stets 8 und die zweite

Menge stets 3 Elemente umfasst. Für die Einführung der Subtraktion über die Differenzmengenbildung müssen wir daher speziell verlangen, dass die beiden Mengen A bzw. B als Repräsentanten von 8 bzw. 3 in einer speziellen Beziehung zueinander stehen: B muss **Teilmenge** von A sein, es muss also gelten $B \subseteq A$. Wir können jetzt definieren:

Definition 8.6 (Subtraktion)
Die *Differenz* $a - b$ zweier natürlicher Zahlen a und b mit $b \leq a$ erhalten wir folgendermaßen:

Wir wählen einen Repräsentanten A von a und einen Repräsentanten B von b, und zwar so, dass $B \subseteq A$. Die Kardinalzahl von $A \setminus B$ ist dann die Differenz $a - b$.

Bemerkungen

1. Die Definition 8.6 können wir knapp folgendermaßen festhalten:

$$a - b := card\,(A \setminus B)$$
$$\text{mit } a = card\,A,\ b = card\,B \text{ und } B \subseteq A.$$

2. An Beispielen kann man sich klarmachen, dass auch die Differenz $a - b$ zweier natürlicher Zahlen a und b, ebenso wie ihre Summe $a + b$, *unabhängig* von der Auswahl der *Repräsentanten*, also **wohldefiniert**, ist. Es muss hier bei der Subtraktion nur speziell gelten, dass B eine Teilmenge von A ist.
3. Während die natürlichen Zahlen bezüglich der Addition abgeschlossen sind, trifft dies für die natürlichen Zahlen unter der Subtraktion **nicht** zu; denn $a - b$ ist nur für den Fall definiert, dass $b \leq a$ ist. Dies gibt in der Sekundarstufe I Anlass zur Einführung der **negativen ganzen Zahlen** (vgl. Abschnitt 10.2).
4. Für die natürlichen Zahlen gilt unter der Addition das Kommutativ– und Assoziativgesetz. Für die Subtraktion gelten dagegen diese beiden Gesetze **nicht**, wie man sich leicht an Gegenbeispielen klarmachen kann (Aufgabe 13).

Subtraktion von drei Zahlen

Wir haben bisher die Subtraktion für *zwei* Zahlen definiert. Bei der *Subtraktion von drei Zahlen* muss durch Klammersetzung abgeklärt werden, in welcher Abfolge der betreffende Ausdruck „abgearbeitet" werden soll. In diesem Zusammenhang unterläuft Schülerinnen und Schülern (aber auch noch Studierenden) häufiger der Fehler, dass sie glauben, dass $(a - b) - c$ und $a - (b - c)$ gleichwertig sind, dass also gilt $(a - b) - c = a - (b - c)$. Dies ist jedoch falsch, wie man sich leicht an Gegenbeispielen verdeutlichen kann. Vielmehr gilt:

Satz 8.3
Für alle natürlichen Zahlen a, b, c mit $b + c \leq a$ gilt:

$$(a - b) - c = a - (b + c)$$

Bemerkung
Wenn $b + c \leq a$ gilt, dann gilt offensichtlich auch $b \leq a$ und $c \leq a - b$, also sind beide Seiten der Gleichung im Sinne von Definition 8.6 definiert (vgl. auch Aufgabe 17).

Beweis:
Die *Beweisstruktur* entspricht völlig der schon beim Kommutativgesetz der Addition erläuterten Vorgehensweise. Von der Zahlenebene gehen wir mit Hilfe entsprechender Repräsentanten A, B, C mit $card\, A = a, card\, B = b$ und $card\, C = c$ auf die Mengenebene herunter. Dort gilt die entsprechende Beziehung. Also gilt sie auch auf der Zahlenebene (vgl. auch Aufgabe 14). Wir müssen noch zeigen, dass unter den Voraussetzungen von Satz 8.3 stets gilt:

$$A \setminus (B \cup C) = (A \setminus B) \setminus C$$

Um in den natürlichen Zahlen die Subtraktion $a - (b + c)$ durchführen zu können, muss auf der Ebene der Repräsentanten gelten:

1. B und C müssen *disjunkt* sein.
2. $B \cup C$ muss eine *Teilmenge* von A sein.

Folgendes Venn-Diagramm spiegelt die hier beschriebene Situation genau wider:

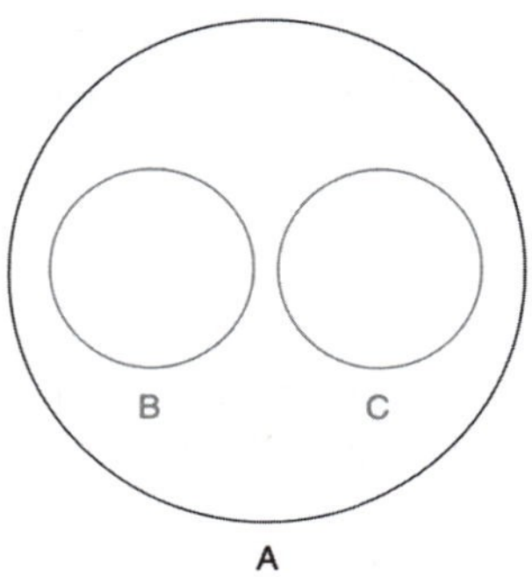

Wir erhalten die Menge $A \setminus (B \cup C)$ bei konkret vorgegebenen Mengen A, B, C durch *gemeinsames, gleichzeitiges* Herausnehmen der Mengen B und C aus der Menge A. Wir erhalten die Menge $(A \setminus B) \setminus C$, indem wir aus der Menge A *zunächst* die

Menge B und *anschließend* die Menge C herausnehmen, also indem wir *einzeln nacheinander* aus A zunächst B und dann C herausnehmen. *Beide* Wege führen unter den gegebenen Voraussetzungen offensichtlich stets zum *selben* Ergebnis, also gilt unter den gegebenen Voraussetzungen stets

$$A \setminus (B \cup C) = (A \setminus B) \setminus C \qquad \square$$

Bemerkung
Satz 8.3 ist wichtig für das schriftliche Subtrahieren mit *mehr* als einem Subtrahenden.

Didaktische Bemerkungen

Bei der Bestimmung von Differenzen natürlicher Zahlen bleiben die Kinder *nicht* auf der zur Definition 8.6 führenden Grundvorstellung des Wegnehmens einer Teilmenge B von Plättchen aus der Plättchenmenge A mit anschließendem Auszählen der Plättchen in der Differenzmenge stehen (**„Wegnehmen mit Material"**). Zum Teil schon *vor* der Grundschulzeit, spätestens jedoch im *ersten* Schuljahr bestimmen sie die Differenz zweier natürlicher Zahlen mit geschickteren **Zählstrategien ohne Materialbenutzung** und später mit wesentlich effizienteren **heuristischen Strategien**.

Folgende **Zählstrategien** – am Beispiel $13 - 5$ verdeutlicht – können wir unterscheiden:[16]

- *Wegnehmen mit Material*
  Von 13 Plättchen werden 5 Plättchen weggenommen. Der Rest wird ausgezählt (1, 2, 3, 4, 5, 6, 7, 8).
- *Rückwärtszählen von 13 um 5 Schritte*
  (12, 11, 10, 9, 8)
- *Rückwärtszählen von 13 bis 5*
  (12, 11, 10, 9, 8, 7, 6, 5; die Anzahl der Schritte ist 8, also gilt $13 - 5 = 8$)
- *Vorwärtszählen von 5 bis 13*
  (6, 7, 8, 9, 10, 11, 12, 13; die Anzahl der Schritte ist 8, also gilt $13 - 5 = 8$)

Ausgehend von auswendig beherrschten Subtraktionsaufgaben als *Stützpunkten* kann man neue Aufgaben mit *heuristischen Strategien* lösen, *ohne* hierbei auf das Zählen zurückgreifen zu müssen. Exemplarisch seien hier **einige heuristische Strategien** genannt:[17]

[16] Für eine Diskussion der Vor- und Nachteile der verschiedenen Zählstrategien sowie typischer Schwierigkeiten vgl. F. Padberg/C. Benz [15], S. 112f.

[17] Für eine ausführlichere Darstellung auch weiterer heuristischer Strategien vgl. F. Padberg/C. Benz [15], S. 119ff.

- *Gleichsinniges Verändern von Minuend und Subtrahend*

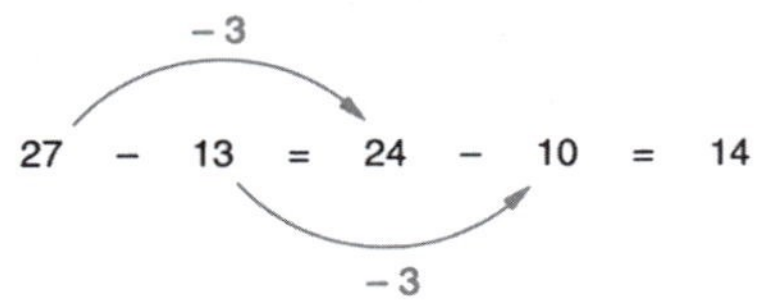

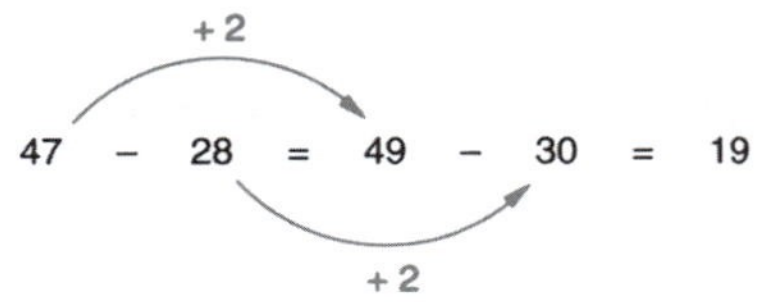

Durch *gleichsinniges* Verändern um 2 wird die schwierigere Aufgabe 47 − 28 auf die wesentlich leichtere Aufgabe 49 − 30 zurückgeführt. Die zugrunde liegende Gesetzmäßigkeit – oft Gesetz von der Konstanz der Differenz genannt – lässt sich gut mit beispielgebundenen Beweisstrategien begründen (Aufgabe 15).

- *Zerlegen einer Aufgabe in leichtere (bekannte) Teilaufgaben*

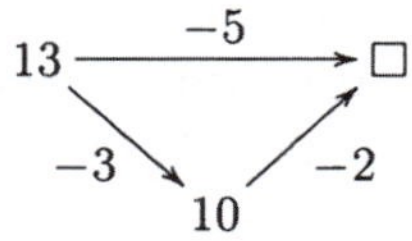

Die schwierigere Aufgabe 13 − 5 wird in die beiden leichteren Aufgaben 13 − 3 = 10 und 10 − 2 = 8 zerlegt. Diese Aufgabe kann auch gut am *Rechenstrich* gelöst werden.

- *Zusammenhang zwischen Addition und Subtraktion*
Die Aufgabe 13 − 5 = ? wird auf die Additionsaufgabe 5 + ? = 13 zurückgeführt. Diese kann zum Beispiel durch probierendes Einsetzen und Addieren gelöst werden.
- *Analogieaufgaben*
9 − 4 = 5, also gilt analog auch 19 − 14 = 5. Die Gültigkeit dieser Analogiebildung kann durch strukturiertes Material, beispielsweise am Zwanzigerfeld, gut begründet werden.
- *Nachbaraufgaben*
Die Lösung von beispielsweise 16 − 7 kann über die leicht zu lösende Nachbaraufgabe 16 − 6 = 10 erfolgen. Bei 16 − 7 muss um eins mehr abgezogen werden, also gilt 16 − 7 = 9.

8.6 Multiplikation

Es gibt *zwei verschiedene* Möglichkeiten, die Multiplikation natürlicher Zahlen durch Rückgriff auf Mengenoperationen einzuführen, nämlich über die Vereinigung paarweise disjunkter, gleichmächtiger Mengen (kurz: über die **Mengenvereinigung**), d. h. auf der *Zahlenebene* über die wiederholte Addition gleicher Summanden (kurz: **wiederholte Addition**) sowie über das Kreuzprodukt oder kartesische Produkt zweier Mengen (kurz: über das **Kreuzprodukt**). Wir beginnen mit dem Weg über die Mengenvereinigung/Wiederholte Addition, da dieser im Unterricht der Grundschule der *Haupteinführungsweg* ist.

Mengenvereinigung/Wiederholte Addition

Vor uns liegen drei Beutel mit jeweils vier Äpfeln. Die Gesamtzahl der Äpfel erhalten wir, indem wir entweder auf die schon vertraute **Addition** zurückgreifen und $4 + 4 + 4 = 12$ rechnen oder indem wir die Beutel mit jeweils vier Äpfeln zusammenschütten – mathematisch gesehen die **Vereinigungsmenge** bilden – und dann die Gesamtzahl der Äpfel berechnen – also mathematisch formuliert: die Kardinalzahl der Vereinigungsmenge bestimmen. Beide Wege hängen offenbar eng miteinander zusammen. Der *zweite* Weg ist jedoch die *elementarere* Strategie, die Kinder bei der Lösung multiplikativ strukturierter Sachsituationen *früher* einsetzen als die wiederholte Addition gleicher Summanden.[18]

Disjunkt und paarweise disjunkt

Sowohl bei der Einführung über die Addition als auch über die Mengenvereinigung ist entscheidend, dass die Summanden jeweils *gleichgroß* bzw. die zu vereinigenden Mengen jeweils *gleichmächtig* sind. Bei der Einführung der Addition über die Mengenvereinigung haben wir fordern müssen, dass die beiden Mengen **disjunkt** sind. Dies gilt darum auch bei *dieser* Einführung der Multiplikation. Da hier jedoch zwei oder auch (viel) mehr Mengen vorliegen, reicht es *nicht* aus zu verlangen, dass die gegebenen Mengen *insgesamt* disjunkt sind, also insgesamt kein gemeinsames Element besitzen, sondern wir müssen verlangen, dass schon *jeweils zwei* Mengen *nie* ein gemeinsames Element besitzen, dass die gegebenen Mengen also **paarweise disjunkt** sind. Die beiden folgenden **Beispiele** verdeutlichen den *Unterschied*:

Beispiel 1

$$\{a, b, c, d\} \qquad \{a, e, f, g\} \qquad \{b, h, k, l\}$$

Die drei Mengen haben *kein* Element, das in *allen* gemeinsam vorkommt, sie sind jedoch *nicht* paarweise disjunkt. Bilden wir die Vereinigungsmenge, so erhalten wir

$$\{a, b, c, d, e, f, g, h, k, l\}.$$

[18] Zur Entwicklung des Verständnisses der Multiplikation bei Grundschulkindern vgl. F. Padberg/C. Benz [15], S. 127f.

Die Vereinigungsmenge der drei verschiedenen Mengen mit jeweils vier Elementen umfasst zehn Elemente.

Beispiel 2

$$\{a, b, c, d,\} \qquad \{e, f, g, h\} \qquad \{k, l, m, n\}$$

Die drei Mengen haben auch bei einem paarweisen Vergleich *kein* gemeinsames Element, sie sind *paarweise disjunkt*. Bilden wir die Vereinigungsmenge, so erhalten wir

$$\{a, b, c, d, e, f, g, h, k, l, m, n\}.$$

Die Vereinigungsmenge dieser drei paarweise disjunkten Mengen mit jeweils vier Elementen umfasst zwölf Elemente. ■

Nach diesen Vorüberlegungen definieren wir:

Definition 8.7 (Multiplikation, Ansatz 1)
Das *Produkt* $a \cdot b$ zweier natürlicher Zahlen a und b (mit $a \neq 0$ und $a \neq 1$) erhalten wir folgendermaßen:

Wir wählen *a paarweise disjunkte* Mengen $B_1, B_2, \ldots, B_a$ als Repräsentanten der Zahl b, also mit $card\, B_1 = card\, B_2 = \cdots = card\, B_a = b$. Dann ist das Produkt $a \cdot b$ die Kardinalzahl der Vereinigungsmenge $B_1 \cup B_2 \cup \cdots \cup B_a$.

Bemerkungen

1. Die Definition 8.7 können wir folgendermaßen knapp aufschreiben:
   $a \cdot b := card\,(B_1 \cup B_2 \cup \cdots \cup B_a)$
   mit $card\, B_1 = card\, B_2 = \cdots = card\, B_a = b$ und $B_1, B_2, \ldots, B_a$ paarweise disjunkt bzw. kürzer $B_i \cap B_j = \{\,\}$ für $i \neq j$ mit $i, j \in \{1, 2, \ldots, a\}$.
2. Die **Produkte $\mathbf{0 \cdot a}$ und $\mathbf{1 \cdot a}$** können durch die Definition 8.7 *nicht* erklärt werden, da wir offensichtlich keine Vereinigungsmenge von *keiner* oder *einer* Menge bilden können. Man *definiert* daher $0 \cdot a := 0$ und $1 \cdot a := a$.
3. Durch Rückgriff auf die Definition 8.7 kann der **Zusammenhang** zwischen **Multiplikation** und **wiederholter Addition** *gleicher Summanden* herausgearbeitet werden, wie wir exemplarisch für $2 \cdot a$ und $3 \cdot a$ aufzeigen. Gegeben seien drei paarweise disjunkte Mengen A_1, A_2, A_3 mit $card\, A_1 = card\, A_2 = card\, A_3 = a$. Dann gilt:

$$\begin{aligned}
2 \cdot a &= card\,(A_1 \cup A_2) = a + a \\
3 \cdot a &= card\,(A_1 \cup A_2 \cup A_3) = card\,((A_1 \cup A_2) \cup A_3) \\
&= card\,(A_1 \cup A_2) + card\, A_3 \\
&= (a + a) + a \\
&= a + a + a
\end{aligned}$$

4. In dem Produkt $a \cdot b$ ist a der **Multiplikator** und b der **Multiplikand**. a gibt die Anzahl der *gleichmächtigen Mengen* an, b die Anzahl der *Elemente* in den gleichmächtigen Mengen.
5. Bei der *Einführung* der Multiplikation ist die vorstehende asymmetrische Unterscheidung der beiden Faktoren als Multiplikator und Multiplikand wichtig (vgl. auch Abschnitt 3.3), wegen der Gültigkeit des Kommutativgesetzes ist diese Unterscheidung *später* allerdings nicht mehr von Bedeutung, und es werden die beiden Faktoren gleich behandelt.
6. Die Summe zweier natürlicher Zahlen ist *unabhängig* von den konkret ausgewählten *Repräsentanten*. Da wir die Multiplikation auf die Addition zurückführen können, gilt Gleiches auch für die *Multiplikation*, sie ist also ebenfalls **wohldefiniert**.
7. Wegen des Zusammenhangs zwischen Multiplikation und wiederholter Addition gleicher Summanden lassen sich Produkte natürlicher Zahlen gut durch **rechteckige Punktmuster** veranschaulichen, so zum Beispiel $2 \cdot 3$ und $3 \cdot 4$ durch:

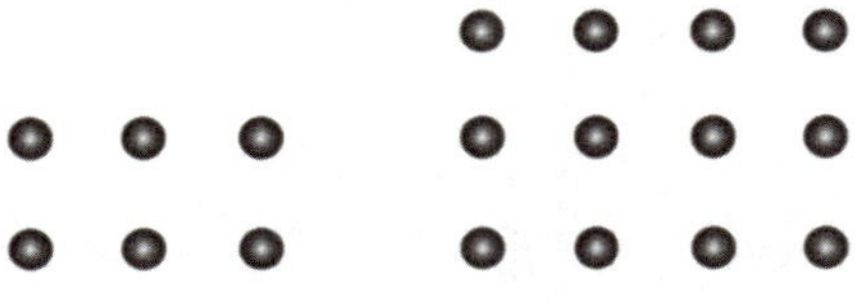

2 • 3 3 • 4

Für die Multiplikation natürlicher Zahlen gilt – genauso wie für die Addition – das *Kommutativ- und Assoziativgesetz* (Aufgabe 18). Daneben besteht ein Zusammenhang zwischen der Addition und Multiplikation, der durch das *Distributivgesetz* beschrieben wird. Wir beweisen exemplarisch das Kommutativ– und Distributivgesetz und beginnen mit:

Satz 8.4 (Kommutativgesetz)
Für alle natürlichen Zahlen a, b gilt:
$$a \cdot b = b \cdot a$$

Beispielgebundene Beweisstrategie
Wir legen vor uns drei Reihen mit vier Plättchen auf einen Tisch:

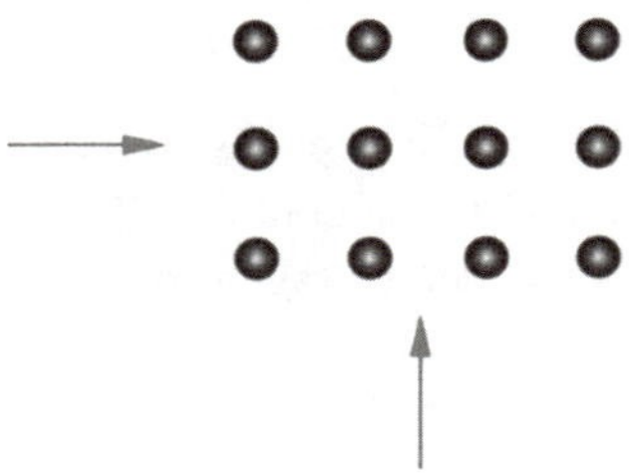

Blicken wir von *vorne* auf die Plättchen, so sehen wir drei Reihen mit jeweils vier Plättchen, also $3 \cdot 4$ Plättchen. Stellen wir uns dagegen an die *linke* (oder rechte) *Seite* und blicken von dort aus auf den Tisch, so sehen wir vier Reihen mit jeweils drei Plättchen, also $4 \cdot 3$ Plättchen. Durch unsere verschiedenen Blickrichtungen ändert sich selbstverständlich *nicht* die *Gesamtzahl* der Plättchen, also gilt $3 \cdot 4 = 4 \cdot 3$.

Verallgemeinerung

Unsere Argumentation hängt offenkundig *überhaupt nicht* an den *speziellen Zahlen* 3 und 4. Legen wir vor uns a Reihen mit jeweils b Plättchen auf den Tisch (wobei a und b beliebige natürliche Zahlen ungleich 0 sein dürfen), so beträgt die Gesamtzahl der Plättchen je nach Blickrichtung $a \cdot b$ bzw. $b \cdot a$. Durch unsere verschiedenen Blickrichtungen ändert sich selbstverständlich *nicht* die *Gesamtzahl* der Plättchen, also gilt für alle natürlichen Zahlen a und b (ungleich 0) $a \cdot b = b \cdot a$. Im Sonderfall, dass $a = 0$ oder $a = 1$ ist, gilt aufgrund unserer Bemerkung 2. nach Definition 8.7 ebenfalls $a \cdot b = b \cdot a$. □

Den Zusammenhang zwischen Addition und Multiplikation bei den natürlichen Zahlen beschreibt:

Satz 8.5 (Distributivgesetz)
Für alle natürlichen Zahlen a, b, c gilt:

$$a \cdot (b + c) = a \cdot b + a \cdot c$$

Beispielgebundene Beweisstrategie

Wir legen vor uns drei Reihen mit jeweils zwei dreieckigen und vier runden Plättchen auf einen Tisch (vgl. auch Aufgabe 19).

△△○○○○
△△○○○○
△△○○○○

Es gibt **zwei verschiedene Möglichkeiten**, die Gesamtzahl der vor uns liegenden Plättchen zu bestimmen.

Weg 1

Wir gehen *reihenweise* vor. Jede Reihe besteht aus zwei dreieckigen und vier runden Plättchen, also liegen dort insgesamt drei Reihen mit jeweils zwei dreieckigen und vier runden Plättchen. Die Gesamtzahl der Plättchen beträgt also $3 \cdot (2 + 4)$.

Weg 2
Wir gehen *getrennt* nach dreieckigen und runden Plättchen vor. Es liegen dort drei Reihen mit jeweils zwei dreieckigen Plättchen, also insgesamt $3 \cdot 2$ dreieckige Plättchen, sowie drei Reihen mit jeweils vier runden Plättchen, also insgesamt $3 \cdot 4$ runde Plättchen. Insgesamt liegen dort also $3 \cdot 2 + 3 \cdot 4$ Plättchen.

Da wir bei beiden Vorgehensweisen *sämtliche* Plättchen berücksichtigen, stimmt die *Gesamtzahl der Plättchen* bei beiden Wegen überein, und es gilt:

$$3 \cdot (2 + 4) = 3 \cdot 2 + 3 \cdot 4.$$

Verallgemeinerung
Unsere Argumentation ist offenkundig nicht nur im speziellen Fall der Zahlen 3, 2 und 4 gültig, sondern *generell*. Liegen vor uns a Reihen mit b dreieckigen und c runden Plättchen, so beträgt die Gesamtzahl der Plättchen bei zeilenweiser Vorgehensweise $a \cdot (b + c)$, bei einer nach der Form getrennten Vorgehensweise $a \cdot b + a \cdot c$. Da die Gesamtzahl der Plättchen bei beiden Wegen übereinstimmt, gilt für alle[19] natürlichen Zahlen a, b, c:

$$a \cdot (b + c) = a \cdot b + a \cdot c. \qquad \square$$

Bemerkung
Bei der Schreibweise des Distributivgesetzes legen wir die **„Punkt vor Strich"-Regel** zugrunde. Die Multiplikation (und Division) muss *zunächst* ausgeführt werden, erst danach die Addition (und Subtraktion). Wir können daher auf Klammern um $a \cdot b$ und $a \cdot c$ verzichten.

Didaktische Bemerkungen

Der **Haupteinführungsweg** der Multiplikation in der Grundschule basiert auf der *wiederholten Addition* gleicher Summanden bzw. der Mengenvereinigung. Hierbei gibt es zwei grundlegende Vorstellungen. Bei der **dynamischen Vorstellung** der Multiplikation entsteht die Gesamtmenge durch eine mehrmalige Wiederholung der gleichen *Handlung* im Zeitablauf (Beispiel: Marlin geht dreimal in den Keller und holt jeweils fünf Äpfel hoch. Wie viel holt er insgesamt hoch?). Man spricht hier von einer Einführung der Multiplikation über *zeitlich-sukzessive* Handlungen. Bei der **statischen Vorstellung** der Multiplikation liegt die Gesamtmenge von Anfang an vor (Beispiel: Auf dem Boden steht eine volle Mineralwasserkiste. An ihrer Querseite stehen drei, an ihrer Längsseite vier Flaschen. Wie viel Flaschen enthält die Kiste?; *räumlich-simultane* Anordnung). Zwischen beiden Aspekten besteht ein **sehr enger Zusammenhang**. Jede zeitlich-sukzessiv durchgeführte Handlung führt zu einer räumlich- simultan darzustellenden Anordnung.

[19] Die Aussage bleibt auch richtig, wenn $a = 1$ oder wenn mindestens eine der Zahlen a, b, c Null ist.

Umgekehrt kann man sich jede räumlich-simultane Anordnung zeitlich-sukzessiv entstanden denken. Daher sollten im Unterricht *beide* Vorstellungen zugrunde gelegt werden und *nicht einseitig* nur eine von beiden – wie es früher zeitweise der Fall war.

Kreuzprodukt

Gegeben seien zwei dreieckige Plättchen mit den Farben weiß und schwarz als Dach und drei Quadrate mit den Farben weiß, schwarz und grau gerastert als Erdgeschoss. Wie viele verschiedene eingeschossige *Häuser* können wir *insgesamt* – nicht gleichzeitig – mit diesen Plättchen legen? Es gibt offenbar zwei Möglichkeiten, Häuser mit dem *weißen* Erdgeschoss, zwei Möglichkeiten, Häuser mit dem *schwarzen* Erdgeschoss und weitere zwei Möglichkeiten, Häuser mit dem *grau gerasterten* Erdgeschoss zu legen, also insgesamt sechs verschiedene Möglichkeiten. Die folgende Tabelle, auch **Matrix** genannt, listet übersichtlich diese sechs verschiedenen Möglichkeiten auf:

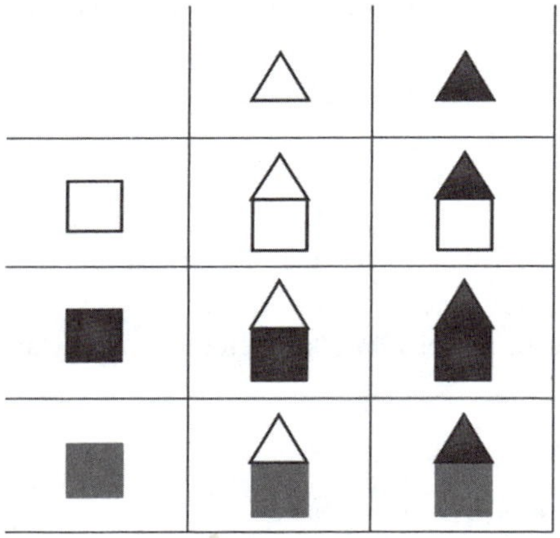

In unserem Beispiel erhalten wir *sämtliche* Häuser, indem wir **alle möglichen Kombinationen** aus den Elementen einer *ersten* Menge (Menge der Quadrate bzw. Erdgeschosse) mit den Elementen einer *zweiten* Menge (Menge der Dreiecke bzw. Dächer) bilden. Hierbei ist die *Reihenfolge* der Elemente bei den Kombinationen wichtig; denn die Dreiecke müssen sich als Dach jeweils oben, die Quadrate als Erdgeschoss unten befinden.

Verallgemeinerung

Unsere konkrete Vorgehensweise in diesem Beispiel lässt sich *allgemein* folgendermaßen beschreiben: Gegeben sind zwei Mengen A und B. Wir bilden *sämtliche* geordneten Paare, deren *erste* Komponente aus A und deren *zweite* Komponente aus B stammt und fassen anschließend alle diese geordneten Paare zu *einer* Menge zusammen. Diese Menge haben wir in Definition 7.1 schon als **Kreuzprodukt** (oder kartesisches Produkt) der Mengen A und B bezeichnet und hierfür kurz $A \times B$ geschrieben.

Bemerkungen

1. An die Mengen A und B stellen wir in Definition 7.1 **keine** speziellen Anforderungen. Daher brauchen die betrachteten Mengen beispielsweise *weder* gleichmächtig *noch* disjunkt zu sein.
2. Das Kreuzprodukt zweier Mengen lässt sich bekanntlich übersichtlich in Form von **Tabellen bzw. Matrizen** darstellen. So lässt sich auch leicht die *Gesamtzahl* der Elemente eines Kreuzproduktes $A \times B$ bestimmen, wie schon das Beispiel der eingeschossigen Häuser aufzeigt und wie auch das folgende Beispiel mit $A = \{1, 2, 3\}$ und $B = \{a, b, c, d\}$ belegt:

$A \backslash B$	a	b	c	d
1	(1, a)	(1, b)	(1, c)	(1, d)
2	(2, a)	(2, b)	(2, c)	(2, d)
3	(3, a)	(3, b)	(3, c)	(3, d)

$A \times B$ besitzt $3 \cdot 4$, also 12 Elemente.

Wir erhalten also die Anzahl der Elemente von $A \times B$, indem wir die Elementanzahl von A mit der Elementanzahl von B multiplizieren. In *diesem* Beispiel gilt also die Beziehung $card\,(A \times B) = card\,A \cdot card\,B$.

Die Bemerkung 2. zeigt eine *andere* Möglichkeit auf, wie wir das Produkt zweier natürlicher Zahlen a und b **alternativ** zur Einführung über die Mengenvereinigung/Wiederholte Addition einführen können. Dieser Weg wurde zur Zeit der *Neuen Mathematik* in den 1970er Jahren in *einigen* Grundschulwerken als Einführungsweg zur Definition der Multiplikation natürlicher Zahlen beschritten. Wir können definieren:

Definition 8.8 (Multiplikation, Ansatz 2)

Das *Produkt* $a \cdot b$ zweier natürlicher Zahlen a und b erhalten wir folgendermaßen:
Wir wählen einen Repräsentanten A von a und einen Repräsentanten B von b.
Das Produkt $a \cdot b$ ist dann die Kardinalzahl von $A \times B$.

Bemerkungen

1. Die Definition 8.8 können wir knapp folgendermaßen aufschreiben:
   $a \cdot b := card\,(A \times B)$ mit $card\,A = a$ und $card\,B = b$.
2. Die Definition 8.8 ist ebenso wie die Definition 8.7 *unabhängig* von der Auswahl der Repräsentanten A und B.
3. Die Produkte $0 \cdot a$, $1 \cdot a$ und $a \cdot 0$ können schon direkt durch die Definition 8.8 – im Unterschied zur Definition 8.7 – problemlos erklärt werden (Aufgabe 22).

4. Bei der Definition 8.8 sind – im Unterschied zur Definition 8.7 – *keine* speziellen Anforderungen an die Mengen A und B erforderlich.
5. Die Definitionen 8.7 (einschließlich der Bemerkung 2.) und 8.8 zeigen uns zwei *gleichwertige* Möglichkeiten auf, wie wir Produkte natürlicher Zahlen *definieren* können. Ausgehend von der Definition 8.7 als Produktdefinition können wir die in unserem Text als Definition 8.8 formulierte Aussage als *Satz* ableiten. Umgekehrt können wir aber auch ausgehend von der Definition 8.8 als Produktdefinition die in diesem Text als Definition 8.7 formulierte Aussage als *Satz* ableiten (Aufgabe 23).
6. Die vorstehende Bemerkung 5. zeigt, dass man beim *Aufbau einer mathematischen Theorie* **lokal** durchaus *unterschiedlich* vorgehen kann. *Definiert* man die Multiplikation natürlicher Zahlen mittels der Vereinigung paarweise disjunkter, gleichmächtiger Mengen (wie in **Definition 8.7** und beachtet zusätzlich die dortige Bemerkung 2.), so kann man die Aussage, dass die Anzahl der Elemente im Kreuzprodukt $A \times B$ der Mengen A und B mit $card\,A = a$ und $card\,B = b$ genau $a \cdot b$ ist, *beweisen*. Die in unserem Text **als Definition 8.8 formulierte Aussage** ist also bei dieser Vorgehensweise ein **beweisbarer Satz**. Geht man dagegen **umgekehrt** vor und *definiert* das Produkt $a \cdot b$ zweier natürlicher Zahlen a und b mit Hilfe des Kreuzproduktes im Sinne von Definition 8.8, so kann man jetzt als *Satz* beweisen, dass die Vereinigungsmenge $B_1 \cup B_2 \cup \cdots \cup B_a$ der gleichmächtigen, paarweise disjunkten Mengen $B_1, B_2, \ldots, B_a$ mit $card\,B_1 = card\,B_2 = \cdots = card\,B_a = b$ genau $a \cdot b$ Elemente besitzt. So kann man an diesem Beispiel gut die Einsicht gewinnen, dass es beim Aufbau einer mathematischen Theorie keineswegs „gottgegeben" ist, welche Aussagen wir als *Definitionen* zugrundelegen und welche Aussagen dann als *Sätze* beweisbar sind. Vielmehr haben wir hier in *gewissen Grenzen* **Gestaltungsmöglichkeiten**, die wir je nach *Zweckmäßigkeitsgesichtspunkten* durchaus unterschiedlich nutzen können (vgl. auch die didaktischen Bemerkungen unmittelbar vor dem Abschnitt 8.7 Division).

Legen wir die **Definition 8.8** als Produktdefinition zugrunde, so lassen sich das Kommutativ-, Assoziativ- und Distributivgesetz auf dem Begründungsniveau eines Beweises mit Variablenbenutzung recht einfach beweisen. Daher wird *dieser* Weg der Einführung der Multiplikation im Bereich der **Hochschulmathematik** bevorzugt. Wir beweisen auch hier wiederum exemplarisch das Kommutativ- und das Distributivgesetz (vgl. auch Aufgabe 24).

Satz 8.6 (Kommutativgesetz)
Für alle natürlichen Zahlen a, b gilt:

$$a \cdot b = b \cdot a$$

Beweis: a) Es sei $card\,A = a$ und $card\,B = b$.

Wegen $a \cdot b = card\,(A \times B)$ und $b \cdot a = card\,(B \times A)$ müssen wir nachweisen, dass stets $card\,(A \times B) = card\,(B \times A)$ gilt. Hierzu müssen wir zeigen, dass $A \times B$ und $B \times A$

stets **gleichmächtig** sind, dass es also eine *bijektive Abbildung* f von $A \times B$ nach $B \times A$ gibt.

b) Wir erhalten auf folgende, naheliegende Art eine bijektive Abbildung f von $A \times B$ nach $B \times A$: Wir ordnen *jedem* Element $(a, b) \in A \times B$ *das* Element $(b, a) \in B \times A$ zu, das wir durch *Vertauschen* der beiden Komponenten erhalten. Die so definierte Zuordnung

$$\boldsymbol{f: \quad A \times B \longrightarrow B \times A \quad \text{mit} \quad (a, b) \longmapsto (b, a)}$$

ist eine **bijektive Abbildung**; denn es gilt:

1. f ist eine *Abbildung* (bzw. Funktion):
   Jedem geordneten Paar $(a, b) \in A \times B$ wird durch das Vertauschen der beiden Komponenten *genau ein* geordnetes Paar $(b, a) \in B \times A$ zugeordnet.
2. f ist eine *injektive* Abbildung:
   Aus $(b_1, a_1) = (b_2, a_2)$ folgt nämlich $b_1 = b_2$ und $a_1 = a_2$ und damit auch $(a_1, b_1) = (a_2, b_2)$.
3. f ist eine *surjektive* Abbildung:
   Zu *jedem* $(b, a) \in B \times A$ können wir durch das Vertauschen der beiden Komponenten ein $(a, b) \in A \times B$ finden, das durch f gerade auf (b, a) abgebildet wird.

Also gilt stets $card\,(A \times B) = card\,(B \times A)$, und damit für alle natürlichen Zahlen a, b stets $a \cdot b = b \cdot a$. □

Bemerkung
Es gilt zwar stets $A \times B\ glm\ B \times A$, aber es gilt im Allgemeinen *nicht* $A \times B = B \times A$ (Aufgabe 25).

Satz 8.7 (Distributivgesetz)
Für alle natürlichen Zahlen a, b, c gilt:

$$a \cdot (b + c) = a \cdot b + a \cdot c$$

Beweis

1. Es sei $a = card\,A$, $b = card\,B$, $c = card\,C$ mit $B \cap C = \{\}$. Wegen $B \cap C = \{\}$ gilt $b + c = card\,(B \cup C)$ und damit $\boldsymbol{a \cdot (b + c)} = card\,[\boldsymbol{A \times (B \cup C)}]$.
2. Aus $B \cap C = \{\}$ folgt direkt auch $(A \times B) \cap (A \times C) = \{\}$, da die zweiten Komponenten jeweils paarweise verschieden sind, und damit $\boldsymbol{a \cdot b + a \cdot c} = card[(\boldsymbol{A \times B}) \cup (\boldsymbol{A \times C})]$.
3. Während im Allgemeinen $A \times B \neq B \times A$ gilt, gilt dagegen stets (s. u.)

$$A \times (B \cup C) = (A \times B) \cup (A \times C).$$

Die **Identität** ist eine **bijektive Abbildung**, daher gilt

$$A \times (B \cup C)\, glm\, (A \times B) \cup (A \times C).$$

Also gilt für alle natürlichen Zahlen a, b, c:

$$\boldsymbol{a \cdot (b + c) = a \cdot b + a \cdot c}.$$

Die Gleichheit von $A \times (B \cup C)$ und $(A \times B) \cup (A \times C)$ ergibt sich unmittelbar durch Rückgriff auf die Definitionen des Kreuzproduktes und der Vereinigungsmenge (Aufgabe 26). □

Didaktische Bemerkungen zu den beiden Einführungswegen der Multiplikation

Eine Einführung des Produktes natürlicher Zahlen mit Hilfe des **Kreuzproduktes** bietet unter *rein mathematischen* Gesichtspunkten Vorteile, da so beispielsweise die Beweise des Kommutativ-, Assoziativ- und Distributivgesetzes *eleganter* geführt werden können. Dennoch ist – mit Ausnahme eines kurzen Intermezzos zu Zeiten der *Neuen Mathematik* in den 1970er Jahren – der Weg über die **Mengenvereinigung/Wiederholte Addition** zu Recht stets der **wichtigste Weg** zur Einführung der Multiplikation in der Grundschule gewesen. *Nur* über die dort genannten beispielgebundenen Beweisstrategien kann nämlich *Grundschulkindern* die Gültigkeit des Kommutativ-, Assoziativ- und Distributivgesetzes klargemacht werden. Zusätzlich sollte allerdings im Unterricht der Grundschule der Weg über das Kreuzprodukt *implizit* anhand einiger ausgewählter Sachaufgaben thematisiert werden (Produktregel der Kombinatorik).

Neben dem schon erwähnten, viel zu abstrakten Begründungsniveau sprechen aber auch noch *weitere* Argumente **gegen** die Verwendung des **Kreuzproduktes** und *für* die Verwendung der Mengenvereinigung/Wiederholten Addition als Haupteinführungsweg im Mathematikunterricht der Grundschule:

- Während beim Weg über die Mengenvereinigung/Wiederholte Addition das *gesamte* Produkt *auf einmal* mit *Material* gelegt werden kann, ist dies beim Weg über das Kreuzprodukt *nicht* möglich. Vielmehr müssen hier *hypothetische* Kombinationen betrachtet werden, die Grundschulkindern große Schwierigkeiten bereiten.
- Die Grundschulkinder besitzen wesentlich mehr *Vorerfahrungen* mit der Mengenvereinigung/Wiederholten Addition.
- Beim Weg über das Kreuzprodukt ist der *Anwendungsbezug* nur sehr *einseitig* auf *einen* mathematischen Bereich, nämlich auf die Kombinatorik, bezogen.
- Der Zusammenhang zwischen Multiplikation und Division als *Umkehroperation* leuchtet beim Weg über die Mengenvereinigung/Wiederholte Addition unmittelbarer und besser ein als beim Weg über das Kreuzprodukt.

Wegen weiterer Hinweise zur *heutigen Grundlegung* des Multiplikationsverständnisses über zeitlich-sukzessive Handlungen, über räumlich-simultane Anordnungen und ergänzend über einen kombinatorischen Kontext sowie auch wegen sehr knapper Hinweise auf eine Reihe unterschiedlicher methodischer Zugangswege zur Multiplikation natürlicher Zahlen im Verlauf des *20. Jahrhunderts* verweisen wir an dieser Stelle auf F. Padberg/C. Benz [15], S. 128ff.

8.7 Division

Wir können die Division *eigenständig* und *anwendungsnah* im Sinne des *Aufteilens* und *Verteilens* einführen oder als *Umkehroperation* der Multiplikation. Wir verdeutlichen diese Einführungswege jeweils zunächst am Beispiel einer konkreten Aufgabe, bevor wir sie anschließend allgemeiner beschreiben.

Die natürlichen Zahlen sind unter der Division – ebenso wie schon unter der Subtraktion – *nicht* abgeschlossen. Der Quotient $a : b$ ist in $\mathbb{N}$ nur für *den* Fall definiert, dass a ein *Vielfaches* von b oder b ein *Teiler* von a ist (vgl. Abschnitt 4.1). Dies gibt in der Sekundarstufe I Anlass zur Einführung der Bruchzahlen (vgl. Abschnitt 10.1). Wir beschränken uns in diesem Abschnitt im Wesentlichen auf den Fall, dass die **Division ohne Rest** aufgeht. Für den Fall, dass bei der Division ein *Rest* bleibt, gab es bezüglich der *Notation* dieser Aufgaben im Unterricht der Grundschule in den letzten Dekaden des zwanzigsten Jahrhunderts eine breite, intensive Diskussion mit drei unterschiedlichen Schreibweisen (vgl. F. Padberg/C. Benz [15], S. 164f.). Nach dem Übergang vom Zahlbereich der natürlichen Zahlen zu dem umfassenderen Zahlbereich der Bruchzahlen[20] (oder positiven rationalen Zahlen) zu Beginn der Sekundarstufe I lassen sich jedoch *sämtliche* Divisionen $a : b$ mit $a, b \in \mathbb{N}$ in dieser umfassenderen Menge *uneingeschränkt* durchführen. Auch gibt es jetzt keinerlei Probleme mehr mit der Notation der Ergebnisse. Man notiert sie als gemeine Brüche oder Dezimalbrüche.

Aufteilen

Zur Einführung des Aufteilens gehen wir von folgender **Sachsituation** (vgl. auch Abschnitt 4.1) aus:

Zwölf Apfelsinen sollen in Netze mit jeweils vier Apfelsinen verpackt (aufgeteilt) werden. Wie viele Netze erhalten wir?

[20] Vgl. F. Padberg/R. Danckwerts/M. Stein [10], S. 86ff.

Die Lösung dieser Sachaufgabe kann *ohne* Kenntnis der Division *enaktiv* durch ein reales Verpacken der Apfelsinen in Netze oder *ikonisch* wie folgt gefunden werden:

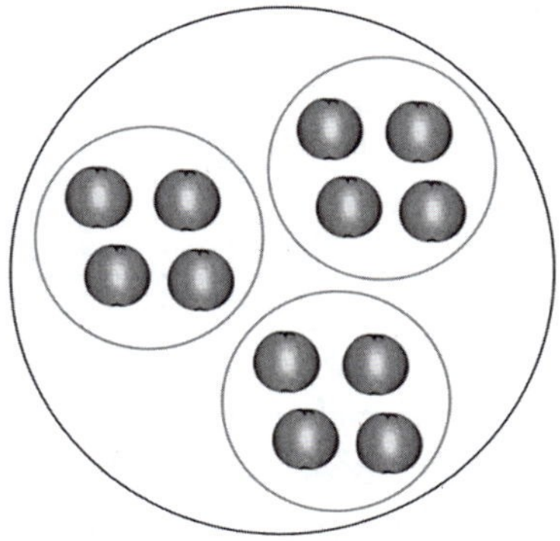

Man zeichnet Schritt für Schritt jeweils einen Kreis um vier Apfelsinen, bis so sämtliche Apfelsinen aufgeteilt sind. Anschließend können wir der Zeichnung entnehmen, dass wir so drei Netze mit jeweils vier Apfelsinen erhalten haben. Diesen Aufteilvorgang nebst Ergebnis notieren wir knapp in der Form $12 : 4 = 3$. Offensichtlich können wir zwölf Apfelsinen auf *viele* verschiedene Arten in Netze mit jeweils vier Apfelsinen abpacken (vgl. Aufgabe 33). Das vorstehende Bild zeigt nur *eine* dieser Möglichkeiten auf. Allerdings bleibt die *Anzahl* der Netze offensichtlich jeweils *gleich*.

Verallgemeinerung
Entsprechend können wir allgemein versuchen, a Apfelsinen in Netze mit jeweils b Apfelsinen abzupacken (mit $a, b \in \mathbb{N}$ und $a \geq b$). Auch hier können wir die *Anzahl* der so erhaltenen Netze prinzipiell zeichnerisch (oder auch enaktiv) bestimmen, indem wir um jeweils b Apfelsinen einen Kreis zeichnen. **Zwei verschiedene Fälle** können hierbei bei beliebigen $a, b \in \mathbb{N}$ auftreten:

Wir können auf diese Art sämtliche Apfelsinen **restlos** abpacken (und auf *diesen Fall* beschränken wir uns im Folgenden), oder es bleibt hierbei ein **Rest** von weniger als b Apfelsinen übrig, mit denen wir kein Netz mehr vollständig füllen können (Beispiel: Packe 14 Apfelsinen in Netze mit jeweils drei Apfelsinen ein.). Erhalten wir im ersten Fall k Netze, so schreiben wir hierfür kurz $\boldsymbol{a : b = k}$. Offensichtlich gibt es auch im allgemeinen Fall meist *viele* verschiedene Möglichkeiten, wie wir die Kreise konkret einzeichnen bzw. wie wir die Netze konkret mit b Apfelsinen füllen können. Aus Erfahrung wissen wir, dass die *Anzahl* der Netze dennoch jeweils *gleich* ist. Und nur weil wir dies voraussetzen (und im Zusammenhang mit der Thematisierung der Division als Umkehroperation der Multiplikation später in diesem Kapitel noch begründen), dürfen wir überhaupt $a : b = k$ schreiben. Durch dieses *Aufteilen* wird also eine Menge mit a Elementen restlos aufgeteilt in k paarweise disjunkte Teilmengen mit jeweils b Elementen. Beim Aufteilen ist die Anzahl der Elemente der Ausgangsmenge und die Elementanzahl je Teilmenge gegeben, während die Anzahl der *Teilmengen* gesucht wird.

Aufteilen und Multiplikation

Zwischen dem Aufteilen und der *Multiplikation* besteht ein enger Zusammenhang, wie wir zunächst anhand unserer konkreten Sachsituation verdeutlichen. Nach dem Aufteilen der zwölf Apfelsinen in Netze mit jeweils vier Apfelsinen liegen vor uns drei Netze mit jeweils vier Apfelsinen, und durch das Produkt $3 \cdot 4 = 12$ erhalten wir wiederum die Gesamtzahl der Apfelsinen vor dem Aufteilen.

Beim Aufteilen wird die Anzahl der Teilmengen (hier: 3) gesucht. In dem Produkt $3 \cdot 4 = 12$ ist die Anzahl der Elemente je Teilmenge (**4**) und die Gesamtmenge (12) bekannt, also entspricht dem Aufteilen die **Multiplikationsaufgabe** $x \cdot 4 = 12$. Entsprechend ist die Situation beim Aufteilen von a Apfelsinen in Netze mit b Apfelsinen (bei geeigneten $a, b \in \mathbb{N}$). Die Gesamtzahl a und die Anzahl b der Elemente je Teilmenge ist bekannt, während die Anzahl der Teilmengen bestimmt werden soll. Also entspricht dem Aufteilen die **Multiplikationsaufgabe** $x \cdot b = a$.

Aufteilen und Subtraktion

Aber auch zwischen dem Aufteilen und der *Subtraktion* besteht ein enger Zusammenhang. So können wir in unserer einleitend beschriebenen Sachsituation die Anzahl der Netze auch bestimmen, indem wir von den zwölf Apfelsinen jeweils Netze mit vier Apfelsinen solange wegnehmen, bis keine Apfelsinen mehr übrigbleiben, also indem wir solange 4 von der Zahl 12 subtrahieren, *bis wir die Zahl 0 erreichen*. Wir können von 12 dreimal die Zahl 4 subtrahieren, bis wir 0 erhalten, also gilt $12 : 4 = 3$. Entsprechend können wir auch bei beliebigen geeigneten Zahlen $a, b \in \mathbb{N}$ vorgehen.

Verteilen

Zur Einführung des Verteilens gehen wir von folgender **Sachsituation** aus:

Zwölf Äpfel sollen gleichmäßig („gerecht“) an vier Kinder verteilt werden. Wie viele Äpfel bekommt jedes Kind?

Die Lösung dieser Sachaufgabe kann *ohne* Kenntnis der Division *enaktiv* durch das gleichmäßige Verteilen von zwölf Äpfeln an vier Kinder oder *ikonisch* gefunden werden:

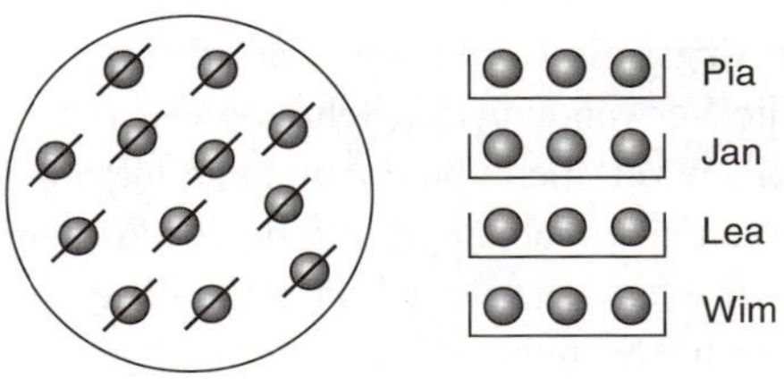

Jedes Kind bekommt *der Reihe nach* einen Apfel. Wenn ich einem Kind einen Apfel gebe, so streiche ich diesen Apfel links durch. Wenn Wim einen Apfel bekommen hat, beginne ich wiederum bei Pia. Durch dieses gleichmäßige („gerechte“) Verteilen bekommt jedes der vier Kinder insgesamt drei Äpfel. Wir schreiben hierfür kurz $12 : 4 = 3$. Offensichtlich können wir konkret gegebene zwölf Äpfel auf *viele* verschiedene Arten an vier Kinder gleichmäßig verteilen. Allerdings bleibt hierbei die *Anzahl* der Äpfel je Kind stets gleich. Beim gleichmäßigen Verteilen kann ich aber auch – wenn die Gesamtzahl genügend groß ist – jedem Kind zugleich *zwei oder auch mehr* Äpfel geben. Entscheidend ist nur, dass jedes Kind bei jedem Durchgang jeweils *gleich viele* Äpfel bekommt. Das Verteilen bricht ab, wenn keine Äpfel mehr vorhanden sind. Hierbei bedeutet *gleichmäßiges („gerechtes")* Verteilen, dass jedes Kind die *gleiche* Anzahl von Äpfeln bekommt. *„Gerecht"* bezieht sich hier also *nur* auf das Kriterium *Anzahl*, wobei im realen Leben beim gerechten Verteilen durchaus *andere* Kriterien *wesentlicher* sein können. So kann es beispielsweise sehr ungerecht sein, wenn Pia beim Verteilen einen schönen großen Apfel bekommt, während Jan einen kleinen Apfel erhält.

Verallgemeinerung

Entsprechend der vorstehenden Sachsituation können wir auch *allgemein* versuchen, a Äpfel gleichmäßig an b Kinder zu verteilen (mit $a, b \in \mathbb{N}$ und $a \geq b$). Auch in diesen Fällen können wir die Anzahl der Äpfel, die jedes Kind erhält, prinzipiell *enaktiv* oder auch *ikonisch* – wie im konkreten Beispiel gerade realisiert – bestimmen, indem wir *der Reihe nach* jedem Kind jeweils *einen* (oder auch jeweils *mehrere*, aber gleich viele) Äpfel geben bzw. dies entsprechend aufzeichnen.

Zwei verschiedene Fälle können bei beliebigen $a, b \in \mathbb{N}$ mit $a \geq b$ auftreten:

Wir können sämtliche a Äpfel *restlos* und gleichmäßig an die b Kinder verteilen (auf *diesen Fall* beschränken wir uns im Folgenden) **oder** beim gleichmäßigen Verteilen bleiben schließlich am Ende eines Durchgangs mindestens einer, aber weniger als b Äpfel übrig, und wir müssen das Verteilen vorzeitig beenden (Beispiel: Verteile 13 Äpfel gleichmäßig an vier Kinder). Bekommt im ersten Fall jedes Kind k Äpfel, so schreiben wir hierfür kurz $\boldsymbol{a : b = k}$.

Erhalten wir beim Aufteilen ($a : b$) **und beim Verteilen** ($a : b$) **stets dasselbe Ergebnis?**

Damit dies sinnvoll ist, muss allerdings zunächst noch abgeklärt werden, ob wir an dieser Stelle **dasselbe Zeichen** wie beim Aufteilen verwenden können. Dies ist nur dann sinnvoll möglich, wenn wir bei gegebenen $a, b \in \mathbb{N}$ sowohl beim Verteilen als auch beim Aufteilen **stets dasselbe Ergebnis** k erhalten. Dass dies so ist, begründen wir im Abschnitt *Dividieren*. Für die Verwendung der Schreibweise $a : b = k$ ist *ferner* wichtig, dass wir beim gleichmäßigen Verteilen von a Äpfeln an b Personen stets *dieselbe* Anzahl von Äpfeln pro Person erhalten – unabhängig von den im Allgemeinen *vielen* verschiedenen Möglichkeiten, wie wir diese Verteilung konkret realisieren können. Auch auf diesen Punkt gehen wir im nächsten Abschnitt (*Dividieren*) noch genauer ein.

Vergleich: Aufteilen und Verteilen

Durch das *Verteilen* wird eine Menge M mit a Elementen restlos zerlegt in b paarweise disjunkte, gleichmächtige Teilmengen. Gesucht wird beim Verteilen die Anzahl der Elemente je Teilmenge, während die Anzahl der Elemente der Ausgangsmenge M und die

Anzahl der Teilmengen bekannt ist. Die folgende Übersicht verdeutlicht gut die **Unterschiede und Gemeinsamkeiten** des Aufteilens und Verteilens:

	Aufteilen	Verteilen
Elementanzahl von M	gegeben	gegeben
Elementanzahl je Teilmenge	gegeben	?
Anzahl der Teilmengen	?	gegeben

Verteilen und Multiplikation

Zwischen dem Verteilen und der *Multiplikation* besteht ebenfalls ein enger Zusammenhang, wie wir zunächst an unserem Eingangsbeispiel verdeutlichen. Durch das gleichmäßige Verteilen der zwölf Äpfel an die vier Kinder haben wir die Ausgangsmenge in vier paarweise disjunkte Teilmengen mit jeweils drei Elementen zerlegt. Daher besteht zwischen diesen drei Angaben die multiplikative Beziehung $\mathbf{4 \cdot 3 = 12}$. Beim Verteilen wird die Anzahl der Äpfel je Kind (3) gesucht. **Gegeben** ist die Anzahl der Teilmengen (**4**) und die Gesamtzahl der Äpfel (12). Also entspricht dem gleichmäßigen Verteilen die Multiplikationsaufgabe $\mathbf{4 \cdot x = 12}$.

Entsprechend ist die Situation beim Verteilen von a Äpfeln an b Kinder (bei geeigneten $a, b \in \mathbb{N}$). Die Gesamtzahl a der Äpfel und die Anzahl b der Teilmengen ist bekannt, während die Anzahl der Äpfel je Teilmenge bestimmt werden soll. Also entspricht dem gleichmäßigen Verteilen von a Äpfeln an b Kinder die Multiplikationsaufgabe $\boldsymbol{b \cdot x = a}$.

Dividieren

Die Einführung der Division über das Aufteilen und Verteilen bietet den großen *Vorteil*, dass wir auf diese Art mit der Division *anschauliche* Vorstellungen verbinden und so leichter den Bezug zwischen entsprechenden *alltäglichen* Situationen und der *Division* herstellen können. Allerdings sind hierbei aus unserer Sicht – nicht aus der Sicht der Grundschulkinder! – bislang noch folgende Fragen unbeantwortet geblieben:

Drei bislang unbeantwortete Fragen

1. Erhalten wir bei gegebenen Zahlen $a, b \in \mathbb{N}$ beim *Aufteilen* wirklich immer **dasselbe Ergebnis** k (sofern die Aufgabe ohne Rest lösbar ist) – **trotz** der vielen verschiedenen – meist möglichen – konkreten Realisierungen? Gilt Entsprechendes auch immer beim *Verteilen*?
2. Erhalten wir bei gegebenen Zahlen $a, b \in \mathbb{N}$ beim Aufteilen **und** beim Verteilen **dasselbe Ergebnis** k (sofern die Aufgabe ohne Rest lösbar ist) – **obwohl** der konkrete Aufteil- bzw. Verteilvorgang äußerst unterschiedlich ist? Dürfen wir überhaupt für das Aufteilen und das Verteilen *dasselbe* Rechenoperationszeichen benutzen?
3. Ist das Ergebnis beim Aufteilen und beim Verteilen jeweils *unabhängig* von den benutzten *Repräsentanten*?

Um eine Antwort auf diese Fragen geben zu können und auch um einen weiteren wichtigen Einführungsweg der Division kennenzulernen, führen wir in diesem Abschnitt die Division *ohne* Rückgriff auf anschauliche Vorstellungen als **Umkehroperation** der Multiplikation ein (genauso wie ja auch die Subtraktion unabhängig von anschaulichen Vorstellungen als Umkehroperation der Addition eingeführt werden kann). Für eine **Verknüpfung** dieses Einführungsweges mit den Wegen über das *Aufteilen* und das *Verteilen* ist es sehr hilfreich, dass wir weiter vorne jeweils schon den **Zusammenhang** zwischen Aufteilen und Multiplikation sowie Verteilen und Multiplikation aufgezeigt haben.

Division – starke Einschränkungen

Aufgrund unserer Vorerfahrungen wissen wir, dass die *Division in* $\mathbb{N}$ nur mit *starken* Einschränkungen durchgeführt werden kann. So ist zwar die Divisionsaufgabe $6 : 2$ in $\mathbb{N}$ lösbar; denn es gibt genau eine natürliche Zahl, nämlich 3, mit der Eigenschaft $3 \cdot 2 = 6$, oder es gilt $15 : 3 = 5$, da es genau eine natürliche Zahl, nämlich 5, mit der Eigenschaft $5 \cdot 3 = 15$ gibt. Dagegen sind die Aufgaben $7 : 2$ oder $19 : 3$ in $\mathbb{N}$ nicht lösbar; denn es gibt keine natürliche Zahl n mit $n \cdot 2 = 7$, da 3 wegen $3 \cdot 2 = 6$ zu klein, der Nachfolger 4 dagegen wegen $4 \cdot 2 = 8$ schon zu groß ist. Entsprechendes gilt auch für $m \cdot 3 = 19$. 6 ist zu klein, der Nachfolger 7 schon zu groß. Im Bereich der *natürlichen Zahlen* können wir also allgemein die Division $a : b$ nur in genau den Fällen durchführen, in denen es genau ein $k \in \mathbb{N}$ gibt mit $k \cdot b = a$. *Nach* der Erweiterung des Zahlbereichs der natürlichen Zahlen zu den *Bruchzahlen* (positiven rationalen Zahlen) zu Beginn der *Sekundarstufe I* ändert sich allerdings die Situation *grundlegend*. Im Bereich der *Bruchzahlen* sind auch Divisionen wie $7 : 2$ und $19 : 3$ durchführbar; denn es gilt hier $7 : 2 = 3\frac{1}{2}$ bzw. $7 : 2 = 3{,}5$ und $19 : 3 = 6\frac{1}{3}$ bzw. $19 : 3 = 6{,}\overline{3}$. Hier sind sogar *alle* Divisionen für $a, b \in \mathbb{N}$ ohne Einschränkung durchführbar, es gilt hier nämlich stets $a : b = \frac{a}{b}$ (vgl. F. Padberg/R. Danckwerts/M. Stein [10], S. 88).

Division als Umkehroperation der Multiplikation

Aufgrund von Beispielen ist uns anschaulich unmittelbar klar, dass Gleichungen der Form $x \cdot b = a$ (und damit wegen des Kommutativgesetzes der Multiplikation auch Gleichungen der Form $b \cdot x = a$) mit $a, b \in \mathbb{N}$ in $\mathbb{N}$ stets entweder *unlösbar* sind (Beispiel: $2 \cdot x = 5$) oder *eindeutig* lösbar sind (Beispiel: $2 \cdot x = 6$), dass also Gleichungen der Form $b \cdot x = a$ bzw. $x \cdot b = a$ mit $a, b \in \mathbb{N}$ in $\mathbb{N}$ stets **höchstens eine** Lösung besitzen. In den vorstehenden konkreten Beispielen haben wir dies durch Rückgriff auf die Kleinerrelation begründet. Entsprechend können wir auch für beliebige $a, b \in \mathbb{N}$ beweisen:

Satz 8.8

Die Gleichungen

$$x \cdot b = a \quad \text{und} \quad b \cdot x = a$$

haben für $a, b \in \mathbb{N}$ in $\mathbb{N}$ jeweils stets höchstens eine Lösung.

Beweis
Wir betrachten im Folgenden die Gleichungen $b \cdot x = a$. Der Beweis für die Gleichungen $x \cdot b = a$ verläuft völlig analog (Aufgabe 36).

Wir beweisen Satz 8.8 **indirekt**. Wir nehmen an, dass $b \cdot x = a$ **nicht** stets *höchstens eine* Lösung besitzt, sondern dass diese Gleichung mindestens für ein oder einige $a, b \in \mathbb{N}$ mehr als eine, also **mindestens zwei** Lösungen besitzt, etwa die Lösungen e und f. Also gilt dann $b \cdot e = a$ und $b \cdot f = a$. Ohne Beschränkung der Allgemeinheit nehmen wir an, dass e kleiner als f ist und dass daher nach Definition 8.5[21] ein $c \in \mathbb{N}$ existiert mit $e + c = f$. Durch Einsetzen in $b \cdot f = a$ bzw. in $a = b \cdot f$ erhalten wir wegen der Gültigkeit des Distributivgesetzes $a = b \cdot f = b \cdot (e + c) = b \cdot e + b \cdot c = a + b \cdot c$, also $a + b \cdot c = a$ mit $a, b, c \in \mathbb{N}$. Hieraus folgt jedoch $a < a$, also ein **Widerspruch**. Folglich war unsere Annahme *falsch*, also besitzt $b \cdot x = a$ stets *höchstens eine* Lösung.

□

Bemerkung
Im Beweis von Satz 8.8 verwenden wir erstmalig die Formulierung „ohne Beschränkung der Allgemeinheit" (abgekürzt „o. B. d. A."). Diese Phrase wird in mathematischen Beweisen häufig verwendet; die zugehörige Überlegung ist für die Beweisführung meistens von zentraler Bedeutung. Es geht dabei darum, dass ein Beweis die Gültigkeit einer allgemein formulierten Aussage absichern soll (hier die Eindeutigkeit der Lösung der Gleichung, falls überhaupt eine existiert). Wenn hier von der Annahme, es gäbe zwei verschiedene Lösungen e und f, ausgegangen wird, ist zunächst nicht bekannt, ob $e < f$ oder $f < e$ gilt. Klar ist aber, dass eine Zahl kleiner als die andere ist. Da die Wahl der Bezeichnungen e und f willkürlich ist, hätte man die Lösungen genauso gut andersherum bezeichnen können. Insofern wird die Allgemeinheit der Betrachtung nicht eingeschränkt, wenn angenommen wird, dass etwa $e < f$ ist. Da diese Phrase „ohne Beschränkung der Allgemeinheit" jeweils dann verwendet wird, wenn eine bestimmte Festlegung getroffen wird, ist wichtig, dass man sich bei der Verwendung vergewissert, ob die Allgemeinheit tatsächlich *nicht* eingeschränkt wird.

Wenn die Gleichungen $b \cdot x = a$ und $x \cdot b = a$ für jeweils feste $a, b \in \mathbb{N}$ eine Lösung in $\mathbb{N}$ besitzen, so stimmen diese Lösungen stets überein. Dies ergibt sich unmittelbar aus dem Kommutativgesetz der Multiplikation. Also gilt:

Satz 8.9
Die Gleichungen $x \cdot b = a$ und $b \cdot x = a$ mit jeweils festen $a, b \in \mathbb{N}$ besitzen in $\mathbb{N}$ – sofern sie lösbar sind – stets dieselbe Lösung.

[21] Wir haben diese Definition schon am Ende von Abschnitt 8.4 *genannt*. Die systematische Behandlung der Kleinerrelation erfolgt im nächsten Abschnitt, dort steht dann auch systematisch diese Definition 8.11.

Aufgrund der vorstehenden Sätze wissen wir jetzt, dass wir die Division $a : b$ für $a, b \in \mathbb{N}$ in $\mathbb{N}$ durch Rückgriff auf die Multiplikation in genau den Fällen definieren können, in denen es *ein* – und damit *genau ein* – $k \in \mathbb{N}$ gibt mit $k \cdot b = a$ bzw. $b \cdot k = a$.

Wir definieren:

Definition 8.9 (Division)
Gibt es in $\mathbb{N}$ zu gegebenen Zahlen $a, b \in \mathbb{N}$ eine Zahl $k \in \mathbb{N}$ mit $k \cdot b = a$, so definieren wir $a : b$ durch

$$(a : b) := k.$$

Wir nennen a **Dividend**, b **Divisor** und k **Quotient**.

Damit ergibt sich unmittelbar aufgrund dieser Definition folgender Zusammenhang zwischen Multiplikation und Division:

Satz 8.10
Für alle $a, b, k \in \mathbb{N}$ gilt:

1. $a : b = k$ *genau dann, wenn* $k \cdot b = a$.
2. $a : b = k$ *genau dann, wenn* $a : k = b$.

Wir können jetzt die zu Beginn dieses Abschnitts gestellten Fragen beantworten:

Antworten auf die drei bislang unbeantworteten Fragen

1. Wegen des in den Abschnitten Aufteilen und Verteilen jeweils hergestellten Zusammenhangs zwischen dem Aufteilen bzw. Verteilen und der Multiplikation wissen wir, dass beim *Aufteilen* nach Lösungen der Gleichungen $x \cdot b = a$ und beim *Verteilen* nach Lösungen der Gleichungen $b \cdot x = a$ gefragt wird. Beim Beweis von Satz 8.8 haben wir gezeigt, dass bei gegebenen $a, b \in \mathbb{N}$ die Gleichung $x \cdot b = a$ – sofern sie lösbar ist – **genau eine** Lösung besitzt. Wir erhalten also beim *Aufteilen* bei gegebenen $a, b \in \mathbb{N}$ unabhängig von der konkreten Realisierung **stets dieselbe** Lösung. Da bei gegebenen $a, b \in \mathbb{N}$ die Gleichung $b \cdot x = a$ ebenfalls – sofern sie lösbar ist – **genau eine** Lösung besitzt, erhalten wir beim *Verteilen* – unabhängig von der konkreten Realisierung – **stets dieselbe Lösung**.
2. Wegen Satz 8.9 wissen wir, dass die Gleichungen $x \cdot b = a$ und $b \cdot x = a$ bei gegebenen $a, b \in \mathbb{N}$ – sofern sie lösbar sind – stets **dieselbe Lösung** besitzen. Wir erhalten

bei gegebenen Zahlen $a, b \in \mathbb{N}$ also sowohl beim Aufteilen als auch beim Verteilen stets **dasselbe Ergebnis**. Daher ist es möglich, in beiden Fällen **dasselbe Rechenoperationszeichen** zu verwenden.

3. Das Ergebnis beim Aufteilen wie beim Verteilen ist jeweils **unabhängig von den verwendeten Repräsentanten**. Dies trifft für die Multiplikation zu, wie wir in Abschnitt 8.6 begründet haben, also auch für die in diesem Abschnitt als Umkehroperation der Multiplikation eingeführte Division und damit aufgrund der aufgezeigten Zusammenhänge auch für das Aufteilen und Verteilen.

Null als Dividend oder Divisor

Die Division durch Null bereitet vielen Schülerinnen und Schülern und auch noch Studierenden **Schwierigkeiten**. Im günstigsten Fall kommt die Antwort: „Die Division durch Null ist verboten", ohne dass diese Aussage jedoch näher begründet werden kann. Dabei lassen sich durch Rückgriff auf die Multiplikation die drei Fälle *Dividend* Null, *Divisor* Null und *Dividend und Divisor* Null leicht erklären. So gilt $\mathbf{0 : \boldsymbol{a} = 0}$ für jedes $a \in \mathbb{N}$, da stets $0 \cdot a = 0$ gilt. Dagegen ist $\boldsymbol{a} \mathbf{: 0}$ für kein $a \in \mathbb{N}$ definiert, da für alle natürlichen Zahlen Produkte mit Null stets Null ergeben, wir also nie als Ergebnis die gegebene Zahl a erhalten. $\mathbf{0 : 0}$ schließlich ist aus einem anderen Grund nicht definiert. Hier gilt zwar $0 \cdot 0 = 0$, aber es gilt auch $a \cdot 0 = 0$ für *alle* $a \in \mathbb{N}_0$. Wegen der Allgemeingültigkeit dieser zugehörigen Multiplikationsgleichung können wir daher $0 : 0$ kein *eindeutiges* Ergebnis zuordnen und daher $0 : 0$ nicht sinnvoll definieren. Der Fall $0 : a$ für $a \in \mathbb{N}$ lässt sich auch durch Rückgriff auf die Vorstellung des *Verteilens* gut erklären, während bei einem Rückgriff auf die Vorstellung des *Aufteilens* die Gefahr besteht, dass man nicht Null als Ergebnis erhält, sondern glaubt, dass $0 : a$ nicht definiert ist (Aufgabe 41).

Didaktische Bemerkungen

Multiplikation und Division hängen eng zusammen. Dennoch sollte ihre grundlegende Erschließung *nicht* gleichzeitig erfolgen. Erst muss ein gutes Verständnis der Multiplikation sowie einige rechnerische Sicherheit im Hunderterraum vorliegen, bevor die Division erfolgreich eingeführt werden kann. Ein *kontextbezogenes* Lösen von Divisionsfragestellungen kann jedoch schon *vom ersten Schuljahr an* in Form von geeigneten Rechengeschichten durchgeführt werden. Ziel der sorgfältigen Grundlegung der Division im zweiten Schuljahr ist ihre Verknüpfung mit *tragfähigen inhaltlichen* Vorstellungen. Hierzu müssen die beiden zentralen Vorstellungen des *Aufteilens* und *Verteilens* anschaulich und gründlich erschlossen werden (für genauere Details vgl. F. Padberg/C. Benz [15], S. 152–156). Die ebenfalls wichtige Vorstellung der Division als *Umkehroperation* der Multiplikation sowie die Vorstellung der Division als *wiederholte Subtraktion* lassen sich hierbei gut integrieren (vgl. F. Padberg/C. Benz [15], S. 156f.). Bei der unterrichtlichen Erarbeitung des

Aufteilens und Verteilens weist das **Aufteilen** sowohl auf der ikonischen als auch symbolischen Ebene *deutliche Vorzüge* gegenüber dem Verteilen auf. Auch bei einer Betrachtung der Zahlbereichserweiterungen in der *Sekundarstufe* ist das Aufteilen – insbesondere in der geometrischen Form des *Messens* – wesentlich breiter einsetzbar als das Verteilen. Allerdings kommen im *Alltag* häufiger Verteil- als Aufteilsituationen vor. Daher ist Schülerinnen und Schülern wie auch Studierenden das **Verteilen** oft wesentlich geläufiger als das Aufteilen.

8.8 Kleinerrelation

Wir können die Kleinerrelation in der Menge der natürlichen Zahlen durch Rückgriff auf das *Zählen*, durch einen Vergleich von Mengen mittels der *paarweisen Zuordnung* oder durch Rückgriff auf die *Addition* einführen. Wir beschreiten in diesem Abschnitt den Weg über die *Addition*, da wir so die folgenden Sätze über die Kleinerrelation besonders einfach beweisen können. Wir beginnen zunächst mit einer knappen Skizze der beiden *anderen* Wege.

Kleinerrelation und Zählen

Beherrscht jemand sicher die Zahlwortreihe, so kann er – wie schon in Abschnitt 8.2 erwähnt – leicht entscheiden, dass beispielsweise 3 *kleiner* ist als 5; denn beim Zählen kommt 3 *vor* 5. Will man so allerdings *systematisch* Eigenschaften der Kleinerrelation beweisen, so müssen die natürlichen Zahlen als *Ordinalzahlen* eingeführt werden. Wir gehen auf diesen Ansatz (Stichwort: Peano-Axiome) im nächsten Kapitel knapp ein.

Kleinerrelation und paarweise Zuordnung zweier Mengen

Beim Rückgriff auf Mengen A und B als Repräsentanten natürlicher Zahlen a und b können wir die Kleinerrelation mit Hilfe der *paarweisen Zuordnung* einführen. Die Kenntnis des Zählens ist bei diesem Weg *nicht* notwendig. Die Grundidee dieser Vorgehensweise haben wir schon im Abschnitt 8.2 skizziert. Wir wollen jetzt diesen Ansatz etwas präzisieren. Bei der **paarweisen Zuordnung** zwischen zwei Mengen A und B ordnen wir bekanntlich *jedem* Element der Menge A *genau ein* Element der Menge B zu und *umgekehrt* – und zwar solange, wie dies jeweils möglich ist. **Drei Fälle** können beim Vergleich zweier Mengen A und B mittels der paarweisen Zuordnung auftreten:

Fall 1

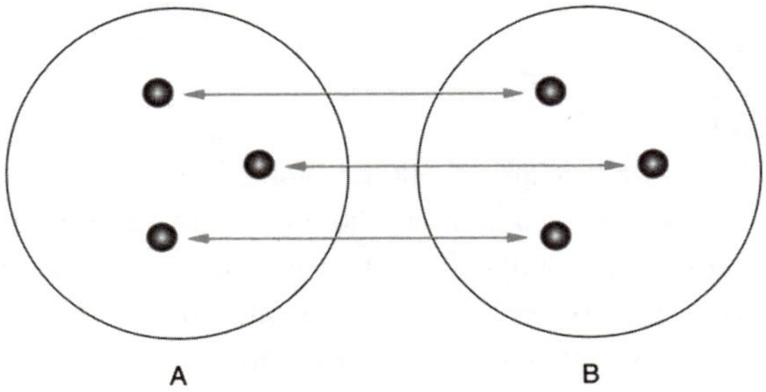

Wir ordnen jedem Element der ersten Menge genau ein Element der zweiten Menge zu und auch umgekehrt, und es bleibt hierbei *weder* bei A *noch* bei B ein Element übrig. Die zugrundeliegende Zuordnung definiert jeweils eine bijektive Abbildung, und die beiden Mengen A und B sind stets **gleichmächtig**, also $A\ glm\ B$.

Fall 2

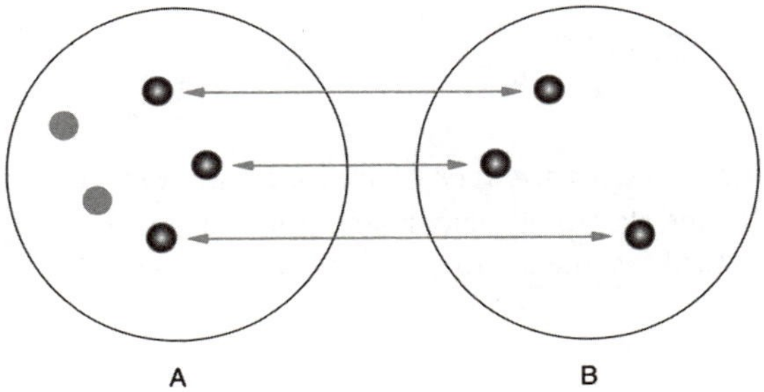

Wir können beim paarweisen Zuordnen *mindestens einem* Element der Menge A *kein* Element der Menge B zuordnen. Die Menge A hat **mehr** Elemente als die Menge B (bzw. die Menge B hat *weniger* Elemente als die Menge A).

Fall 3

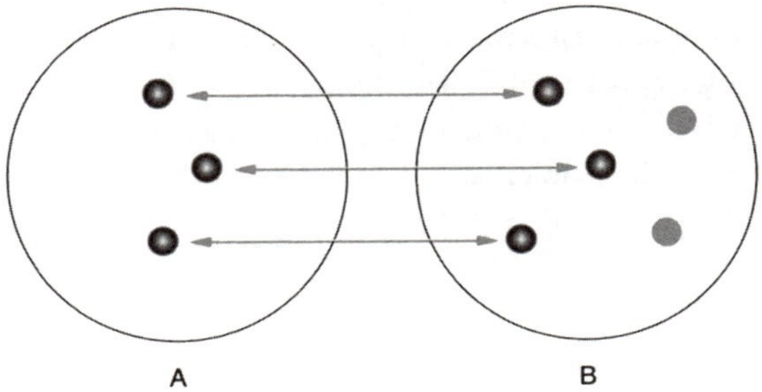

Bei der paarweisen Zuordnung bleibt *mindestens ein* Element in B übrig. Die Menge A hat **weniger** Elemente als die Menge B (bzw. die Menge B hat *mehr* Elemente als die Menge A).

Präzisierung von Fall 3

Die durch den Fall 3 vermittelten anschaulichen Vorstellungen dienen als Grundlage der folgenden Definition der Kleinerrelation. Hierzu müssen wir allerdings noch das „Übrigbleiben“ von Elementen in der Menge B exakter fassen. Bei der paarweisen Zuordnung zwischen den Mengen A und B werden *alle* Elemente von A erfasst, jedoch von B nur eine **echte Teilmenge**, die wir B' nennen. Hiermit können wir unsere anschaulichen Vorstellungen im Fall 3 folgendermaßen exakter fassen:

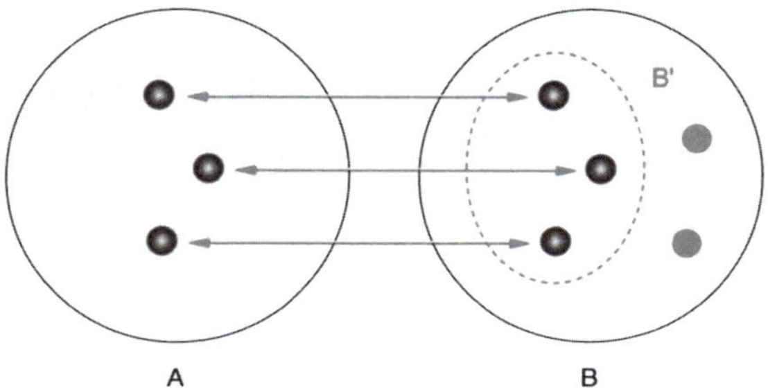

Die Menge A hat genau dann *weniger* Elemente als die Menge B, wenn es eine *echte Teilmenge* B' von B gibt, die zu A gleichmächtig ist, für die also A *glm* B' gilt. Durch diese anschaulichen Vorüberlegungen ist jetzt folgende Definition der Kleinerrelation motiviert:

Definition 8.10 (Kleinerrelation, Ansatz 1)
Es seien A, B Mengen mit $a = card\, A$ und $b = card\, B$. Dann gilt:
$a < b$ gilt genau dann, wenn es in B eine *echte* Teilmenge B' gibt, die zu A gleichmächtig ist.

Die vorstehende Definition ist *unabhängig* von den konkret ausgewählten Mengen A und B als *Repräsentanten* der natürlichen Zahlen a und b, wie man zeigen kann. Auf der Grundlage dieser Definition *könnten* wir jetzt Aussagen über die Kleinerrelation im Bereich der natürlichen Zahlen ableiten.

Kleinerrelation und Addition

Wir beschreiten hier jedoch den Weg der Einführung der Kleinerrelation über die *Addition*, da die Addition bei unserer Vorgehensweise schon zur Verfügung steht und sich so die Sätze über die Kleinerrelation besonders einfach beweisen lassen. Wir definieren:

Definition 8.11 (Kleinerrelation, Ansatz 2)
Für $a, b \in \mathbb{N}_0$ gilt:

1. $a < b$ genau dann, wenn gilt: Es existiert ein $n \in \mathbb{N}$ mit $a + n = b$.
2. $a \leq b$ genau dann, wenn gilt: Es existiert ein $n \in \mathbb{N}_0$ mit $a + n = b$.

Bemerkungen
1. $a \leq b$ lesen wir *a ist kleiner oder gleich b.*
2. Entsprechend zur Kleinerrelation können wir auch die **Größerrelation** definieren und es gilt: $b > a$ genau dann, wenn $a < b$.

Durch Rückgriff auf die Definition 8.11 beweisen wir jetzt *exemplarisch* folgende Sätze über die Kleinerrelation:

Satz 8.11 (Transitivität der Kleinerrelation)
Die Kleinerrelation ist transitiv.

Beweis
Wir müssen zeigen, dass für alle $a, b, c \in \mathbb{N}_0$ gilt:
Aus $a < b$ und $b < c$ folgt $a < c$.
$a < b$ bedeutet nach Definition 8.11: Es existiert ein $n \in \mathbb{N}$ mit $a + n = b$.
$b < c$ bedeutet: Es existiert ein $m \in \mathbb{N}$ mit $b + m = c$.
Dann gilt wegen $b + m = c$ und $a + n = b$ stets
$b + m = (a + n) + m \underset{\text{AG}}{=} a + (n + m) = c$,
also $a + (n + m) = c$.
Mit $m, n \in \mathbb{N}$ gilt auch $n + m \in \mathbb{N}$ und damit $a < c$. □

Satz 8.12 (Monotoniegesetz der Addition)
Für $a, b, c \in \mathbb{N}_0$ gilt stets:
Aus $a < b$ folgt $a + c < b + c$.

Beweis

Wegen $a < b$ existiert ein $n \in \mathbb{N}$ mit $a + n = b$. Für alle $c \in \mathbb{N}_0$ gilt dann $(a + n) + c = b + c$.

Wegen $(a + n) + c \underset{\text{AG}}{=} a + (n + c) \underset{\text{KG}}{=} a + (c + n) \underset{\text{AG}}{=} (a + c) + n$ gilt damit auch $(a + c) + n = b + c$ und damit nach Definition 8.11 $a + c < b + c$. □

Satz 8.13 (Monotoniegesetz der Multiplikation)
Für $a, b \in \mathbb{N}_0$ und $c \in \mathbb{N}$ gilt stets:
Aus $a < b$ folgt $a \cdot c < b \cdot c$.

Beweis:

Wegen $a < b$ existiert ein $n \in \mathbb{N}$ mit $a + n = b$. Damit gilt
$b \cdot c = (a + n) \cdot c \underset{\text{DG}}{=} a \cdot c + n \cdot c$, also auch
$a \cdot c + n \cdot c = b \cdot c$ mit $n, c \in \mathbb{N}$ und damit auch $n \cdot c \in \mathbb{N}$.
Daher folgt nach Definition 8.11 $a \cdot c < b \cdot c$. □

8.9 Aufgaben

1. Geben Sie für jeden Zahlaspekt zwei Beispiele an.
2. Bestimmen Sie die Kardinalzahlen folgender Mengen:
   a) $A = \{x \mid x \text{ ist eine Primzahl und } x < 40\}$
   b) $B = \{x \mid x \text{ ist eine Primzahl und } 30 < x < 50\}$
3. Geben Sie drei Repräsentanten für die Zahl 6 an, und definieren Sie die Zahl 6 extensional und intensional.
4. Erläutern Sie an zwei Mengen mit fünf bzw. acht Elementen ausführlich die beiden Wege zum Vergleich der Elementanzahlen zweier Mengen. Erläutern Sie, warum beim Weg 2 (bei einer konkreten Vorgabe obiger Mengen) eine Kenntnis von Zahlen und des Zählens nicht erforderlich ist.
5. Beweisen Sie, dass die Menge der natürlichen Zahlen und die Menge der geraden Zahlen gleichmächtig sind.
6. Beweisen Sie allgemein, dass die Relation „ist gleichmächtig zu“ in $\mathbb{M}$ symmetrisch ist.
7. Beweisen Sie allgemein, dass die Relation „ist gleichmächtig zu“ in $\mathbb{M}$ transitiv ist.
8. Verdeutlichen Sie mit Hilfe von Pfeildiagrammen:
   (1) Können wir paarweise *jedem* Element der Menge A *genau ein* Element der Menge B und umgekehrt *jedem* Element der Menge B *genau ein* Element der Menge A zuordnen, so ist diese Zuordnung eine *bijektive Abbildung*.
   (2) Ist eine gegebene Zuordnung zwischen zwei Mengen A und B speziell eine *bijektive Abbildung*, so können wir hierdurch paarweise *jedem* Element der Menge

A genau ein Element der Menge B und umgekehrt *jedem* Element der Menge B *genau ein* Element der Menge A zuordnen.

9. Für *disjunkte* Mengen A und B gilt nach Definition 8.4
   $card\,(A \cup B) = card\,A + card\,B.$
   Begründen Sie anschaulich mittels Venn-Diagrammen, dass für beliebige Mengen A und B jeweils gilt:
   $card\,(A \cup B) = card\,A + card\,B - card\,(A \cap B).$
10. Beweisen Sie das Assoziativgesetz der Addition durch Rückgriff auf die Mengenebene.
11. Beweisen Sie das Assoziativgesetz der Addition mittels einer beispielgebundenen Beweisstrategie.
12. Begründen Sie durch eine beispielgebundene Beweisstrategie die Gültigkeit der heuristischen Strategie des gegensinnigen Veränderns bei der Addition.
13. Zeigen Sie mit Hilfe von Gegenbeispielen, dass für die natürlichen Zahlen unter der Subtraktion weder das Kommutativ- noch das Assoziativgesetz gilt.
14. Beweisen Sie Schritt für Schritt den ersten Teil von Satz 8.3.
15. Begründen Sie das Gesetz von der Konstanz der Differenz mittels einer beispielgebundenen Beweisstrategie.
16. Widerlegen Sie durch die konkrete Angabe geeigneter Mengen A, B, C, D die folgenden Aussagen:
   a) Aus $A\ glm\ B$ und $C\ glm\ D$ folgt
      $A \cup C\ glm\ B \cup D.$
   b) Aus $A\ glm\ B$ und $C\ glm\ D$ folgt $A \setminus C\ glm\ B \setminus D.$
17. Begründen Sie mit Hilfe geeigneter Venn-Diagramme:
   Für alle natürlichen Zahlen a, b, c gilt:
   $a + b = c$ genau dann, wenn $c - b = a.$
18. Beweisen Sie durch Rückgriff auf Definition 8.7 das Assoziativgesetz der Multiplikation mit Hilfe einer beispielgebundenen Beweisstrategie.
19. Suchen Sie schülergemäße Sachsituationen für eine beispielgebundene Beweisstrategie des Distributivgesetzes (Definition 8.7).
20. Beweisen Sie mit einer beispielgebundenen Beweisstrategie:
   Für alle natürlichen Zahlen a, b, c mit $b \geq c$ gilt:
   $$a \cdot (b - c) = a \cdot b - a \cdot c$$
21. Beweisen Sie:
   Für alle natürlichen Zahlen a, b gilt:
   Aus $a \cdot b = 0$ folgt $a = 0$ oder $b = 0$.
22. Erläutern Sie, dass die Produkte $a \cdot 0$ und $0 \cdot a$ durch die Definition 8.8 – im Unterschied zur Definition 8.7 – problemlos erklärt werden können.
23. Begründen Sie, dass die Definition 8.6 (zuzüglich der dortigen Bemerkung 2.) und die Definition 8.8 zwei *gleichwertige* Möglichkeiten darstellen, Produkte natürlicher

Zahlen zu definieren. Oder anders formuliert: Begründen Sie, dass die Definitionen 8.6 (zuzüglich der dortigen Bemerkung 2.) und 8.8 *äquivalent* sind.

24. Beweisen Sie unter Rückgriff auf Definition 8.8 das Assoziativgesetz der Multiplikation.
25. Zeigen Sie anhand von Beispielen, dass im Allgemeinen $A \times B \neq B \times A$ ist.
26. Beweisen Sie, dass für Mengen A, B, C stets gilt:

$$A \times (B \cup C) = (A \times B) \cup (A \times C)$$

27. Lösen Sie die Aufgabe $4 \cdot 5$ ausführlich im Sinne von Definition 8.6.
28. Verdeutlichen Sie mit drei Beispielen, dass für die eindeutige Ausführung der Multiplikation $3 \cdot 4$ im Sinne von Definition 8.6 die zugehörigen Mengen paarweise disjunkt sein müssen.
29. In einer vierten Grundschulklasse sind 15 Jungen und 17 Mädchen. Wie viele Karten werden geschrieben, wenn
    a) jeder Junge jedem Mädchen und jedes Mädchen jedem Jungen eine Karte schickt?
    b) jedes Kind jedem anderen Kind eine Karte schickt?
30. Begründen Sie:
    a) Wie viele verschiedene geordnete Paare kann man aus den 26 Buchstaben des Alphabets bilden?
    b) Wie viele verschiedene Autokennzeichen kann man theoretisch insgesamt aus jeweils zwei Buchstaben und drei Ziffern (Beispiel: AC 219) bilden?
    c) Wie lauten die zugehörigen Kreuzprodukte bei a) und b)?
31. Verdeutlichen Sie mit zwei Beispielen, dass für die eindeutige Ausführung der Multiplikation von $3 \cdot 4$ im Sinne von Definition 8.8 die zugehörigen Mengen *nicht* paarweise disjunkt sein müssen.
32. Beweisen Sie durch Rückgriff auf die Definition 8.8, dass für alle $a \in \mathbb{N}$ gilt $a \cdot 1 = a$.
33. Die Menge $\{a, b, c, d\}$ soll in Zweiermengen aufgeteilt werden. Auf wie viele Arten ist dies möglich? Schreiben Sie alle Möglichkeiten auf.
34. Die Menge $\{1, 2, 3, 4, 5, 6\}$ soll in Dreiermengen aufgeteilt werden. Auf wie viele Arten ist dies möglich? Schreiben Sie alle Möglichkeiten auf.
35. Die Menge $\{a, b, c, d, e, f\}$ soll in Einermengen aufgeteilt werden. Auf wie viele Arten ist dies möglich?
36. Beweisen Sie:
    Die Gleichungen der Form $x \cdot b = a$ mit $a, b \in \mathbb{N}$ haben in $\mathbb{N}$ stets höchstens eine Lösung.
    Gehen Sie völlig entsprechend vor wie beim Beweis von Satz 8.8.
37. Beweisen Sie Satz 8.10 2. Schritt für Schritt.
38. In $\mathbb{N}$ gilt das Distributivgesetz bezüglich der Division $(a + b) : c = a : c + b : c$ nur für den Fall, dass $a : c$ und $b : c$ in $\mathbb{N}$ definiert sind. Begründen Sie für diesen Fall das Distributivgesetz der Division mittels einer beispielgebundenen Beweisstrategie.

39. Begründen Sie $a : a = 1$ durch Rückgriff auf
    a) die Vorstellung des Aufteilens,
    b) die Vorstellung des Verteilens und
    c) die Einführung der Division als Umkehroperation der Multiplikation.
40. Begründen Sie:
    Für alle $a, b, k \in \mathbb{N}$ gilt:
    $a : b = k$ genau dann, wenn $(2a) : (2b) = k$ durch Rückgriff auf
    a) die Vorstellung des Aufteilens,
    b) die Vorstellung des Verteilens und
    c) die Einführung der Division als Umkehroperation der Multiplikation.
41. Erläutern Sie $0 : 5$ durch Rückgriff auf die Vorstellung des Verteilens. Verdeutlichen Sie mögliche Probleme, die sich hier bei einem Rückgriff auf die Vorstellung des Aufteilens ergeben können.
42. Versuchen Sie $5 : 0$ und $0 : 0$ durch Rückgriff auf die Vorstellung des Verteilens und des Aufteilens zu erklären. Verdeutlichen Sie die Probleme, die Sie bei diesen Wegen sehen.
43. Beweisen Sie, dass die $\leq$-Relation transitiv ist.
44. Beweisen Sie, dass die $\leq$-Relation reflexiv ist, dass also für alle $a \in \mathbb{N}_0$ gilt: $a \leq a$.
45. Beweisen Sie, dass die $\leq$-Relation *identitiv* ist, dass also aus $a \leq b$ *und* $b \leq a$ stets $a = b$ folgt.
46. Beweisen Sie das Monotoniegesetz der Multiplikation in $\mathbb{N}$ durch Rückgriff auf die Definition der Kleinerrelation im Sinne von Definition 8.10 und auf die Produktdefinition im Sinne des Kreuzproduktes.

Die natürlichen Zahlen als Ordinalzahlen – eine knappe Skizze

9

In diesem Kapitel skizzieren wir die Einführung der natürlichen Zahlen als Ordinalzahlen. Wir behandeln die Peano-Axiome und das Prinzip der vollständigen Induktion und skizzieren, wie auf dieser Grundlage die vier Rechenoperationen und die Kleinerrelation eingeführt werden können.

9.1 Die Peano-Axiome

Die natürlichen Zahlen werden im täglichen Leben äußerst vielseitig und in ganz verschiedenen Zusammenhängen eingesetzt, wie wir im Abschnitt 8.1 gesehen haben. Von diesen vielen verschiedenen Aspekten eignen sich der Kardinalzahlaspekt und der Ordinalzahlaspekt besonders gut zur Fundierung der natürlichen Zahlen. In *diesem* Abschnitt werden wir die Fundierung der natürlichen Zahlen als **Ordinalzahlen** – genauer als **Zählzahlen** – knapp skizzieren.

Zählzahlen – erforderliche Anforderungen

Will man Zahlen zum *Zählen* einsetzen, so setzt dies insbesondere voraus,

- dass es bei den betreffenden Zahlen einen Anfang gibt;
- dass es zu jeder Zahl genau eine nachfolgende Zahl gibt;
- dass verschiedene Zahlen verschiedene Nachfolger haben.

Wir werden die Forderung, dass es zu jeder Zahl genau eine nachfolgende Zahl gibt, in der folgenden Definition kurz und knapp mit Hilfe des Funktionsbegriffs notieren, wobei wir diese **„Nachfolger-Funktion“** zur besseren Assoziation wie üblich mit ν (gelesen nü) bezeichnen.

F. Padberg, A. Büchter, *Einführung Mathematik Primarstufe – Arithmetik*,
Mathematik Primarstufe und Sekundarstufe I + II, DOI 10.1007/978-3-662-43449-9_9

Es überrascht, dass die natürlichen Zahlen im Wesentlichen schon durch diese einfachen Aussagen und eine weitere wichtige Aussage charakterisiert werden können, wie der italienische Mathematiker Peano (1858–1932) aufgezeigt hat:

Definition 9.1 (Natürliche Zahlen/Peano-Axiome)
Eine Menge $\mathbb{N}$ zusammen mit einer Abbildung $\nu : \mathbb{N} \to \mathbb{N}$ heißt Menge der *natürlichen Zahlen* genau dann, wenn gilt:

1. Die Eins ist eine natürliche Zahl (d. h. $1 \in \mathbb{N}$).
2. Die Eins ist kein Nachfolger irgendeiner natürlichen Zahl (d. h., für alle $n \in \mathbb{N}$ gilt $\nu(n) \neq 1$).
3. Verschiedene natürliche Zahlen haben verschiedene Nachfolger (d. h., für alle $m, n \in \mathbb{N}$ gilt: Aus $m \neq n$ folgt $\nu(m) \neq \nu(n)$. Daher ist ν injektiv.).
4. Eine Aussage A gilt dann für alle natürlichen Zahlen, wenn sie die beiden folgenden Voraussetzungen erfüllt:
   (a) Sie muss für die Eins zutreffen (d. h. $A(1)$ muss wahr sein).
   (b) Wenn sie für eine beliebige (aber feste) Zahl n zutrifft, dann muss sie auch stets für den Nachfolger von n zutreffen (d. h., für alle $n \in \mathbb{N}$ muss gelten: Aus $A(n)$ folgt $A(\nu(n))$).

Bemerkungen
In den Peano-Axiomen wird *nicht* explizit gesagt, was natürliche Zahlen „sind", diese werden hier vielmehr nur *implizit* durch Eigenschaften beschrieben. Dies ist ein *deutlicher* Unterschied zur Einführung der natürlichen Zahlen als Kardinalzahlen. So wurden Kardinalzahlen in Definition 8.2 (Kardinalzahlen; extensionale Definition) als mathematische Objekte konstruiert. Damit ist direkt geklärt, dass es solche Objekte tatsächlich gibt. Bei einem solchen Aufbau einer mathematischen Theorie spricht man auch von einem „konstruktiven Aufbau". Beim „axiomatischen Aufbau", der in der modernen Mathematik häufig anzutreffen ist, werden zunächst nur Spielregeln für mathematische Begriffe festgelegt: Wenn es natürliche Zahlen gibt, dann müssen sie den Peano-Axiomen genügen. Auf dieser Basis kann man weiter folgern und eine Theorie aufbauen, ohne zwingend klären zu müssen, ob es überhaupt entsprechende mathematische Objekte gibt. Wenn man solche Objekte findet und zeigt, dass sie den Anforderungen genügen, spricht man auch von „Modellen" für die Theorie. Im Anschluss an Definition 8.3 werden solche Modelle konkret angegeben. Da sich niemand die Mühe machen würde, eine mathematische Theorie zu entwickeln, ohne dass klar ist, ob es überhaupt mathematische Objekte gibt, über die diese Theorie Aussagen trifft, entspricht der axiomatische Aufbau einer mathematischen Theorie nicht der Entdeckungs- oder Erfindungsgeschichte. Vielmehr stellen Axiomensysteme so etwas wie *Wendepunkte* in der Entwicklung einer mathematischen Theorie dar.

Mit natürlichen Zahlen haben Menschen Jahrtausende gearbeitet, *bevor* sie sich Gedanken über eine formale Grundlegung dieser Objekte gemacht haben. Als genügend konsolidiertes Wissen über natürliche Zahlen vorlag und sich mehr und mehr Menschen über die Grundlagen der Mathematik Gedanken gemacht haben, wurden dann möglichst wenige zentrale Eigenschaften so zu einem Axiomensystem für natürliche Zahlen zusammengestellt, dass sich alle vertrauten Eigenschaften darunter wiederfinden bzw. hieraus ableiten lassen. Für die Schule ist dieser Aufbau erkennbar nicht geeignet.

Beweisprinzip der vollständigen Induktion

Das vierte Axiom der Peano-Axiome entspricht einer zentralen *Beweistechnik* im Bereich der natürlichen Zahlen. Wir formulieren es daher – minimal modifiziert[1] – hier nochmals als:

Prinzip der vollständigen Induktion
Sei $A(n)$ eine Aussageform über der Grundmenge $\mathbb{N}$. Dann gilt $A(n)$ für *alle* natürlichen Zahlen, wenn

1. $A(1)$ wahr ist und
2. für jede natürliche Zahl n gilt, dass aus $A(n)$ stets $A(n+1)$ folgt.

Bei einem Beweis mittels vollständiger Induktion müssen also **zwei Schritte** gezeigt werden:

1. Es ist zu zeigen: $A(1)$ ist wahr **(Induktionsanfang)**.
2. Es ist zu zeigen: Für jede natürliche Zahl $n \in \mathbb{N}$ gilt, dass man aus der Gültigkeit von $A(n)$ stets auf die Gültigkeit von $A(n+1)$ schließen kann *(Induktionsschluss)*.

Anmerkung
Das Beweisprinzip der vollständigen Induktion leuchtet *anschaulich* unmittelbar ein, denn nach dem Nachweis des Induktionsanfangs 1. und des Induktionsschlusses 2. können wir stets folgendermaßen schließen:

Nach 1. ist $A(1)$ wahr. Aus der Gültigkeit von $A(1)$ folgt nach 2. die Gültigkeit von $A(2)$. Aus der Gültigkeit von $A(2)$ ergibt sich nach 2. die Gültigkeit von $A(3)$. Aus der Gültigkeit von $A(3)$ ergibt sich nach 2. die Gültigkeit von $A(4)$. ... So können wir offenbar in einer endlichen Anzahl von Schritten die Gültigkeit von $A(n)$ für *jede* – noch so große – natürliche Zahl n zeigen. Also gilt $A(n)$ für alle natürlichen Zahlen n.

---

[1] Um nicht von der üblichen Schreibweise bei der vollständigen Induktion abzuweichen, notieren wir schon hier den Nachfolger von n als $n+1$, obwohl wir hierauf erst bei der Addition systematisch eingehen.

Beispiel
Summieren wir, mit der 1 beginnend, aufeinanderfolgende ungerade Zahlen, so erhalten wir

$$
\begin{aligned}
1 &= 1\\
1+3 &= 4\\
1+3+5 &= 9\\
1+3+5+7 &= 16\\
1+3+5+7+9 &= 25
\end{aligned}
$$

Die Beispiele legen die Vermutung nahe, dass die Summe jeweils eine Quadratzahl ergibt, und zwar das Quadrat der Anzahl der Summanden.

Wir vermuten daher, dass für alle natürlichen Zahlen n gilt:

$$A(n):\ 1+3+\cdots+(2n-1)=n^2$$

Beweis
Wir beweisen diese Vermutung durch vollständige Induktion und weisen hierzu die beiden Schritte nach:

1. **Induktionsanfang**
   $A(1)$ ist wahr, denn $1 = 1^2$.
2. **Induktionsschluss**
   Wir zeigen, dass wir für jede natürliche Zahl n aus der Gültigkeit von $A(n)$ stets auf die Gültigkeit von $A(n+1)$ schließen können.
   $A(n)$ und $A(n+1)$ lauten:
   $A(n):\ 1+3+\cdots+(2n-1)=n^2$
   $A(n+1):\ 1+3+\cdots+(2n-1)+[2(n+1)-1]=(n+1)^2$
   Es gelte also $A(n)$. Die Gültigkeit von $A(n+1)$ können wir *unter dieser Voraussetzung* wie folgt zeigen:

$$
\begin{aligned}
&\underbrace{1+3+\cdots+(2n-1)}+[2(n+1)-1]\\
={}& \qquad\quad n^2 \qquad\quad + [2(n+1)-1]\\
={}& n^2+2n+2-1\\
={}& n^2+2n+1\\
={}& (n+1)^2
\end{aligned}
$$

Wir haben hiermit also nachgewiesen, dass wir für jede natürliche Zahl n aus der Gültigkeit von $A(n)$ stets auf die Gültigkeit von $A(n+1)$ schließen können. Also gilt *insgesamt* $A(n)$ für alle $n \in \mathbb{N}$. □

Bemerkung
Induktionsbeweise haben häufig nur die Funktion, eine vermutete Aussage *abzusichern*, aber meist *keine* erklärende Funktion. Dagegen bewirken **anschauliche – präformale – Beweise** oft eine *Einsicht*, warum der betreffende Zusammenhang besteht, wie die folgende ikonische Darstellung des vorstehenden Beispiels gut verdeutlicht.

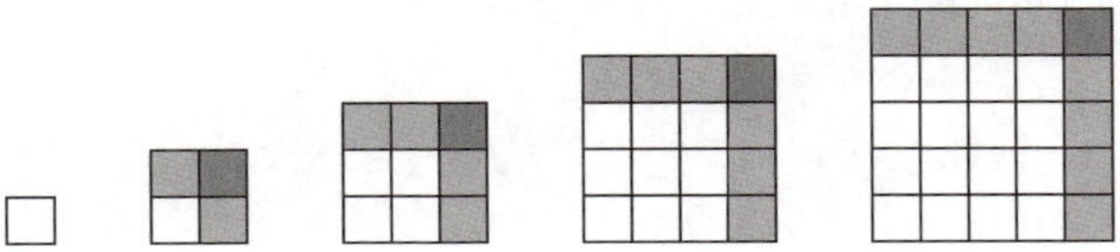

Der Bildfolge können wir direkt entnehmen, *warum* wir durch die sukzessive Addition der ungeraden Zahlen 3, 5, 7 und 9 hier die Abfolge der Quadratzahlen $2^2 = 4$, $3^2 = 9$, $4^2 = 16$ und $5^2 = 25$ erhalten und warum – ganz entscheidend! – diese Gesetzmäßigkeit auch bei der weiteren Addition von 11, 13, 15 usw. bestehen bleibt und damit die obige Aussage generell gilt.

9.2 Rechenoperationen und Kleinerrelation

Nach der Charakterisierung der natürlichen Zahlen durch die Peano-Axiome und der Erläuterung der Beweistechnik der vollständigen Induktion stellt sich jetzt die Frage, wie bei diesem Ansatz die vertrauten vier *Rechenoperationen* und die *Kleinerrelation* in $\mathbb{N}$ eingeführt werden können.

Addition

Bei der Definition der natürlichen Zahlen mit Hilfe der Peano-Axiome können wir zur Einführung der *Addition* nicht wie in Abschnitt 8.4 auf die Mengenvereinigung zurückgreifen, sondern nur auf die Nachfolgerfunktion ν. Die Grundidee hierbei: Wir erklären die Addition zweier beliebiger natürlicher Zahlen durch wiederholte Nachfolgerbildung. Die folgenden beiden Festsetzungen sind in diesem Zusammenhang zielführend:

$$\begin{aligned} &1. \quad m + 1 := \nu(m) \\ &2. \quad m + \nu(n) := \nu(m + n) \end{aligned}$$

Hierdurch können wir nämlich ausgehend von $m + 1$ sukzessive $m + 2, m + 3$, allgemein $m + n$ für beliebige $m, n \in \mathbb{N}$ durch ν eindeutig erklären; denn es gilt:

$$\begin{aligned} m + 1 &= \nu(m) \\ m + 2 &= m + \nu(1) = \nu(m + 1) \\ m + 3 &= m + \nu(2) = \nu(m + 2) \\ &\vdots \end{aligned}$$

Setzen wir noch 1. in 2. ein, so erhalten wir:
$m + (n + 1) := (m + n) + 1$ und können damit definieren:

Definition 9.2 (Addition)
Für beliebige natürliche Zahlen m, n setzen wir fest:

1. $m + 1 := \nu(m)$
2. $m + (n + 1) := (m + n) + 1$

Bemerkung

1. Wir nennen Definition 9.2 auch eine **rekursive Definition**, da wir hier beliebige Summen sukzessive durch Rückgriff auf schon bekannte Summen definieren.
2. Dieser Ansatz zur Erklärung der Addition ist für die Grundschule nicht geeignet.

Multiplikation

Auch die *Multiplikation* natürlicher Zahlen definieren wir bei diesem Ansatz rekursiv. Die Vorgehensweise entspricht hierbei im Prinzip einer wichtigen heuristischen Strategie von Grundschulkindern beim Erwerb des kleinen Einmaleins.[2]

Beispiel
In einer bestimmten Unterrichtsphase wird von Grundschulkindern die – für sie zu diesem Zeitpunkt neue – Aufgabe $6 \cdot 7$ auf die von ihnen schon auswendig beherrschte Stützpunktaufgabe $6 \cdot 6 = 36$ zurückgeführt, indem diese Schüler $6 \cdot 7 = 7 \cdot 6 = 6 \cdot 6 + 6 = 36 + 6 = 42$ rechnen. Diese Schüler führen also die Aufgabe $6 \cdot 7$ auf die für sie leichtere Aufgabe $6 \cdot 6$ zurück und addieren zu dem auswendig bekannten Ergebnis 36 nur noch 6 hinzu.

Ausgehend von der besonders leichten Aufgabe $6 \cdot 1 = 6$ können wir analog sukzessive $6 \cdot 2, 6 \cdot 3, 6 \cdot 4, \ldots$ gewinnen:

$$\begin{aligned} 6 \cdot 2 &= 6 \cdot 1 + 6 = 6 + 6 \\ 6 \cdot 3 &= 6 \cdot 2 + 6 = 6 + 6 + 6 \\ 6 \cdot 4 &= 6 \cdot 3 + 6 = 6 + 6 + 6 + 6 \\ &\vdots \end{aligned}$$

Allgemeiner Ansatz
Entsprechend können wir durch Rückgriff auf die Nachfolgerfunktion ν durch die folgenden beiden Vereinbarungen Produkte beliebiger natürlicher Zahlen m und n sukzessive

[2] Vgl. F. Padberg/C. Benz [15], S. 139f.

gewinnen:

$$1. \quad m \cdot 1 := m$$
$$2. \quad m \cdot \nu(n) := m \cdot n + m$$

Ersetzen wir $\nu(n)$ durch $n + 1$, so erhalten wir:

Definition 9.3 (Multiplikation)
Für beliebige natürliche Zahlen m, n setzen wir fest

1. $m \cdot 1 := m$
2. $m \cdot (n + 1) := m \cdot n + m$

Diese rekursive Definition 9.3 führt die Multiplikation auf die **wiederholte Addition** zurück.

Auch bei der Einführung der natürlichen Zahlen mittels der Peano-Axiome können wir die **Subtraktion** und die **Division** jeweils als Umkehroperation und die **Kleinerrelation** – entsprechend wie im Kap. 8 – durch Rückgriff auf die Addition definieren.

Auf dieser Grundlage können wir dann die aus Kap. 8 bekannten Sätze über die natürlichen Zahlen – wie die Kommutativ- und Assoziativgesetze, das Distributivgesetz oder die Monotoniegesetze – beweisen. Hierbei werden die Beweise bezüglich der Addition und Multiplikation in der Regel mit Hilfe der vollständigen Induktion geführt.[3] Die entsprechenden Beweise sind allerdings in der Regel *technisch aufwändig* und inhaltlich weniger durchsichtig als die Beweise auf der Basis von Kardinalzahlen.

9.3 Aufgaben

1. Beweisen Sie mittels vollständiger Induktion: Für alle $n \in \mathbb{N}$ gilt

$$1 + 2 + \cdots + n = \frac{n \cdot (n+1)}{2}$$

2. Beweisen Sie mittels vollständiger Induktion: Für alle $n \in \mathbb{N}$ gilt

$$2 + 4 + \cdots + 2n = n^2 + n.$$

[3] Für Beweise der oben genannten Sätze vgl. man F. Padberg/R. Danckwerts/M. Stein [10], S. 32ff.

Systematisches Zählen – Grundaufgaben der Kombinatorik 10

Zu den grundlegenden Kompetenzen, die Schülerinnen und Schüler bereits in der Grundschule erwerben sollen und auf denen in der Sekundarstufe aufgebaut wird, gehört das systematische Zählen. Kombinatorische Aufgabenstellungen sind in nahezu allen Schulbüchern der Klassen 3 oder 4 vertreten (vgl. Abb. 10.1).

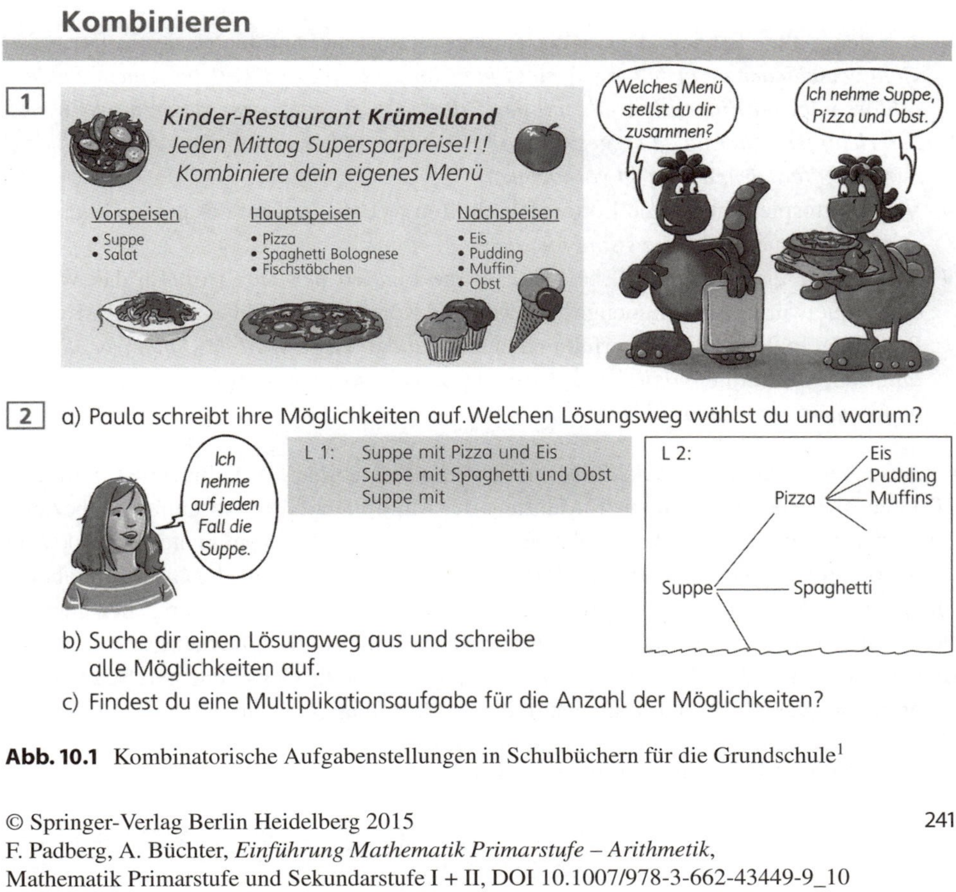

Abb. 10.1 Kombinatorische Aufgabenstellungen in Schulbüchern für die Grundschule[1]

F. Padberg, A. Büchter, *Einführung Mathematik Primarstufe – Arithmetik*,
Mathematik Primarstufe und Sekundarstufe I + II, DOI 10.1007/978-3-662-43449-9_10

Entsprechende Kompetenzerwartungen für Schülerinnen und Schüler am Ende von Klasse 4 werden in den Bildungsstandards der Kultusministerkonferenz oder in den Lehrplänen der Bundesländer formuliert:

- Leitidee *Zahlen und Operationen*, Bereich *In Kontexten rechnen*, Teilkompetenzen: „einfache kombinatorische Aufgaben (z. B. Knobelaufgaben) durch Probieren bzw. systematisches Vorgehen lösen" (Bildungsstandards im Fach Mathematik für den Primarbereich, Kultusministerkonferenz, 2004, S. 9)
- Bereich *Daten, Häufigkeiten, Wahrscheinlichkeiten*, Schwerpunkt *Wahrscheinlichkeiten*, Teilkompetenz: „Die Schülerinnen und Schüler bestimmen die Anzahl verschiedener Möglichkeiten im Rahmen einfacher kombinatorischer Aufgabenstellungen" (Richtlinien und Lehrpläne für die Grundschule in Nordrhein-Westfalen, 2008, S. 66)
- „Sie lösen einfache kombinatorische Aufgaben (z. B. mögliche Kombinationen von 3 T-Shirts, 2 Hosen, 2 Paar Socken) aus ihrem Erfahrungsbereich und stellen ihre Lösungen strukturiert dar (z. B. in einem Baumdiagramm)." (Grundschullehrplan Bayern, Entwurffassung, 2014, Online-Dokument)

Kombinatorische Zählprobleme treten in vielen Sach- und Spielsituationen sowie in vielen Bereichen der Mathematik auf:

- Aus dem Alltag kennt man etwa die Zahlenschlösser an Fahrrädern oder Koffern. *Wie viele verschiedene Einstellungen muss man im schlechtesten Fall bei einem Zahlenschloss mit drei Ringen (jeweils mit den Ziffern 0, 1, ..., 9) ausprobieren, wenn man den richtigen Zifferncode vergessen hat? Wie viele sind es, wenn man noch weiß, dass nur die Ziffern 1 und 2 darin vorkommen?*
- Viele Lottospielerinnen und Lottospieler hoffen wöchentlich auf das große Glück. *Wie viele unterschiedliche Tipps sind möglich?*
- Kennen Sie ein Kinderspiel, bei dem lustige Figuren per Zufall (durch das Werfen eines Spielwürfels) zusammengestellt werden? Kopfbedeckung, Gesicht, Hals, Körper, Beine und Füße werden erwürfelt und untereinandergelegt. *Wird das Spiel irgendwann langweilig, weil alle möglichen Figuren schon mal zusammengestellt wurden und sich immer häufiger wiederholen?*

Ausgehend von einer Rückschau, die das zuvor abgebildete Schulbuchbeispiel (Abb. 10.1) auf die Überlegungen zur Einführung der Multiplikation in Abschnitt 8.6 bezieht, und einer anschließenden Weiterführung zur Produktregel der Kombinatorik werden im Folgenden für vier Grundtypen von Zählproblemen („Kombinatorische Grundaufgaben") allgemeine Lösungen in Form von Formeln hergeleitet. Diese Herleitungen gehen über die verbindlichen Inhalte des Mathematikunterrichts in der Grundschule deutlich hinaus und dienen angehenden Lehrkräften als Hintergrundwissen für die Gestaltung und Bearbeitung kombinatorischer Aufgabenstellungen in ihrem Mathematikunterricht.

---

[1] Aus H.-D. Rinkens/K. Hönisch/G. Träger [17], S. 77.

10.1 Rückschau/Produktregel der Kombinatorik

Die in dem Schulbuchbeispiel dargestellte Aufgabe kann mit der *Produktregel der Kombinatorik*, die im Abschnitt 8.6 bereits erwähnt wurde und die im Folgenden hergleitet wird, gelöst werden. Diese Regel kann auch im Unterricht anhand einer solchen Aufgabe entwickelt werden: Zu jeder der zwei Vorspeisen kann man eine der drei Hauptspeisen wählen. Es ergeben sich also sechs ($= 2 \cdot 3$) mögliche Zusammenstellungen von Vor- und Hauptspeisen. Für jede dieser sechs Möglichkeiten kann eine der vier Nachspeisen gewählt werden. Insgesamt ergeben sich also 24 ($= 6 \cdot 4 = (2 \cdot 3) \cdot 4$) mögliche Menüs.

Systematische Aufzählung in einer Tabelle

Diese 24 Möglichkeiten könnte man auch über eine systematische Darstellung – etwa in einer *Tabelle* – erhalten und ihre Anzahl durch Zählen bestimmen:

Vorspeise	Hauptspeise	Nachspeise
Suppe	Pizza	Eis
Suppe	Pizza	Pudding
Suppe	Pizza	Muffin
Suppe	Pizza	Obst
Suppe	Spaghetti Bolognese	Eis
Suppe	Spaghetti Bolognese	Pudding
Suppe	Spaghetti Bolognese	Muffin
Suppe	Spaghetti Bolognese	Obst
Suppe	Fischstäbchen	Eis
...	...	...
Salat	Pizza	Eis
...	...	...

Da wir vier verschiedenen Nachspeisen haben, gibt es also jeweils vier Menüs, die mit den drei Zusammenstellungen „Suppe/Pizza“ bzw. mit „Suppe/Spaghetti Bolognese“ bzw. mit „Suppe/Fischstäbchen“ beginnen. Insgesamt gibt es also zwölf ($= 3 \cdot 4$) Menüs, die mit Suppe beginnen. Analog ergeben sich insgesamt zwölf Menüs, die mit Salat beginnen, so dass es insgesamt 24 verschiedene Menüs gibt.

Die hier nur angedeutete tabellarische Übersicht listet alle Möglichkeiten explizit auf und macht so nachvollziehbar, warum die Anzahl statt durch explizites Zählen auch multiplikativ mit Hilfe des Produktes $2 \cdot (3 \cdot 4)$ bestimmt werden kann. Hier wird der Charakter der Kombinatorik als Kunst des systematischen oder geschickten Zählens deutlich. Genau genommen wird nicht gezählt, sondern (multiplikativ) gerechnet. Daher sagt man auch, es handele sich um ein Zählen (im Sinne von „Anzahlen bestimmen“), ohne zu zählen.

Systematische Aufzählung in einem Baumdiagramm

Eine andere übersichtliche und strukturierte Art der Darstellung zur Bestimmung sämtlicher verschiedener Menüs ist ein *Baumdiagramm* (vgl. Abb. 10.2; die Haupt- und Nachspeisen werden durch ihren Anfangsbuchstaben abgekürzt).

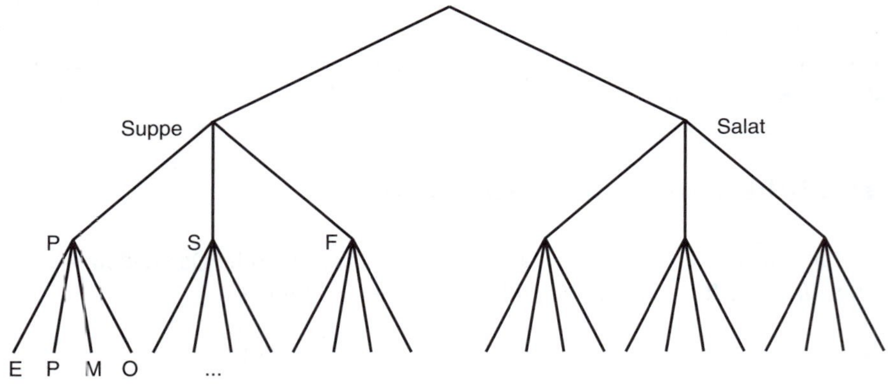

Abb. 10.2 Darstellung einer kombinatorischen Situation mit Hilfe eines Baumdiagramms

Am Baumdiagramm kann man direkt erkennen, wie die 24 ($= 2 \cdot 3 \cdot 4$) Möglichkeiten, die durch die Astspitzen auf unterster Ebene repräsentiert werden, entstehen und warum die Anzahl einfach multiplikativ bestimmt werden kann. Die Aufgabenstellung und ihre Bearbeitungen erinnern direkt an die Einführung der Multiplikation von Kardinalzahlen mit Hilfe des Kreuzproduktes von Mengen[2] (Abschnitt 8.6). In den didaktischen Bemerkungen wurde dort darauf hingewiesen, dass dieser Weg der Einführung der Multiplikation hohe kognitive Anforderungen an Schülerinnen und Schüler stellt und deshalb zunächst zugunsten der Einführung der Multiplikation als wiederholte Addition vermieden werden sollte. Dabei sollte aber berücksichtigt werden, dass Schülerinnen und Schüler regelmäßig auch mit Sach- und Zählsituationen konfrontiert werden, die sich besser mittels einer Herangehensweise im Sinne des Kreuzproduktes bearbeiten lassen. Nach der Einführung der Multiplikation als wiederholte Addition trägt die Auseinandersetzung mit entsprechenden kombinatorischen Aufgabenstellungen also auch zur Verbreiterung der Multiplikationsvorstellungen bei.

[2] Bei den inhaltlichen Überlegungen und Rechnungen zur Anzahl der möglichen Menüs wird erkennbar, wie die Multiplikation von mehr als zwei natürlichen Zahlen schrittweise auf die Multiplikation von zwei natürlichen Zahlen zurückgeführt werden kann. Für jede der sechs Zusammenstellungen von Vor- und Hauptspeisen gibt es vier mögliche Nachspeisen: $24 = 6 \cdot 4 = (2 \cdot 3) \cdot 4$. Abstrakt wird bei der schrittweisen Kreuzproduktbildung $(A \times B) \times C$ das Kreuzprodukt $A \times B$, also die Menge aller geordneten Paare (a, b) mit $a \in A$ und $b \in B$, selbst als *eine* Menge betrachtet, deren Kreuzprodukt mit C gebildet wird.

Vom Kreuzprodukt zur Produktregel der Kombinatorik

Wir haben bislang die Produktregel der Kombinatorik nur für den Spezialfall dreier Mengen A, B, C betrachtet, wobei die erste Menge zwei Elemente enthält, die zweite Menge drei Elemente und die dritte Menge vier Elemente. Auch Zahlenschlösser eignen sich gut zur Heranführung an die Produktregel der Kombinatorik:

Bei Zahlenschlössern können nämlich normalerweise an mehreren Drehringen die Ziffern $0, 1, \ldots, 9$ eingestellt werden. Wer den richtigen Zifferncode kennt, kann diesen einstellen und das Zahlenschloss öffnen. Wer genügend Zeit oder viel Glück hat, kann dies natürlich auch durch mehr oder weniger systematisches Probieren erreichen. Anschaulich ist klar, dass ein Zahlenschloss umso sicherer ist, je mehr Drehringe es hat. Bei Zahlenschlössern ist die Reihenfolge der Ziffern offensichtlich relevant (728 und 827 sind wesentlich verschieden) und es können Ziffern mehrfach auftreten. *Wie viele unterschiedliche derartige Zifferncodes sind bei den beiden abgebildeten Schlössern möglich?*

Das linke Schloss hat drei Drehringe, das rechte vier. Wenn man die Zifferncodes als Zahlen interpretiert, lässt sich die gesuchte Anzahl schnell bestimmen. Dafür ist allerdings erforderlich, dass man auch Zifferncodes, die mit einer Null oder sogar mehreren Nullen beginnen, als Zahlen interpretiert. „002" steht dann für die einstellige Zahl 2.[3] Bei dieser Festlegung erhält man beim linken Zahlenschloss die (höchstens dreistelligen) natürlichen Zahlen $0, 1, 2, \ldots, 999$, also insgesamt 1000 unterschiedliche Zifferncodes. Beim rechten Zahlenschloss ergeben sich auf analogem Weg 10.000 unterschiedliche Zifferncodes (warum?).

Bei beiden Zahlenschlössern kann man die Anzahl unterschiedlicher Zifferncodes auch folgendermaßen bestimmen: Die möglichen Zifferncodes werden mit den Elementen der Kreuzprodukte $(\{0, 1, \ldots, 9\} \times \{0, 1, \ldots, 9\}) \times \{0, 1, \ldots, 9\} =: \{0, 1, \ldots, 9\}^3$ bzw. $((\{0, 1, \ldots, 9\} \times \{0, 1, \ldots, 9\}) \times \{0, 1, \ldots, 9\}) \times \{0, 1, \ldots, 9\} =: \{0, 1, \ldots, 9\}^4$ identifiziert. Für die Anzahl der Elemente derartiger m-facher Kreuzprodukte gilt offensichtlich allgemein $card\ (\{0, 1, \ldots, 9\}^m) = 10^m$ (für jede natürliche Zahl m), insbesondere also $10^3 = 1000$ für das linke Zahlenschloss und $10^4 = 10.000$ für das rechte Zahlenschloss.

Wir haben in den bisherigen Beispielen (Speisekarte, Ziffernschlösser) implizit die **Produktregel der Kombinatorik** angewandt. Sie lautet allgemein:

Wenn Objekte aus k Elementen in einer feststehenden Reihenfolge zusammengesetzt sind und es für das erste Element m_1 verschiedene Möglichkeiten, für das zweite Element

[3] Vgl. Bemerkung im Anschluss an Satz 1.5.

m_2 verschiedene Möglichkeiten ... und für das k-te Element m_k verschiedene Möglichkeiten gibt, dann kann es $m_1 \cdot m_2 \cdot \ldots \cdot m_k$ verschiedene Objekte geben. Mit Hilfe des Kreuzproduktes und der Mächtigkeit von Mengen lässt sich dies symbolisch notieren als $card\,(M_1 \times M_2 \times \ldots \times M_k) = card\,M_1 \cdot card\,M_2 \cdot \ldots \cdot card\,M_k$. In den folgenden Abschnitten werden wir die vier (wichtigsten) kombinatorischen Grundaufgaben ableiten. Im Kontext *Ziffernkarten* gestalten wir die Herleitung der vier verschiedenen Formeln zunächst hinreichend konkret, bevor wir die entscheidenden Gedanken jeweils anschließend verallgemeinern.

Kontext *Ziffernkarten*

Aus den Ziffernkarten $0, 1, \ldots, 9$, die für jede Ziffer hinreichend oft vorliegen, sollen Zahlen gebildet werden, die höchstens dreistellig sind[4] und die keine, eine oder zwei der beiden folgenden Bedingungen erfüllen.

- *Bedingung 1*: Keine Ziffer darf mehrfach auftreten (dann können z. B. die Zahlen 335, 988 und 222 *nicht* gebildet werden).
  Wenn Bedingung 1 *nicht* erfüllt ist, darf jede Ziffer mehrfach auftreten (dann ist es möglich, z. B. die Zahlen 335, 988 und 222 zu bilden).
- *Bedingung 2*: Die Reihenfolge der Ziffern ist – wie wir es von Zahlen her gewohnt sind – relevant (so gilt z. B. $123 \neq 321$).
  Wenn Bedingung 2 *nicht* erfüllt ist, dann ist die Reihenfolge der Ziffern irrelevant. Hieraus resultiert die zunächst merkwürdig erscheinende Betrachtung, dass beispielsweise *nicht* zwischen den Ziffernfolgen 123, 132, 213, 231, 312 und 321 unterschieden wird, sondern diese als ein Ergebnis betrachtet werden. In diesem Fall kann man etwa die Ziffernfolge 123 als normierte Darstellung festlegen. Verallgemeinert würde dies bedeuten, dass bei der normierten Darstellung die Zahlenwerte der Ziffern von links nach rechts größer werden (wenn keine Ziffer mehrfach auftreten darf) bzw. die Zahlenwerte der Ziffern von links nach rechts nicht kleiner werden (wenn Ziffern mehrfach auftreten dürfen).

In Abhängigkeit davon, ob keine, eine oder zwei der beiden Bedingungen erfüllt ist/sind, ergeben sich im Kontext *Ziffernkarten* die folgenden vier Fragen, die verallgemeinert den vier kombinatorischen Grundaufgaben entsprechen:

- *Wie viele höchstens dreistellige Zahlen lassen sich aus den Ziffernkarten* $0, 1, \ldots, 9$ *legen, wenn jede Ziffer mehrfach auftreten darf?*
  (Bedingung 1 nicht erfüllt/Bedingung 2 erfüllt)

---

[4] Da an der Hunderter- und an der Zehnerstelle zunächst eine Null auftreten kann, können auch zwei- und einstellige Zahlen entstehen. So werden etwa die aus den drei Ziffernkarten entstandenen Zahlen 007 oder 013 wie üblich als 7 bzw. als 13, also als ein- bzw. zweistellig betrachtet.

- *Wie viele höchstens dreistellige Zahlen lassen sich aus den Ziffernkarten* $0, 1, \ldots, 9$ *legen, wenn keine Ziffer mehrfach auftreten darf?*
  (Bedingung 1 erfüllt/Bedingung 2 erfüllt)
- *Wie viele höchstens dreistellige Zahlen lassen sich aus den Ziffernkarten* $0, 1, \ldots, 9$ *legen, wenn keine Ziffer mehrfach auftreten darf und die Zahlenwerte der Ziffern von links nach rechts größer werden?*
  (Bedingung 1 erfüllt/Bedingung 2 nicht erfüllt)
- *Wie viele höchstens dreistellige Zahlen lassen sich aus den Ziffernkarten* $0, 1, \ldots, 9$ *legen, wenn Ziffern mehrfach auftreten dürfen und die Zahlenwerte der Ziffern von links nach rechts an keiner Stelle kleiner werden?*
  (Bedingung 1 nicht erfüllt/Bedingung 2 nicht erfüllt)

Abstrakt lassen sich die Grundaufgaben wie folgt beschreiben und unterscheiden: Aus einer Menge mit n Elementen wird k-mal ein Element ausgewählt. Dabei kann zunächst unterschieden werden, ob die Reihenfolge, in der die Elemente gezogen werden, beim Ergebnis relevant ist („mit" bzw. „ohne Unterscheidung verschiedener Reihenfolgen"). Zusätzlich können noch Situationen betrachtet werden, in denen jedes Element nur einmal ausgewählt werden darf („ohne Wiederholung"), und solche, in denen die Elemente mehrfach ausgewählt werden dürfen („mit Wiederholung").

10.2 Permutationen mit Wiederholung

Wie schon erwähnt, wollen wir in diesem Abschnitt zunächst eine Antwort auf die folgende Frage im Kontext *Ziffernkarten* geben und diese anschließend verallgemeinern.

Frage
Wie viele höchstens dreistellige Zahlen lassen sich aus den Ziffernkarten $0, 1, \ldots, 9$ *legen, wenn jede Ziffer mehrfach auftreten darf?*

Diese Frage kann nun direkt mit der Produktregel der Kombinatorik beantwortet werden: $card\left(\{0, 1, \ldots, 9\}^3\right) = 10^3 = 1000$. Mit der Vereinbarung aus Fußnote 4 (die Ziffernfolge 007 steht für die natürliche Zahl 7) erhält man genau die 1000 natürlichen Zahlen von 0 bis 999.

Für das konkrete Legen oder Hinschreiben aller Möglichkeiten ist die Anzahl, die wir rechnerisch bestimmt haben, deutlich zu groß. Wenn man auch andere Bearbeitungswege ermöglichen möchte, lässt sich dies aber einfach ändern, indem man die Frage z. B. auf drei unterschiedliche Ziffern beschränkt:

Wie viele dreistellige Zahlen lassen sich aus den Ziffernkarten 0, 1 und 2 legen, wenn jede Ziffer mehrfach auftreten darf?

Die nun möglichen 27 ($= 3^3$) Zahlen lassen sich konkret mit den Ziffernkarten legen, sofern genügend Karten zur Verfügung stehen. Auf jeden Fall lassen sie sich im Heft notieren. Dabei ist eine geeignete Sortierung hilfreich, damit überblickt werden kann, ob noch Zahlen fehlen oder ob vielleicht Zahlen mehrfach aufgeführt wurden.

Verallgemeinerung

Für die kombinatorischen Aufgabenstellungen in diesem Abschnitt ist charakteristisch, dass die Reihenfolge, in der die Elemente auftreten, relevant ist und dass Elemente mehrfach auftreten dürfen. Die unterschiedlichen betrachteten Möglichkeiten werden **Permutationen mit Wiederholung** (genauer: k-stellige Permutationen von n Elementen mit Wiederholung)[5] genannt. So wie wir im Ziffernkartenkontext k-stellige Ziffernfolgen (und dadurch dargestellte, höchstens k-stellige natürliche Zahlen) erhalten haben, lassen sich die unterschiedlichen Möglichkeiten allgemein als sogenannte k-Tupel darstellen. Ein k-Tupel $(a_1, \ldots, a_k)$ umfasst k Bestandteile a_i $(1 \leq i \leq k)$, die geordnet in der Reihenfolge $a_1, a_2, \ldots, a_k$ dargestellt sind. Im Ziffernkartenkontext konnte für die a_i jeweils eine der zehn Ziffern $0, 1, \ldots, 9$ ausgewählt werden. Allgemein kann man die k-stelligen Permutationen mit Wiederholung einer n-elementigen Menge, z. B. $\{1, \ldots, n\}$, betrachten. Diese lassen sich als k-Tupel $(a_1, \ldots, a_k)$ mit $a_i \in \{1, \ldots, n\}$ für $1 \leq i \leq k$ darstellen:

	$(a_1,$	$a_2,$	$\ldots,$	$a_k)$
	↑	↑		↑
mögliche Einsetzungen	1, …, n	1, …, n		1, …, n
Anzahl	n	n		n

Jeder der k Einträge dieses k-Tupels kann die n verschiedenen Werte $1, \ldots, n$ annehmen. Die Menge aller k-Tupel lässt sich schreiben als $\{1, \ldots, n\} \times \{1, \ldots, n\} \times \ldots \times \{1, \ldots, n\} = \{1, \ldots, n\}^k$. Aus der Produktregel der Kombinatorik folgt, dass es insgesamt n^k ($= n \cdot n \cdot \ldots \cdot n$, k-mal) verschiedene k-Tupel gibt. Insgesamt führen diese Überlegungen zum folgenden Satz.

Satz 10.1 (Permutationen mit Wiederholung)
Für alle natürlichen Zahlen n und k gilt: Die Anzahl der k-stelligen Permutationen mit Wiederholung einer n-elementigen Menge beträgt genau n^k.

[5] „Permutare“ ist lateinisch und bedeutet „vertauschen“.

10.3 Permutationen ohne Wiederholung

Beim Kontext *Ziffernkarten* ist es ohne Weiteres möglich, nur Zahlen zu betrachten, bei denen keine Ziffer mehrfach auftritt. Wenn Karten mit Ziffern als Material vorgelegt werden und jede Ziffer nur einmal vertreten ist, wird diese Forderung schon durch das Material erzwungen. Klar ist, dass ohne Wiederholungen weniger Zahlen gebildet werden können.

Frage
Wie viele höchstens dreistellige Zahlen lassen sich aus den Ziffernkarten $0, 1, \ldots, 9$ *legen, wenn keine Ziffer mehrfach auftreten darf?*

Diese Frage lässt sich wiederum in der Komplexität reduzieren, was für die Gewinnung von Antwortideen, die von einer systematischen Aufzählung (z. B. Tabelle oder Baumdiagramm) ausgeht, zielführend ist. Eine solche Variante lautet:
Wie viele höchstens dreistellige Zahlen lassen sich aus den Ziffernkarten 0, 1 und 2 legen, wenn keine Ziffer mehrfach auftreten darf?

Systematische Aufzählung in einer Tabelle

Mit Hilfe einer *Tabelle* lässt sich eine Übersicht über die möglichen Zahlen vor allem dann gut anfertigen, wenn man über ein geeignetes Sortierungskriterium verfügt. Bei Zahlen, die hier kombinatorisch entstehen sollen, liegt die Sortierung nach der Größe – etwa beginnend mit der kleinsten Zahl – nahe. Die kleinste Zahl aus den drei Ziffern erhält man, wenn für den größten Stellenwert (Hunderter) die Ziffer mit dem kleinsten Zahlenwert (0) verwendet wird. So geht es weiter, bis für den kleinsten Stellenwert (Einer) die Ziffer mit dem größten Zahlenwert (2) verwendet wird. Durch geeignete Veränderungen erhält man dann schrittweise die nächstgrößeren Zahlen:

H	Z	E
0	1	2
0	2	1
1	0	2
1	2	0
2	0	1
2	1	0

Die systematische und vollständige Auflistung der verschiedenen Möglichkeiten zeigt, dass genau sechs verschiedene Zahlen aus den Ziffernkarten 0, 1 und 2 gebildet werden können.

Rechnerische Bestimmung der Anzahl

Eine andere mögliche Überlegung lautet: Für die Hunderterstelle gibt es drei Ziffern, nämlich 0, 1 und 2. Zu jeder dieser drei Ziffern gibt es noch zwei Ziffern für die Zehnerstelle.[6] Für jede dieser sechs ($= 3 \cdot 2$) Ziffernkombinationen für die Besetzung von Hunderter- und Zehnerstelle gibt es nun nur noch eine Ziffer für die Besetzung der Einerstelle.[7] Die gesuchte Anzahl lässt sich also auch multiplikativ bestimmen: $(3 \cdot 2) \cdot 1 = 6 \cdot 1 = 6$. Diese Rechnung lässt sich auch in der Struktur der tabellarischen Darstellung wiedererkennen (wie?).

Was verändert sich, wenn die Anzahl der verschiedenen Ziffernkarten erhöht wird?

Eine systematische Auflistung aller höchstens dreistelligen Zahlen, die etwa aus den vier Ziffernkarten 0, 1, 2 und 3 gebildet werden können, ohne dass eine Ziffer mehrfach auftritt, ergibt 24 Möglichkeiten (notieren Sie diese systematisch!). Multiplikativ lässt sich dies wie folgt begründen: Für die Hunderterstelle gibt es vier Ziffern. Für jede dieser vier Ziffern gibt es drei Ziffern für die Zehnerstelle. Für jede dieser zwölf ($= 4 \cdot 3$) Ziffernkombinationen für die Besetzung von Hunderter- und Zehnerstelle gibt es noch zwei Ziffern für die Einerstelle. Die gesuchte Anzahl kann also wie folgt berechnet werden: $(4 \cdot 3) \cdot 2 = 12 \cdot 2 = 24$. Dieses Ergebnis lässt sich wiederum genauso gut mit einem Baumdiagramm gewinnen (vgl. Aufgabe 1).

Und wie lautet nun die Antwort auf die ursprünglich betrachtete Frage: *Wie viele höchstens dreistellige Zahlen lassen sich aus den Ziffernkarten* $0, 1, \ldots, 9$ *legen, wenn keine Ziffer mehrfach auftreten darf?* Die obigen Überlegungen führen zur folgenden multiplikativen Bestimmung der Anzahl der Möglichkeiten: $(10 \cdot 9) \cdot 8 = 90 \cdot 8 = 720$.

Verallgemeinerung

Für die in diesem Abschnitt 10.3 betrachteten kombinatorischen Aufgabenstellungen ist es charakteristisch, dass die Reihenfolge, in der die Elemente auftreten, relevant ist und dass kein Element mehrfach auftreten darf. Die unterschiedlichen betrachteten Möglichkeiten werden auch **Permutationen ohne Wiederholung** (genauer: k-stellige Permutationen von n Elementen ohne Wiederholung) genannt. Aus der Forderung, dass sich die Elemente nicht wiederholen dürfen, folgt für k und n direkt die Beziehung $k \leq n$ (warum?).

Als paradigmatisches Beispiel[8] für eine n-elementige Menge betrachten wir wieder die Menge $\{1, \ldots, n\}$. Die k-stelligen Permutationen ohne Wiederholung der Menge

[6] Welche Ziffern hierfür infrage kommen, hängt davon ab, welche Ziffer an der Hunderterstelle steht. Wählen wir für die Hunderterstelle etwa die Null aus, dann kommen für die Zehnerstelle nur noch die Eins und die Zwei infrage.

[7] Welche Ziffer dies sein muss, hängt davon ab, welche Ziffern an der Hunderter- und an der Zehnerstelle stehen. Wählen wir etwa für die Hunderterstelle die Null und für die Zehnerstelle die Zwei aus, dann bleibt nur noch die Eins übrig.

[8] Das Beispiel der konkret ausgewählten Menge ist „paradigmatisch“, da an ihm alle wesentlichen Aspekte deutlich werden. Alle Betrachtungen lassen sich analog auf andere n-elementigen Mengen übertragen. Unterscheiden würde sich nur die konkrete Bezeichnung der einzelnen Elemente.

$\{1, \ldots, n\}$ lassen sich wieder als k-Tupel $(a_1, \ldots, a_k)$ darstellen. Im Unterschied zu den k-Tupeln, die im vorangehenden Abschnitt 10.2 betrachtet wurden, müssen die a_i aber alle verschieden sein.[9] Die Menge aller in diesem Abschnitt 10.3 betrachteten k-Tupel ist also eine echte Teilmenge der Menge $\{1, \ldots, n\} \times \{1, \ldots, n\} \times \ldots \times \{1, \ldots, n\} = \{1, \ldots, n\}^k$ aus Abschnitt 10.2.

Bei der Eingangsfrage zu den Permutationen ohne Wiederholung im Ziffernkartenkontext (*Wie viele höchstens dreistellige Zahlen lassen sich aus den Ziffernkarten* 0, 1, ..., 9 *legen, wenn keine Ziffer mehrfach auftreten darf?*) gilt $n = 10$ und $k = 3$. Das Produkt $10 \cdot 9 \cdot 8$ umfasst gemäß seiner Herleitung genau drei Faktoren, nämlich 10, 9 $(= 10-1)$ und 8 $(= 10-2 = 10-3+1)$. Die Verallgemeinerung der zugrunde liegenden Überlegungen führt wiederum zu einer allgemeinen Formel:

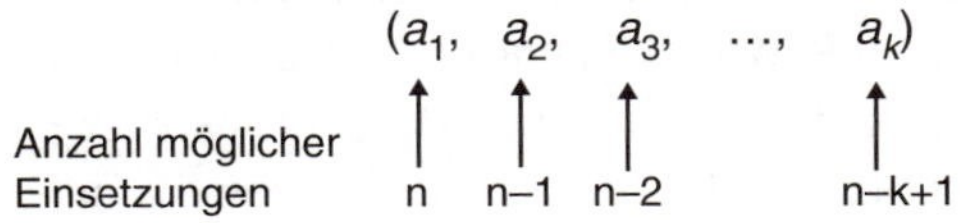

Für a_1 gibt es n verschiedene Elemente, die infrage kommen. Nach der Auswahl eines Elementes für a_1 bleiben für a_2 noch $n-1$ verschiedene Elemente übrig und nach der Auswahl eines Elementes für a_2 bleiben für a_3 noch $n-2$ verschiedene Elemente übrig. Dies geht so weiter, bis für a_k noch $n-k+1$ Elemente übrig bleiben (warum?). Insgesamt beträgt die Anzahl der k-stelligen Permutationen von n Elementen ohne Wiederholung also $n \cdot (n-1) \cdot (n-2) \cdot \ldots \cdot (n-k+1)$. Für speziell $k = n$ gibt es $n \cdot (n-1) \cdot (n-2) \cdot \ldots \cdot 2 \cdot 1$ Permutationen ohne Wiederholung. Dieses Produkt der ersten n natürlichen Zahlen wird auch mit dem Symbol $n! := 1 \cdot 2 \cdot \ldots \cdot (n-1) \cdot n$ abgekürzt und n-Fakultät genannt.[10] Das obigen Produkt $n \cdot (n-1) \cdot (n-2) \cdot \ldots \cdot (n-k+1)$, das die Anzahl der k-stelligen Permutationen von n Elementen ohne Wiederholung angibt, lässt sich mit dieser Festlegung wie folgt schreiben:[11]

$$n \cdot (n-1) \cdot (n-2) \cdot \ldots \cdot (n-k+1) = \frac{n \cdot (n-1) \cdot (n-2) \cdot \ldots \cdot (n-k+1)}{1}$$
$$= \frac{n \cdot (n-1) \cdot \ldots \cdot (n-k+1) \cdot (n-k) \cdot \ldots \cdot 1}{(n-k) \cdot \ldots \cdot 1} = \frac{n!}{(n-k)!}$$

Insgesamt formulieren wir das Ergebnis der obigen Überlegungen und abkürzenden Bezeichnungen als

[9] Etwas präziser sagt man in der Mathematik, dass die a_i „paarweise verschiedenen" sein müssen (vgl. Kap. 1, Fußnote 2). Symbolisch lässt sich diese Bedingung wie folgt ausdrücken: Die hier betrachteten Permutationen ohne Wiederholung lassen sich darstellen als k-Tupel $(a_1, \ldots, a_k)$ mit $a_i \in \{1, \ldots, n\}$ für $1 \leq i \leq k$ und $a_i \neq a_j$ für $i \neq j$.

[10] Dabei wird festgelegt, dass $0! := 1$ und $1! := 1$ gilt.

[11] Das linke Produkt können wir wie jede natürliche Zahl auch als Bruch mit dem Nenner 1 schreiben. Die Erweiterung dieses Bruchs mit $(n-k) \cdot \ldots \cdot 1$ führt zu dem zweiten Bruch. Dieses „Verkomplizieren" hat ausschließlich den Sinn, einen einprägsamen Rechenausdruck für die Anzahl der Permutationen ohne Wiederholung zu erhalten.

Satz 10.2 (Permutationen ohne Wiederholung)
Für alle natürlichen Zahlen n und k mit $k \leq n$ gilt: Die Anzahl der k-stelligen Permutationen ohne Wiederholung einer n-elementigen Menge beträgt genau $\frac{n!}{(n-k)!}$.

10.4 Kombinationen ohne Wiederholung

Wenn man bei den zuvor betrachteten Permutationen ohne Wiederholung unterschiedliche Reihenfolgen, in denen Elemente ausgewählt wurden, nicht unterscheidet, dann gelangt man zu den **Kombinationen ohne Wiederholung** (genauer: k-stellige Kombinationen von n Elementen ohne Wiederholung). Bei dem Kontext *Ziffernkarten* wirkt diese Festlegung zunächst merkwürdig, da man z. B. nicht mehr zwischen den entstehenden dreistelligen Zahlen 123 und 213 unterscheidet, sondern es nur noch darauf ankommt, welche Ziffern verwendet werden. Bei der Einführung des Kontextes *Ziffernkarten* im Abschnitt 10.1 haben wir dargestellt, dass von den sechs Möglichkeiten, dreistellige Zahlen aus den Ziffernkarten 1, 2 und 3 zu legen, eine als Standardmöglichkeit betrachtet werden kann; hier bietet sich etwa die Zahl 123 an, bei der die Zahlenwerte der Ziffern von links nach rechts größer werden.

Frage
Wie viele höchstens dreistellige Zahlen lassen sich aus den Ziffernkarten 0, 1, ..., 9 *legen, wenn keine Ziffer mehrfach auftreten darf und die Zahlenwerte der Ziffern von links nach rechts größer werden?*

Der Antwort auf die Frage kann man sich wiederum gut über Beispiele mit kleineren Zahlen aus dem Kontext *Ziffernkarten* heraus annähern.

Vorüberlegungen für kleine Zahlen

So gibt es genau eine Möglichkeit, drei Ziffernkarten aus drei Ziffernkarten auszuwählen, wenn keine Ziffer mehrfach auftreten darf und die Zahlenwerte der Ziffern von links nach rechts größer werden. Dürfen die ausgewählten Ziffernkarten in einer beliebigen Reihenfolge stehen, gibt es hingegen sechs Möglichkeiten. Betrachtet man die entsprechende Frage für vier zur Verfügung stehende Ziffernkarten (0, 1, 2 und 3), dann haben wir in Abschnitt 10.3 überlegt, dass es 24 Möglichkeiten gibt, hieraus dreistellige Zahlen zu bilden, wenn keine Ziffer mehrfach auftreten darf und die verschiedenen Reihenfolgen unterschieden werden. Wenn man die verschiedenen Reihenfolgen (z. B. bei 023 und 230) nicht unterscheidet, dann bleiben deutlich weniger Möglichkeiten übrig. Es geht dann nur noch um die Frage, wie viele Möglichkeiten es gibt, drei Ziffernkarten aus vier Ziffernkarten auszuwählen. Eine verblüffend einfache Antwort mit Erklärung lautet: Es gibt vier Möglichkeiten, weil die Auswahl von drei Ziffernkarten aus vier Ziffernkarten bezüglich der Anzahl der Möglichkeiten gleichbedeutend ist mit der Auswahl von einer Ziffernkarte aus vier Ziffernkarten, nämlich jener, die im ersten Fall übrig bliebe. Die vier Möglichkeiten lassen sich einfach aufschreiben: 012, 013, 023 und 123. Die Anzahl der Möglichkeiten reduziert sich bei vier Ziffernkarten also von 24 auf 4, wenn man verschiedene Reihenfolgen nicht unterscheidet. Wie bei $6 : 6 = 1$ ergibt sich die Reduktion $24 : 6 = 4$ also als Division durch 6. Dies ist kein Zufall und kann an anderen überschaubaren Zahlenbeispielen weiter bestätigt werden (vgl. Aufgabe 3). Die Division durch 6 lässt sich auch inhaltlich gut erklären: Wenn ich drei unterschiedliche Elemente ausgewählt habe, so gibt es sechs ($= 3 \cdot 2 \cdot 1$) Möglichkeiten, diese drei Elemente in unterschiedlichen Reihenfolgen anzuordnen.

Bei zehn Ziffernkarten und höchstens dreistelligen Zahlen, bei denen die Zahlenwerte der Ziffern von links nach rechts größer werden, sehen diese Überlegungen schrittweise wie folgt aus:

- Es gibt nach Satz 10.2 insgesamt 720 ($= \frac{10!}{7!} = 10 \cdot 9 \cdot 8$) höchstens dreistellige Zahlen, die man aus zehn Ziffern bilden kann, ohne dass eine Ziffer mehrfach auftritt.
- Oben haben wir gesehen, dass jede Auswahl von drei Ziffern in sechs verschiedenen Zahlen auftritt, wenn die Zahlenwerte der Ziffern nicht von links nach rechts größer werden müssen. Wenn jeweils nur die Zahl betrachtet werden soll, bei der die Zahlenwerte der Ziffern von links nach rechts größer werden, dann muss die nach Satz 10.2 gefundene Anzahl noch durch 6 ($= 3 \cdot 2 \cdot 1 = 3!$) dividiert werden.

Insgesamt erhält man die gesuchte Anzahl also mit der Rechnung:

$$\frac{10!}{(10-3)! \cdot 3!} = \frac{10!}{7! \cdot 3!} = \frac{10 \cdot 9 \cdot 8}{3 \cdot 2 \cdot 1} = 720 : 6 = 120$$

Verallgemeinerung

Von $n = 10$ und $k = 3$ aus lässt sich diese Berechnung nun unter Verwendung der mittlerweile vertrauten Variablen n und k und der vertrauten Menge $\{1, \ldots, n\}$ verallgemeinern. Wenn man zunächst verschiedene Reihenfolgen unterscheidet, in denen k Elemente aus der n-elementigen Menge ausgewählt werden, dann liefert Satz 10.2 das Ergebnis, dass es $\frac{n!}{(n-k)!}$ verschiedene Möglichkeiten gibt (k-stellige Permutationen ohne Wiederholung einer n-elementigen Menge). Für die Auswahl von k Elementen gibt es dabei $k!$ ($= k \cdot (k-1) \cdot \ldots \cdot 1$) mögliche Reihenfolgen. In diesem Abschnitt 10.4 interessieren wir uns aber nur für eine festgelegte Reihenfolge (k-stellige Kombinationen ohne Wiederholung). Die gesuchte Anzahl ergibt sich also, wenn das Ergebnis nach Satz 10.2 durch $k!$ dividiert wird: Es gibt $\frac{n!}{(n-k)! \cdot k!}$ unterschiedliche Möglichkeiten, k Elemente aus n

Elementen auszuwählen. Da auch diese Berechnung in der Mathematik immer wieder auftritt, gibt es ähnlich wie bei n-Fakultät eine abkürzende Schreibweise hierfür. Der Bruch $\frac{n!}{(n-k)!\cdot k!}$ wird mit $\binom{n}{k} := \frac{n!}{(n-k)!\cdot k!}$ abgekürzt und **Binomialkoeffizient** n **über** k genannt. Mit dieser abkürzenden Bezeichnung lässt sich das Ergebnis der obigen Überlegungen zusammenfassen als

Satz 10.3 (Kombinationen ohne Wiederholung)
Für alle natürlichen Zahlen n und k mit $k \leq n$ gilt: Die Anzahl der Möglichkeiten, k Elemente aus n Elementen auszuwählen, d. h. die Anzahl der k-stelligen Kombinationen ohne Wiederholung einer n-elementigen Menge, beträgt genau $\binom{n}{k} = \frac{n!}{(n-k)!\cdot k!}$.

Anwendung: Zahlenlotto „6 aus 49"

Eine typische Anwendung von Satz 10.3 ist die Berechnung der Anzahl der möglichen Ziehungsergebnisse beim Zahlenlotto „6 aus 49“. Hier werden aus 49 durchnummerierten Kugeln sechs gezogen und das Ergebnis der Größe der Zahlen nach sortiert angegeben, weil nicht relevant ist, in welcher Reihenfolge die sechs Zahlen gezogen wurden, sondern nur welche sechs Zahlen gezogen wurden. Es handelt sich also um Kombinationen ohne Wiederholung.

Wie viele mögliche Ziehungsergebnisse gibt es beim Zahlenlotto „6 aus 49“?

Die Frage lässt sich mit Satz 10.3 direkt beantworten. Mit $n = 49$ und $k = 6$ erhält man $\frac{49!}{43!\cdot 6!}$ (= 13.983.816) Möglichkeiten, sechs Zahlen aus 49 Zahlen auszuwählen. Diese große Anzahl verdeutlicht, wie viel Glück man benötigt, um „einen Sechser im Lotto“ zu haben. Wenn man 13.983.816 Zwei-Euro-Stücke ohne Lücke aneinanderlegt, dann erhält man eine 360 km lange Münzschlange (dies entspricht etwa der Autobahnentfernung von Dortmund nach Hamburg) – und nur eine dieser Münze ist der „Sechser“.

10.5 Kombinationen mit Wiederholung

Die vierte kombinatorische Grundaufgabe ist in der Herleitung am komplexesten, da über bestimmte Arten des rechnerischen Abzählens hinaus noch ein technischer Trick angewendet werden muss, der sich zwar gut nachvollziehen lässt, auf den man aber nicht ohne Weiteres von alleine kommt. Nach der Systematik der Unterscheidungen mit/ohne Wiederholung und mit/ohne Unterscheidung verschiedener Reihenfolgen fehlt noch der Fall, in dem verschiedene Reihenfolgen, in denen Elemente ausgewählt werden, nicht unterschieden werden und in dem Elemente wiederholt ausgewählt werden dürfen. In diesem

Fall betrachten wir **Kombinationen mit Wiederholung** (genauer: k-stellige Kombinationen von n Elementen mit Wiederholung), bei denen letztlich danach gefragt wird, welche Elemente wie oft ausgewählt wurden (nicht aber: in welcher Reihenfolge). Im Kontext *Ziffernkarten* kann man diese Konstellation etwa in Form der folgenden Frage formulieren.

Frage
Wie viele höchstens dreistellige Zahlen lassen sich aus den Ziffernkarten $0, 1, \ldots, 9$ *legen, wenn Ziffern mehrfach auftreten dürfen und die Zahlenwerte der Ziffern von links nach rechts an keiner Stelle kleiner werden?*

Vorüberlegungen

Wenn etwa die Ziffer 2 zweimal und die Ziffer 5 einmal ausgewählt wurde, wird das Ergebnis als 225 angegeben; die Ergebnisse 252 und 522 können hier nicht auftreten, da die zweite Bedingung nicht erfüllt ist. Hierfür liegt zunächst keine einfache Abzählmöglichkeit auf der Hand.

Klar ist, dass es mehr Kombinationen mit Wiederholung geben muss als Kombinationen ohne Wiederholung, da die Kombinationen mit Wiederholung alle Kombinationen ohne Wiederholung einschließen. Ebenso ist klar, dass es weniger Kombinationen mit Wiederholung als Permutationen mit Wiederholung geben muss, da die Permutationen mit Wiederholung alle Kombinationen mit Wiederholung einschließen. Für die gesuchte Anzahl z gilt hier also:

$$\binom{10}{3} \leq z \leq 10^3$$

Allgemein gilt für die Anzahl z der k-stelligen Kombinationen von n Elementen mit Wiederholung entsprechend:

$$\binom{n}{k} \leq z \leq n^k$$

Warum gibt es keine einfache Abzählmöglichkeit für Kombinationen mit Wiederholung? Warum kann man nicht einfach von den Permutationen mit Wiederholung ausgehen und die Mehrfachzählungen wegdividieren, wie dies im vorangegangenen Abschnitt 10.4 möglich war?[12]

Dies liegt daran, dass unterschiedliche Kombinationen mit Wiederholung keineswegs stets dieselbe Anzahl an zugehörigen Permutationen mit Wiederholung aufweisen, wie wir der folgenden Tabelle klar entnehmen können:

---

[12] Dort sind wir von der Anzahl der Permutationen ohne Wiederholung durch Division durch $k!$ zur Anzahl der Kombinationen ohne Wiederholung gekommen.

Kombinationen mit Wiederholung	Zugehörige Permutation(en) mit Wiederholung
225	225, 252, 522
111	111
038	038, 083, 308, 380, 803, 830
446	446, 464, 644
348	348, 384, 438, 483, 834, 843
799	799, 979, 997
555	555

Die Tabelle zeigt: Bei drei verschiedenen Ziffern (Beispiel 348) gibt es zu einer Kombination mit Wiederholung sechs Permutationen mit Wiederholung, die aus den gleichen Ziffern (in der gleichen Vielfachheit) gebildet werden; tritt eine Ziffer genau zweimal auf (Beispiel 799), so gibt es drei entsprechende Permutationen mit Wiederholung; und tritt eine Ziffer dreimal auf (Beispiel 555), so gibt es nur eine entsprechende Permutation mit Wiederholung. Daher kann aus der Anzahl der Permutationen mit Wiederholung nicht einfach durch eine einzige Division die Anzahl der Kombinationen mit Wiederholung gewonnen werden.

„Technischer Trick"

Die gesuchte Abzählung lässt sich aber mit einem technischen Trick auf eine bekannte Anzahl von Kombinationen ohne Wiederholung zurückführen. Man muss die Wiederholungen hierfür nur „unterdrücken". Dieses Vorgehen erläutern wir zunächst am konkreten Beispiel der obigen Frage im Kontext *Ziffernkarten*; es lässt sich anschließend wieder problemlos verallgemeinern.

Aus dem Ziffernvorrat $\{0, \ldots, 9\}$ sollen drei Ziffern a_1, a_2 und a_3 ausgewählt werden, wobei zwei oder auch alle drei Ziffern gleich sein dürfen. Bei den entstehenden Zahlen $a_1|a_2|a_3$[13] gilt nun $a_1 \leq a_2 \leq a_3$.[14] Bei Zahlen wie 225 oder 555 werden Wiederholungen von Ziffern nun „unterdrückt", indem der Zahlenwert der ersten Ziffer gleich bleibt, der Zahlenwert der zweiten Ziffer um 1 vergrößert und der Zahlenwert der dritten Ziffer um 2 vergrößert wird. Aus der Zahl 225 wird dann 237 und aus der Zahl 555 entsprechend 567. Allgemein wird aus der Zahl $a_1|a_2|a_3$ die Zahl $a_1|a_2 + 1|a_3 + 2$, wobei nun $a_1 < a_2 + 1 < a_3 + 2$ gilt (warum?). Für den Ziffernvorrat bedeutet dies, dass wir nun die größere Menge $\{0, \ldots, 9, z, e\}$ mit zwölf Elementen betrachten, wobei z den Zahlenwert 10 und e den Zahlenwert 11 hat.[15]

[13] Die Ziffern wurden bei dieser allgemeinen Notation der entstehenden Zahl durch „|" deutlich getrennt; diese Verdeutlichung ist vor allem im Folgenden wichtig.

[14] Die Ungleichungskette drückt die Anforderung aus, dass „die Zahlenwerte der Ziffern von links nach rechts an keiner Stelle kleiner werden". Das „$\leq$" lässt nur zu, dass die Zahlenwerte von links nach rechts gleich bleiben oder größer werden.

[15] Damit die Ziffern weiter einstellig bleiben, verwenden wir z und e. Dieses Problem des Ziffernvorrats tritt immer dann auf, wenn wir ein Stellenwertsystem zu einer Basis, die größer als 10 ist,

Was bedeutet dies für das Abzählproblem, das wir hier betrachten?

Bei den durch den technischen Trick gewonnenen Zahlen tritt keine Ziffer mehrfach auf und die Zahlenwerte der Ziffern werden von links nach rechts größer. Es liegen also grundsätzlich die Voraussetzungen zur Anwendung von Satz 10.3 vor. Das aktuelle Abzählproblem ist dann gelöst, wenn wir uns überlegen, dass zu jeder dreistelligen Kombination ohne Wiederholung der Menge $\{0, \ldots, 9, z, e\}$ genau eine dreistellige Kombination mit Wiederholung der Menge $\{0, \ldots, 9\}$ gehört, was der Fall ist (vgl. Aufgabe 4). Nun können wir die gesuchte Anzahl mit Hilfe von Satz 10.3 berechnen.

Welche Werte müssen dabei für n und k gewählt werden?

Während zunächst drei Ziffern aus einer Menge von zehn Ziffern ausgewählt werden sollten, wobei Wiederholungen möglich waren, sollen nun drei Ziffern aus einer Menge von zwölf Ziffern ausgewählt werden, wobei keine Wiederholung mehr auftritt. Die gesuchte Anzahl beträgt also $\binom{12}{3} = 220$.

Verallgemeinerung

Der technische Trick, der im Kontext *Ziffernkarten* erfolgreich war, lässt sich nun einfach verallgemeinern. Wir gehen dabei wieder von der n-elementigen Menge $\{1, 2, \ldots, n\}$ aus. Aus dieser Menge soll nun insgesamt k-mal ein Element ausgewählt werden, wobei Elemente mehrfach ausgewählt werden dürfen, und man interessiert sich nur dafür, welches Element wie oft ausgewählt wurde. Das Ergebnis kann in der Form $a_1|a_2|a_3|\ldots|a_k-1|a_k$ mit $a_1 \leq a_2 \leq a_3 \leq \ldots \leq a_k - 1 \leq a_k$ notiert werden. Die Zahlen werden also von links nach rechts nicht kleiner. Addiert man zu a_i nun jeweils $(i-1)$, so erhält man eine Kette von k größer werdenden Zahlen: $a_1 + 0 < a_2 + 1 < a_3 + 2 < \ldots < a_k - 1 + k - 2 < a_k + k - 1$. Nun ist also jede Zahl $a_i + (i-1)$ auf jeden Fall echt kleiner als $a_{i+1} + i$. Aus den k Zahlen a_1 bis a_k, die aus der Menge $\{1, 2, \ldots, n\}$ stammten und bei denen Wiederholungen möglich waren, sind nun also k Zahlen $a_1 + 0$ bis $a_k + k - 1$ gewonnen worden, die aus der größeren Menge $\{1, 2, \ldots, n + k - 1\}$ stammen, bei denen aber keine Wiederholungen mehr auftreten. Die Anzahl k ist dabei aber unverändert geblieben. Dem obigen technischen Trick entsprechend lässt sich nun leicht überlegen, dass die Menge der k-stelligen Kombinationen von n Elementen mit Wiederholung und die Menge der k-stelligen Kombinationen von $n + k - 1$ Elementen ohne Wiederholung gleichmächtig sind (vgl. Aufgabe 4). Daher kann man aus Satz 10.3 folgern:[16]

betrachten (vgl. Kap. 2). Die Ziffern mit den Zahlenwerten 10 und 11 können z. B. entstehen, wenn man zunächst von der Zahl 899 ausgeht und dann den technischen Trick anwendet.

[16] In der Formel von Satz 10.3 müssen wir „oben" n durch $n + k - 1$ ersetzen, während „unten" k unverändert bleibt. Dies ergibt im Zähler $(n + k - 1)!$ und im Nenner $((n + k - 1) - k)! \cdot k! = (n-1)! \cdot k!$

Satz 10.4 (Kombinationen mit Wiederholung)
Für alle natürlichen Zahlen n und k gilt: Die Anzahl der k-stelligen Kombinationen mit Wiederholung einer n-elementigen Menge beträgt genau $\binom{n+k-1}{k} = \frac{(n+k-1)!}{(n-1)!\cdot k!}$.

Bemerkung
Da hier Wiederholungen möglich sind, darf k auch größer als n sein. Dies wird am Kontext *Ziffernkarten* deutlich: Wenn Ziffern mehrfach verwendet werden dürfen, dann kann man hieraus Zahlen mit beliebig vielen Stellen erzeugen.

Der Zusammenhang zwischen Kombinationen mit Wiederholung und Kombinationen ohne Wiederholung lässt sich auch schön grafisch darstellen. Die folgende Abbildung visualisiert eine 7-stellige Kombination der Menge $\{1, 2, \ldots, 10\}$ mit Wiederholung. Es handelt sich um die Kombination 1, 1, 6, 9, 9, 9, 10.

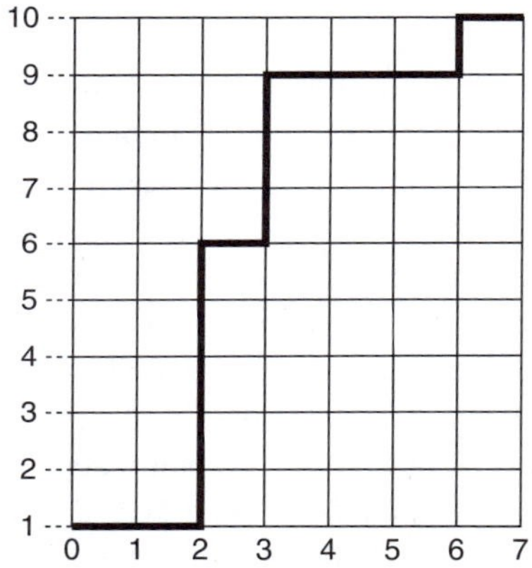

Tatsächlich lässt sich jede 7-stellige Kombination der Menge $\{1, 2, \ldots, 10\}$ mit Wiederholung wie folgt als Weg im abgebildeten Gitternetz darstellen:

- Jeder Weg beginnt unten links und endet oben rechts.
- Teilstücke des Weges dürfen nur auf Linien des Gitternetzes verlaufen.
- Teilstücke des Weges dürfen nur entweder nach oben oder nach rechts verlaufen.
- Jeder Weg ist $10 + 7 - 1$ Teilstücke lang ($10 - 1$ nach oben und 7 nach rechts).

Umgekehrt gehört zu jedem derartigen Weg genau eine 7-stellige Kombination mit Wiederholung der Menge $\{1, 2, \ldots, 10\}$. Wie oft ein Element der Menge $\{1, 2, \ldots, 10\}$ in der 7-stelligen Kombination vorkommt, wird durch die Anzahl waagrechter Teilstücke hinter diesem Element angegeben. Die Anzahl solcher Wege lässt sich mit $\binom{10+7-1}{7}$

bestimmen, da jeder Weg dadurch charakterisiert ist, welche sieben der $10 + 7 - 1$ Teilstücke waagrecht sind. Es geht also um die kombinatorische Aufgabe, aus $10 + 7 - 1$ genau sieben auszuwählen. Dies entspricht genau den 7-stelligen Kombinationen ohne Wiederholung der Menge $\{1, 2, \ldots, 16\}$.

10.6 Überblick und didaktische Reflexion: Grundaufgaben der Kombinatorik

Ein abstraktes und universelles Modell, um die vier kombinatorischen Grundaufgaben zu formulieren, ist das *Urnenmodell*: Aus einer Urne, in der n unterscheidbare Kugeln liegen (z. B. durchnummeriert von 1 bis n), wird nacheinander k-mal gezogen. Wie viele unterschiedliche Ergebnisse der Ziehungsvorgang haben kann, hängt davon ab, ob (a) gezogene Kugeln wieder zurückgelegt werden oder nicht und ob (b) verschiedene Reihenfolgen beim Ziehen unterschieden werden oder nicht. Wir hatten die kombinatorischen Grundaufgaben oben im konkreteren Kontext *Ziffernkarten* hergeleitet. Offensichtlich gibt es folgende Entsprechung zwischen dem *Urnenmodell* und dem Kontext *Ziffernkarten*:

Urnenmodell	Ziffernkarten
Gezogene Kugeln werden wieder zurückgelegt („**mit Zurücklegen**")	Ziffern dürfen mehrfach auftreten
Gezogene Kugeln werden *nicht* wieder zurückgelegt („**ohne Zurücklegen**")	Keine Ziffer darf mehrfach auftreten
Verschiedene Reihenfolgen beim Ziehen werden unterschieden („**mit Berücksichtigung der Reihenfolge**")	Die Reihenfolge der Ziffern ist relevant
Verschiedene Reihenfolgen beim Ziehen werden *nicht* unterschieden („**ohne Berücksichtigung der Reihenfolge**")	Die Reihenfolge der Ziffern ist nicht relevant (die Ziffern werden der Größe ihrer Zahlenwerte nach geordnet)

Die Entsprechungen der Situationen im *Urnenmodell* und im Kontext *Ziffernkarten* werden im Folgenden unter der zugehörigen kombinatorischen Grundaufgabe mit den Ergebnissen der Abschnitte 10.2 bis 10.5 angegeben:

- **Permutationen mit Wiederholung**
  Urnenmodell: Aus einer Urne mit zehn Kugeln wird dreimal gezogen, wobei die gezogenen Kugeln jeweils wieder zurückgelegt und verschiedene Reihenfolgen beim Ziehen unterschieden werden. Wie viele unterschiedliche Ziehungsergebnisse kann es geben?
  Ziffernkarten: Wie viele höchstens dreistellige Zahlen lassen sich aus den Ziffernkarten $0, 1, \ldots, 9$ legen, wenn jede Ziffer mehrfach auftreten darf?
  Antwort: $10^3 = 1000$

- **Permutationen ohne Wiederholung**
  Urnenmodell: Aus einer Urne mit zehn Kugeln wird dreimal gezogen, wobei die gezogenen Kugeln nicht wieder zurückgelegt und verschiedene Reihenfolgen beim Ziehen unterschieden werden. Wie viele unterschiedliche Ziehungsergebnisse kann es geben?
  Ziffernkarten: Wie viele höchstens dreistellige Zahlen lassen sich aus den Ziffernkarten $0, 1, \ldots, 9$ legen, wenn keine Ziffer mehrfach auftreten darf?
  Antwort: $10 \cdot 9 \cdot 8 = 720$
- **Kombinationen ohne Wiederholung**
  Urnenmodell: Aus einer Urne mit zehn Kugeln wird dreimal gezogen, wobei die gezogenen Kugeln nicht zurückgelegt und verschiedene Reihenfolgen beim Ziehen nicht unterschieden werden. Wie viele unterschiedliche Ziehungsergebnisse kann es geben?
  Ziffernkarten: Wie viele höchstens dreistellige Zahlen lassen sich aus den Ziffernkarten $0, 1, \ldots, 9$ legen, wenn keine Ziffer mehrfach auftreten darf und die Zahlenwerte der Ziffern von links nach rechts größer werden?
  Antwort: $\binom{10}{3} = \frac{10!}{(10-3)! \cdot 3!} = \frac{10!}{7! \cdot 3!} = \frac{10 \cdot 9 \cdot 8}{3 \cdot 2 \cdot 1} = 720 : 6 = 120$
- **Kombinationen mit Wiederholung**
  Urnenmodell: Aus einer Urne mit zehn Kugeln wird dreimal gezogen, wobei die gezogenen Kugeln jeweils wieder zurückgelegt und verschiedene Reihenfolgen beim Ziehen nicht unterschieden werden. Wie viele unterschiedliche Ziehungsergebnisse kann es geben?
  Ziffernkarten: Wie viele höchstens dreistellige Zahlen lassen sich aus den Ziffernkarten $0, 1, \ldots, 9$ legen, wenn Ziffern mehrfach auftreten dürfen und die Zahlenwerte der Ziffern von links nach rechts an keiner Stelle kleiner werden?
  Antwort: $\binom{10+3-1}{3} = \frac{12!}{9! \cdot 3!} = \frac{12 \cdot 11 \cdot 10}{3 \cdot 2 \cdot 1} = 1320 : 6 = 220$

Die vier kombinatorischen Grundaufgaben werden in der Formulierung des Urnenmodells mit den allgemeinen Berechnungsformeln und dem verwendeten konkreten Zahlenbeispiel ($n = 10$, $k = 3$) in der folgenden tabellarischen Übersicht zusammengefasst:

$n = 10$, $k = 3$		**Berücksichtigung der Reihenfolge**	
		mit	**ohne**
Zurücklegen	**mit**	Permutationen mit Wiederholung n^k (= 1000)	Kombinationen mit Wiederholung $\binom{n+k-1}{k}$ (= 220)
	ohne	Permutationen ohne Wiederholung $\frac{n!}{(n-k)!}$ (= 720)	Kombinationen ohne Wiederholung $\binom{n}{k}$ (= 120)

Wenn sich Fragestellungen einfach einer der vier kombinatorischen Grundaufgaben zuordnen lassen und die erforderlichen Parameter (n und k) bekannt sind, dann lassen sich die gesuchten Anzahlen schnell und routinemäßig bestimmen. Beispiele hierfür sind etwa die Anzahl unterschiedlicher Zifferncodes bei Zahlenschlössern oder das Zahlenlotto „6 aus 49". Die gedankliche Übertragung auf die passende Situation im Urnenmodell und die Auswahl der zugehörigen kombinatorischen Grundaufgabe fällt hier nicht schwer.

Es gibt aber auch viele kombinatorische Fragestellungen, die beim ersten Hinsehen nicht offenbaren, wie sie bearbeitet werden können. Dann bleibt die Kombinatorik eine Kunst des systematischen oder geschickten Zählens. Betrachten Sie etwa die folgende Frage:

Wie viele unterschiedliche (nicht notwendig sinnvolle) „Wörter" lassen sich aus den elf Buchstaben des Wortes „MISSISSIPPI" bilden?

Wären es elf unterschiedliche Buchstaben, so wäre die Antwort einfach: Es gäbe dann $11! = 39.916.800$ unterschiedliche Wörter. Die elf Buchstaben sind aber nicht unterschiedlich und die Vertauschung der „S", der „P" oder der „I" untereinander führt nicht zu einem neuen Wort. Dies lässt sich berücksichtigen, indem die Gesamtzahl der Wörter, die es bei elf unterschiedlichen Buchstaben geben würde, durch die Anzahl der Vertauschungen dividiert wird, die bei tatsächlich mehrfach auftretenden Buchstaben nicht zu neuen Wörtern führen. Beim Ausgangswort „MISSISSIPPI" mit vier „S", zwei „I" und zwei „P" bedeutet dies, dass es genau $\frac{11!}{4! \cdot 4! \cdot 2!}$ (= 34.650) Möglichkeiten gibt, unterschiedliche Wörter aus den elf Buchstaben zu bilden. Dies können Sie auch sehr gut und übersichtlich an kürzeren Wörtern wie „PAPA" oder „ROSSO" nachvollziehen.

Für die Kunst des systematischen oder geschickten Zählens ist auch typisch, dass es oft weitere gangbare Wege zur Bestimmung der gesuchten Anzahl gibt. Für das Wort „MISSISSIPPI" kann man sich etwa überlegen, dass das Bilden unterschiedlicher Wörter bedeutet, dass die elf Buchstaben auf elf mögliche Plätze verteilt werden. Beginnt man etwa mit dem „M", so gibt es $\binom{11}{1} = 11$ Möglichkeiten, einen Platz aus elf Plätzen für das „M" auszuwählen. Für jede dieser Möglichkeiten gibt es dann noch $\binom{10}{4}$ Möglichkeiten, vier aus den verbleibenden zehn Plätzen etwa für die vier „S" auszuwählen; anschließend gibt es noch $\binom{6}{4}$ Möglichkeiten, um vier aus den verbliebenen sechs Plätzen für die vier „I" auszuwählen. Die übrigen zwei Plätze werden dann von den zwei „P"" besetzt; hierfür gibt es $\binom{2}{2} = 1$ Möglichkeit. Insgesamt gibt es also $\binom{11}{1} \cdot \binom{10}{4} \cdot \binom{6}{4} \cdot \binom{2}{2}$ Möglichkeiten, unterschiedliche Wörter zu bilden. Berechnen wir dieses Produkt, so erhalten wir wiederum 34.650 Möglichkeiten. Da die gleichen Möglichkeiten gezählt wurden (nur auf unterschiedliche Weise!), muss dies auch zwingend so sein. Die Einsicht in diese Gleichheit kann man auch auf der Ebene des Rechnens mit Binomialkoeffizienten und Fakultäten gewinnen:

$$\binom{11}{1} \cdot \binom{10}{4} \cdot \binom{6}{4} \cdot \binom{2}{2} = \frac{11!}{10! \cdot 1!} \cdot \frac{10!}{6! \cdot 4!} \cdot \frac{6!}{2! \cdot 4!} \cdot \frac{2!}{0! \cdot 2!} = \frac{11!}{4! \cdot 4! \cdot 2!}$$

In der Schule bieten zugängliche kombinatorische Aufgabenstellungen produktive Anlässe zum Mathematiktreiben. Dies gilt vor allem, wenn nicht von vorneherein erkennbar ist, wie die fragliche Anzahl bestimmt werden kann. Dann fordern die Aufgabenstellungen zu flexiblem Denken und Rechnen auf und regen ein systematisches Probieren unterschiedlicher Abzählmöglichkeiten an. Wenn viele Möglichkeiten aufgelistet werden, stellen sich schnell die Fragen nach geeigneter Strukturierung und informativer Darstellung für eine Übersicht über das gesamte Problem. Dabei wird ununterbrochen mit natürlichen Zahlen gearbeitet und die Grundrechenarten werden im Problemkontext geübt.

Das folgende Beispiel, das nicht einfach mit den kombinatorischen Grundaufgaben gelöst werden kann, verdeutlicht dies. Darüber hinaus weist es darauf hin, dass kombinatorische Aufgabenstellungen häufig mit konkretem Material auf der enaktiven Ebene zugänglich gestaltet werden können und dabei den Übergang zu ikonischen und ggf. symbolischen Darstellungen nahelegen.

Beispiel: Geld wechseln

Dem Wechseln von Geld liegt im Alltag der Umstand zugrunde, dass ein Betrag auf unterschiedliche Arten aus Münzen oder Scheinen zusammengestellt sein kann.

Wie viele Möglichkeiten gibt es, 15 Cent zusammenzustellen, wenn beliebig viele 1-, 2-, 5- und 10-Cent-Münzen zur Verfügung stehen?

Schülerinnen und Schüler des zweiten Schuljahres werden hier schnell einige Möglichkeiten finden. Dabei dürfte die Fragestellung für diejenigen, die noch nicht in der Welt der abstrakten Zahlen angekommen sind, durch das Rechnen mit Geldbeträgen und das mögliche konkrete Hantieren mit Münzen zugänglicher werden. Erste Möglichkeiten sind etwa:

- 10 Cent + 5 Cent
- 5 Cent + 5 Cent + 5 Cent
- 1 Cent + 1 Cent + 1 Cent + 1 Cent + 1 Cent + 1 Cent + 1 Cent + 1 Cent + 1 Cent + 1 Cent + 1 Cent + 1 Cent + 1 Cent + 1 Cent + 1 Cent

Aber es gibt natürlich viel mehr Möglichkeiten. Wenn man sie sortieren möchte, wird es auf dem Tisch schnell unübersichtlich, falls man nur mit gelegten Münzen arbeitet. Das Notieren im Heft wird etwas kürzer, wenn man auf die wiederholte Angabe der Maßeinheit „Cent" verzichtet. Ein Sortierungskriterium könnte dabei lauten: „Verwende zunächst immer möglichst viele möglichst hohe Münzwerte." Damit erhält man:

- 10 + 5
- 10 + 2 + 2 + 1
- 10 + 2 + 1+ 1+ 1

- 10 + 1 + 1 + 1+ 1+ 1
- 5 + 5 + 5
- 5 + 5 + 2 + 2 + 2
- ...
- 1 + 1 + 1 + 1 + 1 + 1 + 1 + 1 + 1 + 1 + 1 + 1 + 1 + 1 + 1

Dennoch bleibt viel Schreibarbeit. Diese kann durch die Verwendung einer informativen Darstellung, hier eine Tabelle, noch mal deutlich reduziert werden. Dennoch müssen alle Möglichkeiten aufgelistet werden, wenn man keine Berechnungsformel kennt. In der folgenden Tabelle wird für jeden möglichen Münzwert eine Spalte angelegt. Darin wird notiert, wie viele Münzen des jeweiligen Wertes für eine Möglichkeit verwendet werden:

10 Cent	5 Cent	2 Cent	1 Cent
1	1	0	0
1	0	2	1
1	0	1	3
1	0	0	5
0	3	0	0
0	2	2	1
0	2	1	3
0	2	0	5
0	1	5	0
0	1	4	2
0	1	3	4

10 Cent	5 Cent	2 Cent	1 Cent
0	1	2	6
0	1	1	8
0	1	0	10
0	0	7	1
0	0	6	3
0	0	5	5
0	0	4	7
0	0	3	9
0	0	2	11
0	0	1	13
0	0	0	15

Es gibt also 22 unterschiedliche Möglichkeiten, 15 Cent aus 1-, 2-, 5- und 10-Cent-Münzen zusammenzulegen. Die hier gewählte informative Darstellung, also die Tabelle, reduziert in diesem Fall die Schreibarbeit und ermöglicht es, leichter die Übersicht zu behalten. Dafür muss man vorher die Idee einer entsprechenden Strukturierung haben. Ausgehend von dieser Tabelle lassen sich Variationen der Aufgabenstellung gut bearbeiten: *Wie viele Möglichkeiten gibt es, 14 Cent aus 1-, 2-, 5- und 10-Cent-Münzen zusammenzulegen?* (vgl. Aufgabe 5)

Derartige kombinatorische Aufgabenstellungen sind gerade in heterogenen Lerngruppen auch deshalb so produktiv, weil sie selbstdifferenzierend sind, d. h., sie lassen bei gleicher Aufgabenstellung unterschiedliche Bearbeitungsniveaus zu. Manche Schülerinnen und Schüler werden vielleicht nur einige Möglichkeiten der Zerlegung des Geldbetrags finden, aber sie finden immerhin richtige Möglichkeiten und üben dabei die Grundrechenarten. Andere finden vielleicht viele oder sogar alle Möglichkeiten und machen sich dabei Gedanken über eine Strukturierung der Ergebnisse und eine übersichtliche Darstellung. Und einigen Schülerinnen und Schülern gelingt es auf der Basis einer gut sortierten Darstellung vielleicht sogar, zu begründen, warum sie alle Möglichkeiten gefunden haben und es keine weiteren gibt.

10.7 Aufgaben

1. Aus den vier Ziffernkarten 0, 1, 2 und 3 sollen höchstens dreistellige Zahlen gebildet werden, ohne dass eine Ziffer mehrfach auftritt. Hierfür gibt es 24 Möglichkeiten (vgl. Abschnitt 10.3). Stellen Sie diese 24 Möglichkeiten systematisch mit Hilfe eines Baumdiagramms dar.
2. Berechnen Sie für $n = 1, \ldots, 20$ die Werte von $n!$ und notieren Sie diese in einer Tabelle, die neben einer Spalte für n und einer Spalte für $n!$ auch eine Spalte enthält, in der Sie die Anzahl der Dezimalstellen von $n!$ notieren.
3. Aus den sechs Ziffernkarten 0, 1, 2, 3, 4 und 5 sollen höchstens dreistellige Zahlen gebildet werden, bei denen keine Ziffer mehrfach auftritt und bei denen die Zahlenwerte der Ziffern von links nach rechts größer werden. Stellen Sie alle Zahlen, die entstehen können, in einer informativen Übersicht dar.
4. Begründen Sie, dass zu jeder dreistelligen Kombination mit Wiederholung der Menge $\{0, \ldots, 9\}$ genau eine dreistellige Kombination ohne Wiederholung der Menge $\{0, \ldots, 9, z, e\}$ gehört.
5. Wie viele Möglichkeiten gibt es, 14 Cent aus 1-, 2-, 5- und 10-Cent-Münzen zusammenzulegen? Stellen Sie Ihre Überlegungen so dar, dass Sie diese direkt für die Beantwortung der analogen Fragestellungen für 13 Cent und für 12 Cent nutzen können.

Ausblick

11

Schrittweise Zahlbereichserweiterungen

Im Kap. 8 haben wir gesehen, dass im Bereich der natürlichen Zahlen zwar die Addition und Multiplikation ohne jede Einschränkung durchführbar ist, dass aber die *Subtraktion* und *Division* hier großen Beschränkungen unterliegen. Daher wird zu Beginn der *Sekundarstufe* der Zahlbereich der natürlichen Zahlen schrittweise erweitert mit der Zielsetzung, möglichst *alle vier* Rechenoperationen *ohne* jede Einschränkung durchführen zu können. Durch Übergang von den natürlichen Zahlen zu den **Bruchzahlen** (positiven rationalen Zahlen) gelangen wir zu einem Zahlbereich, in dem die *Division* fast uneingeschränkt durchgeführt werden kann (einzige Ausnahme: Division durch Null). Durch Übergang von den natürlichen Zahlen zu den **ganzen Zahlen** kommen wir zu einem Zahlbereich, in dem die *Subtraktion* ohne jede Einschränkung durchführbar ist.

Unterschiede bei der Abfolge

Während in der **Hochschulmathematik** der Zahlbereich der natürlichen Zahlen wegen der größeren Effizienz bei Beweisführungen im Allgemeinen zunächst zum Bereich der ganzen Zahlen und dann zum Bereich *aller* rationalen Zahlen erweitert wird, ist die Abfolge im **Unterricht der Sekundarstufe** im Allgemeinen eine andere: Aus Gründen besserer Anschaulichkeit und Verständlichkeit werden hier zunächst die Bruchzahlen, also die positiven rationalen Zahlen, eingeführt. Erst anschließend werden die ganzen Zahlen thematisiert und auf dieser Grundlage dann der Übergang von den *positiven rationalen* Zahlen zur Menge *aller rationalen* Zahlen rasch bewältigt.

Überblick

Im Kap. 11 *Ausblick* wird daher zunächst in Abschnitt 11.1 ein Blick auf die **Bruchzahlen** und dann in Abschnitt 11.2 auf die **ganzen und rationalen Zahlen** geworfen. Das Kapitel endet in Abschnitt 11.3 mit einem kurzen Ausblick auf eine mögliche **vertiefte Weiterführung** des Themas Arithmetik/Zahlentheorie. Ein entsprechender Folgeband

F. Padberg, A. Büchter, *Einführung Mathematik Primarstufe – Arithmetik*,
Mathematik Primarstufe und Sekundarstufe I + II, DOI 10.1007/978-3-662-43449-9_11

Vertiefung Mathematik Primarstufe – Arithmetik/Zahlentheorie [16] wird zum Sommersemester 2015 erscheinen.

11.1 Bruchzahlen

Die natürlichen Zahlen sind *sehr vielseitig* einsetzbar. Dennoch reichen sie selbst für viele Situationen des täglichen Lebens *nicht* aus. Daher wird im Mathematikunterricht spätestens in der 6. Klasse der umfassendere Zahlbereich der *Bruchzahlen* eingeführt und systematisch behandelt. Die Schüler lernen hier die Bruchzahlen in Form der *gemeinen Brüche* (Beispiel: $\frac{3}{4}$) und der *Dezimalbrüche* (Beispiel: 0,75) kennen. Der Zusamenhang zwischen der Darstellung von Bruchzahlen durch gemeine Brüche und der durch Dezimalbrüche wird im Folgeband **Vertiefung Mathematik Primarstufe – Arithmetik/Zahlentheorie** systematisch untersucht.

Wir geben an dieser Stelle nur einen kurzen Ausblick[1] auf die Bruchzahlen in Form der **gemeinen Brüche**, und zwar unter folgenden drei Aspekten:

- *Gründe* für die Einführung der Bruchzahlen/Grenzen der natürlichen Zahlen,
- *Einführung* der Bruchzahlen/Analogien zur Einführung der natürlichen Zahlen als Kardinalzahlen,
- *Unterschiede* und *Gemeinsamkeiten* der natürlichen Zahlen und der Bruchzahlen.

Gründe zur Einführung der Bruchzahlen

Die natürlichen Zahlen reichen zur knappen Beschreibung bzw. Lösung schon vieler einfacher Sachverhalte nicht aus, wie wir im Folgenden an vier Beispielen verdeutlichen.

► **Beispiel 11.1 (Verteilen)** Verteilen wir beispielsweise sechs kleine, aber jeweils gleich große Pizzen gleichmäßig („gerecht") an drei Kinder oder vier kleine, aber jeweils gleich große Pizzen an zwei Kinder, so erhält jedes Kind zwei Pizzen. Wir können also das Ergebnis allein mit Hilfe der *natürlichen Zahlen* beschreiben. *Anders* ist dagegen die Situation, wenn wir sechs oder drei Pizzen „gerecht" an vier Kinder verteilen. Eine Beschreibung des Ergebnisses allein mit Hilfe der natürlichen Zahlen ist in diesem Fall **sehr umständlich**. Dagegen ist die Beschreibung des Ergebnisses mit Hilfe von *Bruchzahlen* wesentlich prägnanter und kürzer. Entsprechendes gilt allgemein für beliebige *Verteilsituationen*.

[1] Für eine gründliche Behandlung der Bruchzahlen in Form der gemeinen Brüche und der Dezimalbrüche unter *mathematischen Gesichtspunkten* vgl. man F. Padberg/R. Danckwerts/M. Stein: Zahlbereiche – Eine elementare Einführung, Heidelberg 1995, S. 61ff. und unter *didaktischen Gesichtspunkten* vgl. man F. Padberg: Didaktik der Bruchrechnung für Lehrerausbildung und Lehrerfortbildung, Heidelberg 2009 (4. erweiterte, stark überarbeitete Auflage).

► **Beispiel 11.2 (Messen)** Beschränken wir uns beispielsweise beim Messen von Strecken ausschließlich auf *natürliche Zahlen* als Maßzahlen, so können wir nur wenige Strecken **genau** ausmessen. In *manchen* Fällen können wir zwar durch Übergang zu *kleineren* Maßeinheiten dieses Problem lösen (Beispiele: $\frac{1}{2}\,\text{m} = 50\,\text{cm}$, $\frac{3}{4}\,\text{m} = 75\,\text{cm}$), dies ist jedoch keineswegs immer möglich, wie die Beispiele $\frac{2}{3}\,\text{m}$ oder $\frac{5}{6}\,\text{m}$ belegen. Das Problem ist allerdings bei diesen beiden Beispielen mehr theoretischer Art. In der Praxis greift man auch in diesen Fällen auf beliebig genaue Näherungswerte durch endliche Dezimalbrüche zurück. Ferner erfordert der Übergang zu *kleineren* Maßeinheiten – wenn er möglichst häufig funktionieren soll – *viele* verschiedene Maßeinheiten und ist daher nur schlecht praktikabel. Viel universeller einsetzbar und praktikabler sind dagegen die *Bruchzahlen*. Dies gilt nicht nur für Längenmessungen, sondern ganz allgemein für *Messungen von Größen*. ■

► **Beispiel 11.3 (Dividieren)** Divisionen sind im Bereich der natürlichen Zahlen nur **sehr eingeschränkt** durchführbar. So ist eine Divisionsaufgabe nur in *den* Sonderfällen lösbar, in denen der Dividend ein Vielfaches des Divisors ist. Dagegen sind im Bereich der (positiven) Bruchzahlen Divisionen *ohne* jede Einschränkung ausführbar. ■

► **Beispiel 11.4 (Gleichungslehre)** Schon *lineare* Gleichungen der Form $a \cdot x = b$ mit $a, b \in \mathbb{N}$ sind in $\mathbb{N}$ nur **selten lösbar** – nämlich nur in *den* Fällen, in denen b ein Vielfaches von a ist. Dagegen sind diese linearen Gleichungen im Bereich der *Bruchzahlen* – genau wie die Divisionen im Beispiel 11.3 und aus denselben Gründen – *stets* lösbar, und zwar eindeutig. Nicht nur bei diesen einfachen linearen Gleichungen, sondern erst recht beim *systematischen* Lösen *komplexerer linearer Gleichungen und Gleichungssysteme* kommen wir sowohl bei den erforderlichen Äquivalenzumformungen als auch bei der Angabe der Lösungsmenge nur in Ausnahmefällen allein mit den natürlichen Zahlen aus. Fast immer sind *Bruchzahlen* erforderlich. Dies gilt erst recht für *nichtlineare Gleichungen*, bei denen wir allerdings in vielen Fällen auch schon wieder an die Grenzen der Leistungsfähigkeit der Bruchzahlen stoßen. ■

Zur Einführung der Bruchzahlen

Anschauliche Vorerfahrungen

Zur Einführung der Bruchzahlen knüpfen wir *zunächst* an unsere *Vorerfahrungen* an. Unterteilen wir eine 1 dm lange Strecke in drei gleich lange Teile und nehmen zwei Teile hiervon, so erhalten wir eine Strecke der Länge $2/3\,\text{dm}$. Unterteilen wir diese Strecke *doppelt* so oft, also in sechs gleich lange Teile, und nehmen *doppelt* so viele – also vier – Teile hiervon, so erhalten wir eine Strecke der Länge $4/6\,\text{dm}$. Während die *Unterteilungen* dieser beiden Strecken *unterschiedlich* sind, haben beide Strecken jedoch *dieselbe Länge* und sind daher in dieser Hinsicht *gleichwertig*.

Verallgemeinerung

Allgemein sind zwei Strecken offenbar genau dann *gleich lang*, wenn bei gleicher Unterteilung (also bei gleichem Nenner der betreffenden Brüche) und gleicher Ausgangsgröße (beispielsweise 1 dm) die Anzahl der ausgewählten Teilstrecken übereinstimmt (und damit die Zähler der betreffenden Brüche gleich sind). Wir erhalten zu zwei beliebigen Teilstrecken der Länge a/b dm bzw. c/d dm durch restlose Unterteilung der Ausgangsstrecke in $b \cdot d$ (Produkt der Nenner!) gleich lange Teile stets eine *gemeinsame* (verfeinerte) Unterteilung.

Unterteilen wir jedoch die Strecke der Länge a/b dm in d-mal so viele gleich lange Teile und die Strecke der Länge c/d dm in b-mal so viele gleich lange Teile, so müssen wir auch d-mal bzw. b-mal so viele Teilstrecken dieser stärkeren Unterteilung nehmen, um jeweils zu einer *gleich langen* Strecke zu gelangen.

Gleichwertigkeit von Brüchen beim Messen

Also sind die Strecken der Länge a/b dm und $a{\cdot}d/b{\cdot}d$ dm sowie c/d dm und $c{\cdot}b/d{\cdot}b$ dm jeweils *gleichwertig*, und es gilt:

a/b dm ist gleichwertig zu c/d dm genau dann, wenn
$a \cdot d/b \cdot d$ dm gleichwertig ist zu $c \cdot b/d \cdot b$ dm.
Dies ist wegen der gleichen Nenner genau dann der Fall, wenn
$a \cdot d = c \cdot b$ gilt.

Verwenden wir zur Kennzeichnung der *Gleichwertigkeit* das **Symbol** „$\sim$" und lassen wir die Größeneinheit dm weg, so können wir kurz formulieren:

$$a/b \sim c/d \iff a \cdot d/b \cdot d \sim c \cdot b/d \cdot b \iff a \cdot d = c \cdot b$$

Mittels des „Über-Kreuz"-Produktes können wir also leicht entscheiden, ob zwei Brüche beim Messen gleichwertig sind.

Definition der Gleichwertigkeit von Brüchen

Auf der Grundlage dieser anschaulichen Vorüberlegungen *definieren* wir im Folgenden die Gleichwertigkeit von Brüchen. *Brüche* bestehen aus Zähler und Nenner, die jeweils natürliche Zahlen sind. Hierbei ist die Reihenfolge wichtig. Daher können wir **Brüche** $\boldsymbol{a/b}$ mathematisch eindeutig als *geordnete Paare* (a, b) mit $a, b \in \mathbb{N}$ beschreiben. Wegen ihrer größeren Suggestivität bevorzugen wir jedoch im Folgenden die *Schreibweise* a/b gegenüber (a, b).

Definition 11.1 (Gleichwertigkeit von Brüchen)
Wir nennen zwei Brüche a/b und c/d genau dann *gleichwertig* oder *äquivalent* (in Zeichen $a/b \sim c/d$), wenn $a \cdot d = c \cdot b$ gilt.

Die Relation „$\sim$" ist eine **Äquivalenzrelation** und zerlegt daher die Ausgangsmenge $\mathbb{N} \times \mathbb{N}$ in *Klassen*.

Satz 11.1
Die Relation „$\sim$" ist in $\mathbb{N} \times \mathbb{N}$ reflexiv, symmetrisch und transitiv, d. h., für alle Brüche a/b, c/d und e/f gilt:

1. $a/b \sim a/b$ (reflexiv).
2. Aus $a/b \sim c/d$ folgt $c/d \sim a/b$ (symmetrisch).
3. Aus $a/b \sim c/d$ und $c/d \sim e/f$ folgt $a/b \sim e/f$ (transitiv).

Wegen des leichten Beweises verweisen wir auf die Aufgabe 1.

Definition von Bruchzahlen
Die Relation „ist äquivalent zu" zerlegt also die Ausgangsmenge $\mathbb{N} \times \mathbb{N}$ – und damit die Menge aller Brüche – in **Klassen** jeweils zueinander *gleichwertiger* oder äquivalenter *Brüche*. **Diese Klassen nennen wir Bruchzahlen**. Zur Unterscheidung von den Brüchen schreiben wir Bruchzahlen mit einem waagrechten Bruchstrich, also $\frac{2}{3}$ oder $\frac{4}{5}$. Wir nennen diese Klassen Bruch*zahlen*, da man mit ihnen im Wesentlichen so rechnen und sie so der Größe nach ordnen kann, wie wir es von den natürlichen Zahlen her gewohnt sind.

Definition 11.2 (Bruchzahlen)
Die *Bruchzahl* $\frac{a}{b}$ ist die Klasse aller zu a/b äquivalenten Brüche a'/b'.
In Kurzform: $\frac{a}{b} = \{a'/b' \mid a', b' \in \mathbb{N} \text{ und } a \cdot b' = a' \cdot b\}$.
Den Bruch a/b nennen wir *einen Repräsentanten* oder auch *eine Bruchdarstellung* der Bruchzahl $\frac{a}{b}$.

Didaktische Bemerkungen

1. Die Kenntnis des *Unterschieds* zwischen Bruch und Bruchzahl ist wichtig. Zwei **Brüche** sind nämlich genau dann gleich, wenn sie im Zähler und Nenner übereinstimmen, zwei **Bruchzahlen**, wenn ihre Klassen identisch sind. In der Alltagssprache wie auch im Mathematikunterricht werden diese beiden Begriffe jedoch oft *nicht* deutlich auseinandergehalten, da eine exakte Unterscheidung häufig zu unnötig schwerfälligen Formulierungen führt. Dies ist dann unproblematisch, wenn keine Missverständnisse zu befürchten sind.
2. Eine gegebene Bruchzahl ist **eine** Zahl. Sie besitzt unendlich viele Darstellungen durch Brüche.
3. Viele Schülerinnen und Schüler gehen auch bei Bruchzahlen von **zwei** Zahlen aus, nämlich von der im Zähler und der im Nenner stehenden natürlichen Zahl – ohne hierbei das Zusammenspiel dieser beiden Zahlen zu sehen. Hieraus resultieren typische Schülerfehler.[2]

[2] Vgl. F. Padberg [14], S. 79ff., S. 95ff., S. 113ff., S. 140ff u. a.

Rechenoperationen, Kleinerrelation

Nach der Einführung der *Bruchzahlen* werden – motiviert durch anschauliche Vorüberlegungen beispielsweise über die Länge von Strecken (bei der Kleinerrelation und bei der Addition) und über den Flächeninhalt von Rechtecken (bei der Multiplikation) – die Kleinerrelation, Addition und Multiplikation von Bruchzahlen definiert durch:[3]

- $\frac{a}{n} < \frac{b}{n} :\Longleftrightarrow a < b$
- $\frac{a}{n} + \frac{b}{n} := \frac{a+b}{n}$
- $\frac{a}{b} \cdot \frac{c}{d} := \frac{a \cdot c}{b \cdot d}$

Ähnlich wie bei den natürlichen Zahlen muss allerdings auch bei den Bruchzahlen *zunächst* abgeklärt werden, dass das Ergebnis bei der Addition und Multiplikation *unabhängig* ist von der Auswahl der *Repräsentanten*, dass also die *Klasse* der Summe bzw. des Produktes *nur* von den *Klassen* der Summanden bzw. Faktoren abhängig ist und *nicht* von den hieraus ausgewählten *Repräsentanten*. Erst *danach* können die Rechenoperationen – und völlig Entsprechendes gilt auch für die Kleinerrelation – in obigem Sinne definiert werden. Wegen dieser **Repräsentantenunabhängigkeit** können wir dann nämlich beim Größenvergleich und bei den Rechenoperationen auf *beliebige* – und damit insbesondere auch auf *gleichnamige* – Repräsentanten zurückgreifen. Die Subtraktion und die Division werden – wie auch in $\mathbb{N}$ – als **Umkehroperation** der Addition und Multiplikation erklärt.

Rückblickend erkennen wir **viele Parallelen und Analogien** zwischen der Einführung der Bruchzahlen in diesem Abschnitt und der Einführung der natürlichen Zahlen als Kardinalzahlen im Kap. 8 – und zwar sowohl bezüglich ihrer Konstruktion als *Äquivalenzklassen* wie auch bezüglich der erforderlichen *Repräsentantenunabhängigkeit* bei den Rechenoperationen. Darüber hinaus gibt es aber auch **wichtige Unterschiede**.

Gemeinsamkeiten und Unterschiede von natürlichen Zahlen und Bruchzahlen

Natürliche Zahlen und Bruchzahlen weisen **viele Gemeinsamkeiten** auf:

- In beiden Zahlbereichen können wir eine *Kleinerrelation* einführen, die sich am Zahlenstrahl durch die Beziehung „liegt links von“ veranschaulichen lässt und für welche die Transitivität gilt.
- Natürliche Zahlen wie Bruchzahlen sind bezüglich der *Addition* und *Multiplikation* abgeschlossen, es gelten bei ihnen jeweils das Kommutativ- und Assoziativgesetz sowie

[3] Vgl. F. Padberg/R. Danckwerts/M. Stein [10], S. 70ff.

Monotoniegesetze bezüglich der Addition und Multiplikation. Das Distributivgesetz stellt jeweils eine Verbindung zwischen Addition und Multiplikation her.

- Für die Bruchzahlen $\frac{n}{1}$ und die natürlichen Zahlen n liegt bezüglich der Kleinerrelation, der Addition und der Multiplikation sogar eine so weitgehende Entsprechung vor, dass wir diese beiden Zahlenmengen identifizieren[4] können.
- Die *Subtraktion* und *Division* können wir in beiden Zahlbereichen auf die Addition bzw. Multiplikation zurückführen.
- Beide Rechenoperationen sind jeweils weder kommutativ noch assoziativ.
- Die Subtraktion ist schließlich in beiden Bereichen genau dann durchführbar, wenn der Subtrahend kleiner ist als der Minuend.

Auf der anderen Seite existieren aber auch **deutliche Unterschiede** zwischen den natürlichen Zahlen und den Bruchzahlen:

- So bewirkt die Multiplikation in $\mathbb{N}$ – mit Ausnahme der Multiplikation mit 1 – stets ein *Vergrößern*, die Division – mit Ausnahme der Division durch 1 – stets ein *Verkleinern*. Diese grundlegenden Eigenschaften der Multiplikation und Division gelten im Bereich der Bruchzahlen *nicht* mehr unverändert. Vielmehr kann die Multiplikation hier *sowohl* ein Vergrößern *als auch* ein Verkleinern bewirken und Entsprechendes gilt auch für die Division (vgl. Aufgaben 7 und 8).
- Im Bereich der natürlichen Zahlen ist die *Division* nur in den relativ wenigen Sonderfällen durchführbar, dass der Dividend ein Vielfaches des Divisors ist, im Bereich der (positiven) Bruchzahlen dagegen ohne jede Einschränkung.
- Im Bereich der natürlichen Zahlen gibt es eine *kleinste* Zahl, nicht dagegen im Bereich der Bruchzahlen.
- Im Bereich der natürlichen Zahlen liegen zwischen zwei beliebigen, verschiedenen Zahlen stets nur *endlich viele* Zahlen[5], im Bereich der Bruchzahlen dagegen stets *unendlich viele* Zahlen.
  Begründung Greifen wir beispielsweise $\frac{1}{3}$ und $\frac{2}{3}$ heraus. Auf den ersten Blick könnte man glauben, dass zwischen ihnen *keine* weiteren Bruchzahlen liegen. Erweitern wir jedoch beide Brüche beispielsweise mit 100, so sehen wir sofort ein, dass zwischen $\frac{100}{300}$ und $\frac{200}{300}$ auf jeden Fall mindestens 99 Bruchzahlen liegen. Da wir beide Brüche mit beliebig großen Zahlen erweitern können, leuchtet ein, dass zwischen $\frac{1}{3}$ und $\frac{2}{3}$ sogar unendlich viele Bruchzahlen liegen. Entsprechend können wir offensichtlich bei zwei beliebigen, verschiedenen Bruchzahlen argumentieren.[6] Man sagt: Die Bruchzahlen liegen *dicht* auf dem Zahlenstrahl.[7]

---

[4] Vgl. F. Padberg/R. Danckwerts/M. Stein [10], S. 86ff.
[5] Dies trifft offensichtlich auch zu, wenn die beiden natürlichen Zahlen unmittelbar benachbart sind.
[6] Für einen Beweis dieser Aussage vgl. F. Padberg/R. Danckwerts/M. Stein [10], S. 90f.
[7] Dennoch gibt es auf dem Zahlenstrahl Punkte, denen keine Bruchzahlen zugeordnet werden können. Es gibt also in diesem Sinne *mehr* Punkte auf dem Zahlenstrahl als Bruchzahlen. Für genauere Details vgl. F. Padberg/R. Danckwerts/M. Stein [10], S. 159ff.

- Die Bruchzahlen haben daher – im deutlichen Unterschied zu $\mathbb{N}$ – keinen unmittelbaren *Vorgänger* oder unmittelbaren *Nachfolger*.

Gibt es „mehr" Bruchzahlen als natürliche Zahlen?

Wir beschließen diesen Abschnitt mit der Frage, ob es *„mehr"* Bruchzahlen als natürliche Zahlen gibt. Die Antwort auf diese Frage scheint auf den ersten Blick wegen der Dichtheit der Bruchzahlen völlig trivial zu sein. Im Unterschied zu Mengen mit *endlich* vielen Elementen können wir den Vergleich bei den beiden unendlichen Mengen der natürlichen Zahlen und der Bruchzahlen *nicht* durch vollständiges Auszählen durchführen. Wir müssen untersuchen, ob die beiden Mengen *gleichmächtig* sind, ob es also eine bijektive Abbildung zwischen ihnen gibt. Dies ist zum Beispiel dann der Fall, wenn wir die Bruchzahlen genauso wie die natürlichen Zahlen durchnummerieren können. Wegen der Dichtheit der Bruchzahlen scheint dies jedoch ein aussichtsloses Unterfangen zu sein. Umso überraschender ist es, dass wir eine derartige Durchnummerierung dennoch durch folgendes, einfaches Verfahren **(Cantorsches Diagonalverfahren)** erreichen können:

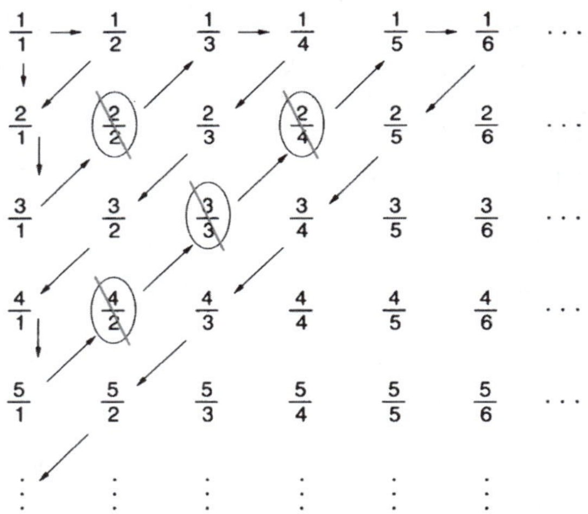

Streichen wir alle Bruchzahlen, die bei dieser Anordnung mehrfach vorkommen, vom zweiten Auftreten an, so erhalten wir folgende Durchnummerierung. Setzen Sie diese Tabelle weiter fort bis zur Bruchzahl Nummer 20.

Nummer der Bruchzahl	1	2	3	4	5	6	7	...
Bruchzahl	$\frac{1}{1}$	$\frac{1}{2}$	$\frac{2}{1}$	$\frac{3}{1}$	$\frac{1}{3}$	$\frac{1}{4}$	$\frac{2}{3}$	...

Demnach stimmt die *Mächtigkeit* der natürlichen Zahlen und der Bruchzahlen überein, also gibt es in diesem Sinne *„gleich viele"* natürliche Zahlen und Bruchzahlen. Ein deutlicher Unterschied zwischen endlichen und unendlichen Mengen wird hier gut sichtbar. Bei *unendlichen* Mengen kann eine *echte* Teilmenge gleichmächtig zu der umfassenden Menge sein.

11.2 Ganze Zahlen und rationale Zahlen

Im Bereich der natürlichen Zahlen motivieren Probleme bei der Division – der Umkehroperation der Multiplikation – ganz natürlich die Erarbeitung der Bruchzahlen (vgl. Abschnitt 11.1). Probleme bei der Subtraktion – der Umkehroperation der Addition – motivieren entsprechend die Erarbeitung der negativen ganzen Zahlen. Der niederländische Mathematiker und Mathematikdidaktiker Hans Freudenthal hat den innermathematischen Weg zu den neuen Zahlbereichen sehr instruktiv wie folgt vorgeschlagen:

> „Die Zahlengerade soll (...) fast vom Anfang des Rechnens an gebraucht werden. Zunächst werden auf ihr nur die natürlichen Zahlen bemerkt und markiert; dann melden sich beim Subtrahieren die negativen ganzen Zahlen an und werden angezeichnet, beim Teilen oder Schrumpfen kommen die gewöhnlichen Brüche hinzu, beim Messen sind es vielmehr die Dezimalbrüche, erst die endlichen, dann die unendlichen. So wird die Zahlengerade gefüllt – ich meine nicht mit Zahlen oder Punkten, sondern mit zahlenmäßig erfaßten Punkten. Es gibt bei diesem Verfahren keine Einführung von neuen Zahlen, keine prinzipielle Erweiterung des Zahlenbereichs, sondern ein immer wachsendes ‚erforschtes Gebiet'."[8].

In Freudenthals Vorschlag kommen zunächst die negativen ganzen Zahlen und dann die Bruchzahlen schrittweise hinzu. Für die Schülerinnen und Schüler könnte es allerdings einfacher sein, sich zunächst mit den positiven Bruchzahlen und erst später auch mit negativen Zahlen auseinanderzusetzen. Denn positive Bruchzahlen treten etwa als Maßzahlen bei Größen auf, können also in gewisser Hinsicht als 1,25 kg Mehl, 1/2 l Wasser oder 15 cm Draht realisiert werden. Negative Zahlen haben keine so einfache Realisierung, sondern sind eher gedankliche Gebilde. Dies dürfte auch dazu geführt haben, dass zwar die Babylonier bereits vor etwa 4000 Jahren mit positiven Bruchzahlen arbeiteten, negative Zahlen in unserem Kulturkreis aber erst lange nach dem Ende des Mittelalters als sinnvolle mathematische Objekte betrachtet worden sind:

> „Nachdem man die negativen bzw. ‚falschen' (R. Descartes) ganzen Zahlen zunächst vorsichtig wie Wurzeln und imaginäre Zahlen als ‚fiktive' Rechenausdrücke behandelt hatte, bezeichnete L. Kronecker im 19. Jahrhundert die natürlichen Zahlen als den ‚naturgemäßen Ausgangspunkt für die Entwicklung des Zahlbegriffs'."[9].

Konstruktion von ganzen Zahlen aus natürlichen Zahlen

Einen innermathematischen Grund zur Einführung negativer ganzer Zahlen aus den natürlichen Zahlen erhält man, wenn man Gleichungen der Art $8 + x = 6$ lösen möchte. In der Arithmetik der Grundschule können strukturierte Übungsangebote zu Zahlen „unterhalb der Null" führen:

---

[8] H. Freudenthal [3].

[9] Ebbinghaus et al. [2].

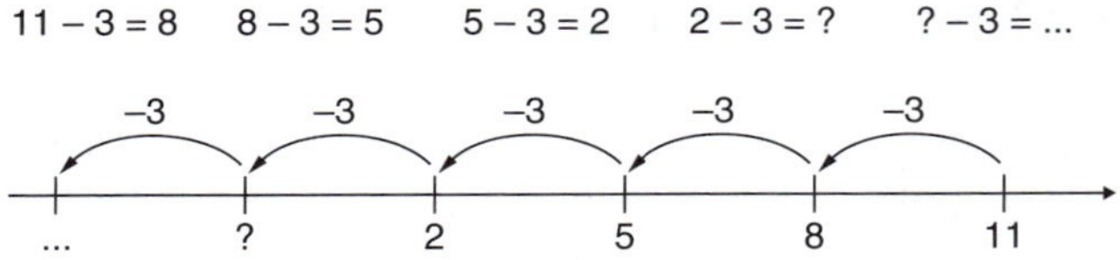

Wenn negative ganze Zahlen über einen Realitätsbezug begründet werden, dann häufig im Rahmen von Guthaben-Schulden-Modellen. So hat etwa der große Mathematiker Leonhard Euler 1767 in seiner „Vollständigen Anleitung zur Algebra" dargestellt, warum negative Zahlen „weniger als nichts" sind und wie ganze Zahlen als Differenzen von jeweils zwei natürlichen Zahlen zustande kommen. Wenn man kein Geld hat, jemandem aber noch 50 Euro schuldet, so hat man 50 Euro weniger als nichts; sollte man nun von irgendwoher 50 Euro erhalten, so kann man die Schulden bezahlen und hat anschließend nichts. Aus dem Saldo von Guthaben und Schulden lässt sich schließlich die Idee zur Konstruktion (negativer und positiver) ganzer Zahlen herleiten:

Guthaben	Schulden	Saldo
50 Euro	30 Euro	50 Euro − 30 Euro = 20 Euro
80 Euro	60 Euro	80 Euro − 60 Euro = 20 Euro
30 Euro	10 Euro	30 Euro − 10 Euro = 20 Euro
20 Euro	60 Euro	20 Euro − 60 Euro = −40 Euro
10 Euro	50 Euro	10 Euro − 50 Euro = −40 Euro
40 Euro	80 Euro	40 Euro − 80 Euro = −40 Euro

Im Endeffekt ist es also das Gleiche, ob man 20 Euro Guthaben und 60 Euro Schulden oder 40 Euro Guthaben und 80 Euro Schulden hat; jeweils hat man 40 Euro „weniger als nichts", also −40 Euro. Natürlich kann man sich fragen, ob diese Überlegung allgemein gilt. Ist es wirklich das Gleiche, wenn eine Person 20 Euro Guthaben und 60 Euro Schulden und eine andere 100.000 Euro Guthaben und 100.040 Euro Schulden hat? Aber der Saldo beträgt jeweils −40 Euro und die haben auf jeden Fall den gleichen Wert. Hieraus kann man die Idee gewinnen, (negative und positive) ganze Zahlen als Differenz von jeweils zwei natürlichen Zahlen zu definieren. Dabei sollten solche Paare natürlicher Zahlen als im Wesentlichen gleich betrachtet werden, die die gleiche Differenz haben. Wie bei der Konstruktion der positiven Bruchzahlen aus den natürlichen Zahlen erfolgt die entsprechende Definition mit Hilfe einer geeigneten Äquivalenzrelation. Wenn die Paare natürlicher Zahlen (a, b) und (c, d) die gleiche Differenz haben, sollen sie die gleiche ganze Zahl darstellen. Bei der systematischen Einführung neuer Zahlbereiche von den natürlichen Zahlen aus möchte man letztlich aber nur auf die Addition und die Multiplikation zurückgreifen.[10] Ähnlich wie bei der Gleichwertigkeit von Brüchen (ausgedrückt

[10] Dies liegt darin begründet, dass die natürlichen Zahlen gegenüber der Addition und der Multiplikation „abgeschlossen" sind, d. h., sowohl die Summe als auch das Produkt von natürlichen Zahlen sind stets auch wieder natürliche Zahlen. Bei der Subtraktion oder Division (als Umkehrung von

über die Multiplikation) lässt sich die Gleichwertigkeit von Differenzen über die Addition ausdrücken:

$$a - b = c - d \iff a + d = c + b$$

Auf der Grundlage dieser Vorüberlegungen wird die Gleichwertigkeit von Differenzen, dargestellt als Paare von natürlichen Zahlen, wie folgt definiert:

Wir nennen zwei ganzen Zahlen (a, b) und (c, d) genau dann gleichwertig oder äquivalent (in Zeichen $(a, b)\#(c, d)$), wenn $a + d = c + b$ gilt.

Die Gleichwertigkeit von Differenzen ist wiederum eine Äquivalenzrelation in der Ausgangsmenge $\mathbb{N} \times \mathbb{N}$ (vgl. Aufgabe 10) und zerlegt diese daher in Äquivalenzklassen. Die ganzen Zahlen werden dann durch die entsprechenden Äquivalenzklassen bezüglich # definiert. Die gewöhnlichen, uns geläufigen Schreibweisen erhält man wie folgt: Für eine natürliche Zahl a schreibt man die ganzen Zahlen als:

- $0 := \overline{(a, a)} = \{(b, c) | b, c \in \mathbb{N} \text{ und } a + c = b + a\}$
- $a := \overline{(a + 1, 1)} = \{(b, c) | b, c \in \mathbb{N} \text{ und } a + 1 + c = b + 1\}$
- $-a := \overline{(1, a + 1)} = \{(b, c) | b, c \in \mathbb{N} \text{ und } 1 + c = b + a + 1\}$

Damit ist direkt erkennbar, wie sich die natürlichen Zahlen in den ganzen Zahlen wiederfinden (bzw. „eingebettet" sind).

Kleinerrelation und Rechenoperation

Auch für die ganzen Zahlen müssen die Kleinerrelation und die Rechenoperationen definiert werden.[11] Die Ideen für die Definitionen gewinnt man wieder aus dem vertrauten Rechnen mit natürlichen Zahlen und Differenzen von natürlichen Zahlen. Bei der Definition der Kleinerrelation und der Rechenoperationen möchte man dann aber wieder nur auf die Addition und Multiplikation von natürlichen Zahlen und auf die Kleinerrelation zwischen natürlichen Zahlen zurückgreifen.

- Aus der inhaltlichen Überlegung
  $a - b < c - d \iff a + d < c + b$
  gewinnt man die Idee für die formale Definition der Kleinerrelation:
  $\overline{(a, b)} < \overline{(c, d)} :\Leftrightarrow a + d < c + b$.
- Für die Addition von Differenzen gilt
  $(a - b) + (c - d) = a - b + c - d = a + c - b - d = (a + c) - (b + d)$,
  was auf die folgende Definition führt:
  $\overline{(a, b)} + \overline{(c, d)} := \overline{(a + c, b + d)}$.

Addition bzw. Multiplikation) kann es hingegen vorkommen, dass das Ergebnis nicht mehr im Bereich der natürlichen Zahlen liegt. Dies ist gerade der Anlass, Bruchzahlen oder ganze Zahlen zu konstruieren.

[11] Vgl. F. Padberg/R. Danckwerts/M. Stein [10], S. 156f.

- Analog (aber etwas komplizierter hinzuschreiben) erhält man aus der Überlegung $(a-b)\cdot(c-d) = (a-b)\cdot c-(a-b)\cdot d = a\cdot c-b\cdot c-a\cdot d+b\cdot d = (a\cdot c+b\cdot d)-(b\cdot c+a\cdot d)$ die Definition:
$\overline{(a,b)} \cdot \overline{(c,d)} := \overline{(a \cdot c + b \cdot d, a \cdot d + b \cdot c)}$.

Die zuvor unbekannte Kleinerrelation, Addition und Multiplikation ganzer Zahlen (linke Seite der Definitionen) wurde nun definiert durch Rückgriff auf die vertraute Kleinerrelation, Addition und Multiplikation von natürlichen Zahlen (rechte Seite).

Auch für diese Definitionen muss wieder gezeigt werden, dass sie repräsentantenunabhängig sind (Aufgabe 12). Es ist mit der zuvor eingeführten gewöhnlichen Schreibweise für ganze Zahlen direkt erkennbar, dass $-a$ das „additive Inverse" zu a ist, d. h., es gilt $a + (-a) = 0$.

Konstruktion von rationalen Zahlen

So wie man die ganzen Zahlen aus den natürlichen Zahlen gewinnt, indem man Differenzen betrachtet und so die negativen ganzen Zahlen und die Null hinzukonstruiert, so kann man die Menge aller Bruchzahlen („rationale Zahlen") aus den positiven Bruchzahlen gewinnen. Völlig analog werden Differenzen von positiven Bruchzahlen betrachtet, aus denen sich negative Bruchzahlen ergeben können. Die Konstruktion verläuft also praktisch wortgleich zur Konstruktion der ganzen Zahlen, nur dass überall, wo natürliche Zahlen stehen, nun positive Bruchzahlen eingesetzt werden müssen.

Wenn man allerdings schon über die ganzen Zahlen verfügt, bevor man die positiven Bruchzahlen eingeführt hat, dann kann man die rationalen Zahlen direkt in einem Schritt aus den ganzen Zahlen konstruieren, indem man für die Zähler der Brüche alle ganzen Zahlen und für die Nenner alle ganzen Zahlen außer der Null zulässt und dann die Konstruktion der Bruchzahlen wie oben vollzieht.[12]

11.3 Vertiefung Arithmetik/Zahlentheorie

Es ist sehr lohnend, das Gebiet der Arithmetik in höheren Semestern im Sinne einer *Curriculumspirale* wieder aufzugreifen und zu vertiefen – und zwar sowohl in Richtung eines tieferen Eindringens in schon in diesem Band angesprochene Gebiete als auch in Richtung benachbarter, noch nicht thematisierter Gebiete. Wir skizzieren daher im Folgenden exemplarisch zunächst am Beispiel der *Teilbarkeitsregeln* und der *Dezimalbrüche* mögliche Vertiefungen von bereits in diesem Einführungsband angesprochenen Gebieten sowie dann am Beispiel der *Primzahlen*, der *Restklassenrechnung* und der *Prüfziffernverfahren des Handels* eine mögliche Vertiefung durch eine Thematisierung neuer, angrenzender Gebiete.

[12] Für Details vgl. F. Padberg/R. Danckwerts/M. Stein [10], S. 157f.

Teilbarkeitsregeln

Die Ableitung der verschiedenen *Teilbarkeitsregeln* erfolgt in *diesem* Band je nach Regel mit *unterschiedlichen* Ansätzen. Teilbarkeitsregeln in nichtdezimalen Stellenwertsystemen werden nur ganz knapp angesprochen. Im Folgeband beschreiten wir dagegen einen Weg, der es uns gestattet, aus **einem einheitlichen Ansatz** sämtliche Teilbarkeitsregeln abzuleiten. Die *einheitliche* Grundidee besteht darin, dass wir die gegebenen Zahlen jeweils durch *möglichst kleine, restgleiche* Zahlen ersetzen, bei denen wir die Frage der Teilbarkeit wesentlich leichter entscheiden können. Sind die Zahlen *nicht* teilbar, so können wir bei diesem Ansatz sogar zusätzlich noch leicht den auftretenden *Rest* bestimmen. Wir können bei diesem Zugangsweg nicht nur sämtliche Teilbarkeitsregeln in der Basis zehn, sondern auch in beliebigen nichtdezimalen Stellenwertsystemen leicht und einheitlich ableiten. Der Zugangsweg gestattet es uns,

- eigenständig und kreativ **neue** Teilbarkeitsregeln zu entdecken und zu beweisen,
- die Einsicht zu gewinnen, dass es für **einen** festen Teiler auch in der Basis zehn durchaus **verschiedene** Teilbarkeitsregeln gibt und die Auswahl durch mnemotechnische Zweckmäßigkeitsgesichtspunkte bestimmt wird, und
- leicht einzusehen, dass der **Typ** der Teilbarkeitsregel nicht nur vom **Teiler**, sondern ebenso stark von der gewählten **Basis** abhängt und dass beispielsweise die Teilbarkeitsregel für 9 in anderen Basen durchaus auch vom Typ Endstellenregel oder alternierende Quersummenregel sein kann.

So können wir insgesamt die wichtige Einsicht gewinnen, dass die *Teilbarkeitsbeziehung* zwischen gegebenen Zahlen unabhängig von der benutzten Basis ist, während die *Teilbarkeitsregeln* stark von ihr abhängen und je nach Basis durchaus völlig anders lauten.

Dezimalbrüche

Im Alltag begegnen uns Bruchzahlen häufig in ihrer Dezimalbruchdarstellung, und zwar zumeist als Maßzahlen (z. B. 1,19 EUR, 2,04 m oder 78,6 kg). Diese Dezimalbrüche sind in der Regel endlich, d. h., sie haben gar keine oder nur endlich viele Nachkommastellen. Für Schülerinnen und Schüler ist es wichtig, Bruchzahlen in unterschiedlicher Darstellung kennenzulernen und zwischen den Darstellungen wechseln zu können. Dies ist häufig Unterrichtsgegenstand von Klasse 6 oder 7. Propädeutisch treten aber bereits in der Grundschule sowohl gemeine Brüche (1/4 l Milch) als auch Dezimalbrüche (2,50 EUR) auf. Dabei kann zumindest thematisiert werden, dass 0,5 das Gleiche ist wie 1/2, nur anders dargestellt.

Für angehende Mathematiklehrkräfte ist es somit erforderlich, über fundiertes Hintergrundwissen zu unterschiedlichen Darstellungen und **Darstellungswechseln** von Bruchzahlen zu verfügen. Mit ein paar Grundlagen aus der Arithmetik und Zahlentheorie lässt sich anhand der gekürzten Bruchdarstellung klären, wann eine Bruchzahl eine endliche **Dezimalbruchentwicklung** (z. B. $3/8 = 0{,}375$) hat, wann sie reinperiodisch ist (z. B.

$4/11 = 0{,}36363636\ldots = 0{,}\overline{36}$) und wann gemischtperiodisch (z. B. $5/6 = 0{,}8333\ldots = 0{,}8\overline{3}$). Darüber hinaus kann man anhand der gekürzten Bruchdarstellung klären, wie viele Nachkommastellen **endliche Dezimalbrüche** haben, wie lang die Periode bei **reinperiodischen** oder **gemischtperiodischen Dezimalbrüchen** ist und wie lang die Vorperiode bei gemischtperiodischen Dezimalbrüchen ist. Dabei wird immer wieder sichtbar, wie entscheidend die Zifferndarstellung von Zahlen im Dezimalsystem von der Basiszahl 10 abhängt. Zugleich lassen sich die Überlegungen aus dem Dezimalsystem leicht auf **beliebige Stellenwertsysteme** übertragen.

Primzahlen

Die *Primzahlen*, die wir in dem Folgeband **Vertiefung Mathematik Primarstufe – Arithmetik/Zahlentheorie** erstmalig thematisieren werden, sind **„Bausteine"** der natürlichen Zahlen: Jede natürliche Zahl größer als 1 ist eine Primzahl oder lässt sich eindeutig als Produkt von Primzahlen darstellen.

Für die Primzahlen gibt es ein sehr einfaches und dennoch effektives Verfahren, um sie aus der Menge der natürlichen Zahlen auszusieben. Bei der (anschließenden) Betrachtung ihrer **Verteilung** stellen wir fest, dass diese sehr unregelmäßig ist. So gibt es selbst bei sehr großen Zahlen immer noch sehr eng benachbarte Primzahlen (sogenannte Primzahlzwillinge), daneben können wir aber auch primzahlfreie Lücken *beliebiger* Länge in den natürlichen Zahlen konstruieren.

Die Jagd nach **immer größeren Primzahlen** wird sogar in der Tagespresse fasziniert zur Kenntnis genommen – eine Jagd, die mit immer schnelleren Computern unbegrenzt weitergehen kann; denn obwohl die Primzahlen eine *Teilmenge* der natürlichen Zahlen bilden, gibt es dennoch *unendlich viele* Primzahlen.

Restklassenrechnung/Elementare Algebra

In der Zahlentheorie genügt es häufig, die Reste zu betrachten, die Zahlen bei Division durch einen bestimmten Divisor übriglassen. Dies wird dann mit Hilfe der Restgleichheitsrelation formalisiert (vgl. Beispiel 7.2). Mit den Resten kann man einfach rechnen. So lassen etwa die Zahlen $13 = 2 \cdot 5 + 3$ und $17 = 3 \cdot 5 + 2$ die Reste 3 bzw. 2 bei Division durch 5. Damit kann man direkt erkennen, dass $13 + 17$ den Rest 0 bei Division durch 5 lässt. Die beiden Reste 3 und 2 addieren sich nämlich zu 5, so dass das Ergebnis insgesamt durch 5 teilbar ist ($13 + 17 = 2 \cdot 5 + 3 + 3 \cdot 5 + 2 = 5 \cdot 5 + 5$). Dies kann man sich analog für die Multiplikation zweier Zahlen überlegen. Die Reste 2 und 3 aus dem obigen Beispiel ergeben als Produkt 6. Dieses lässt bei Division durch 5 den Rest 1 und damit den gleichen Rest wie $13 \cdot 17 = 221$ bei Division durch 5. Dies ist kein Zufall, vielmehr gilt:

$$\begin{aligned}13 \cdot 17 &= (2 \cdot 5 + 3) \cdot (3 \cdot 5 + 2) = 2 \cdot 5 \cdot 3 \cdot 5 + 2 \cdot 5 \cdot 2 + 3 \cdot 3 \cdot 5 + 3 \cdot 2\\ &= 2 \cdot 5 \cdot 3 \cdot 5 + 2 \cdot 2 \cdot 5 + 3 \cdot 3 \cdot 5 + 5 + 1 = (2 \cdot 5 \cdot 3 + 2 \cdot 2 + 3 \cdot 3 + 1) \cdot 5 + 1.\end{aligned}$$

Wenn man sich also, etwa bei Fragen der Teilbarkeit, nur für die Reste interessiert, die Zahlen bei Division durch eine vorgegebene natürliche Zahl m lassen, dann kann man bei der Addition oder Multiplikation nur mit den Resten weiterrechnen. Dass dies eine dramatische Erleichterung darstellen kann, wird etwa klar, wenn Sie die Zahlen 123.456.789 und 987.654.321 sowie deren Produkt betrachten. Bei Division durch 7 lassen sie die Reste 1 bzw. 3 übrig. Ihr Produkt lässt dann den Rest $1 \cdot 3 = 3$ bei Division durch 7 übrig. Dies kann man folgern, ohne mit den großen Zahlen weiterrechnen zu müssen – und das Produkt großer Zahlen ist bekanntlich noch deutlich größer als die Zahlen selbst.

Das **Rechnen mit Resten** liefert zum Beispiel eine Möglichkeit, Teilbarkeitsregeln elegant auf hohem formalem Niveau zu beweisen (siehe weiter vorne). Betrachtet man nur die Reste, die etwa bei Division durch eine natürliche Zahl m entstehen können, also 0, 1, $\ldots, m-1$, und definiert für diese Reste eine Addition und Multiplikation in naheliegender Weise, so erhält man wichtige Beispiele für **grundlegende algebraische Strukturen** wie Gruppen, Ringe oder Körper. Diese algebraischen Strukturen spielen eine wichtige Rolle für die Mathematik an der Hochschule.

Praktische Anwendungen (Handel, Banken)

Überraschenderweise spielen Primzahlen und einfache Sätze der Arithmetik, die wir schon in diesem Band kennengelernt haben, auch bei einigen *praktischen Anwendungen*, die wir ebenfalls erstmalig im Folgeband kennen lernen werden, eine wichtige Rolle. Kaufen wir in einem Supermarkt ein, so werden die von uns gekauften Artikel an der Computerkasse mit einem Scanner abgetastet. Wie von Geisterhand gesteuert druckt dann die Kasse die Artikelbezeichnung und den Preis aus. Grundlage hierfür ist die **Europäische Artikelnummer (kurz: EAN)/Globale Artikelidentnummer (GTIN)**, die auf sämtlichen Artikeln in Form eines Balkencodes und einer Ziffernfolge aufgedruckt ist. Diese EAN wurde Mitte der 1970er Jahre eingeführt. Die letzte Ziffer der EAN ist eine sogenannte *Prüfziffer*. Sie bewirkt, dass eine Reihe von Fehlern beim Scannen beschädigter oder fehlerhafter Balkencodes, aber insbesondere bei einer eventuell erforderlichen *manuellen* Eingabe, aufgedeckt werden. Durch Rückgriff auf einfache, schon in diesem Einführungsband bewiesene Aussagen können wir nämlich zeigen, dass die Eingabe *einer* falschen Ziffer bei der EAN durch Rückgriff auf die Prüfziffer *stets* aufgedeckt wird. Aber auch die Vertauschung zweier Nachbarziffern – ein sogenannter *Drehfehler*, der im Deutschen bei zweiziffrigen Zahlen wegen Unterschieden in der Schreib- und Sprechweise (Beispiel $34 \rightarrow 43$) häufig vorkommt – wird mittels der Prüfziffer bis auf wenige Fälle aufgedeckt. Wir gehen aber auch auf *andersartige Prüfziffernverfahren* bei **Banken** (IBAN), **Apotheken (Pharmazentralnummer, PZN)** sowie (früher) beim **Buchhandel** ein. So können wir bei der Internationalen Standardbuchnummer (kurz: ISBN) im Buchhandel beobachten, wie die Aufgabe der lange Zeit üblichen **10-ziffrigen ISBN** zugunsten der heute verwendeten – an die EAN angeglichenen – **13-ziffrigen ISBN** zu einem Verlust an Sicherheit bei einer eventuell erforderlichen manuellen Eingabe führt – alles beweisbar durch Rückgriff auf einfache, uns schon bekannte arithmetische Sätze.

11.4 Aufgaben

1. Beweisen Sie, dass die Relation „$\sim$" in $\mathbb{N} \times \mathbb{N}$ reflexiv, symmetrisch und transitiv ist.
2. Beweisen Sie, dass für alle Bruchzahlen $\frac{a}{b}$, $\frac{c}{d}$ und $\frac{e}{f}$ gilt:
   (1) Aus $\frac{a}{b} < \frac{c}{d}$ und $\frac{c}{d} < \frac{e}{f}$ folgt $\frac{a}{b} < \frac{e}{f}$. (Transitivität)
   (2) Es gilt stets entweder $\frac{a}{b} < \frac{c}{d}$ oder $\frac{c}{d} < \frac{a}{b}$ oder $\frac{a}{b} = \frac{c}{d}$. (Trichotomie)
3. Begründen Sie:
   Es gibt keine kleinste Bruchzahl $\frac{a}{b}$.
4. Beweisen Sie, dass für die Bruchzahlen bzgl. der Addition das Kommutativ- und Assoziativgesetz gilt.
5. Beweisen Sie, dass für die Bruchzahlen bzgl. der Multiplikation das Kommutativ- und Assoziativgesetz gilt.
6. Beweisen Sie, dass für die Bruchzahlen das Distributivgesetz gilt.
7. Geben Sie jeweils ein Produkt zweier Bruchzahlen an, bei dem das Ergebnis
   (1) kleiner ist als beide Faktoren;
   (2) kleiner ist als der erste und größer als der zweite Faktor;
   (3) kleiner ist als der zweite und größer als der erste Faktor;
   (4) größer ist als beide Faktoren.
8. Bestimmen Sie jeweils eine Divisionsaufgabe, bei der das Ergebnis
   (1) kleiner ist als der Dividend;
   (2) größer ist als der Dividend.
   Erläutern Sie, in welchen Fällen bei Divisionsaufgaben (1) bzw. (2) eintritt.
9. In der folgenden „Baumdarstellung" sehen Sie den Anfang einer weiteren Abzählung der positiven Bruchzahlen. Diese Abzählung ist noch vergleichsweise jung; sie wurde im Jahr 2000 von den US-amerikanischen Mathematikern Calkin und Wilf veröffentlicht.[13] Eine Besonderheit im Vergleich zur Cantor'schen Abzählung ist, dass jede positive Bruchzahl nur einmal auftritt.

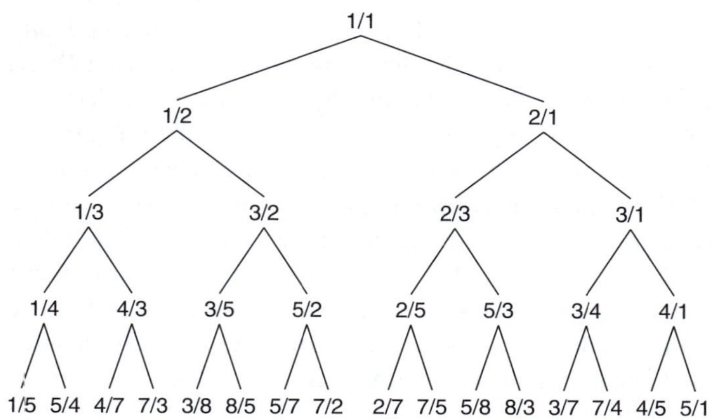

[13] Vgl. N. Calkin/H. S. Wilf [1].

(1) Versuchen Sie herauszufinden und anzugeben, wie der Baum aufgebaut ist.

(2) Wie erhält man von einem „Knoten“ ausgehend seinen „linken Sohn“ und seinen „rechten Sohn“?

(3) Warum sind alle Brüche, die auftreten, vollständig gekürzt?

10. Zeigen Sie, dass die Relation # in $\mathbb{N} \times \mathbb{N}$ reflexiv, symmetrisch und transitiv ist.
11. Leiten Sie die Definition der Multiplikation von ganzen Zahlen mit Hilfe der Vorüberlegungen zur Konstruktion von ganzen Zahlen her.
12. Zeigen Sie, dass die Definitionen der Kleinerrelation für ganze Zahlen sowie der Addition und der Multiplikation von ganzen Zahlen repräsentantenunabhängig sind.

Lösungshinweise (ausgewählte)

Kapitel 1

2. Bestimmen Sie die Anzahl der natürlichen Zahlen von 200 bis 259 korrekt!

3./4. Die Beweise von Satz 1.4 (und damit entsprechend auch die von Aufgabe 4.) ergeben sich durch entsprechende Übertragungen des Beweisgedankens von Satz 1.3. Die Anzahl der Summanden ist nur jeweils um einen Summanden vorne und hinten bei Satz 1.4 bzw. um zwei Summanden vorne und hinten bei Aufgabe 4. größer.

5. Zerlegen Sie die Zahlen jeweils in alle „geeigneten" Produkte mit zwei Faktoren (Beispiel: $51 = 3 \cdot 17$ ist geeignet, $51 = 17 \cdot 3$ dagegen nicht. Warum?). Berücksichtigen Sie auch, dass diese Produkte ebenfalls als wiederholte Addition gleicher Summanden dargestellt werden können.

6. Gehen Sie analog vor wie bei der Begründung von Satz 1.5 auf der Zahlenebene mit den Spiegelzahlen 74 und 47.

7. Abziehen von $10 \cdot b$ und gleichzeitige Addition von $1 \cdot b$ bedeutet, dass wir $9 \cdot b$ abziehen müssen.

8. Die Begründung verläuft analog zur Begründung von Satz 1.5.

9. Unterscheiden Sie die Fälle $a = b = c$, $a = b$, $a = c$, $b = c$ bzw. die Fälle: Alle drei Ziffern sind Null, je zwei Ziffern sind Null und je eine Ziffer ist Null.

Kapitel 2

6. 3) Sie können z. B. $110_{⑫}$ deuten als 1-1-0, als 11-0 und als 1-10.

8. Basis b: Ziffern $0, 1, 2, \ldots, b - 1$.

9. a) Ordnen Sie (von links nach rechts) jeder Karte den Wert 1 oder 0 zu, je nachdem, ob die Zahl auf der betreffenden Karte steht oder nicht. Deuten Sie diese Ziffernfolge als in der Basis 2 gegebene Zahl.

F. Padberg, A. Büchter, *Einführung Mathematik Primarstufe – Arithmetik*,
Mathematik Primarstufe und Sekundarstufe I + II, DOI 10.1007/978-3-662-43449-9

b) Das Verfahren funktioniert stets eindeutig, da wir die Zahlen 1 bis 15 entsprechend ihrer Schreibweise in der Basis 2 auf die Karten verteilt haben und da diese Darstellung eindeutig ist.

c) Gehen Sie entsprechend für die Zahlen 1 bis 23 wie in 2) beschrieben vor.

17. Sie gehen genauso vor wie im dezimalen Stellenwertsystem. Sie vergleichen der Reihe nach von links nach rechts die Ziffern, bis Sie an eine Stelle kommen, wo die Ziffern verschieden sind. Die Zahl mit der kleineren Ziffer an dieser Stelle ist die kleinere Zahl (Begründung?).
18. b) Dieses Umrechnungsverfahren beruht auf dem sogenannten Horner-Schema. Schreiben Sie die in a) auszuführenden Rechenoperationen zunächst unausgerechnet mittels Klammern und lösen Sie anschließend die Klammern auf.
21. b) Setzen Sie in die Ausgangsgleichung $413 = 82 \cdot 5 + 3$ für 82 aufgrund der zweiten Gleichung ein und multiplizieren Sie aus. Gehen Sie entsprechend weiter vor.

Kapitel 3

2. In der Basis fünf müssen Sie die Additionsaufgaben von $0 + 0$ bis $4 + 4$ in dem vertrauten quadratischen Schema des kleinen Einspluseins anordnen und berechnen.
7. Zeigen Sie am Beispiel der Addition dreiziffriger Summanden die bei der Addition von links nach rechts auftretenden Schwierigkeiten auf.
9. b) Entbündeln Sie von den 7 Hundertern einen Hunderter (Notation: $7'$), das sind 10 Zehner. Entbündeln Sie von den 10 Zehnern einen Zehner (Notation: $0'$), das sind 10 Einer. Sie haben also jetzt 6 Hunderter, 9 Zehner, 12 Einer und können jetzt die Aufgabe problemlos rechnen.
14. Die Produktberechnung kann durch die formale Notation von einer bzw. zwei Nullzeilen erfolgen oder auf der Grundlage inhaltlicher Überlegungen über die Zerlegung von 406 bzw. 5007 in $400 + 6$ bzw. $5000 + 7$.
21. Erläutern Sie anhand einer Stellentafel, dass bei der Division durch 10 aus Zehnern Einer, aus Hundertern Zehner usw. werden.
25. Die Addition im Dualsystem ist besonders leicht, da das kleine Einspluseins nur aus den vier Aufgaben $0+0$, $0+1$, $1+0$ und $1+1$ besteht. Gleiches gilt für die Bildung der Gegenzahl, da wir hier nur 0 durch 1 und 1 durch 0 ersetzen müssen.

Kapitel 4

3. $a \cdot 1 = a$, $1 \cdot a = a$.
5. a) Vergleichen Sie den Beweis von Satz 4.2.
7. Suchen Sie ein Gegenbeispiel.

8. Greifen Sie beim Begründungsniveau I auf die Grundvorstellung des Messens zurück und beachten Sie beim Begründungsniveau II und III, dass wegen $b > c$ in $m \cdot a = b$ und $n \cdot a = c$ auch $m > n$ gilt.
9. Es gilt $a \mid b$ und $a \nmid c$. Würde a trotzdem die Summe $b + c$ teilen, so müsste a nach der Differenzregel auch $b + c - b$, also c, teilen.
11. b) Die Summenregel gilt auch für mehr als zwei Summanden, wie man sukzessive zeigen kann. Im Sinne der wiederholten Addition gilt $c \cdot b = b + b + \ldots + b$ (c-mal).
14. Setzen Sie $m \cdot b = a$ in $n \cdot a = b$ ein und berücksichtigen Sie, dass n und m natürliche Zahlen sind.
15. Zeigen Sie zunächst, dass $b|(c \cdot b)$.
17. Benutzen Sie die Transitivität der Teilbarkeitsrelation.
20. Vergleichen Sie den Beweis für die Transitivität der Teilbarkeitsrelation.
21. Die erste Zeile ergibt sich aus dem Beweis von Satz 4.4. Suchen Sie für die drei übrigen Zeilen geeignete Beispiele aus, die belegen, dass die Wahrheitswerte hier jeweils teils w, teils f sind.
23.

p	q	r	$q \wedge r$	$p \vee (q \wedge r)$
w	w	w	w	w
w	w	f	f	w
w	f	w	f	w
w	f	f	f	w
f	w	w	w	w
f	w	f	f	f
f	f	w	f	f
f	f	f	f	f

24. Gehen Sie entsprechend vor wie bei der Aufgabe 23, und bestimmen Sie zunächst die Wahrheitswerte der in Klammern stehenden Ausdrücke.
g) hat stets den Wahrheitswert w,
h) hat stets denselben Wahrheitswert wie p.

Kapitel 5

2. a) Beachten Sie, dass 25|100 gilt, und gehen Sie entsprechend vor wie bei der Ableitung der Teilbarkeitsregel für 4.
b) Da 125|1000, können Sie entsprechend vorgehen wie bei der Ableitung der Teilbarkeitsregel für 8.
4. Gehen Sie völlig analog vor wie beim Beweis der Teilbarkeitsregel für 9.
5. Sei n die Ziffer, dann hat die Zahl die Quersumme $9 \cdot n$.

6. Die Quersumme ändert sich nicht bei der Umstellung der Ziffern.
7. Zerlegen Sie die gewählten Zahlen jeweils entsprechend wie beim Beweisgang von Satz 5.4.
8. Wenden Sie in der einen Richtung die Produktregel und in der anderen Richtung die Eindeutigkeit der Primfaktorzerlegung von natürlichen Zahlen auf den Ausdruck $n \cdot 7 = 10 \cdot a$ an.
9. Wenden Sie die Summenregel bzw. die Variante der Summenregel sowie die Aussage von Aufgabe 8 mehrfach an.
10. Gehen Sie vor wie in Aufgabe 8.
12. Beachten Sie, dass $1001 = 7 \cdot 11 \cdot 13$ gilt und dass Sie beispielsweise 475.764 schreiben können als $475.764 = 475.475 + (764 - 475) = 475 \cdot 1001 + (764 - 475)$. Überlegen Sie, ob die Beschränkung auf maximal sechsziffrige Zahlen notwendig ist.
13. Gehen Sie bei b) entsprechend vor wie beim Beweis von Satz 5.6.
14. Die Vermutung ist zutreffend, falls die beiden Teiler keine gemeinsamen Teiler außer 1 haben. Begründen Sie die Aussage in diesem Fall über die Eindeutigkeit der Primfaktorzerlegung.
15. Man ziehe jeweils das 91-Fache der letzten Ziffer ab. Also: letzte Ziffer streichen, vorletzte mit 9 multiplizieren und von der neuen Zahl subtrahieren.
16. Wir erhalten dieselbe Regel wie bei der Teilbarkeit durch 7. Diese Regel liefert gleichzeitig eine Aussage über die Teilbarkeit einer Zahl durch 3 und 7.
17. Man bestimme jeweils ein Vielfaches des Teilers, das auf 1 endet. Da alle Primzahlen außer 2 und 5 auf 1, 3, 7 oder 9 enden (warum?!), ist dies stets möglich. Jetzt gewinnen Sie leicht den gesuchten Multiplikator.
18. Sie können analog zum entsprechenden Beweis in der Basis zehn vorgehen. So können Sie beispielsweise $3422_{⑥}$ folgendermaßen zerlegen und dann durch Rückgriff auf die Produkt- und Summenregel weiterschließen: $3422_{⑥} = 3420_{⑥} + 2 = 342_{⑥} \cdot 10_{⑥} + 2$.
    Wegen $10_{⑥} = 6$ gilt $2|10_{⑥}$ und damit gilt auch $2|(342_{⑥} \cdot 10_{⑥})$.
20. Gehen Sie analog vor wie bei der Ableitung der Teilbarkeitsregel für 9 in der Basis zehn und zerlegen Sie beispielsweise $2321_{④} = 2 \cdot 1000_{④} + 3 \cdot 100_{④} + 2 \cdot 10_{④} + 1 = 2 \cdot (333_{④} + 1) + 3 \cdot (33_{④} + 1) + 2 \cdot (3 + 1) + 1$ geeignet.

23.–26. Benutzen Sie Wahrheitswertetafeln, und greifen Sie auf die Definition 5.5 zurück.

27. Stellen Sie die Wahrheitswertetafeln auf. Drei Fälle können vorkommen: stets wahr (logische Gesetze), stets falsch (logische Widersprüche) sowie teils wahr, teils falsch.
28. Benutzen Sie insbesondere Satz 5.8, 5. und 6.
29. Schreiben Sie die Sätze formal auf und wenden Sie die Verneinung der Subjunktion an.
30. Beachten Sie Satz 5.9 1. und Satz 5.8 5.

Kapitel 6

1. Nehmen Sie an, dass in $q \cdot t = n$ gelten würde: $t > n$.
3. Fall 1: Die Zahl ist eine Quadratzahl. Es gilt also $a = n^2$ mit $n \in \mathbb{N}$. Also gilt die Behauptung.
   Fall 2: Bei einer Zahl a sind ein Teiler n und der zugehörige komplementäre Teiler identisch. Dann gilt $a = n^2$, also die Behauptung.
9. Die Anwendung von Definition 6.2 und Definition 6.1 ergibt unmittelbar die Behauptung.
10. Sei v ein beliebiges Element von $V(kgV(a,b))$. Dann gilt: $kgV(a,b)|v$. Wegen $a|kgV(a,b)$ (Begründung?) und der Transitivität der Teilbarkeitsrelation gilt $a|v$, also $v \in V(a)$. Entsprechend zeigt man $v \in V(b)$, also $v \in V(a) \cap V(b)$ und daher $V(kgV(a,b)) \subseteq V(a) \cap V(b)$ (Begründung?).
11. Gehen Sie analog vor wie beim Beweis von Satz 6.2 in diesem Kapitel.
12. b) Bei Vielfachenmengen treten „Lücken" auf.
14. $A \cup B = B$
15. Die Mengen dürfen keine gemeinsamen Elemente enthalten, ihr Durchschnitt muss leer sein.
19. Unterscheiden Sie beim Zeichnen der Venn-Diagramme die vier Fälle $A \subset B$, $A \cap B = \{\}$, $A = B$ sowie insbesondere den Fall $A \cap B \neq \{\}$, $A \neq B$ und A keine Teilmenge von B.
21. Gehen Sie entsprechend vor wie beim ersten Beweisansatz von $A \cap (B \cup C) = (A \cap B) \cup (A \cap C)$ im Anschluss an Satz 6.3.
22. Gehen Sie entsprechend vor wie beim zweiten Beweisansatz von $A \cup (B \cap C) = (A \cup B) \cap (A \cup C)$ im Anschluss an Satz 6.3. In den Teilen a) und b) reduziert sich die Anzahl der zu unterscheidenden Fälle auf vier (völlig analog wie bei den entsprechenden Wahrheitstafeln bei den aussagenlogischen Gesetzen).
25. Ersetzen Sie in dem konkreten Beispiel vor Satz 6.4 jeweils 180 durch b und 16 durch r.
27. Lösen Sie die vorletzte Gleichung der in 26. c) gewonnenen Gleichungskette nach 15 auf und ersetzen Sie dann sukzessive 75 aufgrund der zweiten und 90 aufgrund der ersten Gleichung.
29. Zeigen Sie zunächst, dass sich 1 in der in Aufgabe 29 verlangten Form darstellen lässt. Multiplizieren Sie anschließend diese Gleichung mit einer beliebigen ganzen Zahl. Ergebnis?
32. Im Unterschied zu Aufgabe 31 gibt es hier keine Möglichkeit, von 25 nach 31 zu gelangen.
34. b) $a|b$, daher gilt $ggT(a,b) = a$ (Begründung?) und $kgV(a,b) = b$ (Begründung?).
    c) Da a und b teilerfremd sind, gilt $ggT(a,b) = 1$. In diesem Fall gilt $kgV(a,b) = a \cdot b$ (Begründung?).

Kapitel 7

3. Wegen $A = \{\}$ gibt es keine geordneten Paare $(a, b) \in A \times B$.
5. Es gilt $a < b$ genau dann, wenn ein $n \in \mathbb{N}$ existiert mit $a + n = b$. Definieren Sie entsprechend $a > b$.
10. 1) Aus $\bar{a} = \bar{b}$ ergibt sich fast unmittelbar aRb.
    2) Es gelte aRb. Wir müssen zeigen, dass dann $\bar{a} = \bar{b}$ gilt, d. h. dass für alle $x \in A$ gilt: $x \in \bar{a}$ genau dann, wenn $x \in \bar{b}$. Die beiden Teilrichtungen lassen sich bei Rückgriff auf die Voraussetzung aRb sowie auf die Transitivität bzw. Symmetrie von R leicht zeigen.
11. Untersuchen Sie die Relation $R = \{(x, y)|x$ gehört zur selben Klasse wie $y\}$.
19.

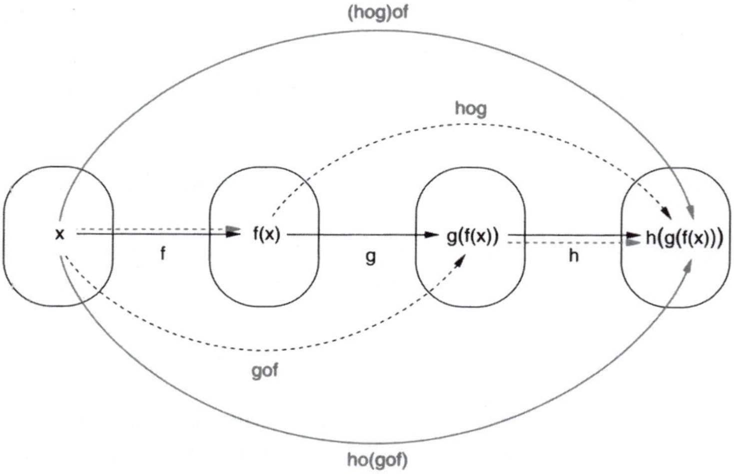

Also gilt für alle $x \in A$: Sowohl durch $(h \circ g) \circ f$ wie auch durch $h \circ (g \circ f)$ wird x jeweils *derselbe* Funktionswert $h(g(f(x)))$ zugeordnet. Also sind die beiden Funktionen $(h \circ g) \circ f$ und $h \circ (g \circ f)$ gleich.

Kapitel 8

5. Sie müssen zunächst zeigen, dass die Zuordnung $f : n \mapsto 2 \cdot n$ eine Abbildung ist. Diese Abbildung ist surjektiv; denn zu jeder geraden Zahl $2 \cdot m$ gibt es eine natürliche Zahl, nämlich m, mit $f(m) = 2 \cdot m$. Diese Abbildung ist injektiv; denn aus $f(m) = f(n)$ folgt leicht $m = n$. Die Abbildung f ist also bijektiv, und damit sind die Menge der geraden Zahlen und die Menge aller natürlichen Zahlen gleichmächtig.
6. A *glm* B bedeutet, dass es eine bijektive Abbildung (Funktion) von A nach B gibt. Dann ist auch die Umkehrfunktion bijektiv und damit gilt B *glm* A.
7. A *glm* B bedeutet: Es gibt eine bijektive Abbildung f von A nach B. B *glm* C bedeutet: Es gibt eine bijektive Abbildung g von B nach C. Dann ist die Verkettung $g \circ f$ der beiden Abbildungen f und g eine bijektive Abbildung und daher A *glm* C.

8. Benutzen Sie die anschauliche Fassung des Begriffs der bijektiven Abbildung mit Hilfe von Pfeildiagrammen in Abschnitt 7.5.
9. Sind A und B disjunkt, so gilt diese Beziehung offenbar. Besitzen A und B gemeinsame Elemente, so werden diese doppelt gezählt und müssen daher einmal von der Summe abgezogen werden.
10. Gehen Sie analog zum Beweis von Satz 8.2 vor, und greifen Sie auf Satz 6.3 zurück. Beachten Sie, dass mit A und B sowie $A \cup B$ und C disjunkt auch die Mengen A und $B \cup C$ sowie B und C disjunkt sind.
11. Zeichnen Sie a schwarze, b weiße und c rote Plättchen nebeneinander in einer Reihe, und argumentieren Sie mittels der (gleichen) Gesamtzahl der Plättchen bei den beiden unterschiedlichen Zusammenfassungen.
12. Greifen Sie beispielsweise auf zwei unterschiedlich hohe Türme aus Steckwürfeln zurück, und verändern Sie die Höhen gegensinnig um jeweils gleiche Anzahlen von Steckwürfeln.
14. Wie im zweiten Teil von Satz 8.3 gezeigt, gilt $A \backslash (B \cup C) = (A \backslash B) \backslash C$ unter entsprechenden Voraussetzungen. Da die identische Abbildung jede Menge bijektiv auf sich abbildet, sind $A \backslash (B \cup C)$ und $(A \backslash B) \backslash C$ gleichmächtig, und es gilt $card\,[A \backslash (B \cup C)] = card\,[(A \backslash B) \backslash C]$. Für die linke Seite gilt unter den gegebenen Voraussetzungen $card\,[A \backslash (B \cup C)] = card\,A - card\,(B \cup C) = card\,A - (card\,B + card\,C) = a - (b + c)$. Rechnen Sie entsprechend die rechte Seite aus.
15. Argumentieren Sie beispielsweise mit dem Altersunterschied zweier Kinder (heute, vor n Jahren, in n Jahren) oder mit der Veränderung des Unterschieds zwischen den Sparkonten zweier Kinder bei jeweils gleichen Einzahlungen oder Auszahlungen.
17. Wir gehen zunächst aus von $a + b = c$ und zeigen, dass dann stets auch $c - b = a$ gilt.

   Es sei $a = card\,A$, $b = card\,B$ und $c = card\,C$ mit $A \cap B = \{\}$. Das Venn-Diagramm hat also folgende Struktur:

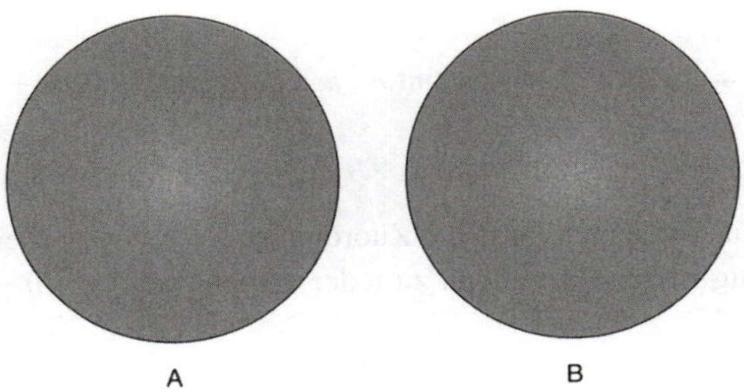

Der grau schraffierte Bereich entspricht $C = A \cup B$. Also gilt $C \backslash B = A$ und daher $c - b = a$. Begründen Sie analog die umgekehrte Richtung obiger Aussage.

18. Argumentieren Sie mit aus Einheitswürfeln (Kantenlänge 1 cm) aufgebauten Quadern der Länge a cm, der Breite b cm und der Höhe c cm. Drehen Sie diesen Quader geeignet.
19. Sehen Sie sich Grundschulwerke für die Klasse 2 an.
20. Gehen Sie entsprechend vor wie beim Beweis von Satz 8.5. Sie müssen nur jeweils zeilenweise c Plättchen wegnehmen.
21. Führen Sie den Beweis über die Kontraposition und zeigen Sie: Sind in einem Produkt beide Faktoren a und b von Null verschieden, so ist auch das Produkt $a \cdot b$ von Null verschieden.
22. Falls $A = \{\}$ oder $B = \{\}$, ist $A \times B = \{\}$ (Begründung?), also $a \cdot 0 = 0 \cdot a = 0 \cdot 0 = 0$.
23. Überlegen Sie zunächst den leichten Sonderfall, dass in $a \cdot b$ gilt: $a = 0$ oder $b = 0$. Greifen Sie anschließend im Fall $a > 0$ und $b > 0$ auf die zugehörige Tabelle oder Matrix (Definition 8.8) bzw. auf das zugehörige rechteckige Punktmuster (Definition 8.7, Anmerkung (6)) zurück, wobei dieses Punktmuster im Falle $a = 1$ nur aus *einer* Zeile besteht.
    Es sei $card\ A = a$ und $card\ B = b$. Für $card\,(A \times B)$ gilt dann, wenn wir zur Veranschaulichung auf die zugehörige Tabelle zurückgreifen: Wir können die Menge $A \times B$ in a paarweise disjunkte (Begründung!) Mengen mit jeweils b Elementen zerlegen, nämlich entsprechend den Zeilen in der zugehörigen Tabelle. Also gilt nach Definition 8.7 $card\,(A \times B) = a \cdot b$.
    Argumentieren Sie analog für die umgekehrte Richtung!
24. Beweisen Sie, dass $(A \times B) \times C$ gleichmächtig ist zu $A \times (B \times C)$, indem Sie nachweisen, dass die Zuordnung $f : (A \times B) \times C \to A \times (B \times C)$ mit $((a, b), c) \mapsto (a, (b, c))$ eine bijektive Abbildung ist.
26. Greifen Sie auf das in Satz 5.8 bewiesene aussagenlogische Distributivgesetz sowie auf die Definitionen des Kreuzproduktes und der Vereinigungsmenge zurück.
38. Argumentieren Sie beispielsweise mittels Punktmustern anhand der Aufgabe $(12 + 8) : 4 = 12 : 4 + 8 : 4$.
43. Gehen Sie völlig analog zum Beweis von Satz 8.11 vor.
44. Es gilt in $\mathbb{N}_0$ stets $a + 0 = a$.
45. Wegen $a + m = b$ und $b + n = a$ mit $m, n \in \mathbb{N}_0$ folgt $a + (m + n) = a$ und damit $a = b$.
46. Mit den Bezeichnungen von Definition 8.9 müssen Sie nachweisen, dass aus $B' \subset B$ stets $B' \times C \subset B \times C$ folgt.

Kapitel 9

1. Gehen Sie völlig analog wie im Beispiel in Kap. 9 vor, bringen Sie die beiden Summanden auf den Hauptnenner 2 und klammern Sie im Zähler $n + 1$ aus.
2. Gehen Sie völlig analog wie im Beispiel in Kap. 9 vor und wenden Sie die erste binomische Formel an.

Kapitel 10

4. Folgendes ist im Detail nachzuweisen: Durch den „technischen Trick“ wird aus jeder dreistelligen Kombination mit Wiederholung aus $\{0, \ldots, 9\}$ eine dreistellige Kombination ohne Wiederholung aus $\{0, \ldots, 9, z, e\}$. Dabei führen verschiedene dreistellige Kombinationen mit Wiederholung aus $\{0, \ldots, 9\}$ zu verschiedenen dreistelligen Kombinationen ohne Wiederholung aus $\{0, \ldots, 9, z, e\}$. Umgekehrt kann man von jeder dreistelligen Kombination ohne Wiederholung aus $\{0, \ldots, 9, z, e\}$ ausgehen und sich überlegen, dass es eine dreistellige Kombination mit Wiederholung aus $\{0, \ldots, 9\}$ als „Ausgangspunkt“ für den „technischen Trick“ hierzu gibt. Auch hier gehören zu verschiedenen dreistelligen Kombinationen ohne Wiederholung aus $\{0, \ldots, 9, z, e\}$ verschiedene dreistellige Kombinationen mit Wiederholung aus $\{0, \ldots, 9\}$ als Ausgangspunkte.
   Insgesamt gibt es also eine bijektive Abbildung von der Menge aller dreistelligen Kombinationen mit Wiederholung aus $\{0, \ldots, 9\}$ in die Menge aller dreistelligen Kombinationen ohne Wiederholung aus $\{0, \ldots, 9, z, e\}$. Beide Menge enthalten also gleich viele Elemente.
5. In Abschnitt 10.6 wurden die 22 Möglichkeiten, 15 Cent aus 1-, 2-, 5- und 10-Cent-Münzen zusammenzulegen, tabellarisch dargestellt. Wenn man nun die Möglichkeiten auswählt, bei denen mindestens eine 1-Cent-Münze verwendet wird, und eine 1-Cent-Münze „wegnimmt“, dann erhält man genau alle Möglichkeiten, um 14 Cent aus 1-, 2-, 5- und 10-Cent-Münzen zusammenzulegen. Analog gelangt man weiter schrittweise zu den Lösungen für 13 Cent und für 12 Cent.

Kapitel 11

1. Reflexivität und Symmetrie ergeben sich fast unmittelbar durch Rückgriff auf die Definition 11.1. Bei der Transitivität multiplizieren Sie $a \cdot d = c \cdot b$ auf beiden Seiten mit f und ersetzen auf der rechten Seite $c \cdot f$ durch $e \cdot d$ wegen $c \cdot f = e \cdot d$.
2. Gehen Sie zu gleichnamigen Brüchen über, und beweisen Sie dann die beiden Eigenschaften durch Rückgriff auf die entsprechenden Eigenschaften in $\mathbb{N}$. Hierbei bedeutet Trichotomie in $\mathbb{N}$, dass für natürliche Zahlen a, b entweder $a < b$ oder $b < a$ oder $a = b$ gilt.
3. Zu jeder Bruchzahl $\frac{a}{b}$ finden Sie noch eine *kleinere* Bruchzahl, nämlich $\frac{a}{b+1}$.
4. Gehen Sie zu gleichnamigen Brüchen über und wenden Sie das Kommutativ- und Assoziativgesetz in $\mathbb{N}$ an.
5. Wenden Sie das Kommutativ- und Assoziativgesetz in $\mathbb{N}$ an.
6. Greifen Sie zurück auf die Definition der Addition und Multiplikation von Bruchzahlen sowie auf das Distributivgesetz in $\mathbb{N}$.

9. Die Struktur des Baums und erste Eigenschaften lassen sich recht schnell erkennen.
   (1) Der Baum beginnt mit dem Bruch $1/1$ und ist symmetrisch aufgebaut. Im Pfad ganz links stehen die Stammbrüche der Form $1/n$; im Pfad ganz rechts findet man die natürlichen Zahlen in der Form $n/1$.
   (2) An einem beliebigen Knoten steht ein Bruch der Form i/j. Den „linken Sohn" erhält man durch $i/(i + j)$ und den „rechten Sohn" durch $(i + j)/j$.
   (3) Man erkennt leicht, dass die Brüche auf den ersten Ebenen bzw. der „ersten Generationen" vollständig gekürzt sind, d. h., Zähler und Nenner eines solchen Bruchs haben keine gemeinsamen Teiler. Wenn zwei Zahlen i und j teilerfremd sind, dann sind auch i und $i + j$ sowie j und $i + j$ teilerfremd (warum?). Aufgrund der Konstruktion des Baums (siehe (2)) vererbt sich die Teilerfremdheit daher „von Generation zu Generation".

Liste der wichtigsten Symbole und Bezeichnungen

$\mathbb{N}$	Menge der natürlichen Zahlen
$\mathbb{N}_0$	Menge der natürlichen Zahlen zuzüglich Null
$=$	gleich
$:=$	definitorisch gleich
$\neq$	ungleich
$<$	kleiner
$\leq$	kleiner oder gleich
$>$	größer
$\geq$	größer oder gleich
$\sqrt{a}$	Wurzel aus a
E	Einer
Z	Zehner
H	Hunderter
T	Tausender
$23_{④}$	zwei-drei in der Basis vier
KG	Kommutativgesetz
AG	Assoziativgesetz
DG	Distributivgesetz
$\{a, b, c\}$	Menge mit den Elementen a, b, c
$\{\}$ bzw. $\emptyset$	leere Menge
$\{x \mid \ldots\}$	Menge aller x, für die gilt
$\in$	ist Element von
$\notin$	ist nicht Element von
$\subseteq$	ist Teilmenge von
$\subset$	ist echte Teilmenge von
$\cup$	vereinigt mit
$\cap$	geschnitten mit
$\setminus$	ohne
(a, b)	geordnetes Paar a, b
$A \times B$	Kreuzprodukt der Mengen A und B
card A	Kardinalzahl der Menge A

$A \; glm \; B$	A ist gleichmächtig zu B
$\vee$	oder
$\wedge$	und
$\neg$	nicht
$\rightarrowtail\!\!\!\leftarrowtail$	entweder oder
$\longrightarrow$	wenn ..., dann ...
$\longleftrightarrow$	genau dann, wenn
$\Longrightarrow$	aus ... folgt ...
$\Longleftrightarrow$	ist äquivalent zu
w	wahr
f	falsch
$a \; R \; b$	a steht in Relation zu b
$\overline{a}$	Äquivalenzklasse von a
$f : \mathbb{N} \to \mathbb{N}$ mit $x \longmapsto 2x$	Funktion/Abbildung
$f(a)$	Funktionswert von f an der Stelle a
$f \circ g$	Verkettung der Funktionen g und f (zuerst g, dann f)
f^I	Umkehrfunktion der Funktion f
R^I	Umkehrrelation der Relation R
$a \mid b$	a ist Teiler von b / b ist Vielfaches von a
$a \nmid b$	a ist nicht Teiler von b / b ist kein Vielfaches von a
$T(n)$	Teilermenge von n
$V(n)$	Vielfachenmenge von n
$Q(a)$	Quersumme von a
$ggT(a, b)$	größter gemeinsamer Teiler von a und b
$kgV(a, b)$	kleinstes gemeinsames Vielfaches von a und b
$a \equiv b(n)$	a ist restgleich zu b bei Division durch n
a/b	Bruch
$\frac{a}{b}$	Bruchzahl

Literatur

[1] **Calkin, N./Wilf, H. S.:** Recounting the rationals. American Mathematical Monthly, 107, S. 360–363, Washington, DC 2000

[2] **Ebbinghaus et al.:** Zahlen, Heidelberg 1992

[3] **Freudenthal, H.:** Mathematik als pädagogische Aufgabe. 2 Bände, Stuttgart 1973

[4] **Heckmann, K./Padberg, F.:** Unterrichtsentwürfe Mathematik Primarstufe, Band 2, Heidelberg 2014

[5] **Hischer, H.:** Grundlegende Begriffe der Mathematik: Entstehung und Entwicklung, Wiesbaden 2012

[6] **Ifrah, G.:** Universalgeschichte der Zahlen, Frankfurt 1991

[7] **Käpnick, F.:** Mathematiklernen in der Grundschule, Heidelberg 2014

[8] **Krauthausen, G./Scherer, P.:** Einführung in die Mathematikdidaktik, München 2007 (3. Auflage)

[9] Ministerium für Schule und Weiterbildung des Landes Nordrhein-Westfalen: Richtlinien und Lehrpläne für die Grundschule in Nordrhein-Westfalen, Frechen 2008

[10] **Padberg, F./Danckwerts, R./Stein, M.:** Zahlbereiche – Eine elementare Einführung, Heidelberg 1995

[11] **Padberg, F.:** Didaktik der Arithmetik, Heidelberg 1996 (2., vollständig überarbeitete und erweiterte Auflage)

[12] **Padberg, F.:** Einführung in die Mathematik I – Arithmetik, Heidelberg 1997/2007

[13] **Padberg, F.:** Elementare Zahlentheorie, Heidelberg 2008 (3. Auflage)

[14] **Padberg, F.:** Didaktik der Bruchrechnung für Lehrerausbildung und Lehrerfortbildung, Heidelberg 2009 (4. Auflage)

[15] **Padberg, F./Benz, C.:** Didaktik der Arithmetik für Lehrerausbildung und Lehrerfortbildung, Heidelberg 2011 (4. Auflage)

[16] **Padberg, F./Büchter, A.:** Vertiefung Mathematik Primarstufe – Arithmetik/Zahlentheorie, Heidelberg 2015

[17] **Rinkens, H.-D./Hönisch, K./Träger, G.:** Welt der Zahl 4, Braunschweig 2009

[18] **Schütte, S.:** Die Matheprofis. Schulbuchwerk Klasse 2, München 2004

[19] **Wittmann, E. Ch./Müller, G. N.:** Handbuch produktiver Rechenübungen. Band 2: Vom halbschriftlichen zum schriftlichen Rechnen, Stuttgart 1992

Sachverzeichnis